普通高等教育“十二五”规划教材（高职高专教育）

YINGYONG DIANZI JISHU SHIXUN

应用电子技术实训

主　编　朱传琴　高安芹
副主编　杨露露　赵笑笑
编　写　王亚盛
主　审　方舒燕

中国电力出版社
CHINA ELECTRIC POWER PRESS

内 容 提 要

本书为普通高等教育“十二五”规划教材（高职高专教育）。

全书共分七章，主要内容包括直流稳压电源的设计、音频功率放大器的设计、函数信号发生器的设计、密码锁的设计与调试、数字钟的设计与调试、数字电压表的设计与调试和电机测速系统的设计与制作及附录。每章均以教学情境为章节展开，以专业实践活动为核心，将所有相关联的知识点、技能点串接在一起。

本书主要作为高职高专院校电子信息类、电力技术类、自动化类、机电设备类专业及其他相关专业的教材，也可供从事电子工程技术人员参考。

图书在版编目（CIP）数据

应用电子技术实训/朱传琴，高安芹主编. —北京：中国电力出版社，2011.1（2016.8重印）

普通高等教育“十二五”规划教材. 高职高专教育

ISBN 978-7-5123-1257-9

Ⅰ. ①应… Ⅱ. ①朱…②高… Ⅲ. ①电子技术-高等学校：技术学校-教材 Ⅳ. ①TN

中国版本图书馆CIP数据核字（2010）第259223号

中国电力出版社出版、发行

（北京市东城区北京站西街19号 100005 http：//www.cepp.sgcc.com.cn）

汇鑫印务有限公司印刷

各地新华书店经售

*

2011年1月第一版 2016年8月北京第二次印刷

787毫米×1092毫米 16开本 17印张 409千字

定价**28.00**元

前 言

高等职业教育是职业特色鲜明的一种高等教育类型，在教学过程中重视职业能力和职业素质的培养，并强调发挥学生的个性和创造潜能。"应用电子技术实训"课程是电气类专业的一门核心课程，是理论和实践并重的课程。编者遵循高职教育"以服务为宗旨，以培养学生能力为目标，以教师为主导，以学生为主体的教育思想"，结合应用电子技术及实训课程的课程标准，进行了知识与技能一体化的教学设计，编写了《应用电子技术实训》一书，该书具有以下特点：

(1) 创新性。教材以教学情境为章节展开，以专业实践活动为核心，将所有相关联的知识点、技能点串接在一起，包含了"电机测速系统的设计与制作"七个教学情境，每个情境分为设计目的、任务、必备知识和产品设计四部分。将电子技术专业知识和操作技能融入七个教学情境中，保证了讲授、示范、训练、指导同步进行，为该课程教、学、做一体化教学模式的开展提供了详细的指导，让学生在学习知识的同时获得技能，在学习中走向职业，在实践中融入社会，真正体现了教育部关于高职教学改革〔1221〕精神。

(2) 系统性。教材中设计的七个教学情境，由简单到复杂，对电子技术专业知识的讲解和技能训练由浅入深，循序渐进；对每一个教学情境，通过基本理论知识学习、电子仿真、实训等模块，逐步引导学生完成电路的综合设计、电路安装调试、电路性能测试和设计报告编写；每一个教学情境，包含了从元器件到单元电路直到系统设计的完整过程，内容丰富而全面。

(3) 灵活性。尽管本书是"应用电子技术及实训"课程体系的一部分，但它与传统的课程教材有很大的区别。每一教学情境各成体系，都尽可能保持其独立性和完整性，前后衔接自然，可集中教学，也可根据教学实际情况选取某些教学情境分散教学，以适应不同的教学对象。

本书由山东电力高等专科学校朱传琴老师和高安芹老师担任主编，负责全书的编写组织、统稿和定稿。全书共分七个教学情境，其中第一个教学情境及附录一、附录二、附录三由山东电力高等专科学校赵笑笑老师编写，第二、三个教学情境由山东电力高等专科学校高安芹老师编写，第四个教学情境由国家电网北京经济研究院杨露露同志编写，第五个学习情境由威海职业学院王亚盛老师编写，第六、七个教学情境由山东电力高等专科学校朱传琴老师编写。全书由郑州电力高等专科学校方舒燕教授主审，方舒燕教授在百忙中对书稿进行了非常认真的审查，并提出了许多宝贵意见和建议，在此我们表示衷心感谢。

由于编者水平有限，并且是在教学改革过程中编写，难免会有错误和不足之处，恳请读者批评、指正，并提出宝贵意见，以便修订时改进。

编 者

2010 年 10 月 30 日

目　　录

前言

情境一　直流稳压电源的设计

1.1　设计目的及任务 …… 1
　1.1.1　设计目的 …… 1
　1.1.2　设计任务及要求 …… 1
1.2　必备知识一：半导体的基本知识 …… 2
　1.2.1　半导体的基本知识 …… 2
　1.2.2　PN 结的单向导电性 …… 3
1.3　必备知识二：半导体二极管 …… 5
　1.3.1　半导体二极管的基本结构和分类 …… 5
　1.3.2　半导体二极管的伏安特性 …… 6
　1.3.3　半导体二极管的型号与主要参数 …… 7
　1.3.4　半导体二极管的测试 …… 7
　实训 1.1　晶体二极管的伏安特性测试和简单应用 …… 8
　1.3.5　特殊二极管 …… 9
1.4　必备知识三：直流稳压电源的设计 …… 12
　1.4.1　整流电路 …… 12
　1.4.2　滤波电路 …… 15
　实训 1.2　整流滤波电路的测试 …… 18
　1.4.3　集成三端稳压器 …… 18
　实训 1.3　可调稳压电源测试 …… 24
　实训 1.4　常用电子仪器的使用 …… 25
1.5　直流稳压电源电路的设计与调试 …… 26
习题 …… 28

情境二　音频功率放大器的设计

2.1　设计目的 …… 32
2.2　设计任务及要求 …… 32
2.3　必备知识一：晶体三极管特性、参数及应用 …… 33
　实训 2.1　三极管的识别与测试 …… 37
2.4　必备知识二：基本放大电路的组成与分析 …… 39
　实训 2.2　共发射极放大电路的仿真与测试 …… 47
2.5　必备知识三：多级放大电路 …… 49

2.5.1 阻容耦合放大电路…… 49
2.5.2 直接耦合放大电路…… 50
2.6 必备知识四：集成运算放大器及其在信号运算方面的应用…… 53
2.6.1 集成运算放大器简介…… 53
2.6.2 反馈与负反馈…… 56
2.6.3 集成运算放大器在信号运算方面的应用…… 59
实训 2.3 集成运算放大器的线性应用 …… 64
2.7 必备知识五：集成功率放大电路…… 66
2.8 音频放大器设计…… 68
习题 …… 71

情境三 函数信号发生器的设计

3.1 设计目的…… 74
3.2 设计任务及要求…… 74
3.3 必备知识一：运放在信号处理方面的应用…… 74
实训 3.1 电压比较器电路的测试 …… 81
3.4 必备知识二：集成运放在波形产生方面的应用…… 82
实训 3.2 *RC* 正弦波振荡电路的测试…… 85
实训 3.3 矩形波发生器 …… 89
3.5 必备知识三：集成函数发生器 ICL8038 简介 …… 90
3.6 函数信号发生器的设计、安装与调试…… 91
习题 …… 92

情境四 密码锁的设计与调试

4.1 设计目的及任务…… 94
4.1.1 设计目的…… 94
4.1.2 设计任务及要求…… 94
4.2 必备知识一：数字电路的基础…… 94
4.2.1 数制与二—十进制编码…… 94
4.2.2 逻辑函数…… 96
4.2.3 逻辑函数的几种表示形式及其相互转换 …… 100
4.2.4 逻辑函数代数化简法及逻辑表达式形式转换 …… 103
4.2.5 逻辑函数的卡诺图化简法 …… 105
4.3 必备知识二：基本逻辑门电路及组合逻辑电路 …… 114
4.3.1 概述 …… 114
4.3.2 晶体二极管、三极管的开关特性 …… 115
4.3.3 集成逻辑门电路 …… 116
4.3.4 TTL 集成与非门…… 117
实训 4.1 TTL 集成与非门的测试 …… 122

4.3.5 CMOS 集成门电路 …… 123
4.3.6 使用集成门电路注意事项 …… 130
4.4 必备知识三：组合逻辑电路 …… 131
4.4.1 组合逻辑电路的分析 …… 132
4.4.2 组合逻辑电路的设计 …… 133
4.4.3 常用中规模集成组合逻辑电路及应用 …… 136
实训 4.2 译码、显示电路的测试 …… 144
4.5 密码锁设计方案 …… 144
习题 …… 146

情境五 数字钟的设计与调试

5.1 设计目的及任务 …… 150
5.1.1 设计目的 …… 150
5.1.2 设计任务及要求 …… 150
5.2 必备知识一：集成触发器 …… 151
5.2.1 JK 触发器 …… 151
实训 5.1 集成 JK 触发器 74LS112 的功能测试及仿真 …… 154
5.2.2 D 触发器 …… 155
实训 5.2 D 触发器功能测试及仿真 …… 157
5.3 必备知识二：寄存器和移位寄存器 …… 158
实训 5.3 集成寄存器 74LS194 功能测试 …… 161
5.4 必备知识三：计数器 …… 161
5.4.1 计数器的特点和分类 …… 161
5.4.2 二进制计数器 …… 162
实训 5.4 二进制加法计数器功能测试 …… 166
5.4.3 十进制计数器 …… 167
实训 5.5 集成十进制可逆计数器功能测试 …… 168
5.4.4 可编程集成计数器——CC4029 …… 171
5.4.5 N 进制计数器 …… 171
5.5 拓展知识：石英晶体振荡器 …… 176
5.5.1 石英晶体 …… 176
5.5.2 石英晶体振荡器 …… 176
5.5.3 集成计数/分频/振荡器 …… 176
5.5.4 多频率输出振荡器 …… 177
5.6 数字钟设计与调试 …… 178
习题 …… 180

情境六 数字电压表的设计与调试

6.1 设计目的及任务 …… 182

6.2 必备知识一：模拟量与数字量的转换 …… 182
6.2.1 概述 …… 182
6.2.2 数/模转换器 …… 183
实训 6.1 数/模转换器功能测试 …… 187
6.2.3 模/数转换电路 …… 188
实训 6.2 集成模/数转换器 ADC0809 的测试 …… 191
6.3 数字电压表设计方案 …… 198
习题 …… 203

情境七 电机测速系统的设计与制作

7.1 设计目的及任务 …… 205
7.2 必备知识一：光电传感器 …… 205
7.2.1 透光型光电传感器 ST150 …… 206
实训 7.1 透光型传感器的测试 …… 207
7.3 必备知识二：集成 555 定时器 …… 207
7.3.1 555 定时器的结构 …… 208
7.3.2 555 定时器的功能 …… 208
实训 7.2 555 定时器的功能测试 …… 209
7.4 必备知识三：单稳态触发器 …… 210
7.4.1 由 555 定时器构成的单稳态触发器 …… 210
7.4.2 单稳态触发器的应用——定时 …… 211
7.4.3 单稳态触发器仿真 …… 212
实训 7.3 单稳态触发器的测试 …… 213
7.5 必备知识四：施密特触发器 …… 213
7.5.1 电路组成 …… 213
7.5.2 施密特触发器的电压传输特性 …… 214
7.5.3 施密特触发器的应用——整形 …… 214
7.6 拓展知识：多谐振荡器 …… 214
7.6.1 电路组成及工作原理 …… 214
7.6.2 振荡频率的计算 …… 215
7.6.3 多谐振荡器仿真 …… 216
7.7 电机测速系统的设计 …… 217
习题 …… 219
附录 1 数字电子仪器仪表的使用 …… 222
附录 2 模拟电子仪器仪表的使用 …… 231
附录 3 Multisim 10.0 电路仿真与设计 …… 239
附录 4 常用中规模集成电路引脚图 …… 256
参考文献 …… 261

情境一　直流稳压电源的设计

直流稳压电源作为直流能量的提供者，在各种电子设备中，有着极其重要的地位。它的性能直接影响到电子产品的精度、稳定性和可靠性。随着电子技术的日益发展，电源技术也得到了很大的发展，它从过去一个不太复杂的电子线路发展成今天具有较强功能的模块。中小功率（一般指中小电流）的直流稳压电源仍以三端稳压器来实现，因而电路较简单；大功率（一般指大电流）的直流稳压电源以三端稳压器为基础并采用扩流技术来实现。在这里，所要介绍的是一种以三端稳压器为核心组成的直流稳压电源的设计与制作，它能保证在电网电压波动或负载发生变化时，输出稳定的电压。

图 1－1 所示为小功率直流稳压电源的组成框图。

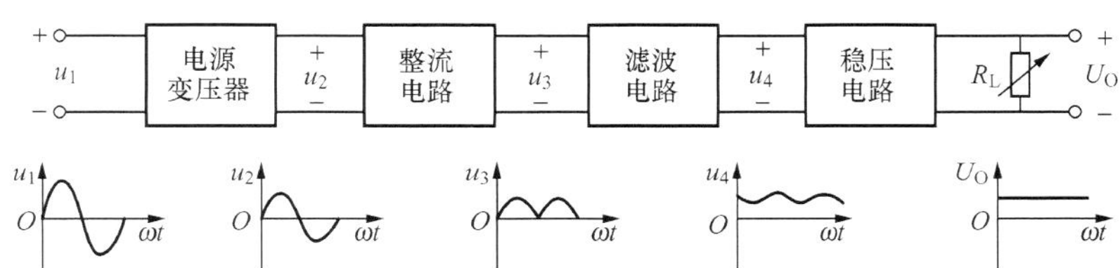

图 1－1　小功率直流稳压电源的组成框图

1.1　设计目的及任务

1.1.1　设计目的

通过直流稳压电源的设计、安装和调试，要求达到以下要求：

(1) 掌握二极管的特性及应用；

(2) 掌握单相桥式整流电路的工作原理；

(3) 掌握滤波电路的工作原理及外特性；

(4) 掌握三端稳压器的使用方法；

(5) 熟悉单相桥式整流滤波电路和稳压电路中各个器件的选择方法，合理选择变压器、整流二极管、滤波电容及集成稳压器来设计直流稳压电源；

(6) 掌握直流稳压电源电路的组成原理，调试方法及主要技术指标的测试方法；

(7) 掌握常用仪器仪表的使用方法；

(8) 会用 Multisim 软件对电路进行仿真。

1.1.2　设计任务及要求

(1) 根据技术指标要求及实验室条件设计一个输出正 5V 电压、300mA 以上电流的直流稳压电源电路。

(2) 根据项目对电路的参数要求合理选择变压器、整流二极管、滤波电容、稳压器等元器件。

(3) 制作电路并调测稳压电源参数。

(4) 完成项目报告的撰写。

1.2 必备知识一：半导体的基本知识

1.2.1 半导体的基本知识

1. 半导体的特性

在自然界中，存在着许多不同的物质，有的物质很容易传导电流，称为导体，金属一般都是导体。有的物质几乎不传导电流，称为绝缘体，如橡胶、陶瓷和塑料等。此外还有一类物质，它的导电能力介于导体和绝缘体之间，称其为半导体，如硅、锗、砷化镓、一些硫化物和氧化物等。在近代电子学中，用得最多的半导体是锗和硅。

电子元器件所用的半导体都要提纯为单晶体结构，所以有时把半导体叫做晶体。纯净的半导体叫做本征半导体，在这种晶体结构中，原子与原子之间形成了所谓的共价键结构。在绝对零度（即 $T=0$K）时，电子被共价键束缚得很紧，不能自由移动，因此几乎不能导电。

当电子受到一定能量的外界激发（如受热或光照），由于电子动能增强，就能挣脱共价键的束缚成为自由电子，同时，在这些自由电子原来的位置上便留下一个空位，这个空位叫做空穴。因原子是电中性的，因此，失去电子的原子带正电，称为正离子。由于正负电荷的相互吸引，空穴附近的电子便会填补这个失掉电子的空穴，又产生新的空穴或正离子，同样又会有相邻的电子来递补，如此进行下去，形成所谓的空穴运动。由外界激发而产生的自由电子和空穴总是成对出现的。自由电子和空穴分别带负电和正电，它们都称为载流子。半导体材料在外加电压作用下所形成的电流是由自由电子和空穴两种载流子的运动形成的。这是半导体导电与导体导电机理的本质区别。

另外，当环境温度变化时，半导体中自由电子和空穴的数量会发生变化，因此导电性能也发生变化，半导体导电能力具有热敏性；当受到外界光照时，半导体中自由电子和空穴的数量会增加，导电性能增强，具有光敏性；纯净半导体中的自由电子和空穴是成对出现的，在常温下其数量有限，导电能力不强，若在纯净半导体中掺入某些微量杂质，其导电能力将大大增强。

2. 杂质半导体

本征半导体中的载流子数量很少，导电能力很弱，其载流子——自由电子和空穴是在热或光照作用下（称为热激发或本征激发）成对地产生的。在本征半导体硅或锗中掺入微量五价元素，如磷或砷（称为杂质）等，可使自由电子的浓度大大增加，自由电子成为多数载流子（简称多子），空穴成为少数载流子（简称少子）。这种以电子导电为主的半导体称为 N 型半导体。

在本征半导体硅或锗中掺入微量三价元素，如硼或铟等，则空穴的浓度大大增加，空穴成为多数载流子，而电子为少数载流子。这种以空穴导电为主的半导体称为 P 型半导体。

无论是 N 型半导体还是 P 型半导体，虽然它们各自有一种载流子占多数，但是整个半导体仍然呈电中性。图 1-2 所示为 N 型半导体和 P 型半导体中载流子和杂质离子的示意图，图中带正电荷的离子（正离子）和带负电荷的离子（负离子）不能移动，不能参与导电。

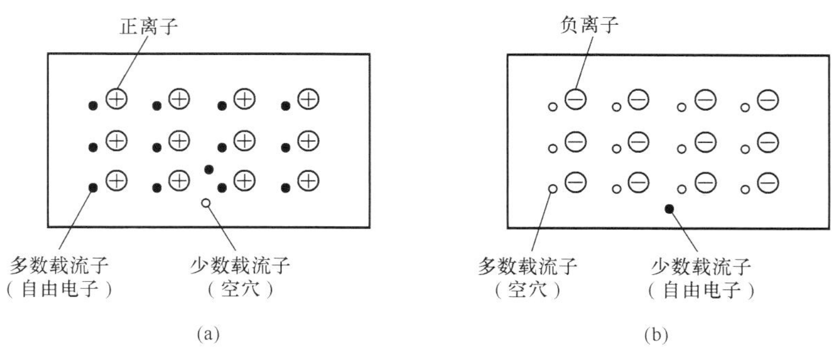

图 1-2　N 型半导体和 P 型半导体
（a）N 型半导体；（b）P 型半导体

1.2.2　PN 结的单向导电性

1. PN 结的形成

用扩散工艺在一块完整半导体中，一部分形成 P 型半导体，另一部分形成 N 型半导体。在两种杂质型半导体交界处两侧，P 区的空穴（多子）浓度远大于 N 区的空穴（少子）浓度，因此，P 区的空穴必然向 N 区运动，并与 N 区中的电子复合而消失；同样，N 区的电子必然向 P 区运动，并与 P 区中的空穴复合而消失。这种由于浓度差而引起的载流子运动称为扩散运动，如图 1-3（a）所示。

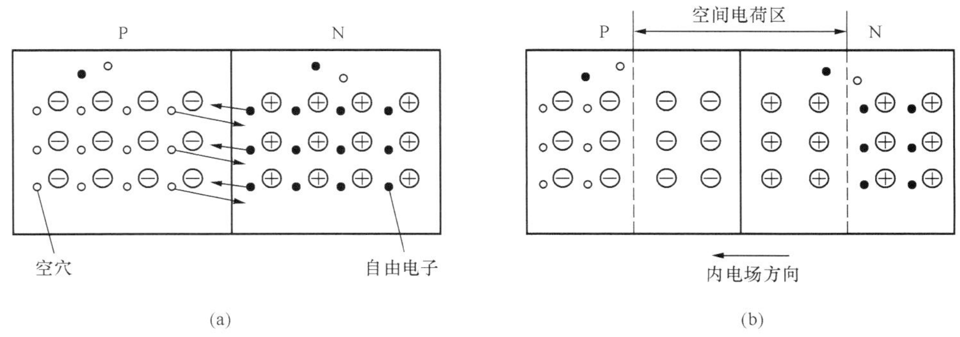

图 1-3　PN 结的形成
（a）载流子的扩散运动；（b）PN 结和它的内电场

载流子扩散运动的结果，使交界面 N 区一侧失去电子而留下正离子，P 区一侧失去空穴而留下负离子。这些不能移动的带电离子称为空间电荷，相应地这个区域称为空间电荷区，并建立起一个电场，其方向由 N 区指向 P 区，如图 1-3（b）所示。为区别由外加电压建立的电场，故把这个电场称为内电场。空间电荷使交界面两侧的电中性被破坏了，但是，空间电荷区以外的 P 区和 N 区仍呈电中性。

随着载流子扩散运动的进行，空间电荷区加宽，内电场加强，它将阻碍多子的扩散。但是，内电场又推动P区的少子（电子）向N区运动、N区的少子（空穴）向P区运动，这种在电场作用下的载流子运动称为漂移运动，其结果使空间电荷区变窄，内电场削弱，这又将导致多子扩散运动的加强。

由以上分析可见，载流子在P区和N区的交界面发生着扩散和漂移两种运动。开始时，扩散强于漂移，尔后随着内电场的逐步加强，又迫使扩散减弱，漂移增强。最后，扩散运动和漂移运动达到动态平衡，即P区的空穴向N区扩散的数量与N区的空穴向P区漂移的数量相等，自由电子亦类似，因而形成了宽度稳定的空间电荷区，这就是PN结，其厚度为数微米。对空间电荷区来说其中多数载流子扩散到对方复合而耗尽了，故又称为耗尽区。另外，由于PN结内电场阻止多子的继续扩散，故又称之为阻挡层，另外又可称势垒区。

2. PN结的单向导电性

以上讨论了PN结无外加电压时的情况，这时载流子的扩散与漂移处于动态平衡，流过PN结的电流为零。实际工作中的PN结总是外加一定的电压。当外加电压的极性不同时，PN结的导电性能迥然不同，即呈现单向导电性。

(1) PN结正向偏置。通常将加在PN结上的电压称为偏置电压。若PN结外加正向电压（P区接电源的正极，N区接负极，或P区电位高于N区电位），称为正向偏置，简称正偏，如图1-4 (a) 所示。这时外加电压在PN结上形成外电场，其方向与内电场方向相反，削弱了内电场作用，动态平衡被破坏，于是多子的扩散运动增强，形成较大的扩散电流，其方向由P区流向N区，称为正向电流 I_F。在一定范围内，外加电压越大，正向电流 I_F 越大，PN结呈低阻导通状态，相当于开关闭合。为了限制过大的 I_F，回路中串入了限流电阻 R。

(2) PN结反向偏置。若PN结加反向电压（P区接电源负极，N区接正极，或P区电位低于N区电位），称为反向偏置，简称反偏，如图1-4 (b) 所示。这时外电场的方向与内电场的方向相同，加强了内电场作用，少子漂移占优势。此时流过PN结的电流，主要由少子的漂移运动形成的，其方向由N区流向P区，称为反向电流 I_R。当温度不变时，少数载流子的浓度不变，因此反向电流 I_R 几乎不随外加电压而变化，故又称为反向饱和电流 I_S。在常温下，少数载流子的浓度很低，所以反向电流很小，一般可以忽略，PN结呈高阻截止状态，相当于开关断开。

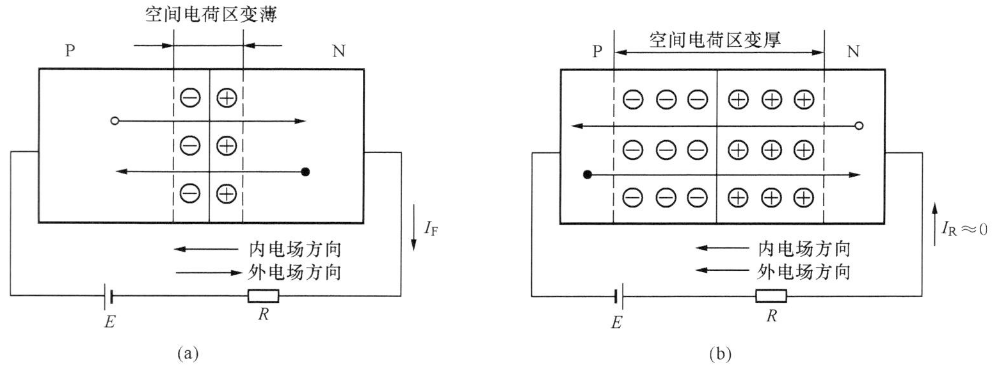

图1-4 PN结的单相导电性

(a) PN结正向偏置；(b) PN结反向偏置

由上可知：PN 结正偏时呈导通状态，正向电阻很小；PN 结反偏时呈截止状态，反向电阻很大，这就是 PN 结的单向导电性。需要指出的是，当反向电压超过一定数值后，反向电流将急剧增加，发生反向击穿现象，单向导电性被破坏。

3. PN 结的结电容

PN 结内的电荷量随外加电压的变化而变化，表明 PN 结具有电容的效应。按产生的原因不同，这种效应包括势垒电容 C_B 和扩散电容 C_D 两部分。

势垒电容 C_B 是由空间电荷区的变化引起的。空间电荷区中缺少载流子，只有不能移动的正、负离子，它们都具有一定的电量。这种结构与平板电容器很相似。当外加电压使空间电荷区变宽时，空间电荷量增加，相当于电容充电；当外加电压使空间电荷区变窄时，空间电荷量减少，相当于电容放电，这样，PN 结中的电荷随外加电压变化而改变时，就显示了电容效应，这个电容称为势垒电容 C_B。

扩散电容 C_D 是由多子在扩散过程中的积累引起的。当 PN 结外加正向电压时，多数载流子的扩散运动加强，P 区内的空穴大量地向 N 区扩散，在扩散过程中，不断地与 N 区的电子复合，因此，注入 N 区的空穴，在 PN 结的边缘处浓度大，离 PN 结远的地方浓度小，也就是说，在靠近 PN 结 N 区的一段范围内积累了按一定浓度分布的空穴。同理，在靠近 PN 结的 P 区的一段范围内积累了按一定浓度分布的电子。当外加正向电压增大时，扩散运动增强，则 PN 结两侧积累的空穴、电子增多；反之，PN 结两侧积累的空穴、电子减少。可见，在扩散过程中，PN 结两侧电荷积累随外加电压变化而改变，也显示了一种电容效应，其对应的电容称为扩散电容 C_D。

通常情况下，势垒电容 C_B 和扩散电容 C_D 都是非线性电容，且数值都较小，一般为几个皮法至几十个皮法，对低频影响不大，但工作频率很高时，就必须考虑结电容的作用。

1.3　必备知识二：半导体二极管

1.3.1　半导体二极管的基本结构和分类

在一个 PN 结的两端，各引一根电极引线，并用外壳封装起来，就构成了半导体二极管（或称晶体二极管，简称二极管）；由 P 区引出的电极称为阳极（正极），由 N 区引出的电极称为阴极（负极）。常用的几种二极管的外形如图 1-5（b）所示，二极管的电路符号和文字符号如图 1-5（a）所示。

二极管的种类很多，按制造材料分类，常用的有硅二极管和锗二极管；按用途分类，常用的有整流二极管、稳压二极管、开关二极管和普通二极管等；按结构、工艺分类，常见的有点接触型、面接触型等。

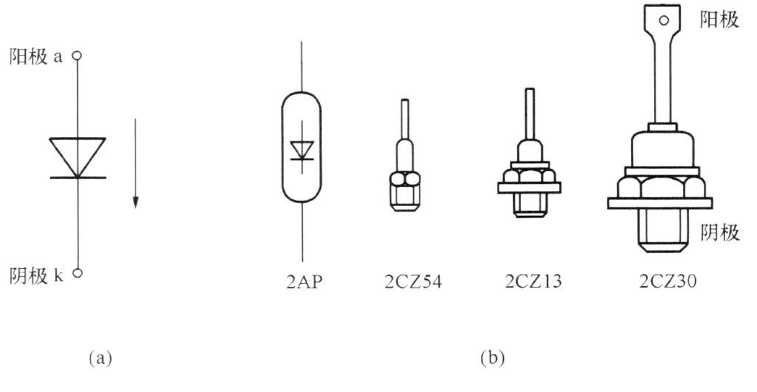

图 1-5　半导体二极管

（a）电路符号和文字符号；（b）几种常用二极管的外形图

1.3.2 半导体二极管的伏安特性

半导体二极管两端的电压 U_D 和流过二极管的电流 I_D 之间的关系可用一条曲线来描述，称为二极管的伏安特性曲线。

图 1-6 所示为实测的硅和锗二极管的伏安特性曲线。下面对特性曲线分三部分来说明。

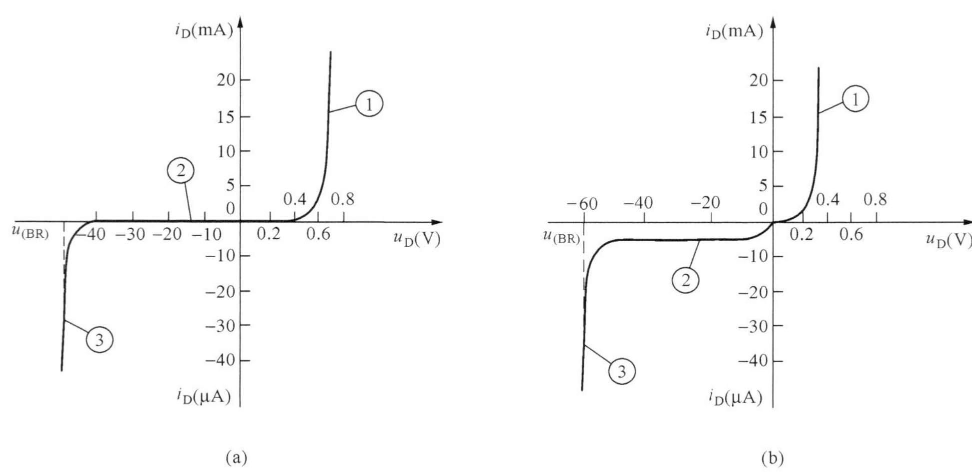

图 1-6 半导体二极管的伏安特性曲线

(a) 硅二极管的特性曲线；(b) 锗二极管的特性曲线

1. 正向特性

图 1-6 中，曲线①段为正向特性，它是二极管外加正向电压时，二极管两端电压 u_D 和通过二极管电流 i_D 的关系曲线。当正向电压比较小时，外电场还不足以克服内电场对多数载流子扩散运动的阻力，正向电流几乎为零，这个区域称为“死区”。当正向电压超过某一数值后，二极管导通，正向电流随外加电压增加而迅速增大，该电压值称为死区电压（又称门槛电压或阈值电压）。在室温下，硅管的死区电压约为 0.5V，锗管的死区电压约为 0.1V。在正常使用的电流范围内，二极管的正向压降 U_F 很小，在外部电路限流作用下，该电压变化很小，硅管约为 0.6～0.8V（通常取 0.7V），锗管约为 0.2～0.3V（通常取 0.2V）。

2. 反向特性

图 1-6 中，曲线②段为反向特性，它是二极管外加反向电压时的电压电流关系曲线。在外加反向电压小于反向击穿电压 $U_{(BR)}$ 时，由少数载流子形成的反向饱和电流很小，而且与反向电压的大小基本无关。在室温下，硅管的反向饱和电流比锗管的小得多，小功率硅管的反向饱和电流小于 0.1μA，锗管为几十微安。

由正向及反向特性可直观地看出：①二极管是非线性器件；②二极管具有单向导电性。

3. 反向击穿特性

图 1-6 中，曲线③段为反向击穿特性。当反向电压增大到某一数值时，反向电流急剧增大，这种现象叫做二极管的反向击穿（电击穿），$U_{(BR)}$ 称为反向击穿电压。一般点接触型二极管的 $U_{(BR)}$ 为数十伏，面接触型为数百伏，最高可达几千伏。

在电击穿时，尽管反向电流很大，但只要反向电流限制在不烧毁 PN 结的范围内，当反向电压下降到小于 $U_{(BR)}$ 时，二极管还可以继续使用。但是，如果长期工作在击穿状态时，将会因电流过大而发生热击穿，从而烧毁 PN 结，使管子造成永久性的损坏。

1.3.3　半导体二极管的型号与主要参数

1. 二极管的型号

国产半导体器件型号见表 1-1，表中还详述了各部分的符号及其意义。

表 1-1　　半导体器件型号的基本意义

第一部分	第二部分		第三部分		第四部分
用阿拉伯数字 2 表示器件的电极数目	用汉语拼音字母表示器件的材料和类型		用汉语拼音字母表示器件的功能类别		用阿拉伯数字表示序号
示例	符号	意义	符号	意义	
2 C K 18	A	N 型，锗材料	P	小信号管	
18—序号	B	P 型，锗材料	W	稳压管	
K—开关管	C	N 型，硅材料	Z	整流管	
C—N 型，硅材料	D	P 型，硅材料	K	开关管	
2—二极管			C	变容管	
			S	隧道管	
			U	光电管	

2. 二极管的主要参数

二极管的特性除了用伏安特性曲线表示外，还可用一组参数来描述，它是合理选用和正确使用二极管的依据。二极管的主要参数如下。

(1) 最大整流电流 I_{FM}：它是二极管长期运行允许通过的最大正向平均电流，由 PN 结的面积和散热条件所决定，使用时不能超过此值，否则可能烧坏管子。

(2) 最高反向工作电压 U_{DRM}：它是指允许加在二极管上的反向电压的最大值（峰值）。为安全起见，最高反向工作电压约为击穿电压的一半。

(3) 最大反向电流 I_{RM}：它是在室温下，二极管两端加上最高反向电压时的反向电流，其值越小，管子的单向导电性能及稳定性越好。它随温度升高而增加，在高温运行时要特别注意。

(4) 最高工作频率 f_M：二极管工作在高频时，由于 PN 结电容的容抗减小，使得管子的单向导电性能变差，甚至可能失去单向导电性，为此规定一个最高工作频率。它主要取决于 PN 结结电容的大小，结电容愈大，则 f_M 愈低。

此外，二极管还有正向压降、结电容及最高结温等参数，不再一一说明。

1.3.4　半导体二极管的测试

万用表是直流电压表、电流表、欧姆表及交流电压表的组合。其中，欧姆表挡是用来测量电阻值的，指针式万用表欧姆挡等效电路如图 1-7 所示。

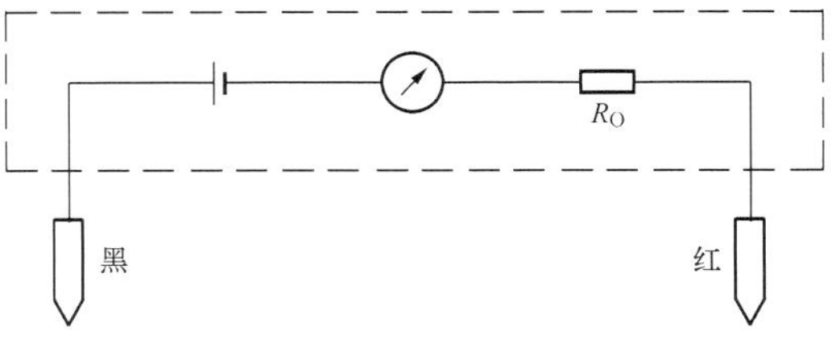

图 1-7　指针式万用表电阻挡的等效电路

指针式万用表的黑表笔接内部电源的正

极；红表笔接内部电源的负极（注意，数字式万用表正好相反）。我们知道：PN 结具有单向导电性，正向导通时电阻很小，而反向截止时电阻很大；若用指针式万用表的欧姆挡测量 PN 结正向导通与反向截止时的电阻大小，便可知 PN 结的好坏。因此，通过测量二极管正反向电阻，可判断二极管的好坏。

1. 极性识别方法

常用二极管的外壳上均印有型号和标记。标记箭头所指的方向为阴极；有的二极管只有一个色点，有色的一端为阴极；有的带定位标志，判别时，观察者面对管底，由定位标志起，按顺时针方向，引出线依次为正极和负极。二极管极性识别示意图如图 1－8 所示。

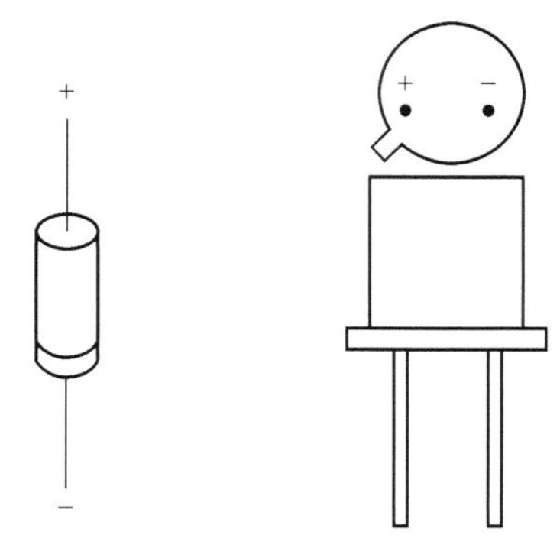

图 1－8　二极管极性识别示意图

2. 检测方法

（1）单向导电性的检测。用万用表欧姆挡的 R×100 或 R×1k，测量二极管的正反向电阻，有以下四种情况：

1）测得的反向电阻（约几百千欧以上）和正向电阻（约几千欧以下）之比值在 100 以上，表明二极管性能良好；

2）反、正向电阻之比为几倍至几十倍，表明二极管单向导电性差，不宜使用；

3）正、反向电阻为无限大，表明二极管断路；

4）正、反向电阻为零，表明二极管短路。

（2）二极管极性判断。当二极管外壳标志不清楚时，可以用万用表（R×100Ω 或×1kΩ 挡）判断。将指针万用表的两支表笔分别接触二极管的两个电极，若测出的电阻约为几十、几百欧或几千欧，则黑表笔所接触的电极为二极管的正极，红表笔所接触的电极是二极管的负极；若测出来的电阻约为几十千欧至几百千欧，则黑表笔所接触的电极为二极管的负极，红表笔所接触的电极为二极管的正极。

实训 1.1　晶体二极管的伏安特性测试和简单应用

实验内容和步骤

（1）用万用表测试二极管 1N4148 和 1N4004 的正反向电阻，数据记录在表 1－2 中。

表 1－2　　用万用表测试二极管 1N4148 和 1N4004 的正反向电阻

仪器	挡位	正向电阻 1N4148	反向电阻 1N4148	正向电阻 1N4004	反向电阻 1N4004
万用表	R×100				
	R×1k				

（2）测试二极管的伏安特性曲线。

1）正向特性。按图 1－9（a）连接电路，电源电压设为 5V；调节电位器，电压表读数见表 1－3，读出对应的毫安表数值并记录在表 1－3 中。

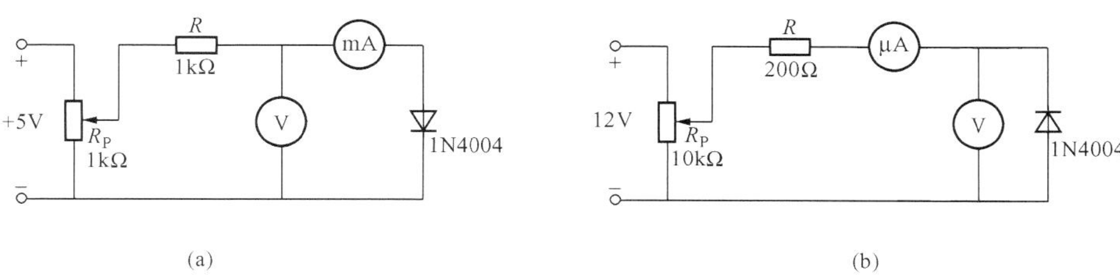

图 1-9　半导体二极管的伏安特性测试

(a) 正向特性测试；(b) 反向特性测试

表 1-3　　二极管的正向特性

U (V)	0.1	0.2	0.4	0.5	0.6	0.7	0.8	1.2
I (mA)								

2) 反向特性。按图 1-9 (b) 连接电路，电源电压设为 12V，调节电位器，电压表读数见表 1-4，读出对应的微安表数值并记录在表 1-4 中。

表 1-4　　二极管的反向特性

U (V)	3	6	9	12
I (μA)				

3) 根据以上表格的数据作出被测二极管的伏安特性曲线图；写出该二极管的死区电压、正向压降、反向饱和电流。

1.3.5　特殊二极管

除了上面介绍的普通二极管外，还有若干种具有特殊用途的特殊二极管，现分别介绍如下。

1. 稳压二极管

稳压二极管是一种用特殊工艺制造的面接触型硅二极管，在电路中能起稳定电压的作用，故称为稳压管。它的外形和内部结构与普通二极管相似，也有两个电极（阳极和阴极），但其结面积比普通二极管大，其击穿电压比较低，允许工作在反向击穿区。

(1) 稳压二极管的伏安特性和符号。

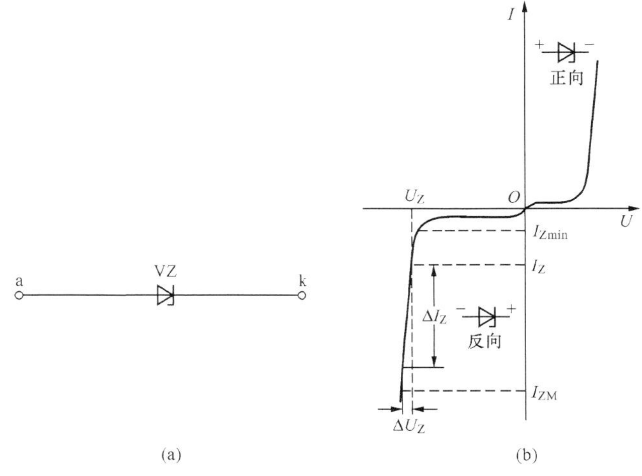

图 1-10　稳压二极管

(a) 电路符号和文字符号；(b) 伏安特性曲线

稳压二极管的伏安特性曲线如图 1-10 (b) 所示。从特性曲线来看，其正向特性和普通二极管一样，而反向击穿特性曲线很陡，电流在很大范围内变化而电压基本恒定。因此，稳压二极管在实际应用中，主要利用这段特性进行稳压。稳压二极管的反向电压达到击穿电压 U_Z 后，由于制造工艺的特殊性，稳压二极管并不因击穿而损坏。但如果反向电流太大，超过允许的最大值，或者管子的功率损耗超过允许值，那么管子便产生不可逆的热击穿，稳压二极管就烧坏了。为此，稳压二极管在使用时必须串联一个适当的限流电阻。

(2) 稳压二极管的主要参数。

稳定电压 U_Z：即稳压二极管反向击穿后稳定工作的电压。

稳定电流 I_Z：工作电压等于稳定电压时的工作电流。

动态电阻 r_Z：在稳定电压范围内，管子两端电压的变化量与工作电流的变化量之比，即

$$r_Z = \frac{\Delta U_Z}{\Delta I_Z} \tag{1-1}$$

从图 1-10 可见，r_Z 和击穿特性曲线的斜率有关，曲线愈陡，r_Z 就愈小，稳压性能就愈好。

温度系数 α_{υ}：当稳压二极管中的电流等于稳定电流 I_Z 时，环境温度改变 1℃，稳定电压变化的百分比称为温度系数 α_{υ}。

最大耗散功率 P_M：管子不致产生热击穿的最大功率损耗，$P_M = U_Z I_{ZM}$。已知 P_M 就可求出最大工作电流 $I_{ZM} = P_M / U_Z$，随着环境温度的升高，极限参数 P_M 和 I_{ZM} 将下降。

2. 光电二极管

光电二极管又叫光敏二极管，是一种将光信号转换为电信号的特殊二极管（受光器件）。光电二极管电路符号如图 1-11 (a) 所示。与普通二极管一样，基本结构也是一个 PN 结，其管壳上开有一个嵌着玻璃的窗口，以便于光线射入，为增加受光面积，PN 结的面积做得比较大。光电二极管是一种能将光能转换成电能的半导体器件。在 PN 结受到光线照射时，可以激发产生电子—空穴对，从而提高了少数载流子的浓度。光电二极管总在反向电压作用下工作的，当外加反向电压时，少数载流子增多，少数载流子漂移电流强度显著增大。所以，当外界光发生强弱变化时，二极管的反向电流大小也随之变化，利用这种原理工作的二极管，称为光电二极管。其伏安特性曲线如图 1-11 (b) 所示。

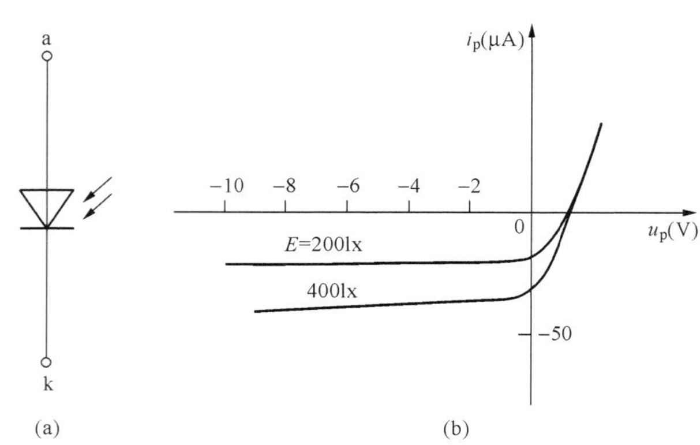

图 1-11 光电二极管符号和伏安特性曲线
(a) 电路符号；(b) 伏安特性曲线

3. 发光二极管

发光二极管（LED）是一种将电能转换成光能的特殊二极管（发光器件），它的外形和

电路符号如图 1 - 12 所示。

LED 的基本结构是一个 PN 结，它的特性曲线与普通二极管类似，但正向导通电压一般为 1.5～3V，它除了具有普通二极管的正反向特性外，还具有普通二极管所没有的发光能力。通常制成 LED 的半导体中掺杂浓度很高，发光二极管总在正向电压作用下工作的，当管子施加正向电压时，多数载流子的扩散运动加强，大量的电子和空穴在空间电荷区复合时释放出的能量大部分转换为光能，从而使 LED 发光。它的发光颜色主要取决于所用的半导体材料，可以发出红、黄和绿色等可见光，也可以发出看不见的红外光。

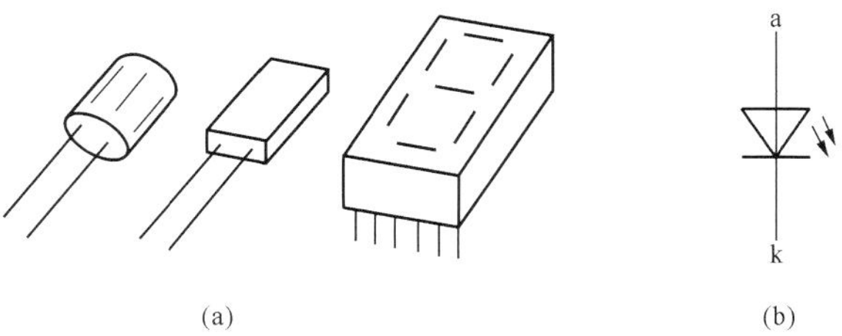

图 1 - 12　发光二极管的外形和符号
(a) 外形；(b) 电路符号

用 Multisim 搭建发光二极管的测量电路，如图 1 - 13 所示，合上开关 S1 改变可调电阻，观察 LED 的亮度变化，并分别记录下电压表和电流表的读数，记入表 1 - 5 中。

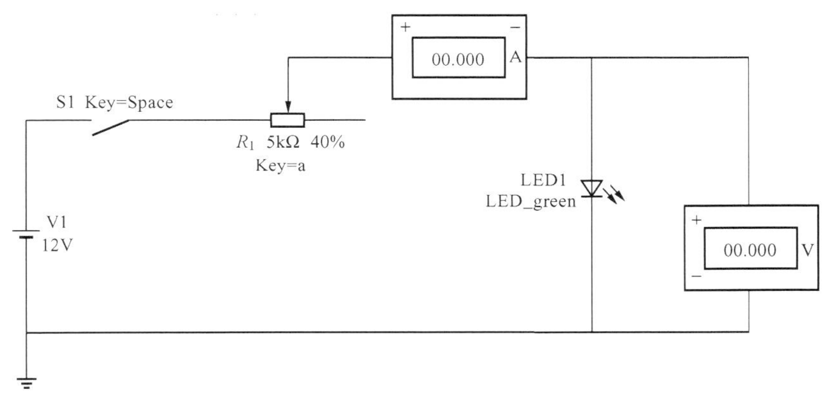

图 1 - 13　发光二极管测量电路

表 1 - 5　　发光二极管测量数据表

百分比	电压表	电流表	亮/不亮	百分比	电压表	电流表	亮/不亮
100%				50%			
95%				45%			
90%				40%			
85%				35%			
80%				30%			
75%				25%			
70%				20%			
65%				15%			
60%				10%			
55%				5%			

1.4 必备知识三：直流稳压电源的设计

本章所介绍的直流电源为单相小功率电源，它将频率为 50Hz、有效值为 220V 的单相交流电压转换为稳定的直流电压输出到负载上去。一般由电源变压器、整流电路、滤波电路、稳压电路等环节组成，如图 1-14 所示。图中各部分功能如下。

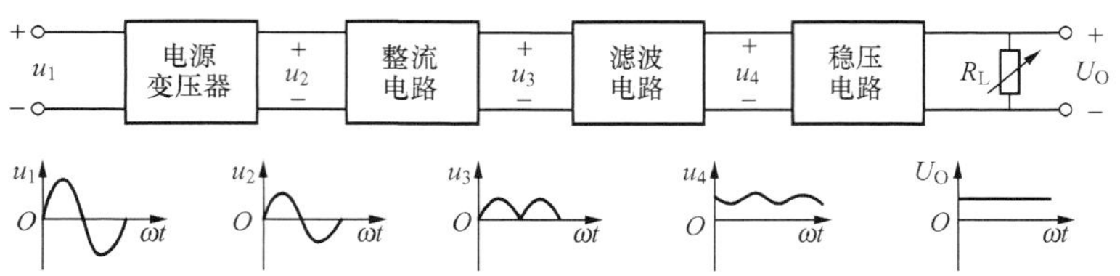

图 1-14 直流稳压电源的组成

(1) 电源变压器：电源变压器的功能是将输入的交流电变换成整流电路适用的交流电，而且电源变压器还起到了将强、弱电隔离的作用，所以又称隔离变压器。

(2) 整流电路：整流电路是利用二极管的单向导电性，将交流电变成单向脉动的直流电。常用的单相整流电路是桥式整流电路。

(3) 滤波电路：减小整流电压的脉动程度，以适合负载的需要。

(4) 稳压电路：在交流电源电压波动或负载变动时，使直流输出电压稳定。在对直流电压的稳定程度要求较低的电路中，稳压环节也可以不要。

目前直流稳压电源种类很多，可以从不同角度进行分类。

(1) 按电源中调整元件与负载的连接方式分，有并联式稳压电源和串联式稳压电源。调整元件与负载并联称为并联式稳压电源，调整元件与负载串联称为串联式稳压电源。

(2) 按调整元件的工作状态分，有线性稳压电源和开关稳压电源。

1.4.1 整流电路

利用二极管的单向导电性，将交流电变换为单向脉动直流电的电路，称为整流电路。

根据交流电的相数，整流电路可分为单相整流、三相整流等。在小功率电路中（1kVA 以下），一般采用单相整流，常见的有单相半波、全波和桥式整流电路。

1. 单相半波整流电路

单相半波整流电路如图 1-15 (a) 所示。图中，二极管就是整流元件，为简化分析，二极管采用理想模型，即当二极管受到正向电压作用时，将其作为短路处理；当受到反向电压作用时，将其作为开路处理。

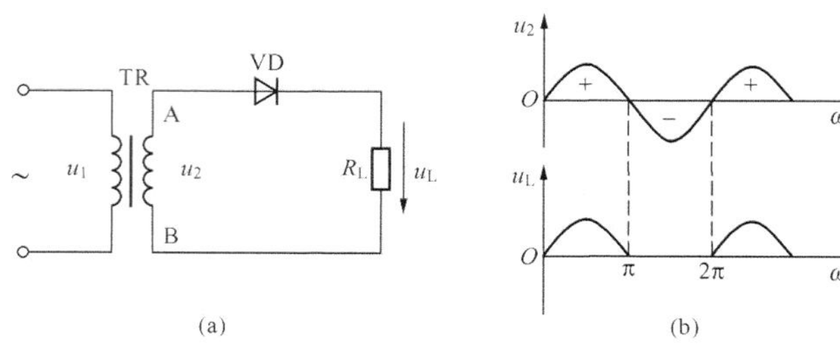

图 1-15 单相半波整流电路
(a) 整流电路；(b) 负载电压波形

当变压器二次侧电压 u_2 在正半周时，其极性为上正下负，即 A 点电位高于 B 点，二极管 VD 正向导通，电流由变压器二次绕组 A 端经 VD 到 R_L 再回到 B 端，这时负载电阻 R_L 上得到一个半波电压。在电压 u_2 的负半周，A 点电位低于 B 点，二极管 VD 截止，电路中电流为零，这时负载上没有电压。负载上电压波形如图 1－15（b）所示。

用 Multisim 搭建单相半波整流电路如图 1－16，在示波器中观察输入输出波形。

2. 单相全波整流电路

单相全波整流电路如图 1－17（a）所示。采用带中心抽头式的变压器，同样二极管采用理想模型。当变压器一次侧电压 u_1 正半周时，图中，A 端为正，B 端为负，则 A 端电位高于中心抽头 C 处电位，且 C 端电位又高于 B 端电位。二极管 VD1 导通，VD2 截止，电流自 A 端经二极管 VD1 自上而下流过 R_L 到变压器中心抽头 C 处；当变压器原边电压 u_1 负半周时，图中，B 端为正，A 端为负，则 B 端电位高于中心抽头 C 处电位，且 C 端电位又高于 A 端电位。二极管 VD2 导通，VD1 截止，电流自 B 端经二极管 VD2，也自上而下流过 R_L 到变压器中心抽头 C 处，波形如图 1－17（b）所示。

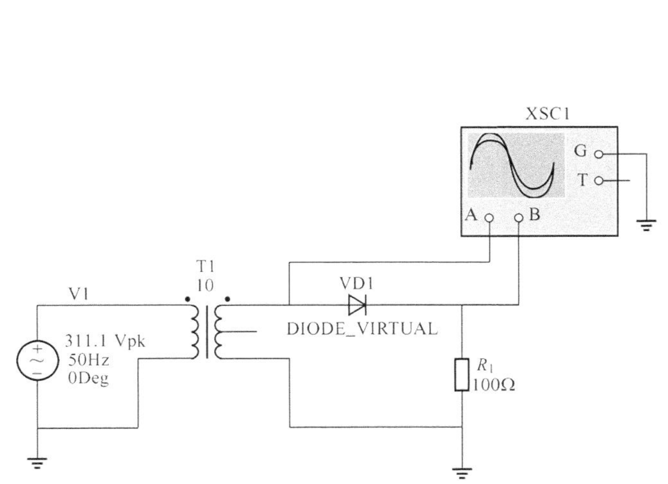

图 1－16　单相半波整流仿真电路

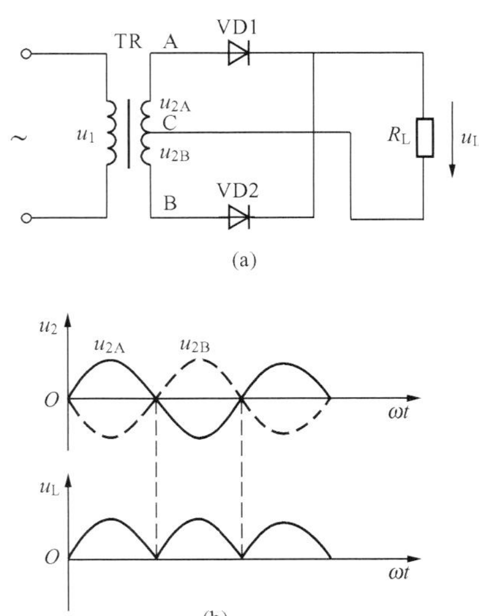

图 1－17　单相全波整流电路

（a）整流电路；（b）负载电压波形

单相全波整流电路仿真用 Multisim 搭建单相全波整流电路如图 1－18 所示，观察输入输出波形。

3. 单相桥式整流电路

在整流滤波电路中，单相桥式整流电路应用最为广泛。

单相桥式整流电路如图 1－19（a）所示。图中，四个二极管作为整流元件，当成理想二极管处理。四个二极管接成电桥的形式，其结构特点是电源侧的两个二极管极性相反，负载侧的两个二极管极性相同。

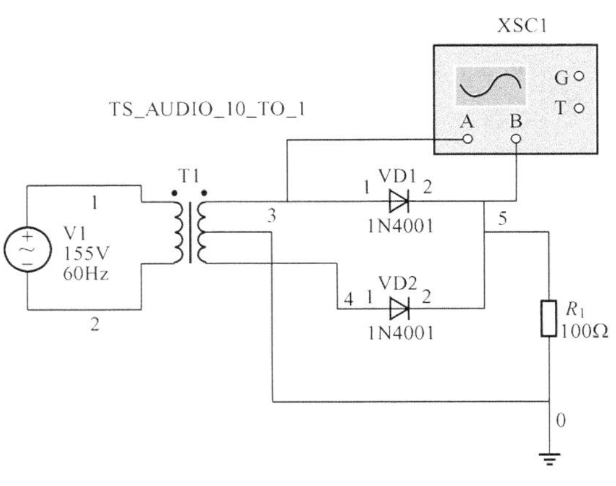

图 1－18　单相全波整流仿真电路

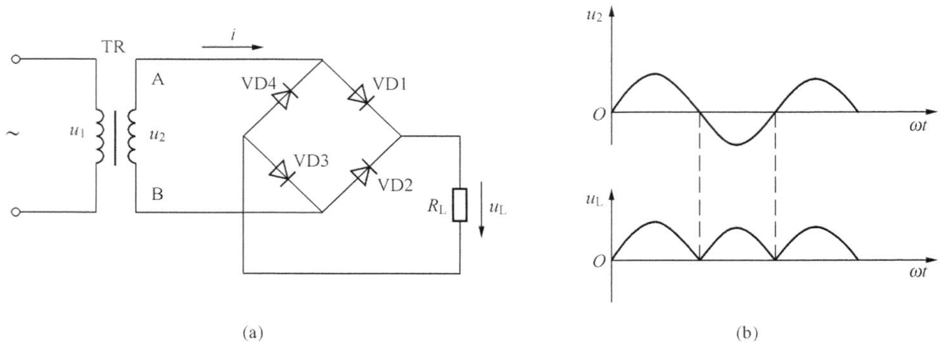

图 1-19 单相桥式整流电路
(a) 整流电路；(b) 整流波形

下面来分析桥式整流电路的工作情况。当变压器二次侧电压 u_2 在正半周时，其极性为上正下负，即 A 点电位高于 B 点。电路中 A 点电位最高，B 点电位最低，二极管 VD1 和 VD3 正向导通，VD2 和 VD4 处于反向截止。电流 i 由变压器二次绕组 A 端经 VD1 到 R_L 再经 VD3 回到 B 端，这时负载电阻 R_L 上得到一个半波电压。在电压 u_2 的负半周，A 点电位低于 B 点，电路中 A 点电位最低，B 点电位最高，二极管 VD2 和 VD4 导通而 VD1 和 VD3 截止，电流由 B 端经 VD2 到 R_L，再由 VD4 回到 A 端，这时负载又得到一个半波电压，如图 1-20 所示，这样在一个周期内，负载 R_L 上得到两个正半周电压和电流。由于桥式整流是 VD1 和 VD3、VD2 和 VD4 串联后轮流导通的，每两个二极管串联导通半周，因此，流过每个二极管的平均电流只是负载电流的一半，波形如图 1-20 所示。

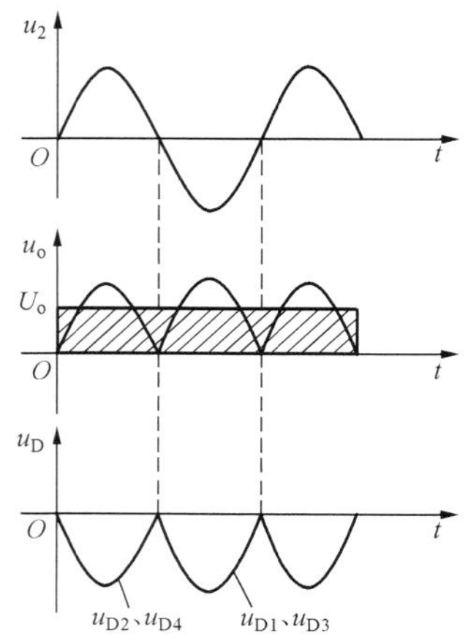

图 1-20 单相桥式整流电路波形

整流输出电压 U_o 的平均值为

$$U_o = \frac{1}{\pi}\int_0^{\pi}\sqrt{2}U_2\sin\omega t\,d\omega t = \frac{2\sqrt{2}}{\pi}U_2 \tag{1-2}$$

$$U_o \approx 0.9U_2$$

U_2 为变压器二次侧交流电压有效值。

负载电流平均值为

$$I_o = \frac{U_o}{R_L} = \frac{0.9U_2}{R_L} \tag{1-3}$$

流过各个二极管的平均电流

$$I_D = \frac{1}{2}I_o \tag{1-4}$$

二极管截止时承受的最高反向电压，从图 1-20 可以看出，当 VD1 和 VD3 导通时，如果忽略二极管的正向压降，截止管VD2和VD4的阴极电位就等于A点的电位，阳极电位就等于B点的电位。所以截止管所承受的最高反向电压就是电源电压的最大值。

$$U_{DRM}=\sqrt{2}U_2 \quad (1-5)$$

桥式整流电路变压器利用率高，输出的直流电压值高，且脉动较小，因而得到广泛应用。

用Multisim搭建单相桥式整流电路如图1-21所示，观察输入输出波形。

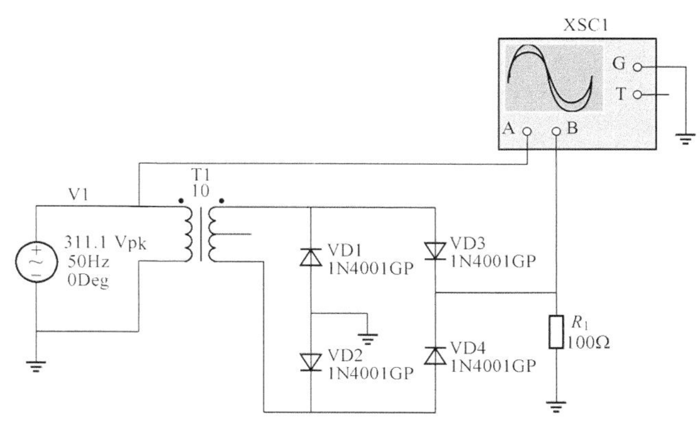

图1-21　单相桥式整流仿真电路

1.4.2　滤波电路

即使性能较优良的桥式整流电路，其输出电压中的纹波也是比较大的。为了满足电子设备正常工作的需要，必须采用滤波电路，其作用是滤去整流输出中的交流分量，即减小纹波，以便得到较平滑的直流输出。

滤波电路利用电容或电感在电路中的储能作用，当电源电压（或电流）增加时，电容（或电感）把能量储存在电场（或磁场）中；当电源电压（或电流）减小时，又将储存的能量逐渐释放出来，从而减小了输出电压（或电流）中的脉动成分，得到比较平滑的直流电压。

实用滤波电路的形式很多，如电容滤波、电感滤波、复式滤波（包括倒L型、$RC-\pi$型及$LC-\pi$型滤波）等，如图1-22所示。

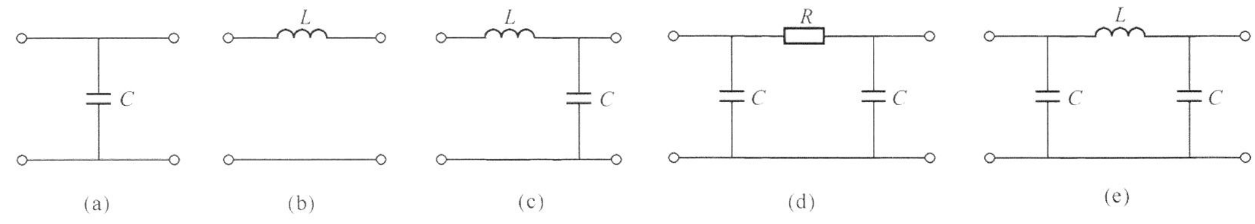

图1-22　实用滤波电路

(a) C型；(b) L型；(c) 倒L型；(d) $RC-\pi$；(e) $LC-\pi$

C型、$RC-\pi$、$LC-\pi$型滤波均属于电容性滤波，其特点是电容两端电压不能突变，故滤波电路与负载电阻并联；L型、倒L型属于电感性滤波，其特点是流过电感的电流不能突变，故滤波电路与负载电阻串联。在小功率直流电源中，负载电阻R_L一般较大，在取得相同的滤波效果时，采用电容滤波比采用电感滤波更经济有效。技术指标要求高时则应采用复式滤波器。

下面以电容滤波电路为例说明滤波电路的工作原理。

1. 电路组成

图1-23所示为单相桥式整流、电容滤波电路及其波形。图1-23（a）所示为单相桥式整流电容滤波电路，负载R_L两端并联了一个大容量电容C。

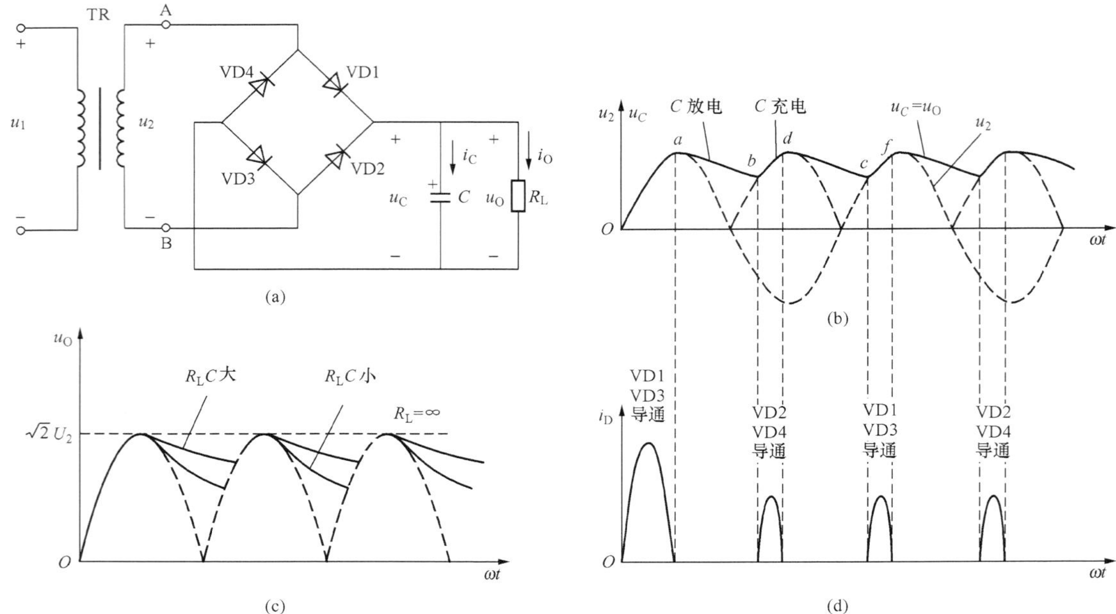

图 1-23 单相桥式整流电容滤波电路

(a) 电路原理图；(b) u_2、u_D、u_C 波形；(c) R_L 对 u_O 的影响；(d) 二极管电流 i_D 的波形

2. 工作原理

假定电容两端初始电压为零，在 $t=0$ 时接通电源，u_2 由零逐渐增大时，二极管 VD1、VD3 正偏导通，电源通过 VD1、VD3 向负载 R_L 供电，同时向电容 C 充电。由于变压器二次侧绕组的直流电阻和二极管的正向电阻均很小，故充电时间常数很小，充电速度很快，可认为 u_C 按 u_2 的正弦规律上升（即 $u_C=u_2$），直到 $U_C=\sqrt{2}U_2$，这就是图 1-23（b）中的 Oa 段。过 a 点后，u_2 开始下降，u_2 小于 u_C。VD1，VD3 截止，电容 C 则开始向 R_L 放电，其放电时间常数（$\tau=R_LC$）较大，u_C 按指数规律缓慢下降，此时 R_L 两端电压 u_o 靠 C 的放电来维持，当电容放电到图中 b 点时（$U_C=|U_2|$），u_2 的负半周使 VD2、VD4 正偏导通，电容又充电，重复上述充放电过程。如此周而复始地进行充、放电，得到图 1-23（b）所示的 u_C（即输出电压 u_O）波形（见实线）。输出电压 u_o 的大小和脉动程度与时间常数 $\tau=R_LC$ 有直接的关系，τ 越大，输出电压越平稳。若 R_L 为无穷大（即负载电阻断开）输出电压保持最大值 $U_o=\sqrt{2}U_2$。

另外加入电容滤波后，二极管导通时间变短，故电流对二极管的冲击比较大。所以这种电路适用于输出电压较高，输出电流较小的场合。

3. 定量分析

由于滤波电路的输出电压是一个近似为锯齿波的直流电压，很难用解析式表达，其平均值计算很复杂。所以工程上常采用近似估算的方法。

全波整流电容滤波电路 U_o 一般采用估算公式：经电容滤波后的输出电压平均值

$$U_o \approx 1.2U_2 \tag{1-6}$$

负载电流平均值为

$$I_o = \frac{U_o}{R_L} = \frac{1.2U_2}{R_L} \tag{1-7}$$

通过每个二极管的平均电流　　$I_D = \frac{I_o}{2}$

此时，整流二极管的导通角 $\theta < \pi$，时间常数 $R_L C$ 越大，二极管导电时间越短，二极管的冲击电流越大。因此，选用整流管时，其最大整流电流应留有充分的裕量，一般大于平均电流 I_D 的 2～3 倍。

二极管截止时所承受的最高反向电压为

$$U_{DRM} = \sqrt{2}U_2 \tag{1-8}$$

电容 C 的一般选取为

$$C \geqslant (1.5-2.5)\frac{T}{R_L} \tag{1-9}$$

式中：T 为电源电压周期，$T=0.02\text{s}$（工频为 50Hz）。

用 Multisim 搭建单相桥式整流滤波电路，如图 1-24 所示，取 $C=10\mu\text{F}$，观察输出波形。然后取 $C=100\mu\text{F}$，再观察其波形的变化。

思考：电容取值变化，输出波形变化的原因。

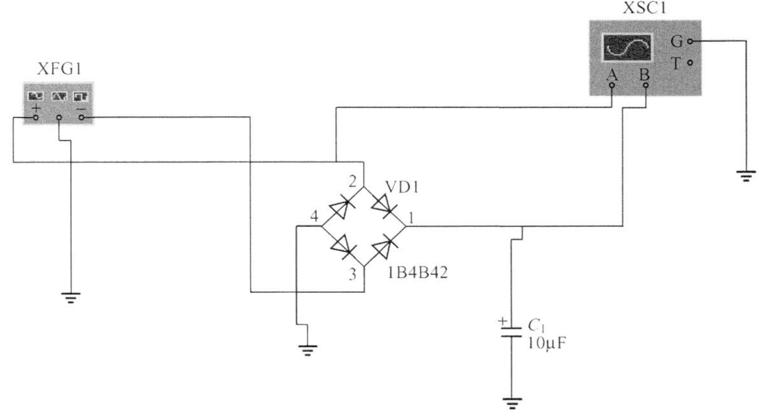

图 1-24　$C=10\mu\text{F}$ 单相桥式整流电容滤波电路

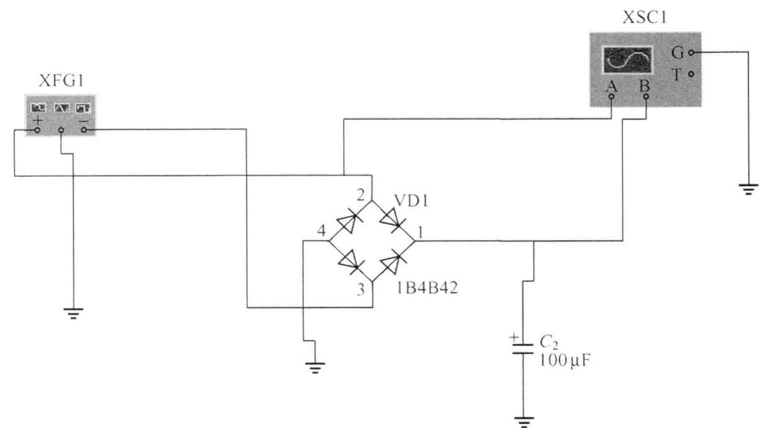

图 1-25　$C=100\mu\text{F}$ 单相桥式整流电容滤波电路

实训 1.2 整流滤波电路的测试

实训步骤：

(1) 按照图 1-26 搭建单相桥式整流电路。用示波器观察整流电路的输入和输出的波形，并测量单相桥式整流电路的输出电压，整理器件上的最大反向电压和电流的数值，记录在表 1-6 中。

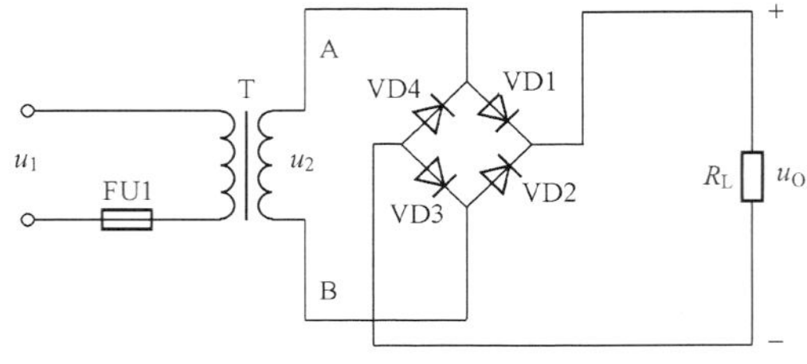

图 1-26 单相桥式整流电路

表 1-6 整流滤波电路的测试表

输入交流电压	整流电路的输出电压		整流器件上的最大反向电压		整流器件上的电流	
U_2	计算值 $0.9U_2$	实测值	计算值 $U_{DRM}=\sqrt{2}U_2$	实测值	计算值 $I_F=I_O/2$	实测值

最大反向电压 U_{DRM} 可用示波器估测。

(2) 在负载电阻两端并联上 100μF 的滤波电容构成单相桥式整流电容滤波电路，见图 1-27。用示波器中观察输入输出波形，测量输出平均电压，并用交流毫伏表测量纹波电压的大小。

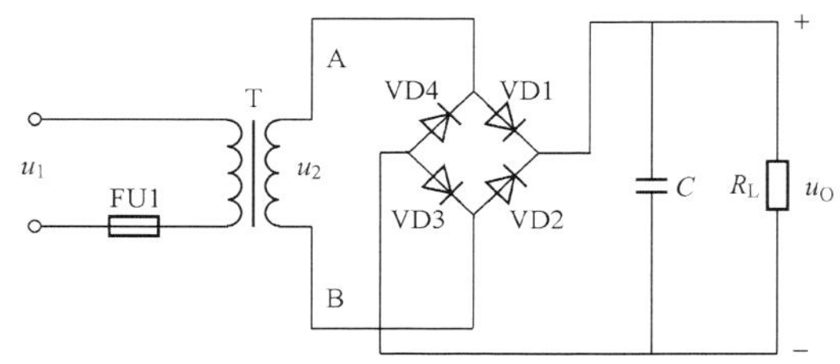

图 1-27 单相桥式整流滤波电路

1.4.3 集成三端稳压器

一、概述

随着集成技术的发展，稳压器也实现了集成化。目前已能大量生产各种型号的单片集成稳压电路。集成稳压器因具有体积小、可靠性高等优点而广泛应用于各种电子设备中。特别是三端集成稳压器（由于集成稳压器只有输入端、输出端及公共端，故称为三端稳压器），基本不需要外接元件，而且内部有限流保护、过热保护和过压保护电路，使用更加安全、方便。

三端集成稳压器分固定输出和可调输出两种不同的类型。其中三端固定输出集成稳压器的输出直流电压是固定不变的几个电压等级，它的型号有 W78××和 W79××两个系列，其中“××”表示输出电压值，有 5、6、9、12、15、18V 和 24V 等。W78××系列为正电压输出，W79××系列为负电压输出。

稳压电路的技术指标分两大类：一类为特性指标，用来表示稳压电源规格，有输入电压、输出功率、输出直流电压和电流范围；另一类为质量指标，用来表示稳压性能。具体技术指标如下。

(1) 稳压系数 S_r。稳压系数又称电压调整特性。其定义为在负载不变的条件下，稳压电

路的输出电压相对变化量与输入电压相对变化量之比，即

$$S_r = \left.\frac{\Delta U_o/U_o}{\Delta U_i/U_i}\right|_{\Delta I_o=0} \times 100\% \tag{1-10}$$

该指标反映了电网电压波动对稳压电路输出电压稳定性的影响。一般，S_r 为 $10^{-2} \sim 10^{-4}$。

一般电网电压波动极限为±10%，则取 $\Delta U_i/U_i = \pm 10\%$，在这个条件下，输出电压相对变化量 $\Delta U_o/U_o$称为电压调整率。

近年来有些生产厂家把规定电压输入范围下的输出电压的变化量称为线性调整率（如集成三端式稳压电路）。

(2) 负载调整特性 S_i。其定义为稳压电路在输入电压 U_i 不变的条件下，输出电压的相对变化量与负载电流变化量之比，即

$$S_i = \left.\frac{\Delta U_o/U_o}{\Delta I_o}\right|_{\Delta U_o=0} \times 100\% \tag{1-11}$$

此指标反映了负载变化对输出电压稳定性的影响。有些生产厂家用 I_o 从零变化到最大时产生的 ΔU_o (mV) 来表示。

(3) 输出电阻 R_o。其定义为稳压电路的输入电压 U_i 保持不变时，输出电压变化量与负载电流变化量之比，即

$$R_o = \left.\frac{\Delta U_o}{\Delta I_o}\right|_{\Delta U_i=0} \tag{1-12}$$

当 R_o 越小，负载变化对 U_o 变化影响越小，表示带载能力越强。一般 $R_o < 1\Omega$。

(4) 纹波抑制比 S_R。其定义为稳压电路输入纹波电压峰值 U_{IP}与输出纹波电压峰值 U_{OP}之比，并取电压增益表示，即

$$S_R = 20\lg\frac{U_{IP}}{U_{OP}} \quad \text{dB} \tag{1-13}$$

该指标反映稳压电路输入电压 U_i 中含有 100Hz 交流分量峰值或纹波电压的有效值经稳压后减小的程度。一般输出电压峰值 U_{OP}为几毫伏至几百毫伏。S_R 越大，表示 U_{OP} 越小。

另外，还有输出电压随温度变化的温度系数指标等，此处不一一介绍。

二、三端固定输出集成稳压器

1. 三端固定输出集成稳压器的组成

三端固定输出集成稳压器的组成如图 1-28 所示。它由启动电路、基准电源、调整管、放大电路、保护电路、采样电路六部分组成。现对各部分简要进行介绍。

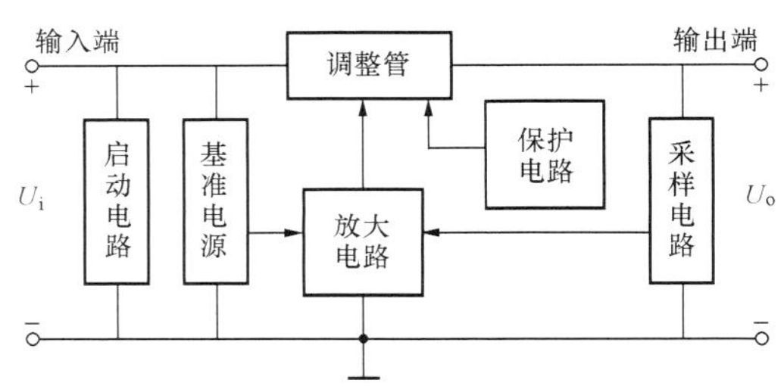

图 1-28　三端固定输出集成稳压器的组成

(1) 调整管：接在输入端与输出端之间，当电网电压或负载电流波动时，使输出电压基本保持不变。

(2) 采样电路：它由两个分压电阻组成，可将输出电压变化量的一部分送到放大电路的输入端。

(3) 基准电源：因为稳压电路的输出电压与基准电压成正比，所以基准电压的稳定性将直接影响稳压电路输出电压的稳定性。

(4) 放大电路：放大电路将通过采样电路从输出端得到的采样电压与基准电压进行比较，然后再放大并送到调整管。放大电路的放大倍数愈大，则稳定性能愈好。

(5) 启动电路：其作用是在刚接通直流输入电压时，使调整管、放大电路和基准电压等建立各自的工作电流，而当稳压电路正常工作时启动电路则被断开，以免影响稳压电路的性能。

(6) 保护电路：在 W7800 系列三端集成稳压器中，已将三种保护电路集成在芯片内部，它们分别为限流保护、过热保护和过压保护电路。

2. 外形及使用要求

无论固定正输出还是固定负输出的三端集成稳压器，它们的输出电压值可分为七个等级，即 5、6、9、12、15、18V 和 24V。它的主要参数可参考《常用电子元器件简明手册》。W7800 和 W7900 系列外引脚图如图 1－29 所示，W7800 和 W7900 系列接线图如图 1－30 所示。

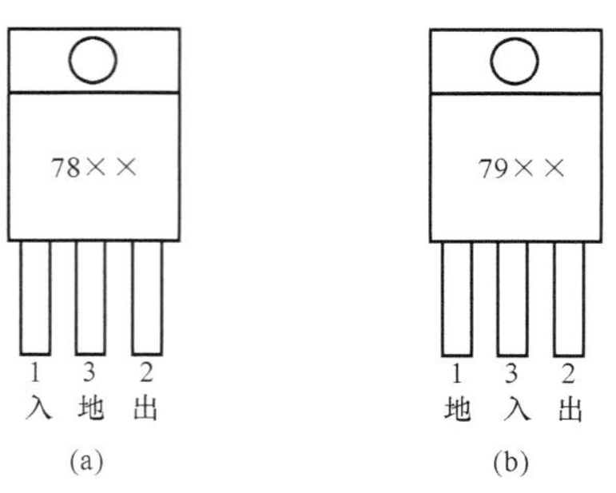

图 1－29 W7800 和 W7900 系列外引脚图

(a) W7800 系列；(b) W7900 系列

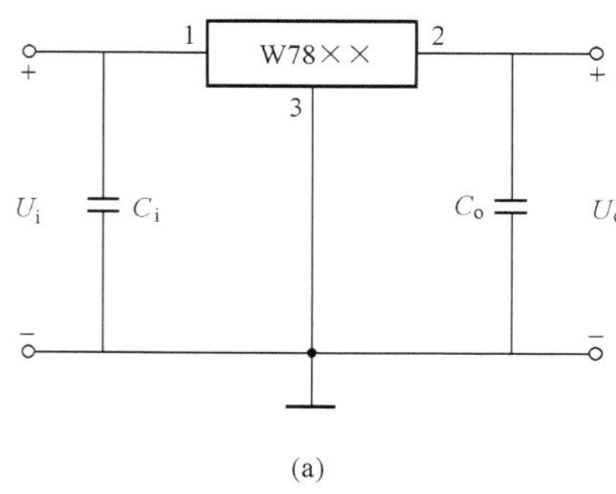

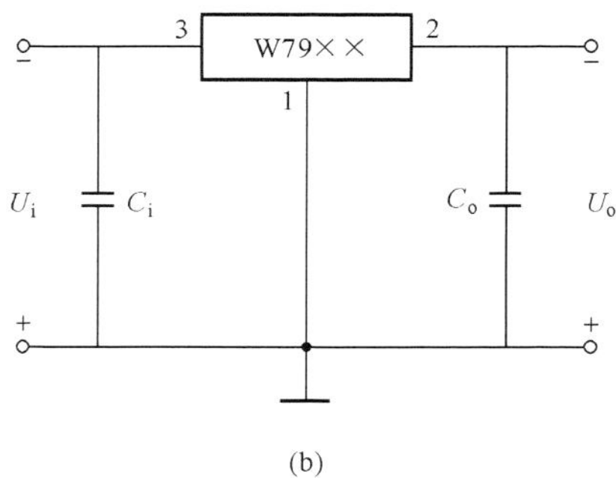

图 1－30 W7800 和 W7900 系列接线图

(a) W7800 系列；(b) W7900 系列

3. 典型应用

(1) 输出固定电压的稳压电路。根据所需输出固定电压值确定稳压器型号。如需 15V 的稳压电源，则选用 W7815 型号器件。这样的直流稳压电源系统如图 1－31 所示。电路中 C_2 和 C_3 进行频率补偿，以防止自激振荡。这种稳压电路在小功率稳压电源中获得广泛使用。

按图 1－32 所示输出固定电压的稳压电路图，输入端加上一个 10V 的直流电源，通过调节可调电阻可以得到不同的稳压电路的输入电压 U_i，分别测量在不同输入电压 U_i 下其输出电压 U_o 的大小，填入表 1－7 中。

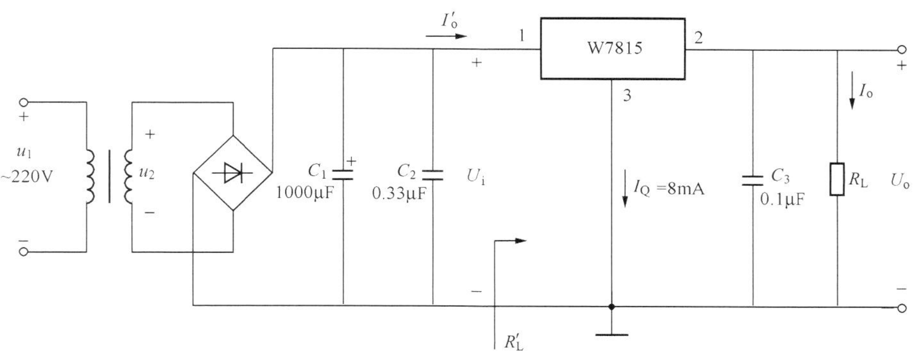

图 1-31　输出固定电压的稳压电路

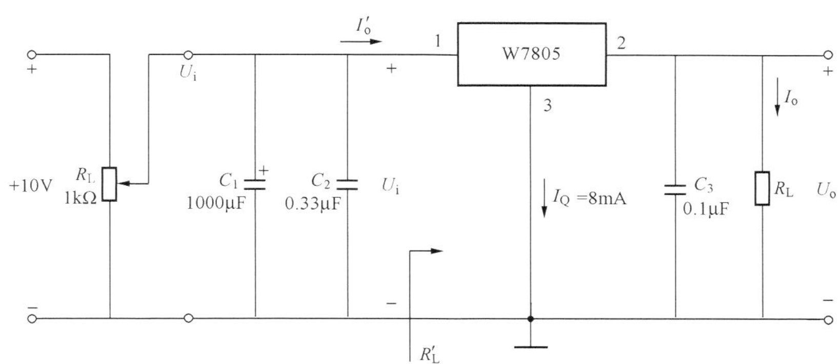

图 1-32　输出固定电压的稳压电路

表 1-7　改变输入电压后输出电压数据表

U_i	U_o	U_i	U_o
4V		10V	
8V			

(2) 正、负输出稳压电路。将 CW7800 系列和 CW7900 系列合理配合，可以得到正、负输出的稳压电路。例如，利用 CW7815 和 CW7915 构成的±15V 输出的稳压电路如图 1-33 所示。

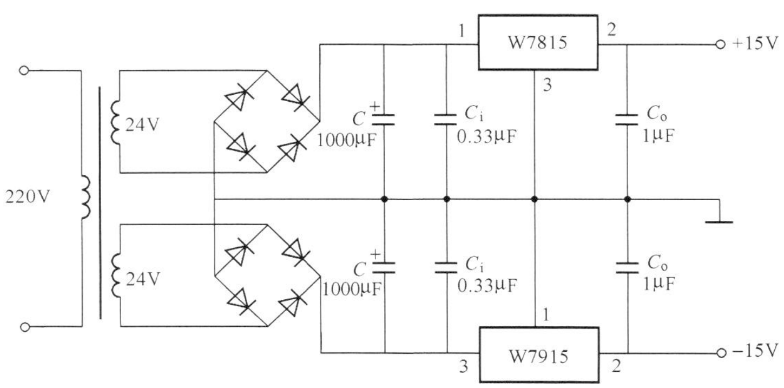

图 1-33　正、负输出稳压电路

利用 Multisim 搭建输出正负 5V 的直流稳压电路，如图 1-34 所示，并用电压表测量输出端的电压值。

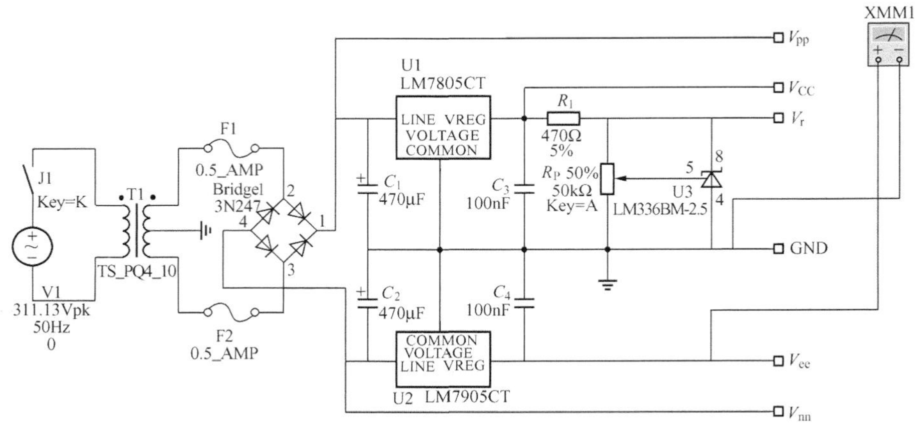

图 1-34　输出正负 5V 的稳压电路

三、三端可调式集成稳压器

三端式可调集成稳压器是指输出电压可调节的稳压器，分为正电压稳压器（W117 系列，包括 W117、W217、W317）；负电压稳压器（W137 系列，包括 W137、W237、W337）。其特点是电压调整率和负载调整率指标均优于固定式集成稳压器，且同样具有过热、限流和安全工作区保护。

1. 可调正电压稳压器

常用的国产可调正电压稳压器有 CW117/217/317 系列，最大输出电流为 1.5A；CW117M/217M/317M 系列，其最大输出电流为 0.5A；CW117L/217L/317L 系列，最大输出电流为 0.1A。它们都有输入端 IN、输出端 OUT 和调整端 ADJ，其外引脚图如图 1-35（a）所示。CW117/217/317 系列稳压器主要参数见表 1-8。

117　2 3 1　ADJ OUT IN　(a)

337　1 2 3　ADJ IN OUT　(b)

图 1-35　可调正、负电压三端集成稳压器外引脚图
（a）可调正电压三端稳压器引脚图；
（b）可调负电压三端稳压器引脚图

表 1-8　　CW117/217/317 系列稳压器主要参数

参数名称	符号	单位	测试条件	CW117/217			CW317		
				最小值	典型值	最大值	最小值	典型值	最大值
电压调整率	S_u	%/V	$3V \leqslant U_i - U_o \leqslant 40V$	—	0.02	0.05	—	0.02	0.07
电流调整率	S_i	%	$10mA \leqslant I_o \leqslant I_{o(max)}$	—	0.3	1	—	0.3	1.5
调整端电流	I_{ADJ}	μA	—	—	50	100	—	50	100
最小负载电流	$I_{o(min)}$	mA	$U_i - U_o = 40V$	—	3.5	5	—	3.5	10
最大输出电流	$I_{o(max)}$	A	$U_i - U_o \leqslant 15V$	1.5	—	—	1.5	—	—
			$U_i - U_o \leqslant 40V$	—	0.4	—	—	0.4	—
基准电压	U_{REF}	V	$I_o = 500mA$ $25V \leqslant U_i - U_o \leqslant 40V$	1.2	1.25	1.3	1.2	1.25	1.3

2. 可调负电压稳压器

常用的国产可调负电压三端集成稳压器有 CW137/237/337 系列，CW137M/237M/337M 系列及 CW137L/237L/337L 系列。图 1－35（b）为其外引脚图。CW137/237/337 系列主要参数见表 1－9，仅供读者参考。

表 1－9　CW137/237/337 系列稳压器主要参数

参数名称	符号	单位	测试条件	137/237			337		
				最小值	典型值	最大值	最小值	典型值	最大值
电压调整率	S_u	%/V	$3V \leqslant \mid U_i - U_o \mid \leqslant 40V$	—	0.02	0.05	—	0.02	0.07
电流调整率	S_i	%	$10mA \leqslant I_o \leqslant I_{o(max)}$	—	0.3	1	—	0.3	1.5
调整端电流	I_{ADJ}	μA	—	—	65	100	—	65	100
最小负载电流	$I_{o(min)}$	mA	$\mid U_i - U_o \mid = 40V$	—	3.5	5	—	3.5	10
最大输出电流	$I_{o(max)}$	A	$\mid U_i - U_o \mid \leqslant 15V$	1.5	—	—	1.5	—	—
			$\mid U_i - U_o \mid \leqslant 40V$	0.25	0.4	—	0.25	0.4	—

需要注意的是：对于 CW117/217/317 系列中的特定的稳压器，其基准电压 U_{REF} 是 1.2～1.3V 中的某个数值，一般分析中可取 1.25V，而 CW137/237/337 系列的 U_{REF} 取值与 CW117/217/317 系列正好相反，正常工作时，要求 CW117/217/317 系列稳压器的输入端和输出端电压差为 3～40V，而要求 CW137/237/337 系列为－3～－40V；调整端的输出电流 I_{ADJ} 很小，一般只有几十微安，且变化也很小，在一般计算中可忽略；为保证可调式三端集成稳压器的正常工作，必须外加合适的散热片。

3. 基本应用电路

W117 的基本应用电路如图 1－36 所示。在输出端与调整端之间为 $U_{REF}=1.25V$ 的基准电压。从调整端流出电流 $I_{ADJ}=50\mu A$。为保证稳压器在空载时也能正常工作，要求流过电阻 R_1 的电流不能太小。一般取 $I_{R1}=65$～10mA，故 $R_1=\frac{U_{REF}}{I_{R1}}\approx 120$～240Ω。

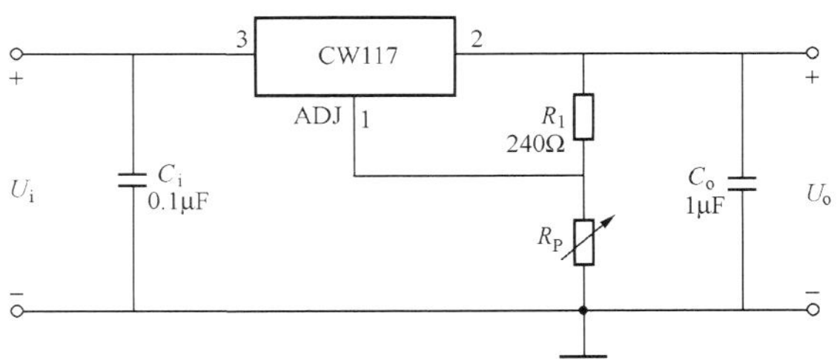

图 1－36　W117 基本应用电路

由图可知，输出电压为

$$U_o = 1.25\left(1+\frac{R_P}{R_1}\right)+50\mu A\times R_P \approx 1.25\left(1+\frac{R_P}{R_1}\right) \quad (1-14)$$

调节 R_P 可改变输出电压大小。

在实际应用中由于输出端外接大电容短路时，会产生火花使稳压器损坏，我们加入二极管 VD1 进行保护；VD2 则对 C_3 短路放电时起保护作用，如图 1－37 所示。

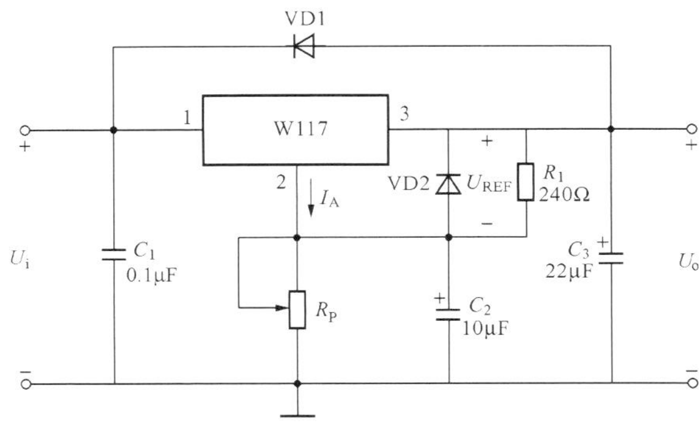

图 1－37　W117 基本实用电路

电路中，电容 C_2 用来提高纹波抑制比，可达 80dB。C_3 用来抑制容性负载（500～5000pF）时的阻尼振荡，C_1 用来消除输入长线引起的自激振荡。

实训 1.3 可调稳压电源测试

图 1-38 所示为输出可调稳压电源电路，按图 1-38 接线，调节可调电阻 R_5，测量输出电压的大小，填入表 1-10 中。

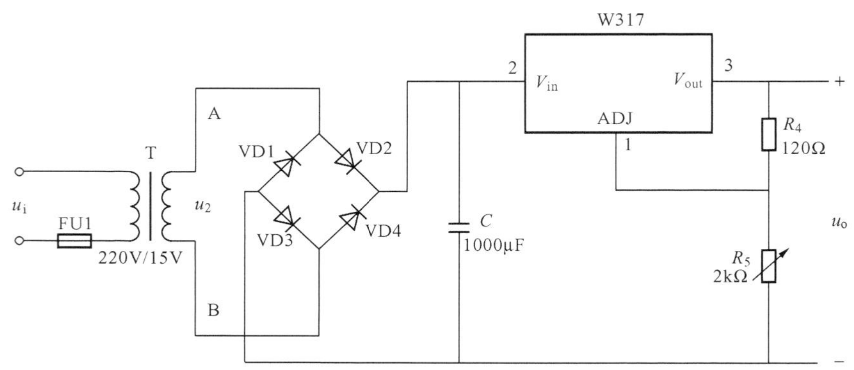

图 1-38 输出可调稳压电源电路

表 1-10 **可调稳压电源测试表**

R_5（Ω）	U_o（V）	R_5（Ω）	U_o（V）
0		1k	
120		2k	
300			

四、2.5V 精密基准稳压电路 MC1403

一般的稳压管稳压电路虽说可以做基准电压源，但其电压稳定性差，温度系数大，噪声电压大，所以不能作为高精度的基准电压源。而稳压性能好的基准电压源是当代模拟集成电路极为重要的组成部分，它为串联型稳压电路、A/D 和 D/A 转换器提供了基准电压，也是大多数传感器的稳压供电电源或激励源。另外，基准电压源也可作为标准电池、仪器表头的刻度标准和精密电流源。

MC1403 是一种高准确度、低温漂、采用激光修正的带隙基准电压源。该电路的特点是：温度系数小，噪声小，电压稳定性能好。一般用作 8～12bit 的 D/A 芯片的基准电压等一些需要精密的基准电压的场合。

MC1403 的输出电压为+2.5V；输入电压范围 4.5～15V；输出电压误差<±1%；当输入电压从+4.5V 变化到+15V 时，输出电压值变化量小于 3mV；最大输出电流 10mA；工作温度范围为 0～70℃；温度漂移 10×10^{-6}℃。

MC1403 基准电压源的内部电路很复杂，但应用很简单，只需外接少量元件。芯片一共是 8 个管脚，管脚如图 1－39 所示。其中，①为输入端，②为输出端，③为公共端，④～⑧是空脚。

图 1－40 所示为 MC1403 的典型应用。图中，R_P 为精密电位器，用于精确调节输出的基准电压值，通过调节可调电阻，可以输出 0～2.5V 的电压，C 为消噪电容。

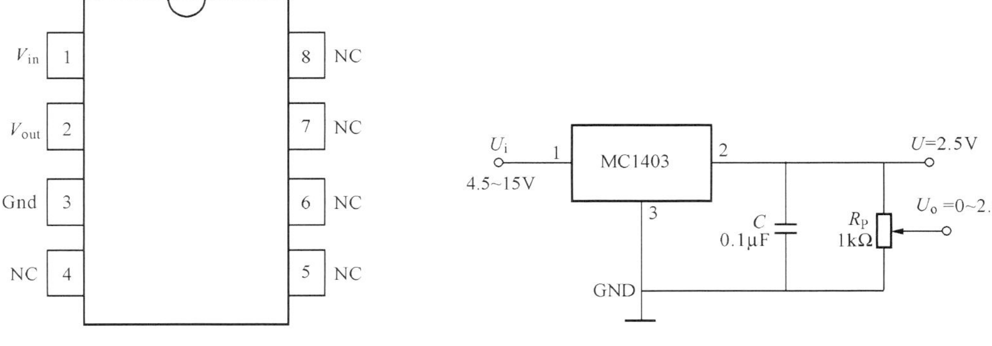

图 1－39　MC1403 管脚图　　图 1－40　MC1403 的典型应用

在 Multisim 中搭建 MC1403 的应用电路仿真图，如图 1－41 所示，调节可调电阻，观察输出电压表的读数。

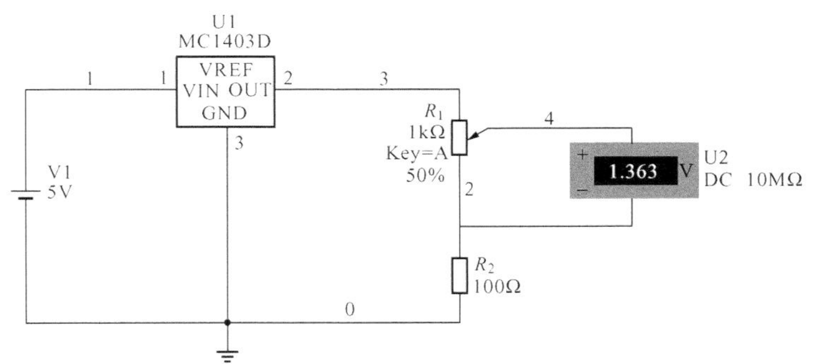

图 1－41　MC1403 基本应用电路

实训 1.4　常用电子仪器的使用

实验内容和步骤如下：

(1) 用信号发生器产生如下 3 个正弦波信号

1kHz，0.5V

10kHz，1V

100kHz，1.5V

(2) 将信号发生器产生的信号送入示波器，观察信号的波形，并且用示波器测量信号的频率和峰峰值，填写表 1－11。

(3) 用交流毫伏表测量信号的大小，记入表 1－12。

表 1-11 示波器测量信号值

信号	实测值	
	频率	峰峰值
1kHz，0.5V		
10kHz，1V		
100kHz，1.5V		

表 1-12 交流毫伏表测量信号

信号	实测值	有效值
1kHz，0.5V		
10kHz，1V		
100kHz，1.5V		

1.5 直流稳压电源电路的设计与调试

一、电路器件参数的计算

1. 选择稳压器

按照设计要求选择稳压器：直流稳压电源电路的输出电压为正 5V，输出电流为 300mA 以上。根据三端稳压器参数可选择 7805 或者 7805M。

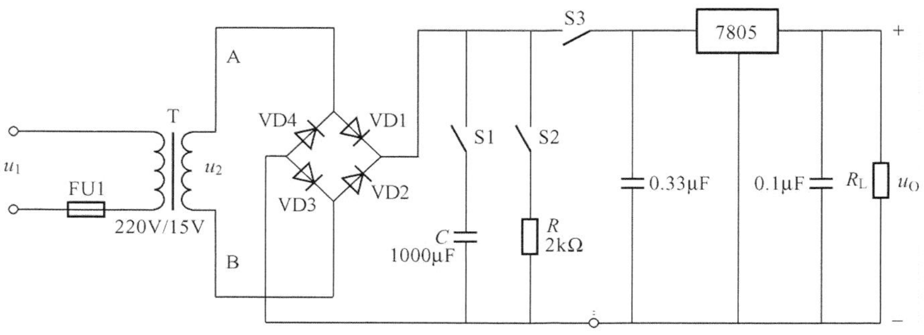

图 1-42 直流稳压电源电路的安装与调试

2. 选择变压器

(1) 变压器输出电压。

稳压器 7805 的输出电压为正 5V，它的输入电压应大于 7V，若考虑到电源电压的波动现取 8V，则变压器的二次侧电压 $U_2=8/1.2\approx7\text{V}$。

(2) 变压器输出电流：$I_2\approx(1.5\sim2)I_O$

为了实验安全，可选择容量为 25VA、二次侧电压 8V 的通用型变压器。

3. 整流二极管的选择

最大反向电压的选择： $U_{DRM}\geqslant\sqrt{2}U_2$

最大正向整流电流 I_F 的选择： $I_F\geqslant\frac{1}{2}I_O$

4. 滤波电容

容量 $C\geqslant(1.5\sim2.5)\frac{T}{R_L}$

为了安全起见，滤波电容的耐压值一般留有 1.5 倍的余量。$U_C\geqslant1.5\sqrt{2}U_2$

二、工具、仪表及器材准备

1. 工具、仪表

示波器、万用表、毫伏表等常用电子工具。

2. 器件

表 1-13 列出了参考元器件。

表 1-13　直流稳压电源电路

名称	规格	数量	名称	规格	数量
变压器 T	220V/8V，2A　25VA	1 只	电阻器	1kΩ/0.25W	1 只
硅整流桥	1A	4 只	电阻器	300Ω/0.25W	1 只
电解电容 C	1000μF/35V	1 只	电阻器	120Ω/0.25W	1 只
电容 C	0.33μF/35V	1 只	万能实验板	50×50×5	每人一块
电容 C	0.1μF/35V	1 只	7805	M	1 只
可调电阻	2kΩ	1 只	W317		1 只
电阻器	2kΩ/0.25W	3 只	单刀单掷开关（可以不用）		3 只

三、电路的组装

(1) 根据表 1-14，配齐元器件，并用万用表检查元件的性能及好坏。

(2) 合理布局电路元器件。

(3) 安装二极管、电解电容并注意极性。

(4) 元器件安装完毕，经检查无误后，可通电实验。

四、实验的调测

(1) 当开关 S1 断开，S2 闭合，S3 断开，电路为单相桥式整流电路。

测量单相桥式整流电路上的电压和电流的数值，并记录在表 1-14 中。

表 1-14　单相桥式整流电路的电压和电流

整流电路形式	输入交流电压	整流电路的输出电压		整流器件上的最大反向电压		整流器件上的电流	
桥式整流	U_2	计算值 $0.9U_2$	实测值	计算值 $U_{DRM}=\sqrt{2}U_2$	实测值	计算值 $I_F=I_O/2$	实测值

最大反向电压 U_{DRM} 可用示波器估测。

(2) 当开关 S1 闭合，S2 闭合，S3 断开，接上电容 C 后，电路为单相桥式整流电容滤波电路。

在示波器中观察输入输出波形，测量输出平均电压，并用交流毫伏表测量纹波电压的大小。

思考：

1) 一个二极管反接可能出现什么问题?

2) 一个二极管开路可能出现什么现象?

3) 电解电容接反可能会出现什么问题?

(3) 当开关 S1 闭合，S2 断开，S3 闭合，电路为直流稳压电源电路。

1）取 $R_L=1k\Omega$，测量电路的输出电压 U_o 的大小。然后改变 R_L 的值，分别再取 120Ω 和 2kΩ，再测量输出电压，比较一下和之前测量的大小有无变化。

2）稳压系数 S_r 的测量（电压调整率）。保持 $R_L=1k\Omega$ 不变，取 $U_2=14V$，测量此时稳压器的输入电压 U_i 及输出电压 U_o，然后改变 U_2，取 $U_2=17V$，再测 U_i 及输出电压 U_o，记入表 1-15 中，再根据式（1-10）稳压系数定义式计算稳压系数 S_r。

表 1-15　S_r 的测量表

U_2（V）	U_i（V）	U_o（V）	S_r
14			
17			

3）输出电阻 R_o 的测量。保持 $U_2=14V$ 不变，分别测量当 $R_L=120\Omega$ 和 $R_L=2k\Omega$ 时，相应的输出电压 U_o 和输出电流 I_o，记入表 1-16 中，并根据式（1-12）R_o 的定义式计算 R_o。

表 1-16　输出电阻的测量表

R_L（Ω）	I_o（mA）	U_o（V）	R_o（Ω）
120			
2k			

4）输出纹波电压的测量。输出纹波电压是指在额定负载条件下，输出电压中所含交流分量的有效值（或峰值）。

取 $U_2=14V$，$R_L=120\Omega$，用毫伏表测量出输出纹波电压 U_o 的值并记录之。

五、设计报告要求

（1）说明各部分电路的功能及参数选择。

（2）写出调试步骤。

（3）通过电源各项性能指标的测试分析设计的直流稳压电源的性能。

（4）组装、调试直流稳压电源电路的心得、体会。

习　　题

1.1　简答题

1.1.1　稳压二极管的主要参数有哪些？选择稳压二极管时应怎样考虑？

1.1.2　画出单相桥式整流电路及电容滤波单相桥式整流电路。并说明工作原理。

1.1.3　单相桥式整流电路中，若某一整流二极管发生开路、短路或反接三种情况，电路将会发生什么问题？

1.1.4　整流电路、滤波电路的作用是什么？

1.2　填空题

1.2.1　在杂质半导体中，多数载流子的浓度主要取决于（　　），而少数载流子的浓度则与（　　）有很大关系。

1.2.2　当温度升高后，二极管的正向压降将（　　），反向电流将（　　）。

1.2.3　半导体二极管正偏时，形成的正向电流较大，称之为（　　）状态；反偏时，形成的反向电流很小，称之为（　　）状态。

1.2.4　直流稳压电源一般有（　　）、（　　）、（　　）和（　　）四部分组成。

1.3　选择题

1.3.1　常温下硅管的死区电压是（　　）。

A. 0.1V　　　　B. 0.5V

1.3.2　常温下锗管的正向导通电压是（　　）。

A. 0.3V　　　　B. 0.7V

1.3.3　稳压二极管应工作在（　　）电压下。

A. 正向　　　　B. 反向

1.3.4　光敏二极管应工作在（　　）电压下。

A. 正向　　　　B. 反向

1.3.5　在PN结不加外部电压时，扩散电流（　　）漂移电流（A. 小于；B. 大于；C. 等于），因而PN结中的电流（　　）（A. 只从P区流向N区；B. 只从N区流向P区；C. 等于零）。

1.3.6　利用二极管的（　　）组成整流电路（A. 正向特性；B. 单向导电特性；C. 反向击穿特性）。稳压管工作在（　　）状态下，能够稳定电压（A. 正向导通；B. 反向截止；C. 反向击穿）。

1.4　判断题

1.4.1　由于PN结内部存在内电场，所以当把PN结两端短路时就有电流流过。　（　　）

1.4.2　PN结外加正向偏置电压时，扩散电流大于漂移电流。　（　　）

1.4.3　用万用表不同欧姆挡测量同一只二极管时，所测得的阻值是不同的。　（　　）

1.4.4　用指针式万用表测量二极管时，如果测得的电阻值较小，则黑表笔所接触的一端是二极管的阳极。　（　　）

1.4.5　在桥式整流电路中，如用交流电压表测出变压器次级的交流电压为40V，则在纯电阻负载两端用直流电压表测出的电压值约为36V。　（　　）

1.5　在图1-43中，直流电源电压$U_1=U_2$，交流信号u_i为正弦信号，其幅值大于直流电源电压。二极管为理想二极管，分析电路的功能和工作原理。

1.6　在图1-44所示各电路图中，$E=5\text{V}$，$u_i=100\sin\omega t\,\text{V}$，二极管正向压降可忽略不计，试分别画出输出电压$u_o$的波形。

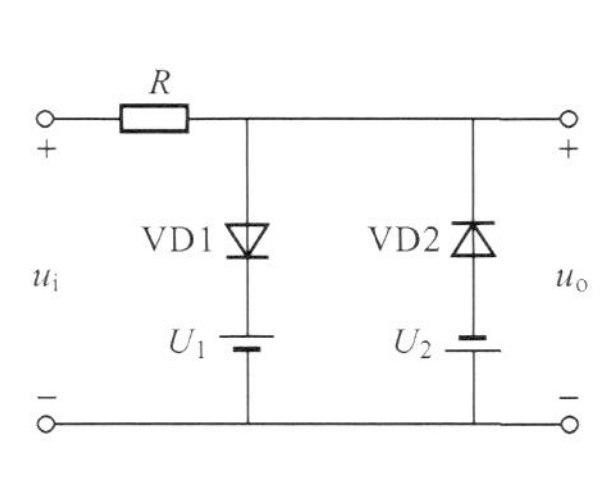

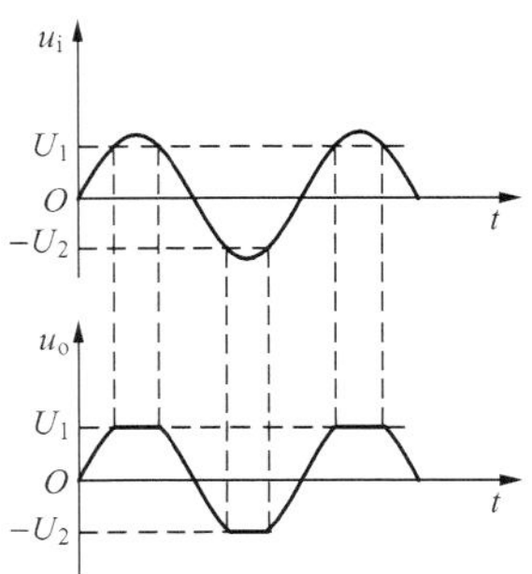

图1-43　题1.5图

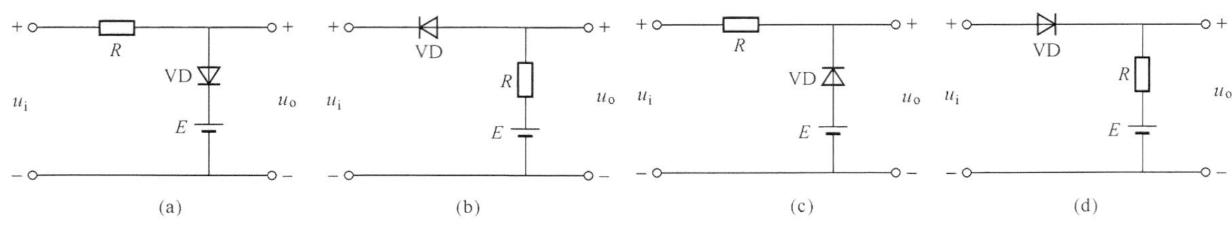

图 1-44　题 1.6 图

1.7　有两个稳压管 VD1 和 VD2，其稳定电压分别为 5.5V 和 8.5V，正向压降都是 0.5V。如果要得到 0.5、3、6、9V 和 14V 几种稳定电压，这两个稳压管（还有限流电阻）应该如何连接？画出各个电路。

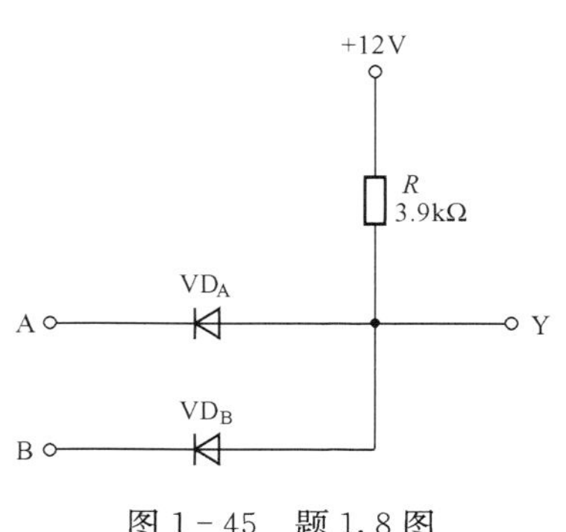

图 1-45　题 1.8 图

1.8　在图 1-45 所示电路中，试求下列几种情况下输出端 Y 的电位 V_Y 及各元件（R，VD_A，VD_B）中通过的电流：(1) $U_A=U_B=0V$；(2) $U_A=0V$，$U_B=3V$。二极管的正向压降可忽略不计。

1.9　图 1-46 所示电路中，试求下列几种情况下输出端电位 V_Y 及各无件中流过的电流：

(1) $U_A=+10V$，$U_B=0V$；

(2) $U_A=+6V$，$U_B=+5.8V$；

(3) $U_A=U_B=+5V$。设二极管的正向电阻为零，反向电阻为无穷大。

1.10　有一单相桥式整流电路，变压器二次电压有效值为 $U_2=20V$，负载 $R_L=100\Omega$，试求电路的输出电压平均值、负载上流过的电流平均值以及各二极管所承受的最大反向电压。

1.11　图 1-47 中所示的电容滤波桥式整流电路中，已知 $R_L=40\Omega$，$C=1000\mu F$，用交流表量得 $U_2=20V$（有效值），现在用直流电压表测量 R_L 两端电压，在以下几种情况下，测得的值各为多少：

(1) C 断开；

(2) R_L 断开；

(3) 电路完好。

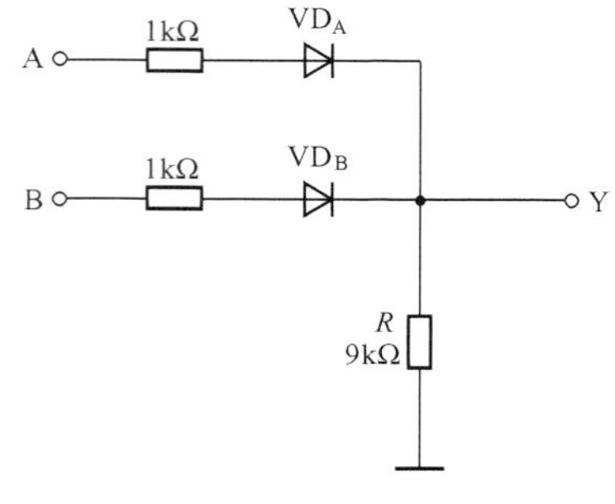

图 1-46　题 1.9 图

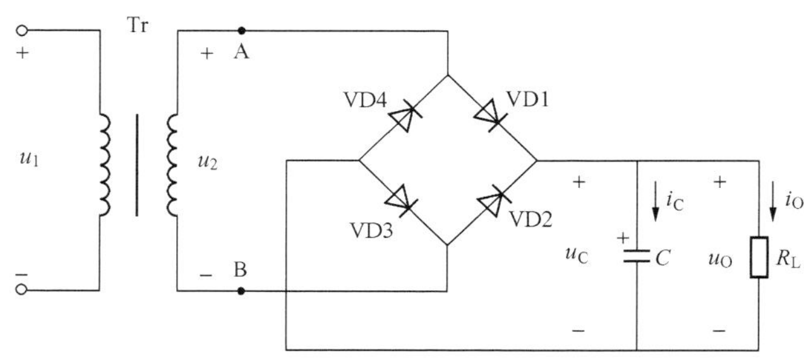

图 1-47　题 1.11 图

1.12　一半导体收音机需+6V直流电源，试用三端固定式集成稳压器组成+6V稳压源，画出该电源的电路图。

1.13　采用三端固定输出集成稳压器的直流稳压电源电路如图1-48所示，试完成：

(1) 写出应选用的稳压器芯片的型号名称。

(2) 当芯片输入与输出端电压降为5V时，其输入电压 U_i 应取多大?

(3) 此时桥式整流电路输入端的交流电压有效值 U_2 应取多大?

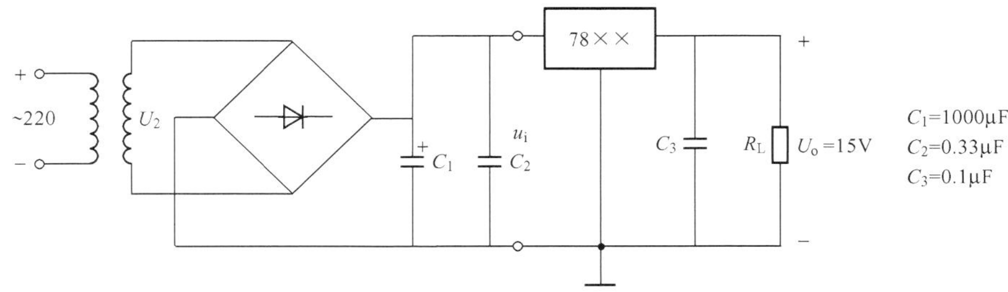

图1-48　题1.13图

情境二　音频功率放大器的设计

放大电路（又称放大器）应用十分广泛，无论日常使用的收音机、扩音器还是精密的测量仪器和复杂的自动控制系统，都有各种各样的放大电路，在这些电子设备中，放大电路的作用是将微弱的电信号放大，以便于人们测量和利用。例如，从收音机天线接收到的信号或者从传感器得到的信号，有时只有微伏或毫伏的数量级，必须经过放大才能驱动喇叭或者进行观察、记录和控制。由于放大电路是电子设备中最普遍的一种基本单元，因而也是模拟电子技术课程的基本内容之一。

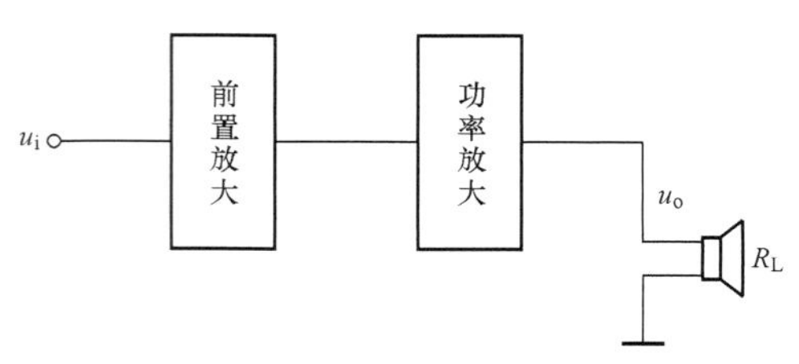

图 2-1　音频放大电路原理框图

音频放大电路是一个多级放大电路，其原理框图如图 2-1 所示。

2.1　设　计　目　的

(1) 通过本课题设计，掌握晶体管的特性、参数及应用；
(2) 掌握放大电路的组成与分析；
(3) 掌握理想集成运算放大电路的特性和应用；
(4) 学习放大电路的设计方法；
(5) 熟悉负反馈对放大电路性能的影响；
(6) 学会音频放大电路的设计与调试。

2.2　设计任务及要求

1. 设计任务

设计一个音频放大电路，已知以下条件。
(1) 输入信号：150～500mV；
(2) 输出功率：大于 10W；
(3) 频带宽度：10～14000Hz。

2. 设计要求

(1) 确定音频功率放大器各级电路的组成；
(2) 根据设计要求选择集成运算放大器和功率放大器；
(3) 确定所用的电阻、电容等元件参数值；
(4) 计算各级电压放大倍数；
(5) 画出音频放大电路原理图。

2.3　必备知识一：晶体三极管特性、参数及应用

一、晶体三极管的结构和符号

晶体三极管又称为双极性晶体管，一般简称晶体管或三极管。其种类很多，按照工作频率分为高频管和低频管；按照功率分为小功率管和大功率管；按照半导体材料分为硅管和锗管等。但是从它的外形来看，三极管都有三个电极，常见的三极管外形如图 2-2 所示。

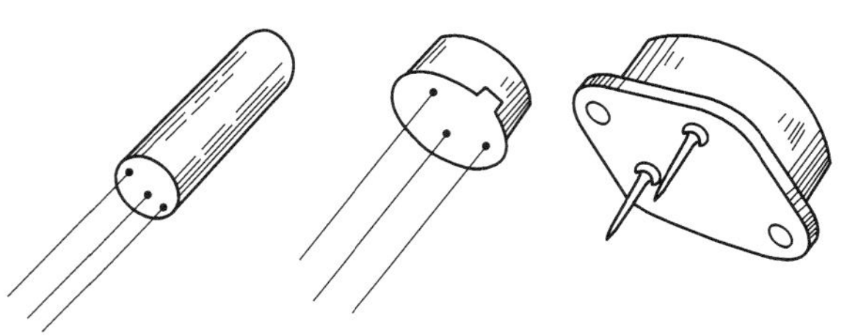

图 2-2　常见的三极管外形图

根据结构不同，三极管可分为 NPN 型和 PNP 型两种，图 2-3 所示为这两种三极管的结构示意图和符号。它由三层半导体两个 PN 结组成，从三块半导体上各自引出一个电极，它们分别是发射极 E、基极 B 和集电极 C，对应的每块半导体称为发射区、基区和集电区。三极管有两个 PN 结，发射区与基区交界处的 PN 结称为发射结，集电区与基区交界处的 PN 结称为集电结。发射极的箭头表示三极管正常工作时的实际电流方向。使用时应注意，由于发射区与集电区掺杂浓度不同，集电极和发射极不能互换。

NPN 型与 PNP 型三极管的工作原理相同，不同之处在于使用时所加电源的极性不同。下面以 NPN 型三极管为例进行分析讨论，所得结论同样适用于 PNP 型三极管。

二、三极管的电流分配与放大作用

如图 2-4 所示为测量三极管电流分配的实验电路，要使三极管能正常工作，三极管外加电压必须满足“发射结加正向电压，集电结加反向电压”这两个外部放大条件，电源 V_{CC} 和 V_{BB} 正是为满足这两个条件而设置的。实验时，改变 R_B，基极电流 I_B、集电极电流 I_C 和发射极电流 I_E 都随之发生变化，三极管三个电极的电流满足下述关系。

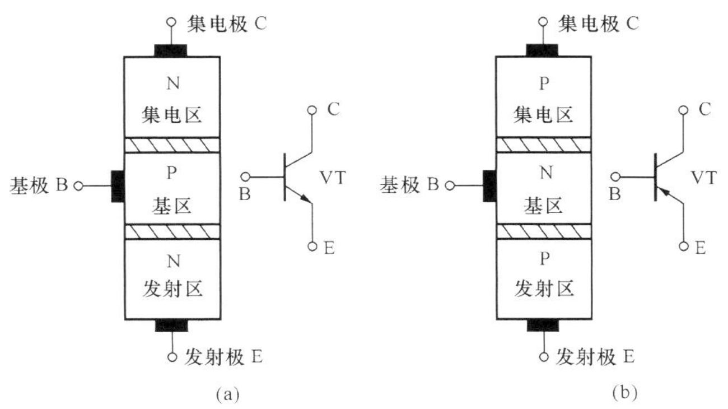

图 2-3　三极管的结构示意图和符号

(a) NPN 型；(b) PNP 型

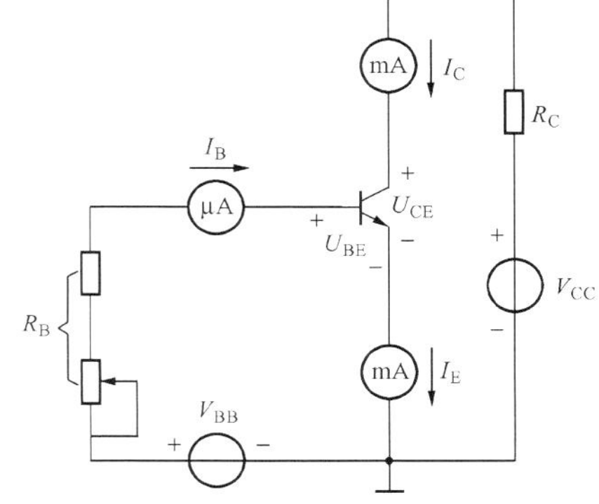

图 2-4　测量三极管电流分配实验电路

(1) 三极管三个电极的电流符合基尔霍夫电流定律

$$I_E = I_B + I_C \qquad (2-1)$$

(2) I_B对 I_C有控制作用，I_C随 I_B的变化而变化，两者在一定范围内保持比例关系，即

$$I_C = \bar{\beta} I_B \tag{2-2}$$

$\bar{\beta}$ 称为三极管的电流放大系数（或电流放大倍数），一般在几十倍以上，它反映了三极管的电流放大能力，或者说 I_B对 I_C的控制能力。正是这种小电流对大电流的控制能力，说明了三极管具有电流放大作用。

由式（2-1）和式（2-2）可得

$$I_E = (1+\bar{\beta}) I_B$$

由于 $\bar{\beta} \gg 1$，所以 $I_E \approx I_C$。

三、三极管的特性曲线

三极管的特性曲线是指三极管各电极电压与电流之间的关系曲线，它是分析和设计各种三极管电路的重要依据。由于三极管有三个电极，构成二端口网络，输入端电压电流关系为输入特性，输出端电压电流关系为输出特性。由于三极管特性的分散性，手册中给出的特性曲线只能作为参考，在实际应用中可通过实验测量。

下面讨论共射极电路的特性曲线。

在电子电路中，直流量一般用大写字母表示如 I_B、I_C、U_{CE}等；交流量一般用小写字母表示，如 i_b、i_c、u_{ce}；交直流共存的量用小写母加大写下标表示，如 i_B、i_C、u_{CE}。

1. 输入特性

输入特性是指当集电极与发射极之间的电压 u_{CE}为某一常数时，加在三极管基极与发射极之间的电压 u_{BE}与基极电流 i_B之间的关系曲线，即

$$i_B = f(u_{BE})\big|_{U_{CE}}$$

图 2-5 所示为硅管 3DG6 的输入特性曲线。一般情况下，当 $U_{CE} \geqslant 1V$ 时，集电结就处于反向偏置，此时再增大 U_{CE}对 i_B的影响很小，也即 $U_{CE} > 1V$ 以后的输入特性与 $U_{CE} = 1V$ 的一条特性曲线基本重合，所以半导体器件手册中通常只给出一条 $U_{CE} \geqslant 1V$ 时的输入特性曲线。

由图 2-5 可见，三极管的输入特性曲线与二极管的正向特性曲线很相似，也存在一段死区，硅管的死区电压约为 0.5V，锗管的死区电压约为 0.2V。导通后，硅管的 U_{BE}约为 0.7V，锗管的 U_{BE}约为 0.3V。

从输入特性曲线可看出，过了死区后，很小的发射结电压变化量，会引起很大的基极电流变化量。

2. 输出特性

输出特性是在基极电流 i_B一定的情况下，集电极与发射极之间的电压 u_{CE}与集电极电流 i_C之间的关系，即

$$i_C = f(u_{CE})\big|_{I_B}$$

图 2-6 所示为硅管 3DG6 的输出特性曲线。由图可见，对于不同的 I_B，所得到的输出特性曲线也不同，所以，三极管的输出特性曲线是一族曲线。

三极管的输出特性分为截止区、放大区和饱和区三个区域。

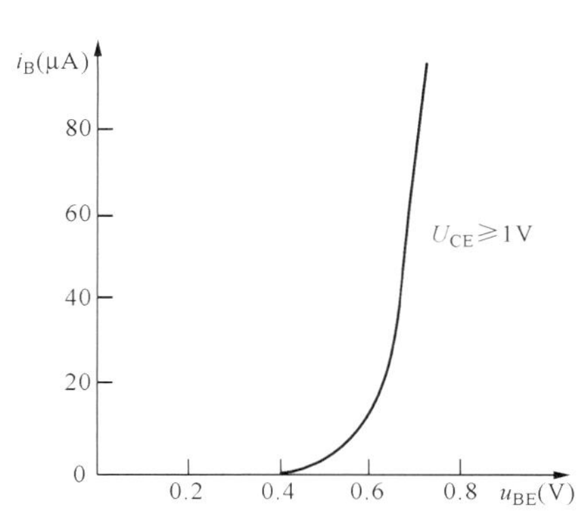

图 2-5　硅管 3DG6 的输入特性曲线

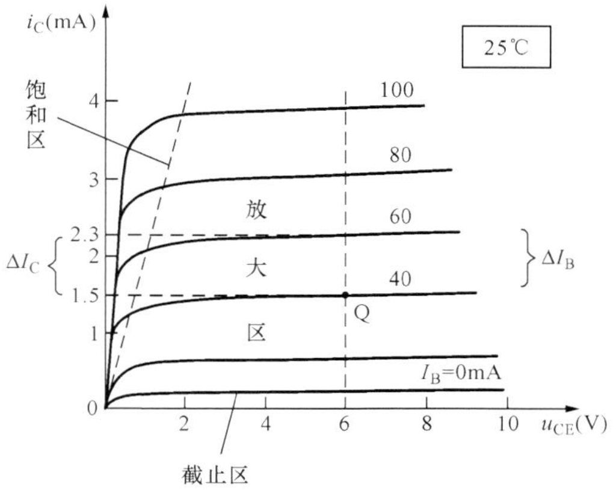

图 2-6　硅管 3DG6 的输出特性曲线

(1) 截止区：对应 $I_B=0$ 以下的区域，在该区域 $i_C=I_{CEO}\approx0$，集电极、发射极间只有微小的反向饱和电流，近似于开关的断开状态。为了使三极管可靠截止，通常给发射结加上反向电压，即 $u_{BE}<0V$。这样，发射结和集电结都处于反向偏置，三极管处于截止状态。

(2) 放大区：放大区是输出特性曲线中基本平行于横坐标的曲线族部分。在放大区，发射结正偏和集电结反偏，i_C 的大小基本上与 u_{CE} 无关，呈现恒流特性。此外，i_C 由 i_B 控制，即 $i_C=\beta i_B$，三极管具有电流放大作用。

(3) 饱和区：靠近输出特性曲线的纵坐标，曲线上升部分对应的区域。在该区域 i_C 不受 i_B 的控制，且发射结和集电结均处于正向偏置。一般认为，$u_{CE}\approx u_{BE}$，即 $u_{CB}\approx0$ 时，三极管处于临界饱和状态，$u_{CE}<u_{BE}$ 时为饱和状态。对于小功率管，饱和时的管压降 $u_{CES}\approx0.3V$，近似于开关的闭合状态。

四、三极管的主要参数

三极管的参数是用来表征管子性能优劣和适用范围的，它是选用三极管的依据。了解这些参数的意义，对于合理使用和充分利用三极管达到设计电路的经济性和可靠性是十分必要的。

1. 电流放大系数 $\bar{\beta}$、β

根据工作状态的不同，在直流（静态）和交流（动态）两种情况下分别用 $\bar{\beta}$、β 表示。直流电流放大系数的定义为

$$\bar{\beta}=\frac{I_C}{I_B}$$

交流电流放大系数的定义为

$$\beta=\frac{\Delta I_C}{\Delta I_B}$$

显然，$\bar{\beta}$、β 的含义是不同的，但在输出特性曲线线性比较好（平行、等间距）的情况下，两者差别很小。在一般工程估算中，可以认为 $\beta\approx\bar{\beta}$，两者可以混用。

由于制造工艺的分散性，即使同型号的管子，它的 β 值也有差异，常用三极管的 β 值通常在 10～100 之间。β 值太小放大作用差，但 β 值太大也容易使管子性能不稳定，一般放大电路采用 $\beta=40\sim80$ 的三极管为宜。

2. 极间反向电流

集电极—基极间反向饱和电流 I_{CBO}：它表示发射极开路，C、B 间加上一定反向电压时

的反向电流，如图 2－7 所示。它实际上和单个 PN 结的反向饱和电流是一样的，是由少数载流子形成的。一般 I_{CBO}的值很小，但具有热敏性，小功率锗管的 I_{CBO}约 10μA。而硅管的 I_{CBO}则小于 1μA。

集电极—发射极间反向饱和电流（穿透电流）I_{CEO}：它表示基极开路时，C、E 间加上一定反向电压时的集电极电流，如图 2－8 所示。I_{CEO}和 I_{CBO}的关系为

$$I_{CEO}=(1+\beta)I_{CBO} \tag{2-3}$$

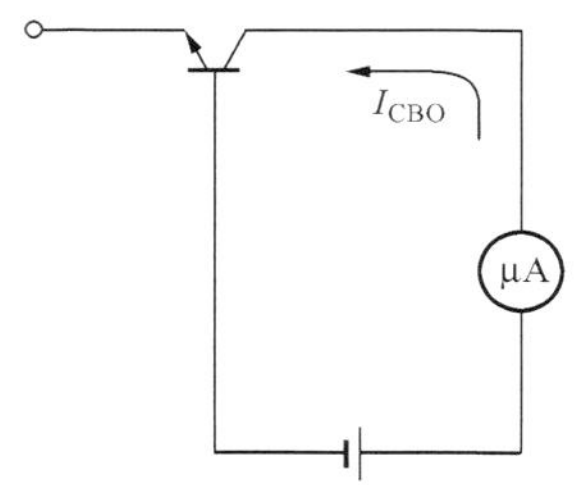

图 2－7 测量 I_{CBO}的电路

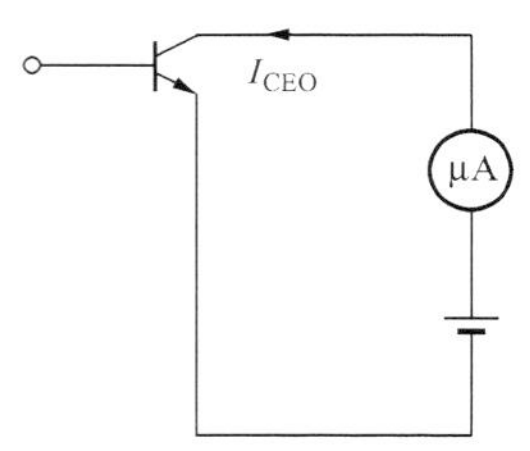

图 2－8 测量 I_{CEO}的电路

I_{CEO}和 I_{CBO}都是衡量三极管质量的重要参数，由于 I_{CEO}比 I_{CBO}大得多，测量起来比较容易，所以我们平时测量三极管时，常常把测量 I_{CEO}作为判断管子质量的重要依据。小功率锗管的 I_{CEO}约在几百微安，硅管在几微安以下。I_{CEO}和 I_{CBO}随温度的增加而增加，而且由于 β 随温度也增加，故 I_{CEO}比 I_{CBO}随温度的变化更大。在温度变化范围大的工作环境应选用硅管。

3. 极限参数

集电极最大允许电流 I_{CM}：指三极管的参数变化不超过允许值时集电极允许的最大电流。当集电极电流超过 I_{CM}时，管子性能将显著下降，甚至有烧坏管子的可能。

反向击穿电压 $U_{(BR)CEO}$：指基极开路时，集电极与发射极间的最大允许电压。当 $U_{CE}>U_{(BR)CEO}$时，三极管的 I_{CEO}急剧增加，表示三极管已被反向击穿，造成三极管损坏。使用时，应根据电源电压 V_{CC}选取 $U_{(BR)CEO}$，一般应使 $U_{(BR)CEO}>(2\sim3)\ V_{CC}$。

集电极最大允许功率损耗 P_{CM}：表示三极管允许功率损耗的最大值。超过此值就会使管子性能变坏或烧毁。三极管功率损耗的计算公式为

$$P_{CM}\approx i_C u_{CE}$$

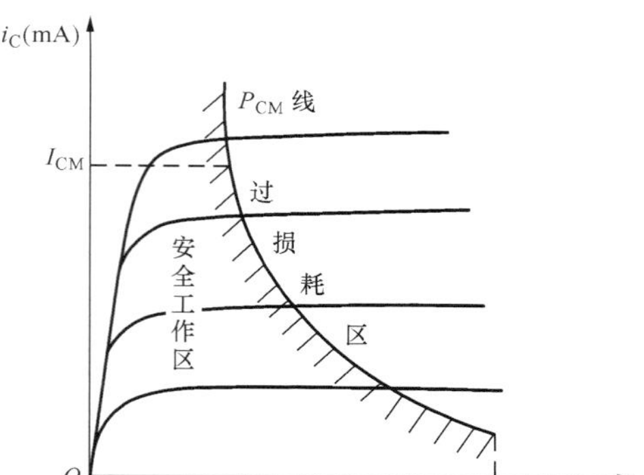

图 2－9 三极管 3DG4 的安全工作区

P_{CM}与环境温度有关，温度越高，则 P_{CM}越小。因此，半导体三极管使用时受环境温度的限制，锗管的上限温度约 70℃，硅管可达 150℃。对于大功率管，为了提高 P_{CM}，常采用加散热装置的办法，手册中给出的 P_{CM}值是在常温（25℃）下测得的，对于大功率管则是在常温下加规定尺寸的散热片的情况下测得的。

P_{CM}、$U_{(BR)CEO}$和 I_{CM}这三个极限参数决定了晶体管的安全工作区，可在输出特性曲线上画出管子的允许功率损耗 P_{CM}曲线，如图 2－9 所示。根据硅管 3DG6 的三个极限参数：$P_{CM}=$

300mW，I_{CM}＝30mA，$U_{(BR)CEO}$＝30V，画出了它的安全工作区。

五、温度对晶体管参数的影响

几乎所有晶体管参数都与温度有关，因此不容忽视。温度对下列三个参数的影响最大。

(1) 温度对 I_{CEO} 的影响：I_{CEO} 受温度影很大，无论硅管或锗管，作为工程上的估算，一般都按温度每升高 10℃，I_{CEO} 增大一倍来考虑。

(2) 温度对 β 的影响：温度升高时 β 随之增大。实验表明，对于不同类型的管子 β 随温度增长的情况是不同的，一般认为以 25℃时测得的 β 值为基数，温度每升高 1℃，β 增加约 (0.5～1)％。

(3) 温度对发射结电压 U_{BE} 的影响：和二极管的正向特性一样，温度每升高 1℃，$|U_{BE}|$ 约减小 2～2.5mV。

实训 2.1　三极管的识别与测试

万用表是直流电压表、电流表、欧姆表及交流电压表的组合。其中欧姆表挡是用来测量电阻值的，指针式万用表欧姆挡等效电路如图 2－10。

万用表的黑表笔接内部电源的正极；红表笔接内部电源的负极。我们知道：PN 结具有单向导电性，正向导通时的结电阻很小，而反向截止时的结电阻很大；若用万用表的欧姆挡测量 PN 结正向导通与反向截止时的电阻大小，便可知 PN 结的好坏。因此，通过三极管内的 PN 结好坏，可判断三极管的好坏。

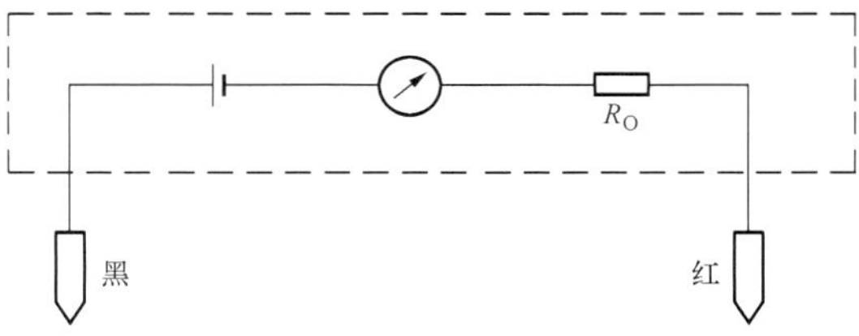

图 2－10　万用表电阻挡的等效电路

一、三极管极性的识别

通常可以根据命名规则从三极管管壳上的符号辨别出它的型号和类型。同时还可以从管壳上的色点的颜色来判断出管子的电流放大倍数的大致范围。常用色点对应 β 值分挡见表 2－1。

表 2－1　常用色点对应 β 值分挡

β	5～15	15～25	25～40	40～55	55～80	80～120	120～180	180～270	270～400	400 以上
色标	棕	红	橙	黄	绿	蓝	紫	灰	白	黑（或无色）

例如，色标为橙色表明该管的 β 值在 25～40 之间。但部分厂家并非按此规定，使用时要注意。当从管壳上知道它们的型号以及 β 值后，还应进一步判别其三个电极。

小功率三极管有金属外壳和塑料外壳封装两种。金属外壳封装的三极管，如果管壳上带有定位销，则将管底朝上，从定位销起按顺时针方向，三根电极依次为 e、b、c；如果管壳上无定位销，且三根电极在半圆内，将有三根极的半圆置于上方，按顺时针方向，三根电极依次为 e、b、c，如图 2－11 (a) 所示。塑料外壳封装的三极管，面对平面，三根电极置于下方，从左到右，三根电极依次为 e、b、c，如图 2－11 (b) 所示。

对于大功率三极管，外形一般分为 F 型和 G 型两种，如图 2 - 12 所示。F 型管从外形上只能看到两根电极，将管底朝上，两根电极置于左侧，则上为 e，下为 b，底座为 c，如图 2 - 12（a）所示；G 型管的三个电极一般在管壳的顶部，电极排列如图 2 - 12（b）所示。

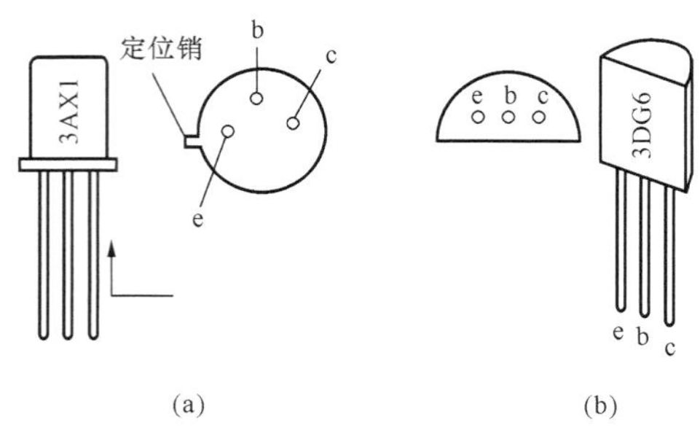

图 2 - 11 小功率三极管极性识别
（a）F 型封装；（b）G 型封装

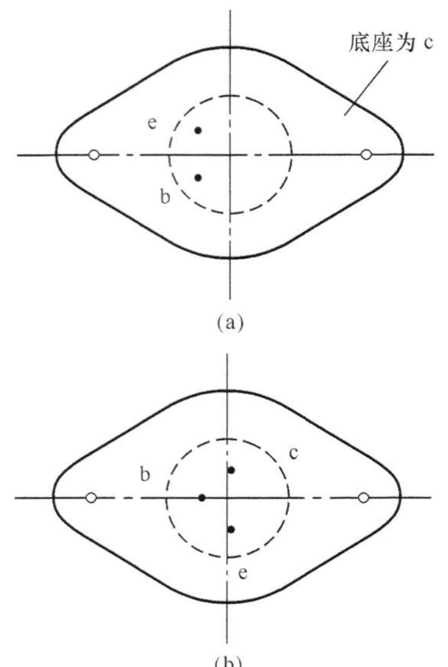

图 2 - 12 大功率三极管极性识别
（a）F 型封装；（b）G 型封装

二、三极管的检测

1. 基极及管型的判断

先将指针式万用表欧姆挡拨到 R×100Ω 或 R×1kΩ 上，由于基极与发射极间、基极与集电极间都是 PN 结，它们的正向电阻都很小，反向电阻都很大。因此，将黑表笔接在假定的基极上，红表笔接到其余两个管脚上，如两次测得电阻都很小（或都很大），而对调表笔后测得的两个阻值都很大（或都很小），则假定是正确的。如两次测得电阻一大一小，则假设错了，可重新假设一个管脚重复上述测试。

当基极确定以后，将黑表笔接基极，红表管接其他两极，若测得阻值较小，则此晶体管为 NPN 型，若测得阻值较大，则此晶体管为 PNP 型，原理如图 2 - 13 所示。

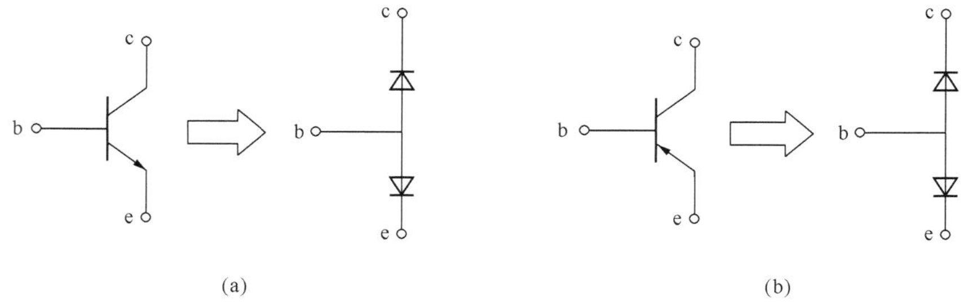

图 2 - 13 三极管类型确定原理示意图
（a）NPN 型；（b）PNP 型

2. 集电极和发射极的判断

在三极管的类型及基极确定之后，即可判断出三极管的另外两个极。判断集电极和发射极的基本原理就是将三极管接成基本放大电路，根据三极管不同的接法观察三极管的放大能力从而达到判别的目的。三极管放大所需的电压由万用表内部电源提供，万用表打到 R×1kΩ 电阻挡。电阻 R_b 的阻值可取 100kΩ 或用人体电阻代替，如图 2－14 所示。

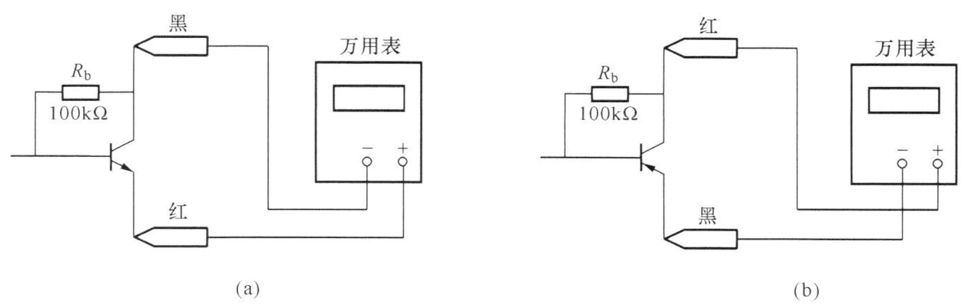

图 2－14　三极管集电极和发射极的判断
（a）NPN 型三极管；（b）PNP 型三极管

现以 NPN 型三极管为例说明其原理如下：若黑表笔接 c 端，红表笔接 e 端，正好使三极管的发射结正偏、集电结反偏，万用表指针偏转角度大（电阻值小）；若将两表笔对调，同时将 R_b 接在基极与发射极，则万用表指针偏转角度小（电阻值大）。因此可根据两次测得的电阻值大小，确定集电极和发射极。

判定方法如下：若已知三极管为 NPN 型，把黑表笔接到假定的 c 极上，红表笔接假定的 e 极上，并用手捏住 b、c 两极，但不能使 b—c 短接，通过人体（相当于在 b、c 间接一电阻），读出 ce 间电阻值，然后将黑、红表笔对换重复上述过程，读出 c—e 间电阻值，与第一次比较，阻值小的那次黑表笔接的就是集电极，红表笔接的就是发射级，若为 PNP 型，判定方法正好与 NPN 型相反。

三、三极管性能简单测试

1．测试穿透电流 I_{CEO} 的大小

当三极管的类型及电极都已确定后，用万用表的 R×1kΩ 挡测量 c—e 间的电阻，测量时 NPN 型管黑表笔接集电极 c，PNP 管红表笔接集电极。以 NPN 型为例，将基极 b 开路，万用表红表笔接发射极，黑表笔接集电极，若 c、e 极间阻值较高（几十千欧以上），则说明穿透电流较小，管子能正常工作；若 c、e 极间电阻小，则穿透电流大，受温度影响大，工作不稳定，在技术指标要求高的电路中不能用这种管子；若阻值近似为 0，表明管子已被击穿；若阻值为无穷大，则说明管子内部已断路。

2．β 的测量

一般的万用表具备检测 β 值的功能。在已知管子类型及电极后，可用万用表直接测出 β 的大小，先将开关置 R×1kΩ 挡调零，然后拨至 HFE 挡，将管子插入相应的插座中，可读出 β 值。若 e、c 测试孔不清楚，则只要将 e、c 两管脚对调，表针偏转较大的那一次插脚正确。

2.4　必备知识二：基本放大电路的组成与分析

所谓放大，表面看来是将信号的幅值由小增大，但是，放大电路并不能放大能量，放大电路的本质是实现能量的控制。实际上，负载得到的能量来自于放大电路的供电电源，放大

电路的作用只不过是控制电源的能量。由于输入信号的能量过于微弱，不足以推动负载，因此，需要另外提供一个能源，由能量较小的输入信号控制这个能源，使之输出较大的能量，然后推动负载，这种小能量对大能量的控制作用，就是放大作用的本质。

根据用途，放大电路可分为信号（电压或电流）放大电路和功率放大电路，前者以放大信号的电压或电流为目的，后者以输出较大功率为目的。根据所选用的器件可分为分立元件（晶体管和场效应管）放大电路和集成放大电路。根据所用放大器件的个数可分为单级放大电路和多级放大电路。

放大电路的性能如何，是由它的性能指标来衡量的，而且性能指标决定了放大电路的应用范围。

一、放大电路的主要性能指标

各种小信号放大器都可用图 2－15 所示的线性有源二端口网络表示。其中，$\dot{U}_S$ 为信号源电压，R_S 为信号源内阻，$\dot{U}_i$ 和 $\dot{I}_i$ 分别为输入电压和输入电流，$\dot{U}_o$ 和 $\dot{I}_o$ 分别为输出电压和输出电流，R_L 为负载电阻。由于放大电路在分析和测试时经常采用正弦波作为输入信号，所以图中的电压、电流均为正弦交流信号，并采用相量符号表示。

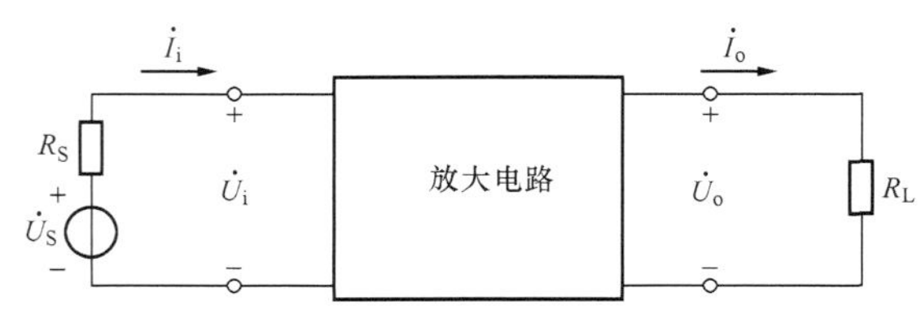

图 2－15 小信号放大器

1. 增益（或称放大倍数）

输出信号与输入信号之比叫放大器的增益（或放大倍数）。

电压增益 A_u 表示放大器放大信号电压的能力，即

$$A_u = \dot{U}_o/\dot{U}_i \tag{2-4}$$

有时将放大器的输出电压 $\dot{U}_o$ 对输入信号源 $\dot{U}_S$ 的比值定义为源电压增益，即

$$A_{uS} = \dot{U}_o/\dot{U}_S \tag{2-5}$$

在工程上常用 dB（分贝）来表示放大器增益的大小，即

$$A_u(\text{dB}) = 10\lg A_u^2 = 20\lg A_u = 20\lg(\dot{U}_o/\dot{U}_i) \quad (\text{dB}) \tag{2-6}$$

利用对数表示增益的理由如下：第一，现代电子设备中，要求增益很大，用对数表示比较简单；第二，人耳对音响的听觉与音响强度不呈线性关系，而恰好是对数关系；第三，数学上乘积的对数等于各分量对数之和，因此计算多级放大器的增益可化乘法为加法，计算方便。

2. 输入电阻

当信号源加在放大器输入端时，放大器对信号源所呈现的负载效应用输入电阻 r_i 来衡量。图 2－16 所示为放大电路的等效电路。输入电阻 r_i 定义为输入电压与输入电

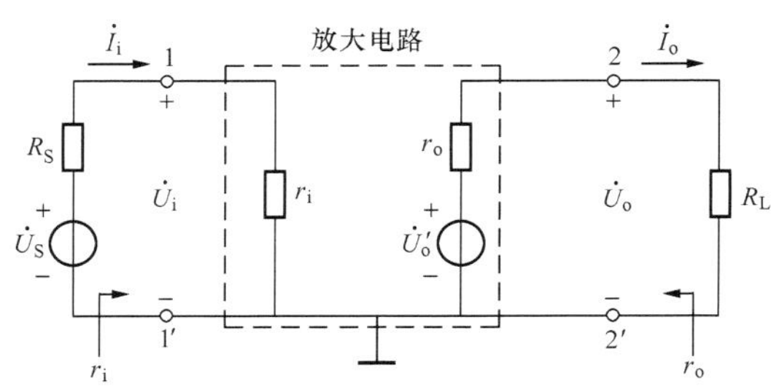

图 2－16 放大电路的等效电路

流的比值，即

$$r_i = \dot{U}_i / \dot{I}_i \tag{2-7}$$

r_i 的大小将影响放大电路从信号源中获得输入电压 $\dot{U}_i$ 值的大小。因为加在放大电路上的信号源是有内阻 R_S 的，当有电流 $\dot{I}_i$ 流过输入回路时，会在 R_S 上产生压降，使得真正加在 r_i 上的电压 $\dot{U}_i$ 小于 $\dot{U}_S$。它们之间的关系可表示为

$$\dot{U}_i = \frac{r_i}{R_S + r_i}\dot{U}_S \tag{2-8}$$

由式（2-8）可见：当 $\dot{U}_S$ 及 R_S 一定时，r_i 越大，$\dot{U}_i$ 越大，对信号源的衰减就越小。反之则衰减就越大。所以说，r_i 是衡量放大电路对信号源衰减程度的指标。

3. 输出电阻

根据戴维南定理，图 2-16 中，从放大电路的输出端口向左看进去，可等效为开路电压 $\dot{U}'_o$ 与等效电阻 r_o 的串联，r_o 即为放大电路的输出电阻，如图 2-17 所示。

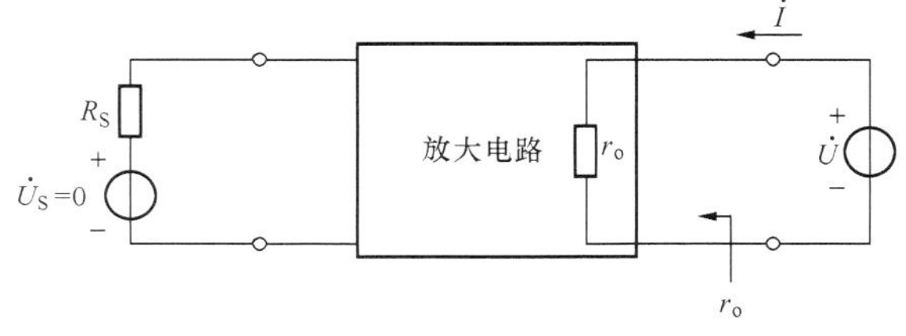

图 2-17　放大电路的输出电阻

求图 2-17 所示的放大器的输出电阻 r_o 的值，常用方法是将输入信号电压短路，令 $\dot{U}_S = 0$，但保留信号源内阻（若是电流源开路），在输出端将负载 R_L 开路，加一个交流信号 $\dot{U}$，并产生一个电流 $\dot{I}$，则

$$r_o = \frac{\dot{U}}{\dot{I}} \quad (\text{在 } R_L = \infty, \dot{U}_S = 0 \text{ 的条件下}) \tag{2-9}$$

式（2-9）是求输出电阻的常用方法，也可用实验方法求得。

r_o 的大小将影响放大电路带负载的能力。当放大电路带上负载电阻 R_L 时，输出电流 $\dot{I}_o$ 在 r_o 上产生压降，这就使负载上获得的电压 $\dot{U}_o$ 小于开路电压 $\dot{U}'_o$，它们之间的关系可表示为

$$\dot{U}_o = \frac{R_L}{R_L + r_o}\dot{U}'_o \tag{2-10}$$

由式（2-10）可见，当 $\dot{U}'_o$、R_L 一定时，r_o 越小，则 $\dot{U}_o$ 越大且越稳定，放大电路带负载的能力越强，反之则有相反的结论。所以说，r_o 是衡量放大电路带负载能力的指标。

4. 最大不失真输出幅度

最大不失真输出幅度指的是当输入信号增大，使输出波形不失真时的最大输出幅度，用 U_{OM} 表示。

此外，放大器的技术指标还有非线性失真系数（或失真度）、通频带等，对于功率放大器，则主要技术指标为最大输出功率以及效率等。

二、基本放大电路

基本放大电路按输入、输出信号的连接方式不同，分为共发射极、共集电极和共基极三类，图 2-18 所示为共发射极放大电路。

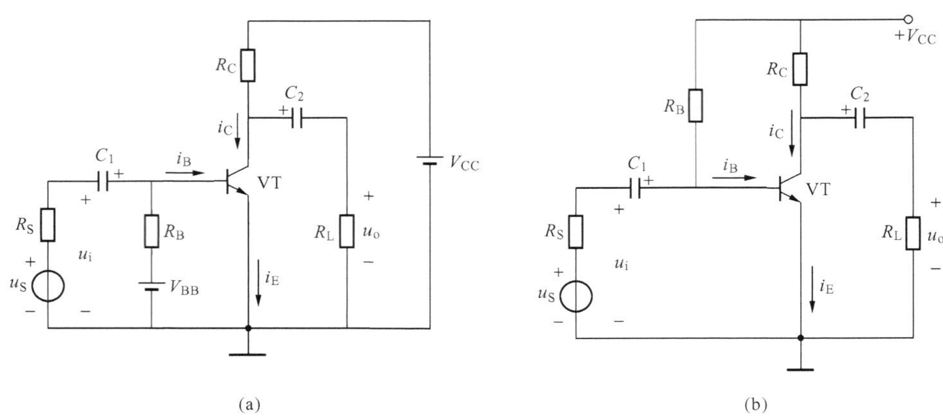

图 2-18 共发射极放大电路

(a) 共射极放大器电路图；(b) 习惯画法

集电极电源 V_{CC}是放大电路的能源，为输出信号提供能量，并保证发射结处于正向偏置、集电结处于反向偏置，使晶体管工作在放大区。V_{CC}取值一般为几伏到几十伏。

晶体管 VT 是放大电路的核心元件。利用晶体管在放大区的电流控制作用，即 $i_c=\beta i_b$ 的电流放大作用，将微弱的电信号进行放大。

集电极电阻 R_C 是晶体管的集电极负载电阻，它将集电极电流的变化转换为电压的变化，实现电路的电压放大作用。R_C 一般为几千到几十千欧。

基极电阻 R_B 以保证三极管工作在放大状态。改变 R_B 使晶体管有合适的静态工作点。R_B 一般取几十千欧到几百千欧。

耦合电容 C_1、C_2 起隔直流通交流的作用。在信号频率范围内，认为容抗近似为零。所以分析电路时，在直流通路中电容视为开路，在交流通路中电容视为短路。C_1、C_2 一般为十几微法到几十微法的有极性的电解电容。

（一）静态工作情况分析

放大电路未接入 u_i 前的工作状态称静态。动态则指加入 u_i 后的工作状态。静态分析就是确定静态值，即直流电量，由电路中的 I_B、I_C 和 U_{CE}一组数据来表示。这组数据是晶体管输入、输出特性曲线上的某个工作点，习惯上称静态工作点，用 $Q(I_B、I_C、U_{CE})$ 表示。

放大电路的质量与静态工作点的合适与否关系甚大。

将耦合电容 C_1、C_2 视为开路，画出图 2-18（b）所示的共发射极放大电路的直流通路，由电路得

$$\left.\begin{aligned} I_B &= \frac{V_{CC}-U_{BE}}{R_B} \approx \frac{V_{CC}}{R_B} \\ I_C &= \beta I_B \\ U_{CE} &= V_{CC}-I_C R_C \end{aligned}\right\} \qquad (2-11)$$

用式（2-11）可以近似估算此放大电路的静态作点。晶体管导通后硅管 U_{BE}的大小约在 0.6～0.7V 之间（锗管 U_{BE}的大小约在 0.2～0.3V 之间）。而当 V_{CC}较大时，U_{BE}可以忽略不计。

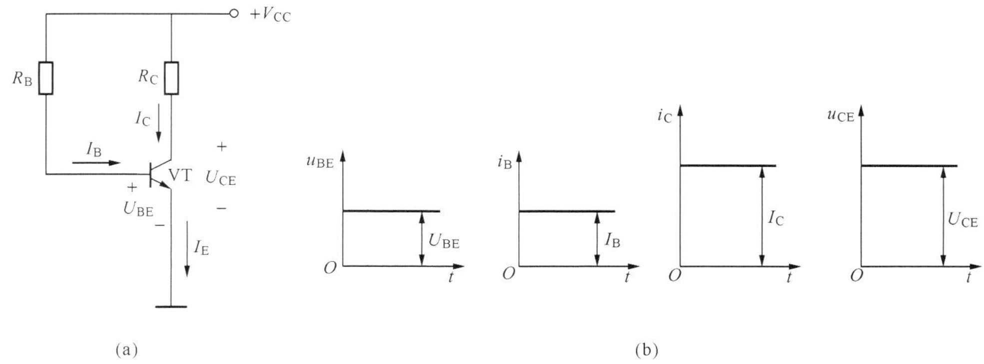

图 2-19　静态工作情况分析

(a) 直流通路；(b) 静态电路中各电压、电流

静态工作点 Q 对放大电路的性能指标影响很大，若 Q 点设置合适（$U_{CE}\approx0.5V_{CC}$），放大电路能很好地放大输入信号，否则电路的动态范围缩小，甚至于不能正常工作。

（二）动态工作情况分析

静态工作点确定以后，放大电路在输入电压信号 u_i 的作用下，若晶体管能始终工作在特性曲线的放大区，则放大电路输出端就能获得基本上不失真的放大的输出电压信号 u_o。有输入信号 u_i 时，放大电路的工作状态称为动态，图 2-20（a）所示的是共发射极放大电路的交流通路，其中 C_1、C_2 的容抗对交流信号而言可忽略不计，在交流通路中视作短路，直流电源 V_{CC} 为恒压源两端无交流压降也可视作短路。

放大电路的动态分析，就是要对放大电路中信号的传输过程、放大电路的性能指标等问题进行分析讨论。微变等效电路法和图解法是动态分析的基本方法。下面以微变等效电路法为例进行讨论。

1. 信号在放大电路中的传输与放大

输入信号 u_i 经电容 C_1 加到晶体管的发射结上，晶体管的发射结对于电压、电流的微小变化量相当于一个电阻（r_{be}），所以输入信号 u_i 在晶体管基极电流 i_B 中产生了一个变化规律与 u_i 基本相同的变化量 i_b，与静态基极电流 I_B 相叠加，即基极电流

$$i_B = I_B + i_b$$

由于晶体管的电流放大（控制）作用，集电极电流为

$$i_C = \beta i_B = \beta I_B + \beta i_b = I_C + i_c$$

集电极电流为静态集电极电流 I_C 与交流分量 i_c 的叠加。

在放大电路空载（不接负载电阻 R_L）情况下，晶体管压降为

$$u_{CE} = V_{CC} - R_C i_C = V_{CC} - R_C I_C - R_C i_c = U_{CE} - R_C i_c = U_{CE} + u_{ce}$$

为静态管压降 U_{CE} 与交流分量 u_{ce} 的叠加，其中，直流分量 U_{CE} 全部降在耦合电容 C_2 上，而交流分量 u_{ce} 经 C_2 输出，即为输出电压 u_o

$$u_o = u_{ce} = -R_C i_c$$

一般 R_C 都比较大，而 $i_c=\beta i_b$ 所以，输出电压 u_o 将远大于输入电压 u_i，即实现了电压放大。

在输入电压 u_i 为正弦信号时，各电压、电流波形如图 2－20（b）所示，输出电压 u_o 也是正弦波，但与输入电压 u_i 相位相反。

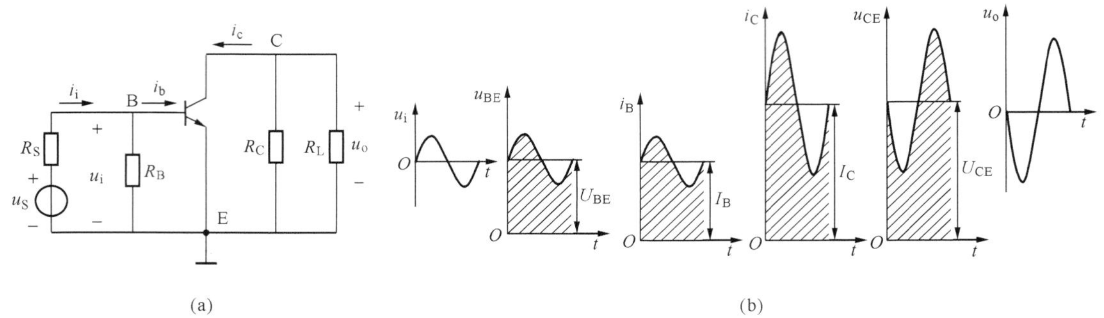

图 2－20　放大电路中各电压、电流波形

（a）交流通路；（b）动态电路中各电压、电流

综合以上分析，可得以下几点结论：

（1）放大电路中的信号是交、直流共存的，也即瞬时信号是在原来静态值的基础上叠加交流分量而形成的，虽然交流分量正、负变化，但瞬时值的方向始终是不变的。

（2）放大后的输出电压 u_o 是与输入电压 u_i 同频率的正弦波，由于放大电路工作在三极管的线性工作区，因此可以不失真地放大交流信号。

（3）输出电压 u_o 与输入电压 u_i 的相位差是 180°，也即 u_o 与 u_i 反相，即共射极放大器是一反相放大器。

2. 共射极放大电路的性能指标分析

（1）晶体管的微变等效电路。

所谓晶体管的微变等效电路，是指晶体管在小信号（微变量）的情况下工作在特性曲线直线段时，将晶体管（非线性元件）用一个线性电路代替。这一线性电路即为三极管的微变等效电路。

由图 2－21（a）所示晶体管的输入特性曲线可知，在小信号作用下的静态工作点 Q 邻近的 $Q_1 \sim Q_2$ 工作范围内的曲线可视为直线，其斜率不变。两变量的比值称为晶体管的输入电阻，即

$$r_{be} = \left.\frac{\Delta U_{BE}}{\Delta I_B}\right|_{U_{CE}=\text{常数}} = \frac{u_{be}}{i_b} \tag{2-12}$$

式（2－21）表示晶体管的输入回路可用管子的输入电阻 r_{be} 来等效代替，其等效电路如图 2－21（b）所示。根据半导体理论，工程中低频小信号下 r_{be} 的估算式为

$$r_{be} = 200 + (1+\beta)\frac{26\text{mV}}{I_E(\text{mA})} \tag{2-13}$$

小信号低频下工作时的晶体管的 r_{be} 一般为几百到几千欧。

由图 2－21（b）晶体管的输出特性曲线可知，在小信号作用下的静态工作点 Q 邻近的 $Q_1 \sim Q_2$ 工作范围内，放大区的曲线是一组近似等距的水平线，它反映了集电极电流 I_C 只受基极电流 I_B 控制而与管子两端电压 U_{CE} 基本无关，因而晶体管的输出回路可等效为一个受控的恒流源，即

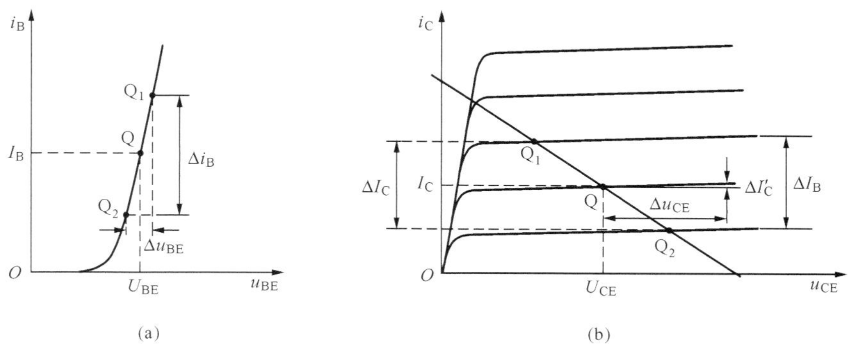

图 2－21　小信号作用下晶体管的特性曲线

(a) 晶体管的输入特性曲线；(b) 晶体管的输出特性曲线

$$\Delta i_C=\beta\Delta i_B \quad 及 \quad i_c=\beta i_b \tag{2-14}$$

(2) 共射极放大电路的微变等效电路。

放大电路的交流通路反映了信号的传输过程并通过它可以分析计算放大电路的性能指标。

将图 2－20 (a) 交流通路中的晶体管用图 2－22 微变等效电路来取代，可得如图 2－23 所示共射极放大电路的微变等效电路。

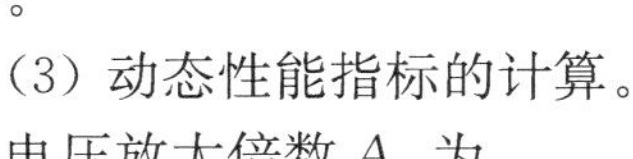

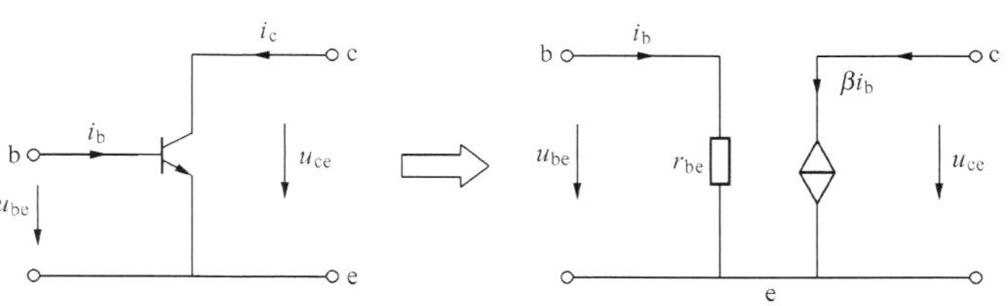

图 2－22　三极管的微变等效电路

(3) 动态性能指标的计算。

电压放大倍数 A_u 为

$$\dot{U}_o=-\beta\dot{I}_bR'_L$$

$$R'_L=R_C//R_L$$

$$\dot{U}_i=\dot{I}_br_{be}$$

$$A_u=\frac{\dot{U}_o}{\dot{U}_i}=\frac{-\beta\dot{I}_bR'_L}{\dot{I}_br_{be}}=\frac{-\beta R'_L}{r_{be}}$$

输入电阻为

$$r_i=\frac{\dot{U}_i}{\dot{I}_i}=\frac{\dot{U}_i}{\frac{\dot{U}_i}{R_B}+\frac{\dot{U}_i}{r_{be}}}$$

$$r_i=R_B//r_{be}=R_{B1}//R_{B2}//r_{be}\approx r_{be}$$

输出电阻 $r_o=R_C$

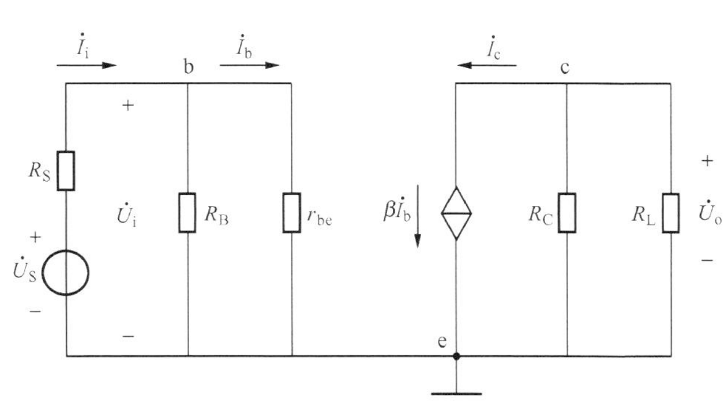

图 2－23　共射极放大电路的微变等效电路

共射极放大电路具有放大倍数高的优点，对信号有很好的放大能力，但输入和输出电阻不是很理想。

图 2－24 (a) 所示的电路为分压式偏置共射放大电路，该电路可以稳定静态工作点。

根据图 2－24 (b) 所示，在电路设计时，适当选取电阻 R_{B1}、R_{B2}的阻值，满足 $I_1\gg I_B$，可将 I_B忽略，则晶体管基极电位 U_B仅由 R_{B1}、R_{B2}对 V_{CC}的分压决定，即

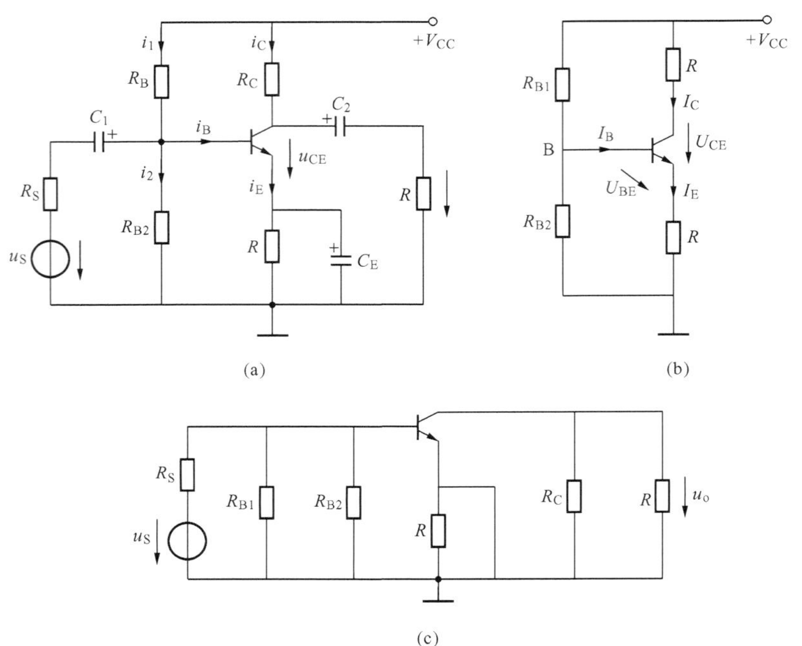

图 2-24　稳定静态工作点的共发射极放大电路

(a) 共发射极放大电路；(b) 直流通路；(c) 交流通路

$$U_B = \frac{R_{B2}}{R_{B1} + R_{B2}} V_{CC} \tag{2-15}$$

$$I_C \approx I_E = (U_B - U_{BE})/R_E \tag{2-16}$$

$$I_B = I_C/\beta$$

$$U_{CE} \approx V_{CC} - I_C(R_C + R_E) \tag{2-17}$$

当温度升高时，I_C 增加，电阻 R_E 上的压降 $I_E R_E$ 增加，也即发射极电位 U_E 升高，而基极电位 U_B 固定，因此净输入电压 $U_{BE}=U_B-U_E$ 减小，从而使输入电流 I_B 减小，最终导致集电极电流 I_C 也减小，这样在温度变化时静态工作点便得到了稳定，即

$$温度\uparrow \rightarrow I_C\uparrow \rightarrow I_E\uparrow \rightarrow U_E\uparrow \rightarrow U_{BE}\downarrow \rightarrow I_B\downarrow \rightarrow I_C\downarrow$$

而对于交流信号，C_E 相当于短路，这使输入信号不受损失，电路的放大倍数不至于因为稳定了工作点而下降。一般旁路电容 C_E 取几十微法到几百微法。通常小信号放大电路中 R_E 取几百到几千欧。电路的动态性能指标的计算与图 2-20 的共发射极放大电路。

三、共集电极放大电路

图 2-25 (a) 所示的是阻容耦合共集电极放大电路。由图可见，放大电路的交流信号由晶体管的发射极经耦合电容 C_2 输出，故又名射极输出器。

图 2-25 (c) 所示是射极输出器的交流通路，可见，集电极是输入回路和输出回路的公共端。输入回路为基极到集电极的回路，输出回路为发射极到集电极的回路。所以，射极输出器从电路连接特点而言，为共集电极放大电路。

共集电极放大电路（也称射极输出器）具有下列特点：电压放大倍数约等于 1，输出电压紧紧跟随输入电压的变化而变化，因此，射极输出器也称为电压跟随器；输入电阻比共射

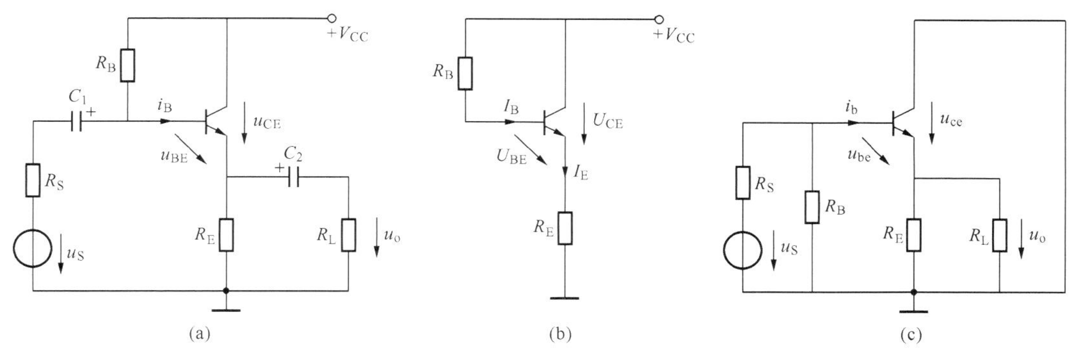

图 2-25　共集电极放大电路

(a) 共集电极放大电路；(b) 直流通路；(c) 交流通路

极放大电路的输入电阻要高，射极输出器的输入电阻高达几十千欧到几百千欧；射极输出器的输出电阻与共射极放大电路相比是较低的，一般在几欧到几十欧，当 r_o 较低时，射极输出器的输出电压几乎具有恒压特性。

共集电极放大电路输入电阻高，输出电阻小，虽然没有电压放大作用，但仍有电流和功率放大作用。利用这些特点，在电子电路中应用也十分广泛。主要用途如下：

(1) 用在多级放大电路的第一级，以提高输入电阻，减轻信号源负担；

(2) 用在多级放大电路的末级，以降低输出电阻，提高带负载能力；

(3) 利用 r_i 大、r_o 小以及 $A_u \approx 1$ 的特点，也可将射极输出器放在放大电路的两级之间，起到阻抗匹配作用，这一级射极输出器称为缓冲级或中间隔离级。

实训 2.2　共发射极放大电路的仿真与测试

1. 创建仿真电路

创建仿真电路，如图 2-26 所示。

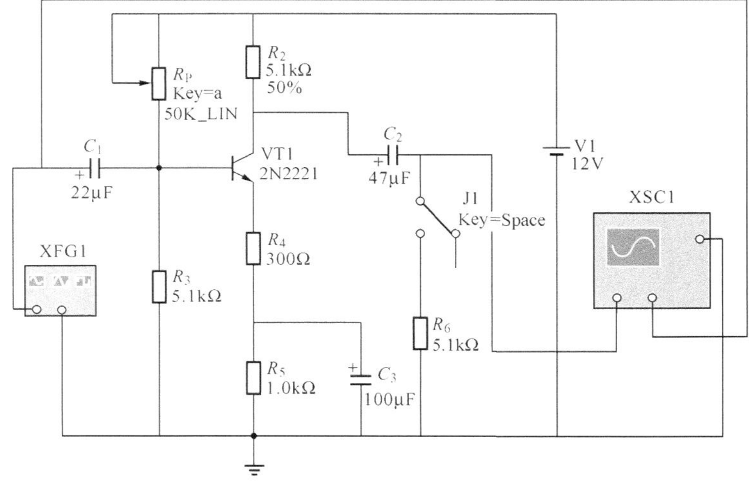

图 2-26　共发射极单管放大电路

2. 运行仿真与电路调整

创建仿真电原理图完成后，先进行信号发生器的设置，双击 XFG1 信号发生器图标，出现图 2－27 所示的信号发生器界面。设置交流正弦信号频率为 1kHz，幅度为 9mV。

按下软件的仿真开关，运行仿真。双击 XSC1 的双通道示波器图标，出现图 2－28 所示的双通道示波器设置界面。调节通道 Channel A、B 的刻度 Scale（A 通道为 200mV/Div，B 通道为 20mV/Div），使波形有一定的幅度，调节时基控制 Timebase 的刻度 Scale 为（1ms/Div），使波形便于观察。调整电位器 R_P，使输出波形幅度最大且不失真，反复调整，直到最佳。这时在图 2－26 的 R_2 支路中串入电流表测出晶体管的静态工作电流。

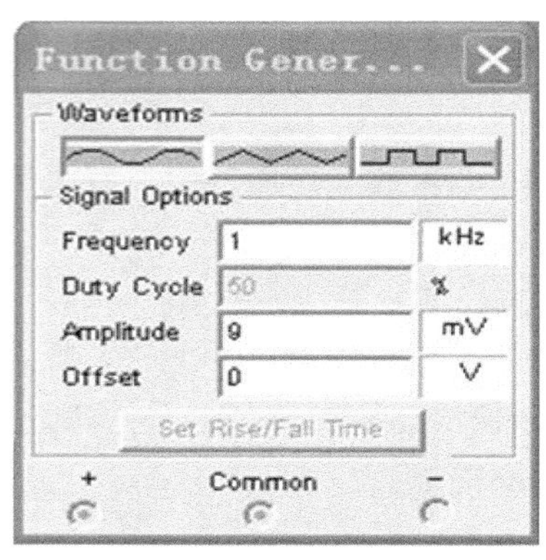

图 2－27　信号发生器界面

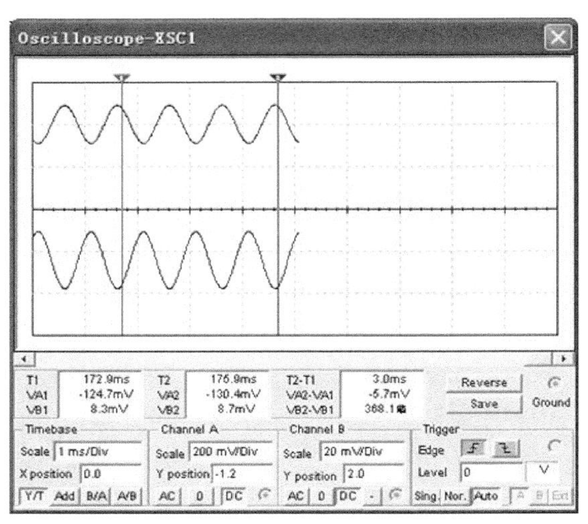

图 2－28　双通道示波器设置界面

反复调整电位器 R_P，直到输出波形幅度最大，且不失真。调整应在停止仿真时进行，调整后再运行仿真。

3. 电路放大倍数测试

调节好双通道示波器时基和通道设置，使输入和输出波形能清楚地显示出来，用鼠标拖动游标 1 至输入波形的波峰，然后拖动游标 2 至输出波形的波峰，如图 2－28 所示。由图可以读得输入信号的峰值 U_{ip}。同样，可以测出输出信号的峰值 U_{op}。所以，电路的放大倍数 $A_u=U_{op}/U_{ip}$，电路的增益 $K_u=20\log A_u$（dB）。

4. 电路失真度测试

在设计放大器时，静态工作点的设置非常重要，只要保证电路具有一定的动态范围，电路才能不失真地放大。试着改变晶体管的静态工作点，调节电位器 R_P 的阻值，可以用示波器观察波形的失真情况，但用失真度测量仪可直接测量，连接如图 2－29（a）所示。

双击 XBP1 的失真度测量仪图标，出现如图 2－29（b）所示界面。反复调整电位器 R_P，当电位器 R_P 调节到某值时，失真度最小，由图 2－29（b）得到这时电路的失真度。

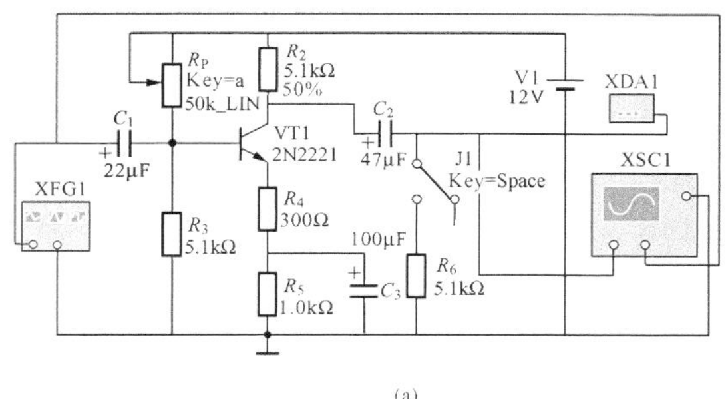

(a)

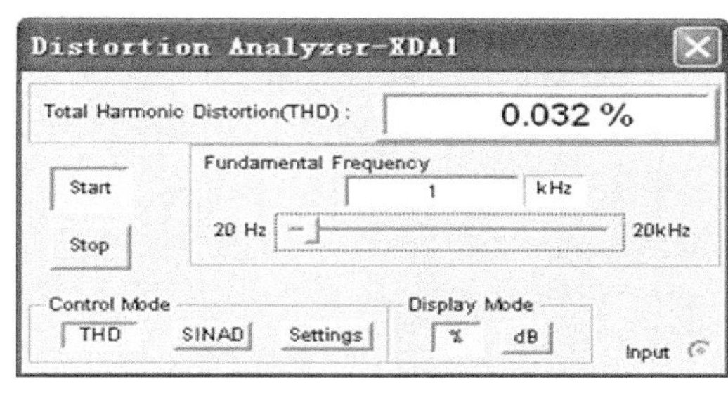

(b)

图 2－29　电路失真度测试

(a) 失真度测试电路；(b) 失真度测量仪面板图

2.5　必备知识三：多级放大电路

小信号放大电路的输入信号一般为毫伏甚至微伏量级，功率在 1 毫瓦以下。为了推动负载工作，输入信号必须经多级放大后，使其在输出端能获得一定幅度的电压和足够的功率。多级放大电路的框图如图 2－30 所示，它通常包括输入级、中间级和输出级几个部分。

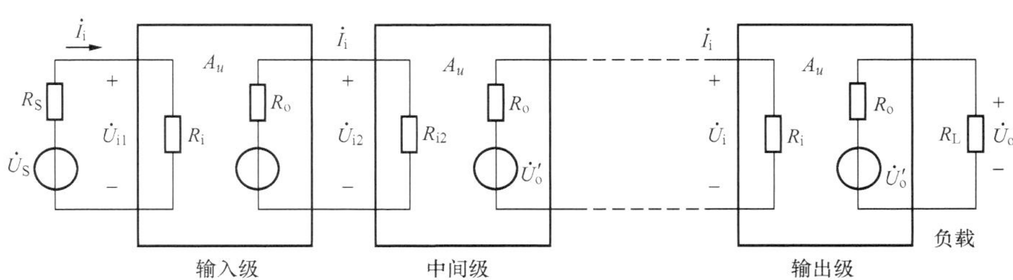

图 2－30　多级放大电路框图

多级放大电路的第一级称为输入级，对输入级的要求往往与输入信号有关。中间级的用途是进行信号放大，提供足够大的放大倍数，常由几级放大电路组成。多级放大电路的最后一级是输出级，它与负载相接。因此对输出级的要求要考虑负载的性质。

耦合方式是指信号源和放大器之间，放大器中各级之间，放大器与负载之间的连接方式。最常用的耦合方式有三种：阻容耦合、直接耦合和变压器耦合。阻容耦合应用于分立元件多级交流放大电路中。在集成电路中则采用直接耦合的方式，变压器耦合在放大电路中的应用逐渐减少。本书只讨论前两种级间耦合方式。

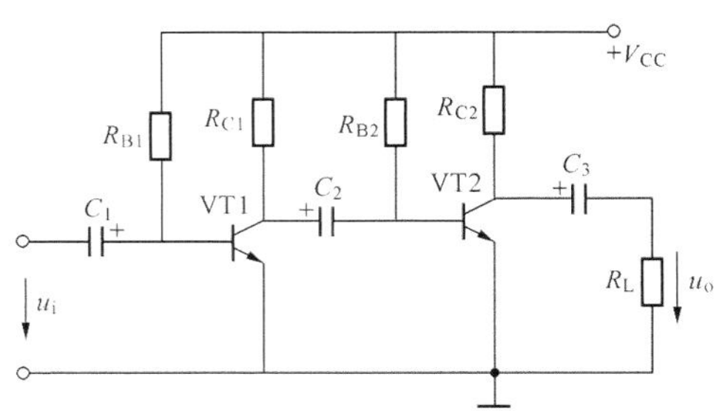

图 2－31　阻容耦合两级放大电路

2.5.1　阻容耦合放大电路

图 2－31 所示两级阻容耦合共射极放大电

路。两级间的连接通过电容 C_2 将前级的输出电压加在后级的输入电阻上（即前级的负载电阻），故名阻容耦合放大电路。

由于电容有隔直作用，因此两级放大电路的直流通路互不相通，即每一级的静态工作点各自独立。耦合电容的选择应使信号频率在中频段时容抗很小。多级放大电路的静态和动态分析与单级放大电路时一样。两级放大电路的微变等效电路如图 2－32 所示。

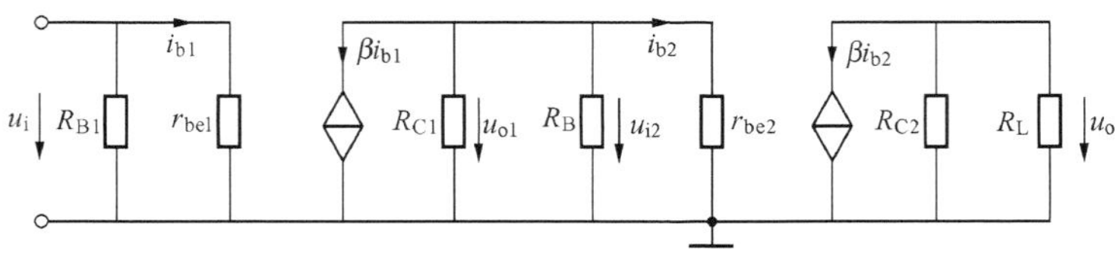

图 2－32　两级阻容耦合放大电路的微变等效电路

图 2－31 所示的阻容耦合两级放大电路中，放大倍数 A_u 为

$$A_u = \frac{\dot{U}_o}{\dot{U}_i} = \frac{\dot{U}_{o1}}{\dot{U}_i} \cdot \frac{\dot{U}_o}{\dot{U}_{i2}} = A_{u1}A_{u2} \tag{2-18}$$

对于 n 级电压放大电路，其总的电压放大倍数是各级电压放大倍数的乘积。

多级放大电路的电压放大倍数为各级电压放大倍数的乘积。计算各级电压放大倍数时必须考虑到后级的输入电阻对前级的负载效应，可将后级输入电阻视为前级的负载。因为后级的输入电阻就是前级放大电路的负载电阻，若不计其负载效应，各级的放大倍数仅是空载的放大倍数，它与实际耦合电路不符，这样得出的总电压放大倍数是错误的。

多级放大电路的输入电阻 r_i 为第一级放大器的输入电阻，即

$$r_i = \frac{\dot{U}_i}{\dot{I}_i} = r_{i1} \tag{2-19}$$

提高第一级放大器的输入电阻即可提高整个放大器的输入电阻。

多级放大电路的输出电阻 r_o 即为最后一级放大电路的输出电阻

$$r_o = R_{C2} \tag{2-20}$$

降低最后一级放大电路的输出电阻，即可减小整个放大器的输出电阻。

2.5.2　直接耦合放大电路

放大器各级之间，放大器与信号源或负载直接连起来，或者经电阻等能通过直流的元件连接起来，称为直接耦合方式。直接耦合方式不但能放大交流信号，而且能放大变化极其缓慢的超低频信号以及直流信号。现代集成放大电路都采用直接耦合方式，这种耦合方式得到越来越广泛的应用，图 2－33 所示为两级直接耦合放大电路。

然而，直接耦合方式有其特殊的问题，其中主要是零点漂移问题。

一、零点漂移问题

在直接耦合放大电路中，若将输入端短接（让输入信号为零），在输出端接上记录仪，可发现输出端随时间仍有缓慢的无规则的信号输出，如图 2－34 所示。这种现象称为零点漂移。零点漂移现象严重时，能够淹没真正的输出信号，使电路无法正常工作。所以零点漂移的大小是衡量直接耦合放大器性能的一个重要指标。

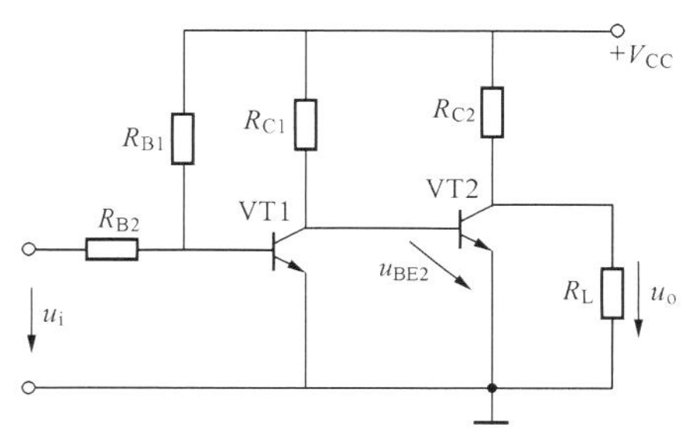

图 2-33　直接耦合两级放大电路

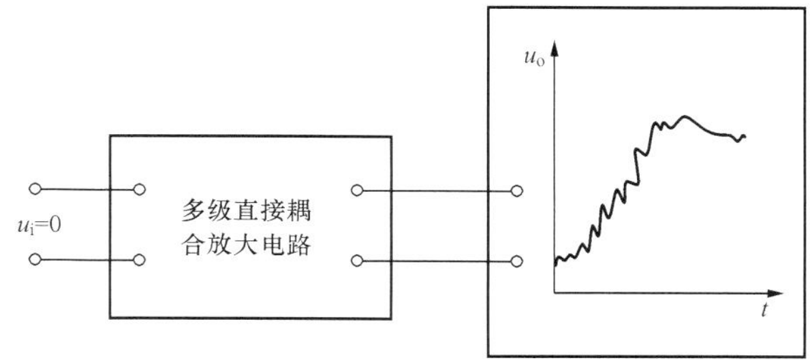

图 2-34　零点漂移现象

引起零漂的原因很多，最主要的是温度对晶体管参数的影响所造成的静态工作点波动，由于温度变化对零漂影响最大，常称零漂为温漂。在多级直接耦合放大器中，前级静态工作点的微小波动都能像信号一样被后面逐级放大并且输出。因而，整个放大电路的零漂指标主要由第一级电路的零漂决定，所以，为了提高放大器放大微弱信号的能力，在提高放大倍数的同时，必须减小输入级的零点漂移。

减小零点漂移措施很多，但第一级采用差分放大电路是多级直接耦合放大电路的主要电路形式。

二、差分放大电路的工作情况

差分放大电路如图 2-35 所示，它由两个共用一个发射极电阻 R_E 的共射极放大电路组成。信号从两管的基极输入，从两管的集电极输出。电路结构具有对称性，两个晶体管的参数相同，电路两边完全对称，且两个管子感受完全相同的温度，因而两管的静态工作点必然相同。图 2-35 中的发射极电阻 R_E 通常可由恒流源 I_S 代替，如图 2-36 所示。

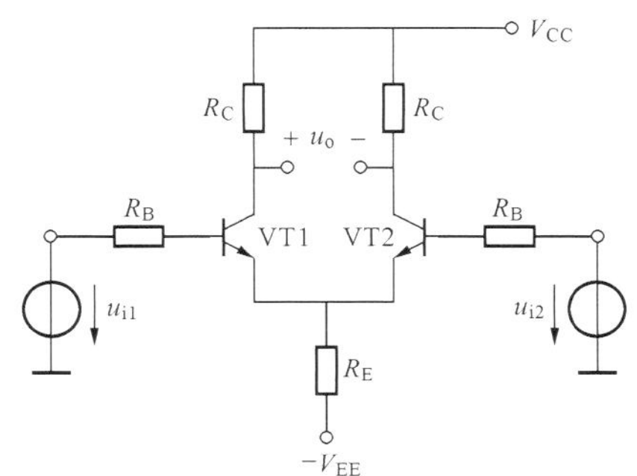
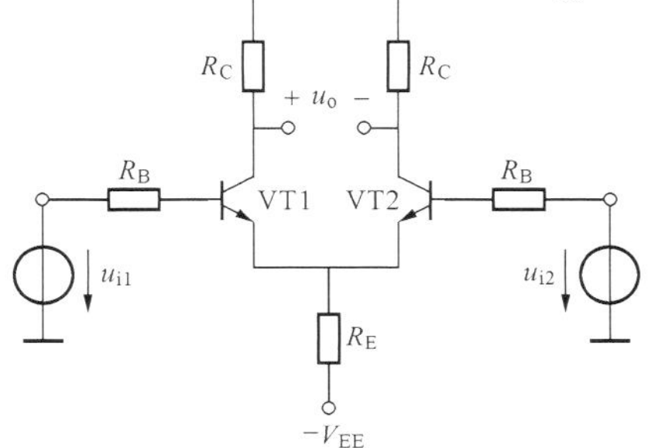

图 2-35　差分放大电路图

图 2-36　具有恒流源的差分放大电路

（一）零点漂移的抑制

若将图 2-35 中两边输入端短路（$u_{i1}=u_{i2}=0$），则电路工作在静态，由于电路结构对称，此时 $I_{B1}=I_{B2}$，$I_{C1}=I_{C2}$，$U_{C1}=U_{C2}$，输出电压为 $u_o=U_{C1}-U_{C2}=0$。

当温度变化引起两管集电极电流发生变化时，两管的集电极电压也随之变化，这时两管的静态工作点都发生变化，但由于对称性，两管的集电极电压变化的大小、方向相同，所以输出电压 $u_o=\Delta U_{C1}-\Delta U_{C2}$ 仍然等于 0，所以说差分放大电路抑制了温度引起的零点漂移。

（二）信号的输入

当有信号输入时，对差分放大电路（图 2-35）的工作情况可以分为下列几种输入类型来分析。

1. 共模输入

当在两个管子的基极加上一对大小相等、极性相同的共模信号（即 $u_{i1}=u_{i2}$），称为共模输入。这时引起的两管基极电流变化方向相同，集电极电流变化方向相同，集电极电位变化的方向与大小也相同，所以输出电压为 $u_o=\Delta u_{C1}-\Delta u_{C2}=0$，可见差分放大电路抑制共模信号。前面讲到的差分放大电路抑制零点漂移就是该电路抑制共模信号的一个特例。因为输出的零漂电压折合到输入端，就相当于一对共模信号。

2. 差模输入

当在两个管子的基极加上一对大小相等、极性相反的差模信号（即 $u_{i1}=-u_{i2}$），设 $u_{i1}<0$，$u_{i2}>0$，这时 u_{i1} 使 VT1 管的基极电流减小 Δi_{B1}，集电极电流减小 Δi_{C1}，集电极电位增加 Δu_{C1}；u_{i2} 使 VT2 管的基极电流增加 Δi_{B2}，集电极电流增加 Δi_{C2}，集电极电位减小 Δu_{C2}。这样，两个集电极电位一增一减，呈现异向变化，其差值既输出电压 $\Delta u_o=\Delta u_{C1}-\Delta u_{C2}=2\Delta u_{C1}$（$\Delta u_{C2}=-\Delta u_{C1}$），可见差分放大电路放大差模信号。

3. 任意输入

当两个输入信号中既有共模信号又有差模信号，称为任意信号。因为它们的大小和相对极性是任意的，所以称为任意输入信号。任意输入信号可以分解为一对共模信号和一对差模信号的组合：

$$u_{i1}=\frac{1}{2}u_{id}+u_{ic}$$

$$u_{i2}=-\frac{1}{2}u_{id}+u_{ic}$$

式中：u_{id}是差模信号，u_{ic}是共模信号。它们由下式定义：

$$\begin{cases} u_{ic}=\dfrac{u_{i1}+u_{i2}}{2} \\ u_{id}=u_{i1}-u_{i2} \end{cases} \tag{2-21}$$

如果对于信号 $u_{i1}=9\text{mV}$，$u_{i2}=-3\text{mV}$，则有：$u_{ic}=3\text{mV}$，$u_{id}=12\text{mV}$。

从以上分析可知差分放大电路可以抑制温度引起的工作点漂移，抑制共模信号，放大差模信号。差分放大电路只能放大差模信号，其差分放大名称的含义就在于此。

三、共模抑制比

差分放大电路在共模信号作用下的输出电压与输入电压之比称为共模电压放大倍数，用 A_{uc}表示；差分放大电路在差模信号作用下的输出电压与输入电压之比称为差模电压放大倍数，用 A_{ud}表示。

在理想情况下，电路完全对称，共模信号作用时，由于电路对称性，每管的集电极电流和集电极电位变化相同，因此 $u_o=0$，既 $A_{uc}=0$。

但实际上由于每管的零点漂移依然存在，电路不可能完全对称，因此共模电压放大倍数并不为零。通常将差模电压放大倍数 A_{ud}与共模电压放大倍数 A_{uc}之比定义为共模抑制比，用 K_{CMR}（Common Mode Rejection Ratio）表示，即

$$K_{CMR}=\frac{A_{ud}}{A_{uc}} \tag{2-22}$$

共模抑制比反映了差分放大电路抑制共模信号的能力，其值越大，电路抑制共模信号（零点漂移）的能力越强。对于差分放大电路，不能单纯的说差模放大倍数大或是共模放大倍数小就是一个好的电路；而是差模放大倍数越大、共模放大倍数越小，换句话说既共模抑制比越大越好。

由于双端输出电路的输出 $A_{uc}=0$，所以 $K_{CMR}=\infty$。

2.6　必备知识四：集成运算放大器及其在信号运算方面的应用

集成电路是继电子管和晶体管后的第三代具有电路功能的电子器件，它不但减小了电路的体积和质量，降低了成本，而且还大大提高了电路工作的可靠性，减轻了组装和调试的工作量。按其功能集成电路可分为两大类：一类是数字集成电路，它是用来处理数字信号的；另一类是模拟集成电路，它是用来处理模拟信号的。最常见的模拟集成电路有集成运算放大器、集成稳压电源、集成函数发生器、集成功率放大器以及其他专用集成电路（用于收音机、录音机、电视机等）。

2.6.1　集成运算放大器简介

一、集成运算放大器的内部电路结构

集成运算放大器（简称集成运放）通常都由四个部分组成，即输入级、中间级、输出级和偏置电路，如图 2－37 所示。

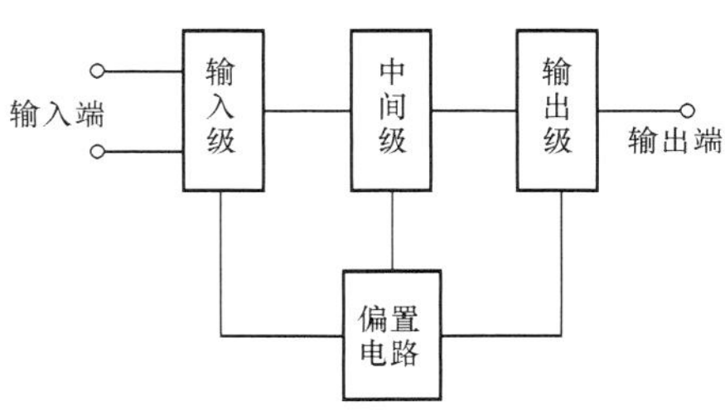

图 2－37　运算放大器的方框图

集成运放的输入级是决定运放输入电阻、共模抑制比、零点漂移和输入失调等诸多性能指标的关键部分，运放的输入级通常由差分放大器组成，其特点是可以抑制零点漂移及抑制共模信号，且具有灵活的输入输出方式。中间级也称电压放大级，具有很高的电压放大倍数。输出级要向负载提供一定的功率，具有较小的输出电阻，带负载能力强，能输出足够大的电压和电流，一般由互补对称电路或射极输出器构成，往往还设有过电流保护电路。偏置电路的作用是为上述各级电路提供稳定和合适的偏置电流，决定各级的静态工作点。

二、集成运放的封装方式与引脚功能

目前，集成运放常见的两种封装方式是金属封装和双列直插式塑料封装：金属壳封装外形如图 2－38 所示；双列直插式塑料封装如图 2－39 所示。

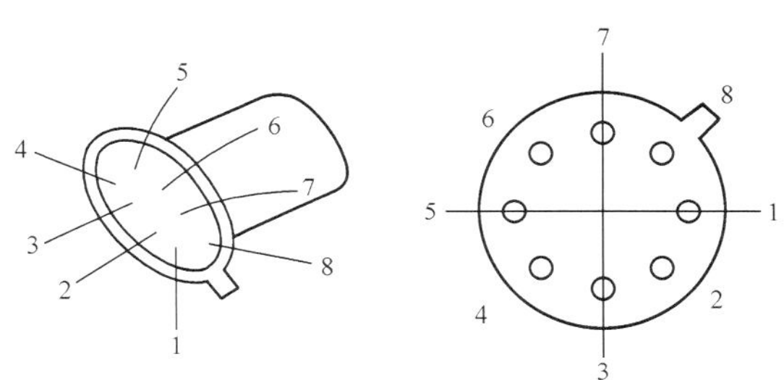

图 2－38　集成运放的金属壳封装

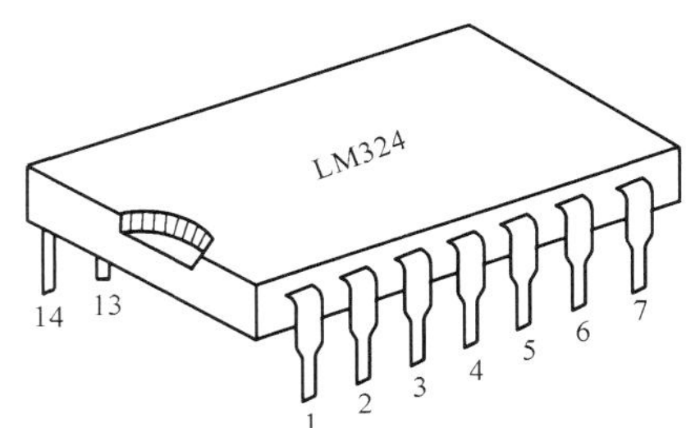

图 2－39　集成运放的双列直插式塑料封装

金属壳封装有 8、10、12 管脚等种类，双列直插式有 8、14、16 管脚等种类。金属封装器件是以管键为辨认标志，由器件顶上向下看，管键朝向自己。管键右方第一根引线为引脚 1，然后顺时针围绕器件，依次数出其余各引脚。双列直插式器件，是以缺口作为标记（有的产品是以商标方向来标记的）。由器件顶上向下看，标记朝向自己，标记右方第一根引线为引脚 1，然后逆时针围绕器件，可依次数出其余各引脚。

在应用集成运算放大器时，需要知道它的几个管脚的用途以及放大器的主要参数，图 2-40 所示为 μA741 型运放的外引脚图。μA741 是第二代通用型集成运放的典型产品，国内产品的对应型号为 CF741。它共有 8 个引脚。7 脚和 4 脚分别为正、负电源端，2 脚和 3 脚分别为运放的反相输入端和同相输入端，6 脚为运放的输出端。1 脚和 5 脚之间可外接调零电位器 R_P，用于调整运放输出的零点，8 为空脚。其常用接线图如图 2-41 所示。目前很多运放产品将调零电路做在运放内部，不需要外接调零电路。

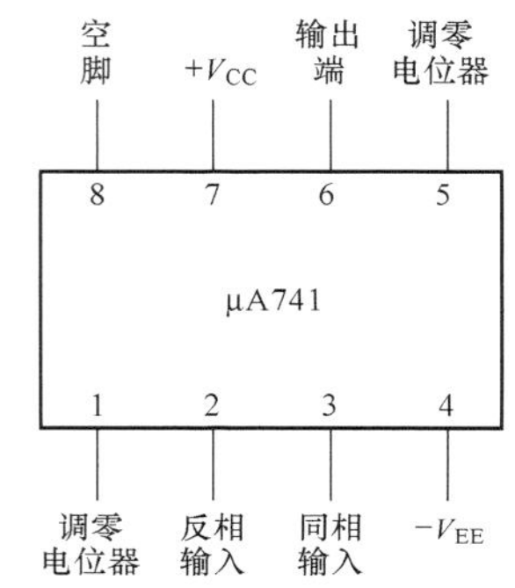

图 2-40 μA741 型运放的外引脚图

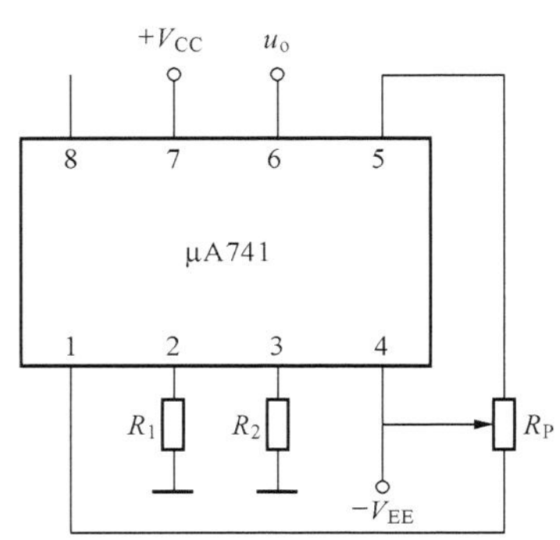

图 2-41 μA741 调零电路接线图

三、集成运放的电路符号

集成运算放大器可用图 2-42（a）所示的符号表示，一般电源忽略不画，于是可简化为图 2-42（b）所示的符号。

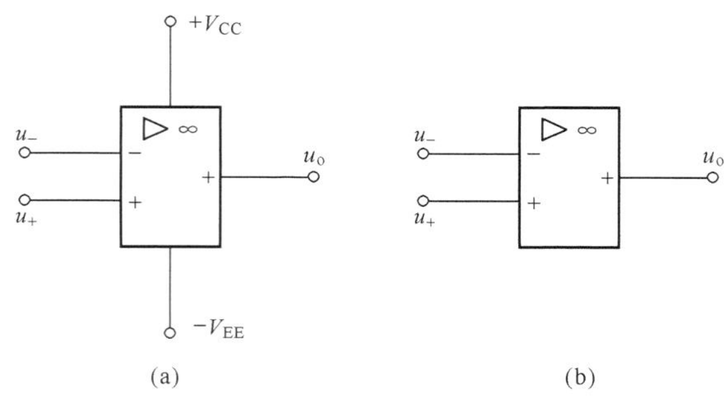

图 2-42 集成运算放大器的电路符号
（a）电路符号；（b）简化符号

图中：u_- 为反相输入端，由此端输入信号，则输出信号和输入信号是反相的；u_+ 为同相输入端，由此端输入信号，则输出信号和输入信号是同相的；u_o 为输出端；$+V_{CC}$ 为接正电源；$-V_{EE}$ 为接负电源。

四、主要参数

1. 开环差模电压放大倍数 A_{uo}

在没有外接反馈电路时所测出的差模电压放大倍数，称为开环电压放大倍数。其定义为 $A_{uo}=u_o/(u_+-u_-)$。A_{uo} 大小一般约 $10^4\sim10^7$，即 80～140dB。

2. 最大输出电压 U_{OM}

能使输出电压和输入电压保持不失真关系的最大输出电压，称为运算放大器的最大输出电压。

3. 输入失调电压 U_{io}

理想的运算放大器，当输入电压 $u_{i1}=u_{i2}=0$（即把两输入端同时接地）时，输出电压 $u_o=0$。但在实际的运算放大器中，由于制造中元件参数的不对称性等原因，当输入电压为零时，$u_o\neq0$。反过来说，如果要 $u_o=0$，必须在输入端加一个很小的补偿电压，这就是输入失调电压。U_{io}一般为几毫伏，显然它愈小愈好。

4. 输入失调电流 I_{io}

输入失调电流是指输入信号为零时，两个输入端静态基极电流之差，即 $I_{io}=|I_{B1}-I_{B2}|$。I_{io}一般在纳安级，其值愈小愈好。

5. 输入偏置电流 I_{iB}

输入信号为零时，两个输入端静态基极电流的平均值，称为输入偏置电流，即 $I_{iB}=\frac{I_{B1}+I_{B2}}{2}$。它的大小主要和电路中第一级管子的性能有关，一般在零点零几微安级。

6. 最大允许共模输入电压 U_{iCM}

运算放大器对共模信号具有抑制的性能，但这个性能是在规定的共模电压范围内才具备。如超出这个电压，运算放大器的共模抑制性能就大为下降，甚至造成器件损坏。

五、理想运算放大器

在分析运算放大器时，一般可将它看成是一个理想运算放大器。所谓运放的理想化模型实际上是一组理想化参数，或者可看成是实际运放等效为理想运放的一组条件，它们是：

开环差模电压放大倍数　$A_{uo}\to\infty$

差模输入电阻　$r_{id}\to\infty$

共模抑制比　$K_{CMR}\to\infty$

输出电阻　$r_o\to0$

频带宽度　$BW\to\infty$

由于实际运算放大器的上述技术指标接近理想化的条件，因此在分析时用理想运算放大器代替实际放大器所引起的误差并不严重，在工程上是允许的，但这样就使分析过程大大简化。后面对运算放大器都是根据它的理想化条件来分析的。

六、运算放大器的电压传输特性

输出电压与输入电压之间的关系称为电压传输特性。从图 2－43 所示的电压传输特性曲线看，可分为线性区和饱和区。这样，运算放大器可工作在线性区，也可工作在饱和区，其分析方法不一样。

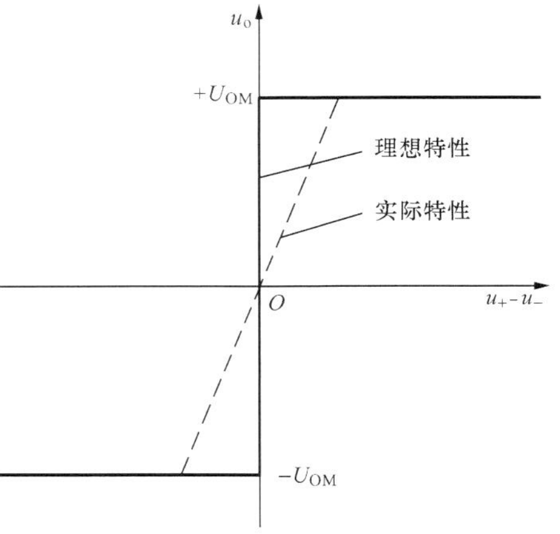

图 2－43　运算放大器的传输特性

1. 运算放大器工作在线性区的两条重要结论

当运算放大器工作在线性区时，它的输出电压和输入电压之间满足以下关系：

（1）运放两输入端的电位近似相等，即 $u_+\approx u_-$。这是由于运放的输出电压 u_o 为有限值，而理想运放的 $A_{uo}\to\infty$，因而两输入端之间的电压

$$u_{+}-u_{-}=\frac{u_{o}}{A_{uo}}\approx 0$$

因此 $$u_{+}\approx u_{-} \tag{2-23}$$

从上式看，运放两输入端好像是短路的，但并不是真正的短路，因而称为“虚短”。只有运放工作在线性区域时，才存在“虚短”。

(2) 两输入端的输入电流为零，即 $i_{+}=i_{-}\approx 0$。这是由于运放的差模输入电阻 $r_{id}\rightarrow\infty$，因而流入两个输入端的电流为0，即

$$i_{+}=i_{-}\approx 0 \tag{2-24}$$

式中，i_{+}、i_{-}分别为运放同相端和反相端的输入电流。从上式看，运放输入端又像断路，但并不是真正断路，因而称之为“虚断”。

2. 运放工作在非线性区

当运放工作在非线性区时，“虚短”的结论不再成立，但“虚断”的结论仍是成立的。此时，输出电压 u_o 只有两种可能的状态，即等于$+U_{OM}$或$-U_{OM}$。

$$\begin{aligned}&\text{当 } u_{+}>u_{-}\text{ 时}, && u_o=+U_{OM}\\ &\text{当 } u_{+}<u_{-}\text{ 时}, && u_o=-U_{OM}\end{aligned} \tag{2-25}$$

2.6.2 反馈与负反馈

负反馈能改善放大电路的性能，正反馈在信号发生电路中得到了广泛应用，本节以负反馈在集成运算放大器中的应用为例对反馈进行简单介绍。

一、反馈的概念

将放大电路输出信号（电压或电流）的一部分或全部，通过某种电路（反馈电路）回送到输入回路中，称为反馈。若回送的反馈信号削弱了输入信号而使放大电路的放大倍数降低，则为负反馈；若反馈信号增强了输入信号，则为正反馈。

改进和提高放大电路放大性能的一个重要手段，就是在放大电路中引入负反馈。让输入信号和输出信号通过反馈电路构成一个闭环系统，从而使放大电路的输入量既受输入信号的控制，也受输出量的影响，以此达到改善放大电路工作性能的目的。

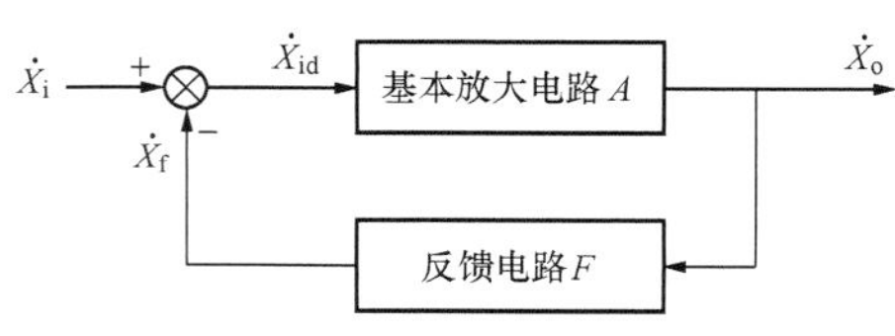

图 2-44 负反馈放大电路组成框图

图 2-44 所示为放大电路带负反馈的方框图，负反馈放大电路包括两个部分：一是基本放大电路 A，它可以是单级也可以是多级放大电路；二是反馈电路 F，它把放大电路的输入端与输出端联系起来，使放大电路构成闭环系统，F 多由电阻元件构成。

假设电路的输入信号、输出信号和反馈信号分别用 $\dot{X}_i$、$\dot{X}_o$和 $\dot{X}_f$表示，它可以是电压，也可以是电流，信号的传递方向如图中箭头所示；⊗表示比较环节，输入信号 $\dot{X}_i$和反馈信号 $\dot{X}_f$在这里进行比较，从而得到放大电路的净输入信号 $\dot{X}_{id}$；显然，反馈回来的信号 $\dot{X}_f$对原有输入信号 $\dot{X}_i$的影响有两种可能，增强或削弱。A 表示基本放大电路的放大倍数，F 为反馈电路的反馈系数。

若反馈的引入使净输入信号增强，即 $\dot{X}_{id}>\dot{X}_i$，这种反馈叫正反馈。若反馈信号起了削

弱净输入信号的作用，即 $\dot{X}_{id}<\dot{X}_i$，这种反馈叫负反馈。一般放大电路中采用的反馈都是负反馈，因为它能改善放大电路的性能，利用负反馈改善非线性失真的过程可用图 2-45 粗略表示。

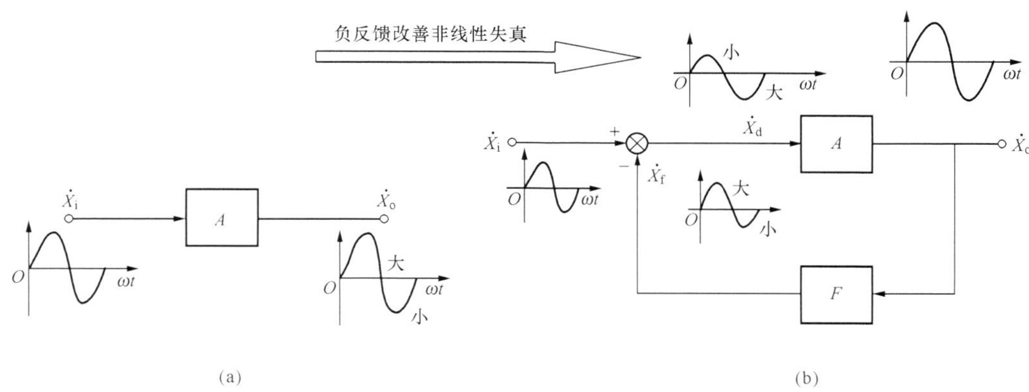

图 2-45　利用负反馈改善非线性失真

(a) 无负反馈时电路工作情况；(b) 有负反馈时电路工作情况

二、负反馈放大器放大倍数的一般分析

1. 闭环放大倍数 A_f 的一般表达式

基本放大电路的放大倍数 A 称为开环放大倍数，定义为

$$A=\frac{\dot{X}_o}{\dot{X}_{id}} \tag{2-26}$$

反馈网络的输出信号与输入信号之比称为反馈系数 F，它表明反馈程度的强弱，定义为

$$F=\frac{\dot{X}_f}{\dot{X}_o} \tag{2-27}$$

负反馈放大电路的放大倍数（亦称闭环放大倍数）A_f 为

$$A_f=\frac{\dot{X}_o}{\dot{X}_i}=\frac{\dot{X}_o}{\dot{X}_{id}+\dot{X}_f}=\frac{\dot{X}_o}{\dot{X}_{id}+AF\dot{X}_{id}}=\frac{\dot{X}_o}{\dot{X}_{id}(1+AF)}=\frac{A}{1+AF} \tag{2-28}$$

式（2-28）表明：系统的闭环放大倍数 A_f 与开环放大倍数 A 和反馈系数 F 之间的关系，是负反馈放大电路的一般表达式，也是分析各种反馈放大器的基本公式。由于反馈放大器的信号 $\dot{X}_i$、$\dot{X}_o$、$\dot{X}_f$既可以是电压，也可以是电流，它们取不同量纲时组合成不同类型的负反馈放大器，所以 A、A_f 和 F 也具有不同的量纲和意义。

2. 反馈深度

闭环放大倍数 A_f 与（$1+AF$）成反比，称（$1+AF$）为反馈深度。（$1+AF$）越大，则 A_f 下降得越多，即引入负反馈的程度越深。负反馈对放大器各种性能指标的改善，均与反馈深度（$1+AF$）有关。若（$1+AF$）$\gg 1$，称放大器引入深度负反馈，在这种条件下，闭环放大倍数 A_f 可表示为

$$A_f=\frac{A}{1+AF}\approx\frac{A}{AF}=\frac{1}{F} \tag{2-29}$$

式（2－29）表明：在深度负反馈的情况下，闭环放大倍数 A_f 与开环放大倍数 A 几乎无关，基本取决于反馈系数 F。开环放大倍数 A 越大，即 $AF \gg 1$，式（2－29）越接近准确，放大器工作越稳定。集成运算放大电路的开环电压放大倍数 A_{uo} 一般都大于 10^5，只要反馈系数 F 取得不是太小，均可用 $1/F$ 来估算放大电路的闭环放大倍数 A_f。

三、反馈的类型及判别方法

放大电路中的反馈，按反馈的极性可分为正反馈和负反馈。按反馈的信号种类可分为直流反馈和交流反馈。按反馈信号所取自的输出信号可分为电压反馈和电流反馈。按反馈信号与输入信号在放大电路输入端的连接方式可分为串联反馈和并联反馈。这里我们主要介绍四种类型的负反馈放大电路，即电压串联负反馈、电压并联负反馈、电流串联负反馈和电流并联负反馈。

判断反馈类型的主要步骤如下：

（1）根据反馈信号在输入回路的连接方式判断反馈的串并联，若反馈元件 R_f 与输入信号接同一输入端，则为并联反馈；否则为串联反馈；

（2）根据从输出回路所取的反馈信号判断是电压反馈还是电流反馈，若反馈元件 R_f 与输出电压正端接一起为电压反馈，否则为电流反馈；

（3）用瞬时极性法判断反馈的正负，对单级（奇数级）运放，反馈元件 R_f 接运放的反相端为负反馈，否则为正反馈。

在图 2－46（a）所示的电路中，R_f 是反馈元件，因为 $i_- = 0$，反馈电压为

$$u_f = \frac{R_1}{R_1 + R_f} u_o$$

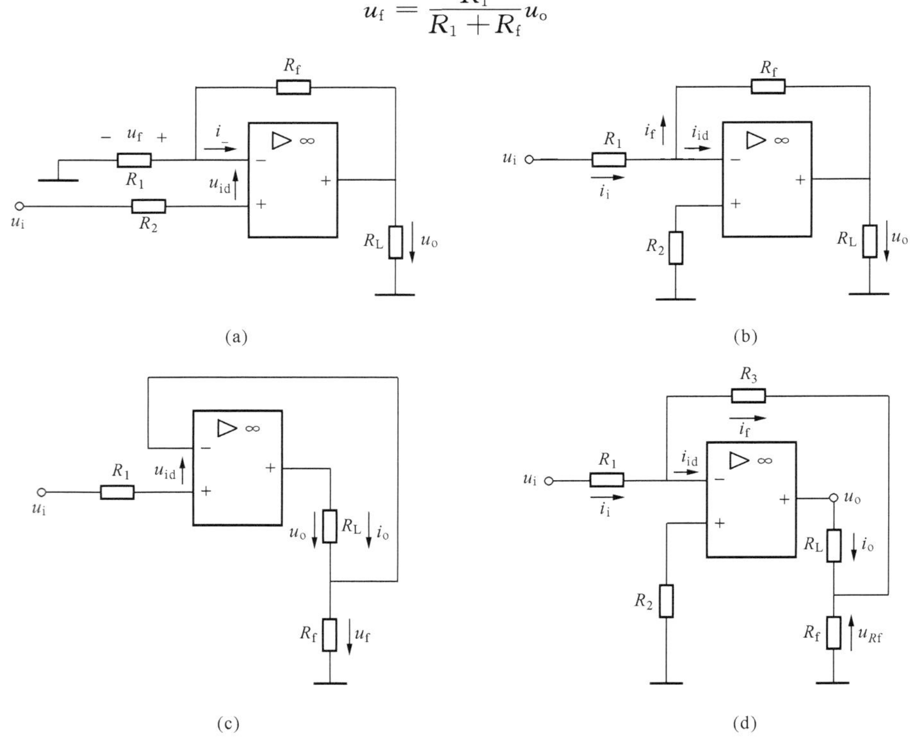

图 2－46 四种基本负反馈电路

（a）电压串联负反馈；（b）电压并联负反馈；（c）电流串联负反馈；（d）电流并联负反馈

它作用于反相输入端与地之间。因为输入电压与反馈电压接不同输入端，所以是串联反馈；由于反馈元件 R_f 与输出电压正端接一起，所以是电压反馈；对运算放大器来说，由于 $u_+=u_i$，$u_-=u_f$，可见其净输入电压

$$u_d=u_+-u_-=u_i-u_f$$

设输入信号 u_i 在某一瞬时出现增大，由于 u_i 加在运放的同相输入端，所以输出电压 u_o 也增大，反馈电压 u_f 必将跟着增大，于是净输入电压 u_d 由于 u_f 增大而减小，可以表示为

$$u_i\uparrow\rightarrow u_o\uparrow\rightarrow u_f\uparrow\rightarrow u_d\downarrow$$

反馈电压 u_f 起着削弱 u_i 增大的负反馈作用。因而图 2－46（a）所示电路的反馈是电压串联负反馈。

根据上述判断方法，可依次判断出图 2－46（b）～(d）分别为电压并联负反馈、电流串联负反馈、电流并联负反馈。

进一步分析可知，引入负反馈后对放大电路主要有如下影响：

(1) 降低了电压放大倍数；

(2) 提高了放大倍数的稳定性；

(3) 改善了波形的非线性失真；

(4) 影响了放大电路的输入输出电阻。

负反馈对输入电阻的影响，仅取决于是串联反馈还是并联反馈。串联负反馈增大输入电阻；并联负反馈减小输入电阻。

负反馈对输出电阻的影响，仅取决于反馈电路在放大电路输出端的取样方式。电压负反馈可以稳定输出电压，减小输出电阻；电流负反馈可以稳定输出电流，增大输出电阻。

2.6.3　集成运算放大器在信号运算方面的应用

模拟运算电路是集成运算放大器的线性应用。集成运放引入深度负反馈后便可工作在线性区，可按照“虚短”和“虚断”的原则进行分析。

一、比例运算电路

1. 反相输入

图 2－47 所示为反相比例运算电路。输入信号 u_i 经输入端电阻 R_1 送到反相输入端，而同相输入端通过电阻 R_2 接“地”。反馈电阻 R_f 跨接在输出端和反相输入端之间。其反相输入端为“虚地”。由于从反向输入端流入集成运放的电流为 0，所以 $i_i=i_f$。

由图 2－31 可以列出

$$i_i=\frac{u_i-u_-}{R_1}=\frac{u_i}{R_1}$$

$$i_f=\frac{u_--u_o}{R_f}=-\frac{u_o}{R_f}$$

因此

$$u_o=-\frac{R_f}{R_1}u_i \qquad (2-30)$$

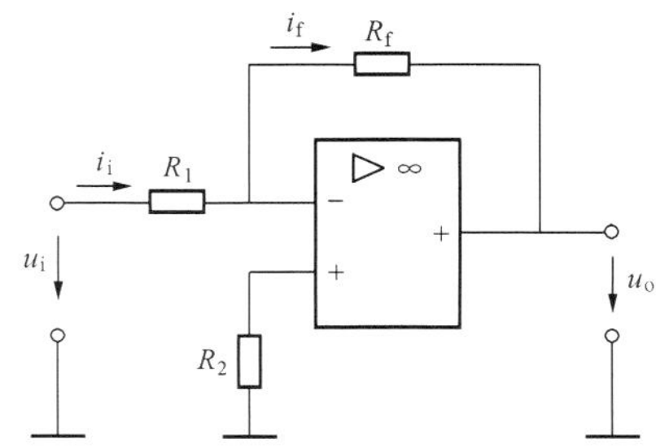

图 2－47　反相比例运算电路图

式（2-30）表明：输出电压与输入电压是比例运算关系，或者说是反相比例关系。式中的负号表示 u_o 和 u_i 反相。

图中的 R_2 是一平衡电阻，$R_2 = R_1 // R_f$，其作用是使运放的同相和反相输入端的等效电阻保持平衡（保持运放输入级差分放大电路的对称性）。

取 $R_f = 100k\Omega$，$R_1 = 10k\Omega$，通过图 2-48 所示的反相比例运算仿真电路可得，$u_o = -10u_i$。

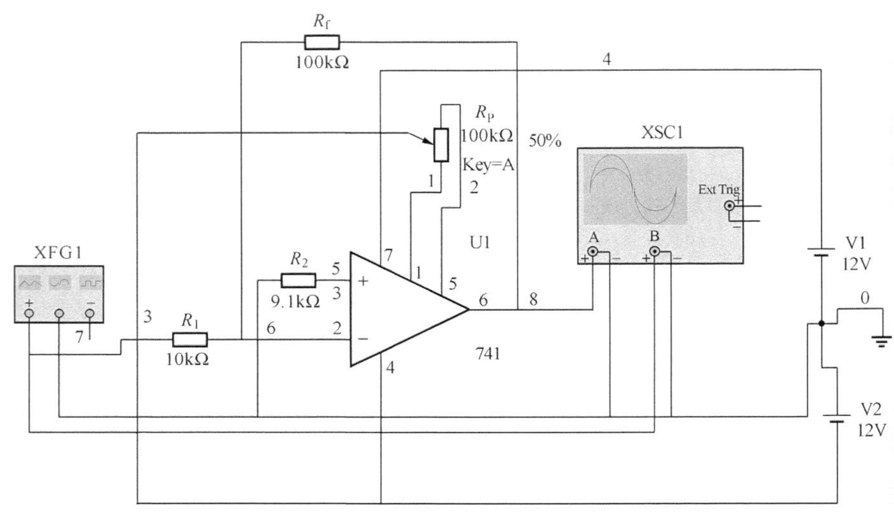

图 2-48 反相比例运算仿真电路

2. 同相输入

如果信号从同相输入端输入，便可实现同相比例运算。

图 2-49 所示同相比例运算电路，根据理想运算放大器工作在线性区时的分析依据：

$$u_- \approx u_+ = u_i$$

$$u_- = \frac{R_1}{R_1 + R_f} u_o$$

$$u_+ = \frac{R_1}{R_1 + R_f} u_o$$

因此可得

$$u_o = \left(1 + \frac{R_f}{R_1}\right) u_i \tag{2-31}$$

式中：u_o 和 u_i 同相，并且 u_o 总是大于或等于 u_i，不会小于 u_i，这点和反相比例运算不同。

当 R_1 断开或 $R_f = 0$ 时，则

$$u_o = u_i$$

这就是电压跟随器，如图 2-50 所示。

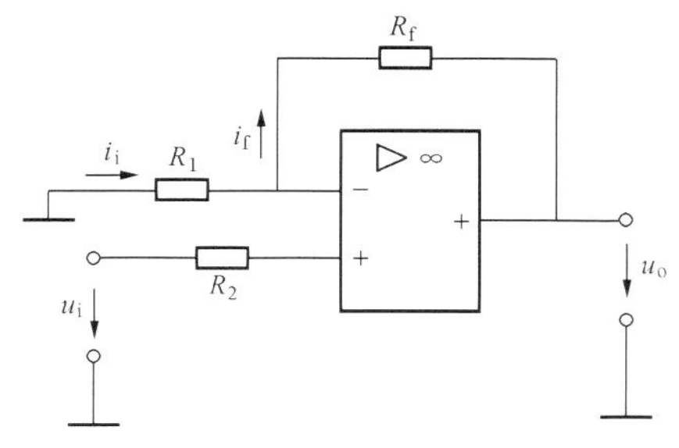

图 2-49　同相比例运算电路

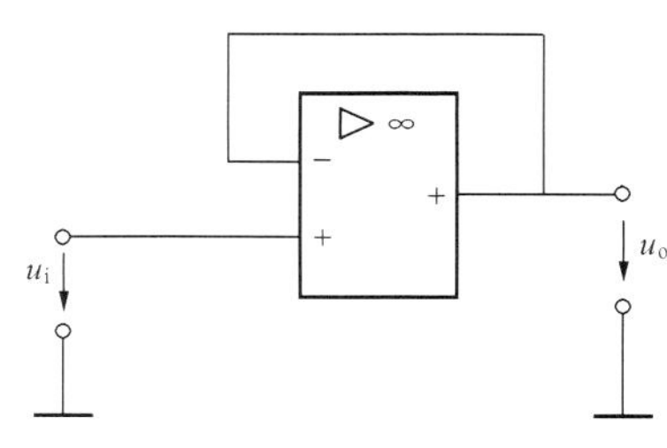

图 2-50　电压跟随器

二、加法和减法运算电路

1. 加法运算

如果在反相输入端增加若干输入电路，则构成反相加法运算电路，如图 2-51 所示。平衡电阻 $R_4=R_1/\!/R_2/\!/R_3/\!/R_f$。反相输入端为“虚地”，可得

$$i_{i1}=\frac{u_{i1}}{R_1},\quad i_{i2}=\frac{u_{i2}}{R_2},\quad i_{i3}=\frac{u_{i3}}{R_3},\quad i_f=-\frac{u_o}{R_f}$$

由 KCL 得

$$i_f=i_{i1}+i_{i2}+i_{i3}$$

故

$$u_o=-\left(\frac{R_f}{R_1}u_{i1}+\frac{R_f}{R_2}u_{i2}+\frac{R_f}{R_3}u_{i3}\right)$$

当 $R_1=R_2=R_3=R$ 时，有

$$u_o=-\frac{R_f}{R}(u_{i1}+u_{i2}+u_{i3})$$

当 $R=R_f$ 时，则有

$$u_o=-(u_{i1}+u_{i2}+u_{i3}) \tag{2-32}$$

由上列三式可见，只要电阻阻值足够精确，就可保证加法运算的精度和稳定性。

2. 减法电路

如果两个输入端都有信号输入，则为差分输入，其运算电路如图 2-52 所示。平衡电阻为 $R_2/\!/R_3=R_1/\!/R_f$。

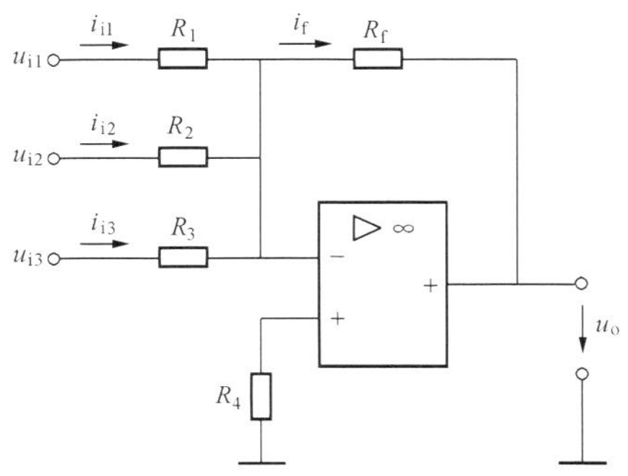

图 2-51　加法运算电路

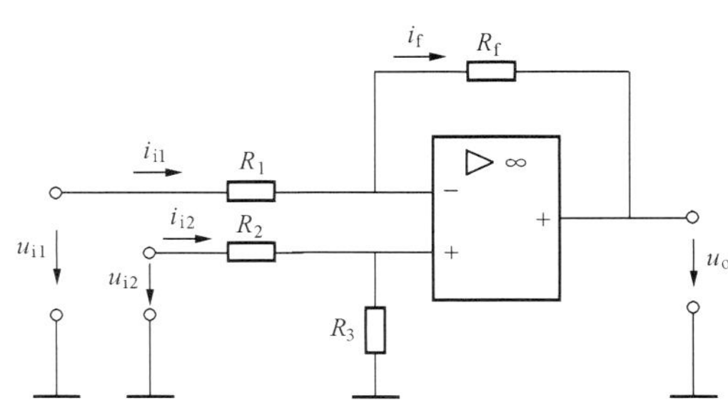

图 2-52　减法电路

差分运算可看成反相比例运算和同相比例运算的合成，由于运放接有深度负反馈，处于线性状态，可满足叠加原理的使用条件。利用叠加原理先求出 u_{i1} 和 u_{i2} 分别作用所产生的输出电压分量，再求出两个输出分量的代数和。

设反相输入信号 u_{i1} 单独作用产生输出电压分量 u_o'，同相输入信号 u_{i2} 单独作用产生输出电压分量 u_o''。由式（2－30）和式（2－31），并考虑到同相输入端电压 u_+ 与输入信号 u_{i2} 之间存在关系式为

$$u_+ = \frac{R_3}{R_2 + R_3} u_{i2} \tag{2-33}$$

可分别求出输出电压的两个分量

$$u_o' = -\frac{R_f}{R_1} u_{i1}$$

$$u_o'' = \left(1 + \frac{R_f}{R_1}\right) u_+ = \left(1 + \frac{R_f}{R_1}\right) \frac{R_3}{R_2 + R_3} u_{i2}$$

当输入 u_{i1} 和 u_{i2} 同时作用时，输出电压为

$$u_o = u_o' + u_o'' = -\frac{R_f}{R_1} u_{i1} + \frac{R_1 + R_f}{R_1} \cdot \frac{R_3}{R_2 + R_3} u_{i2}$$

若取 $R_2 = R_1$、$R_3 = R_f$，可得

$$u_o = \frac{R_f}{R_1}(u_{i2} - u_{i1}) \tag{2-34}$$

从以上分析可见，输出电压 u_o 与两个输入电压的差值成正比，所以可以进行减法运算。若 $R_1 = R_f$，则有

$$u_o = u_{i2} - u_{i1}$$

由于电路存在共模电压，为了保证运算精度，应当选用共模抑制比较高的运算放大器或选用阻值合适的电阻。

三、积分和微分电路

1. 积分电路

与反相比例运算电路比较，用电容 C 代替 R_f 作为反馈元件，就构成积分运算电路，如图 2－53 所示。

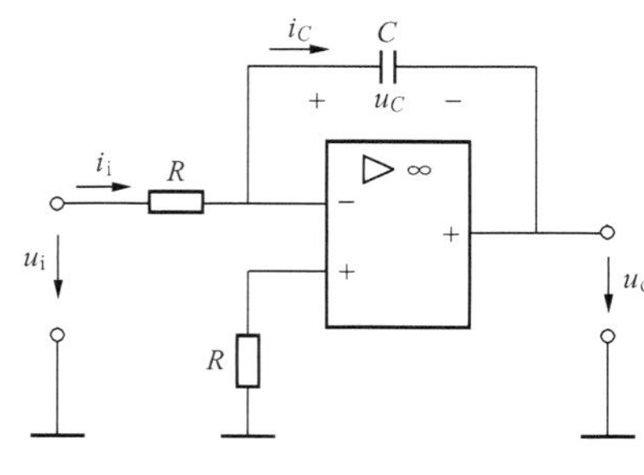

图 2－53 基本积分电路图

由“虚地”的概念可知，$i_i = \frac{u_i}{R}$，运放的输入端电流 $i_- = 0$，可得 $i_i = i_f$

又由于

$$i_C = C\frac{\mathrm{d}u_C}{\mathrm{d}t} = -C\frac{\mathrm{d}u_o}{\mathrm{d}t}$$

因此，可得

$$\frac{u_i}{R} = -C\frac{\mathrm{d}u_o}{\mathrm{d}t}$$

即

$$u_o=-\frac{1}{RC}\int_0^t u_i\mathrm{d}t+u_o(0) \tag{2-35}$$

式（2－35）表明：u_o 与 u_i 的积分成比例，式中的负号表示两者反相。RC 称为积分时间常数，用 τ 表示。$u_o(0)$为 u_o 的初始值。

当输入电压 u_i 为如图 2－54（a）所示的阶跃信号时，设 $u_o(0)=0$，则输出电压为

$$u_o=-\frac{U_I}{RC}t \tag{2-36}$$

它与时间 t 成正比，波形如图 2－54（b）所示。最后达到负饱和值 $-U_{OM}$。采用集成运算放大器组成的积分电路，由于充电电流基本上是恒定的，故 u_o 是时间 t 的一次函数。

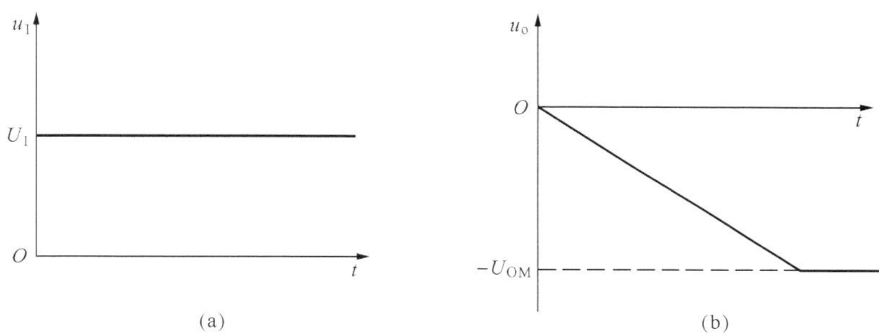

图 2－54　积分运算电路的阶跃响应

（a）阶跃信号；（b）阶跃响应

建立如图 2－55 所示的基本积分电路的仿真电路可观测电路的输入和输出波形。

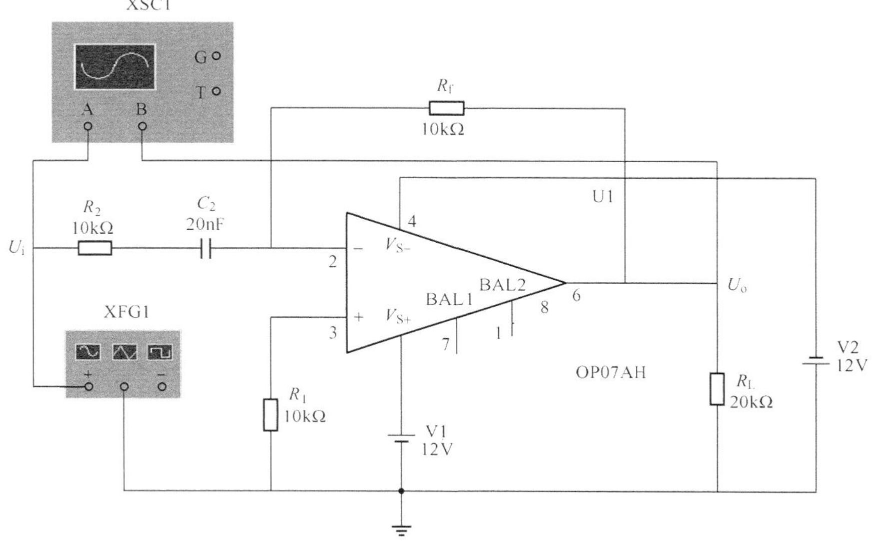

图 2－55　基本积分电路的仿真电路

2. 微分运算

微分运算是积分运算的逆运算，只需将反相输入端的电阻和反馈电容调换位置，就成为微分运算电路，如图 2-56 所示。

由图可知

$$i_i = i_f$$

$$i_i = C\frac{du_C}{dt} = C\frac{du_i}{dt}$$

$$u_o = -i_f R_f$$

故

$$u_o = -R_f C\frac{du_i}{dt} \tag{2-37}$$

故输出电压与输入电压对时间的一次微分成正比。当输入电压为图 2-57（a）所示的阶跃信号时，输出电压为尖脉冲，如图 2-57 所示。

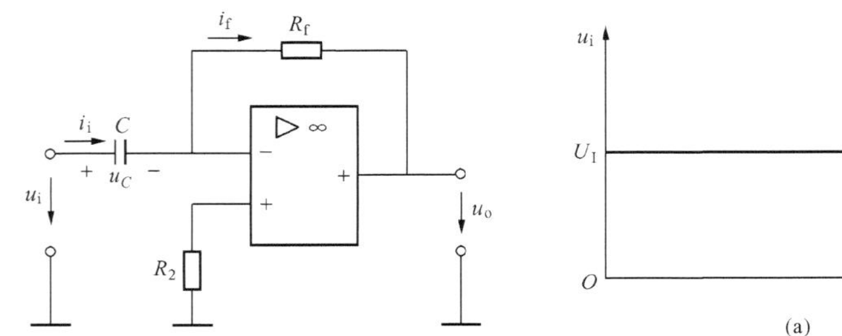

图 2-56 微分运算电路

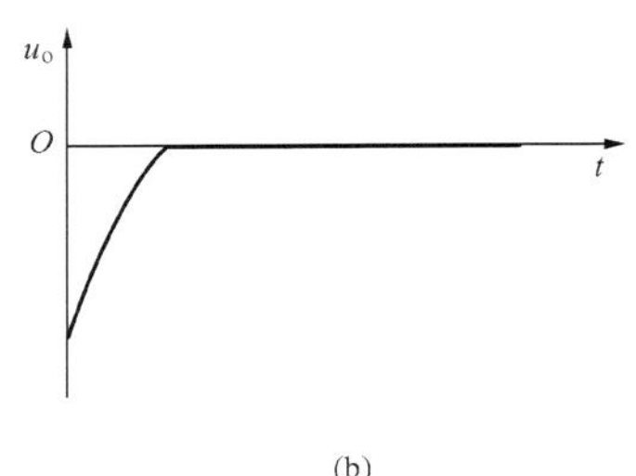

图 2-57 微分运算电路的阶跃响应

（a）阶跃信号；（b）阶跃响应

实训 2.3 集成运算放大器的线性应用

1. 反相比例运算电路

以反相比例运算电路的测试为例，学习集成运放构成基本运算电路的方法。

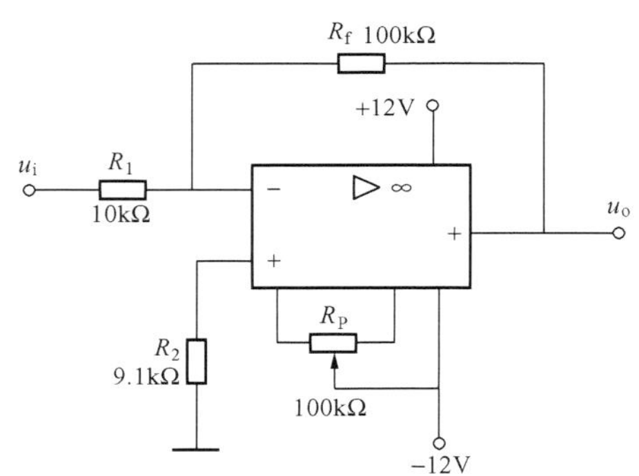

图 2-58 反相比例运算电路

图 2-58 是反相比例运算电路。图中，R_2 是平衡电阻，$R_2 = R_1 // R_f$。

实验前要看清运放组件各管脚的位置，切忌正、负电源极性接反和输出端短路，否则将会损坏集成块。实验步骤如下：

（1）按图 2-58 连接实验电路，接通 +12V、−12V 直流电源，将输入端对地短路，进行调零。

（2）输入端接入 $f = 1\text{kHz}$，$U_i = 0.5\text{V}$ 的正弦交流信号，测量相应的 U_o 并用示波器观察 u_o 与 u_i 的相位关系，记入表 2-2 中。

表 2-2　　反相比例运算电路测试表

U_i（V）	U_o（V）	u_i、u_o 波形	A_u	
			实测值	理论值
		u_i O t u_o O t		

根据实验数据，分析输出电压 u_o 与输入电压 u_i 的运算关系。

2．积分运算电路测试

与反相比例运算电路比较，用电容 C 代替 R_f 作为反馈元件，就构成积分运算电路，如图 2-59 所示。

$$u_o = -\frac{1}{R_1 C}\int_0^t u_i \mathrm{d}t + u_C(0)$$

在进行积分运算之前，首先应对运放调零。为了便于调节，将图中 S1 闭合，即通过电阻 R_2 的负反馈作用帮助实现调零。但在完成调零后，应将 S1 打开，以免因 R_2 的接入造成积分误差。S2 的设置一方面为积分电容放电提供放电通路，同时可实现积分电容初始电压 $u_C(0)=0$；另一方面，可控制积分起始点，即在加入信号 u_i 后，只要 S2 一打开，电容就将被恒流充电，电路也就开始积分运算。实验电路如图 2-59 所示。

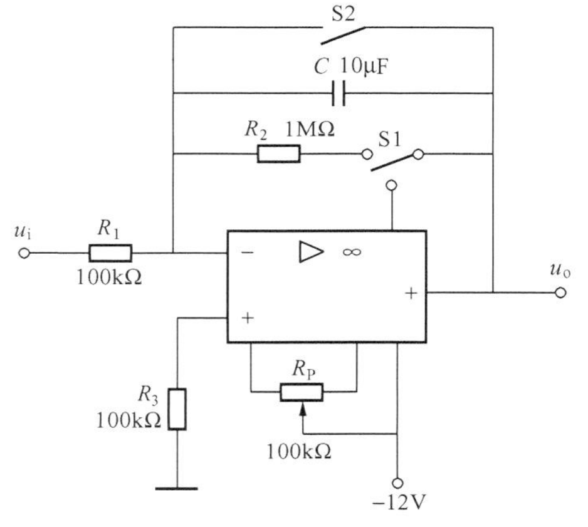

图 2-59　基本积分运算电路

(1) 打开 S2，闭合 S1，对运放输出进行调零。

(2) 调零完成后，再打开 S1，闭合 S2，使 $u_C(0)=0$。

(3) 预先调好直流输入电压 $U_i=0.5$V，接入实验电路，再打开 S2，然后用直流电压表测量输出电压 u_o，每隔 5s 读一次数，记入表 2-3，直到 u_o 不继续明显增大为止。

表 2-3　　积分运算电路测试表

t（s）	0	5	10	15	20	25	30	……
u_o（V）								

3．线性集成运放的应用注意问题

(1) 输入信号：选用交、直流量均可，但在选取信号的频率和幅度时，应考虑运放的频响特性和输出幅度的限制。

(2) 调零：为提高运算精度，在运算前，应首先对直流输出电压进行调零，即保证输入为零时，输出也为零。当运放有外接调零端子时，可按组件要求接入调零电位器 R_P，调零时，将输入端接地，并引入负反馈，调零端接入电位器 R_P，用直流电压表测量输出电压 u_o，细心调节 R_P，使 u_o 为零（即失调电压为零）。

（3）消振：一个集成运放自激时，表现为即使输入信号为零，亦会有输出，使各种运算功能无法实现，严重时还会损坏器件。在实验中，可用示波器监视输出波形。为消除运放的自激，常采用如下措施：

1）若运放有相位补偿端子，可利用外接 RC 补偿电路，产品手册中有补偿电路及元件参数提供。

2）电路布线、元器件布局应尽量减少分布电容。

3）在正、负电源进线与地之间接上几十微法的电解电容和 0.01～0.1μF 的陶瓷电容相并联以减小电源引线的影响。

（4）操作注意事项：

1）运放正负电源不可接反。

2）运放输出端不可对地短路。

3）运放正负电源电压不可超过极限值。

2.7 必备知识五：集成功率放大电路

1. 功率放大器简介

放大器的负载通常都要求一定的激励功率，所以，多级放大器的末级一般为功率放大器，其任务是向负载提供足够大的功率。

放大电路有甲类、乙类、甲乙类三种工作状态，如图 2-60 所示。图 2-60（a）所示为甲类工作状态，静态工作点 Q 大致在负载线的中间，在输入信号的整个周期内，三极管均导通，这种电路称为甲类放大电路。前面所讲的电压放大电路就是工作在这种状态，不论有无输入信号，电源供给的功率 $P_E=V_{CC}I_C$，总是不变的。可以证明，在理想情况下，甲类放大电路的效率最高只能达到 50%。图 2-60（b）所示为乙类工作状态，静态工作点 Q 设置在截止区，三极管只能在电压信号的半周内导通，另外半周不工作，这种电路称为乙类放大

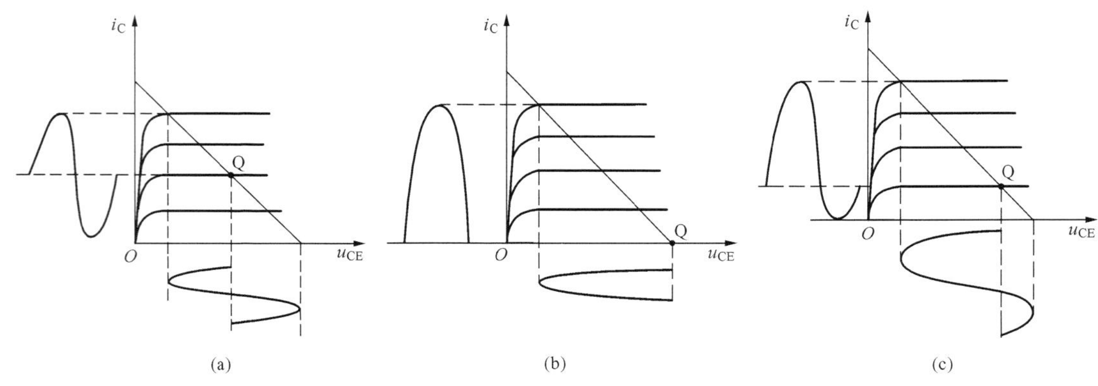

图 2-60 放大电路三种工作状态
(a) 甲类；(b) 乙类；(c) 甲乙类

电路。由于无输入信号时电源不输出静态电流，所以该类放大器效率很高。但由于三极管只导通半个周期，波形产生了失真。图 2－60（c）所示的甲乙类工作状态的静态工作点 Q 比甲类低、比乙类高，三极管导通大于信号的半个周期而小于一个周期，这种电路称为甲乙类放大电路，它的效率介于甲类和乙类之间。集成功率放大器输出级一般为甲乙类放大电路。

一般集成功率放大器内部电路原理与集成运算放大器相似，内部有差分电路输入级、中间电压放大级、恒流源偏置电路及甲乙类准互补对称功率放大电路的输出级，此外还具有短路和过热保护电路。集成功率放大器具有输出功率大，外围连接元件少，使用方便等优点，因此在收音机、电视机、收录机、开关功率电路、伺服放大电路中广泛采用各类专用集成功率放大器。

2. 集成功率放大器

随着电子工业的发展，目前已经生产出多种不同型号、可输出不同功率大小的集成功率放大器。输出功率（由几百毫瓦到几十瓦），可分为小、中、大功率放大器。它们的电路结构和运算放大器基本相同或相似，如 LM380、LM384 及 LM386 等集成功率放大器都由输入级、中间级和输出级组成。输入级是复合管差分放大电路，它有同相和反相两个输入端，它的单端输出信号传送到中间级，以提高电压放大倍数。输出级是甲乙类互补对称的放大电路。图 2－61 所示为集成功率放大器 LM386 电路的引脚图。

LM386 是美国国家半导体公司生产的音频功率放大器，主要应用于低电压消费类产品。为使外围元件最少，电压增益内置为 20。但在 1 脚和 8 脚之间增加一只外接电阻和电容，便可将电压增益调为任意值，直至 200。输入端以地电位参考，同时输出端被自动偏置到电源电压的一半，在 6V 电源电压下，它的静态功耗仅为 24mW，使得 LM386 特别适用于电池供电的场合。

LM386 电源电压为 4～12V，音频功率 0.5W。当电源电压为 12V 时，在 8Ω 的负载情况下，可提供几百毫瓦的功率。

图 2－62 所示由 LM386 构成的功率放大电路。图中，R_2、C_4 组成电源滤波电路；R_3、C_3 是相位补偿电路，以消除自激振荡，并改善高频时的负载特性；C_2 也是防止电路产生自激振荡用的。

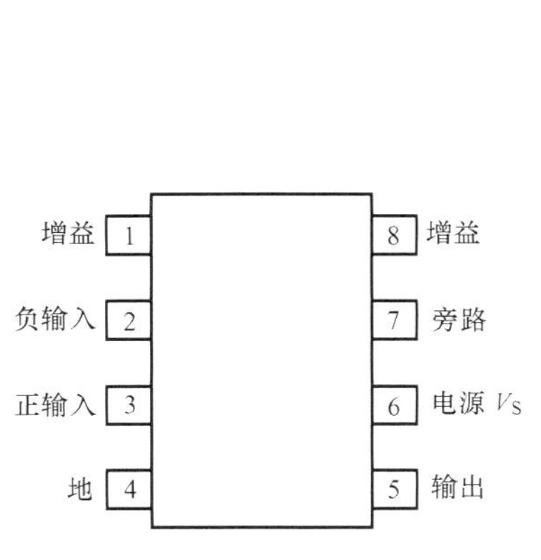

图 2－61　集成功率放大器 LM386 电路的引脚图

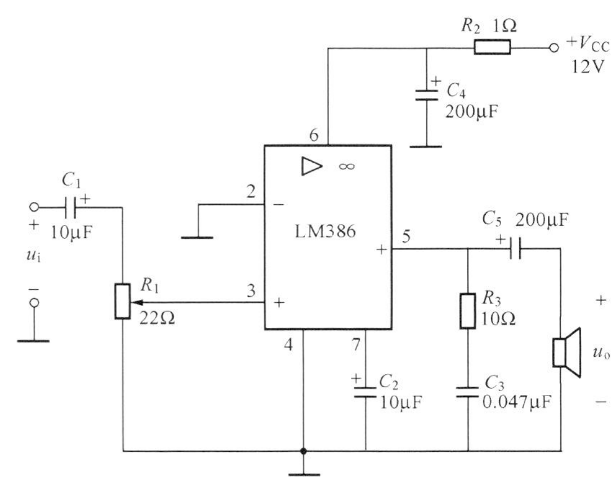

图 2－62　LM386 构成的功率放大电路

TDA2030 音频功放电路，采用 V 型 5 脚单列直插式塑料封装结构。如图 2－63 所示，按引脚的形状可分为 H 型和 V 型。该集成电路广泛应用于汽车立体声收录音机、中功率音响设备，具有体积小、输出功率大、失真小等特点。并具有内部保护电路。意大利 SGS 公司、美国 RCA 公司、日本日立公司、NEC 公司等均有同类产品生产，虽然其内部电路略有差异，但引出脚位置及功能均相同，可以互换。

典型应用电路如图 2－64 所示。

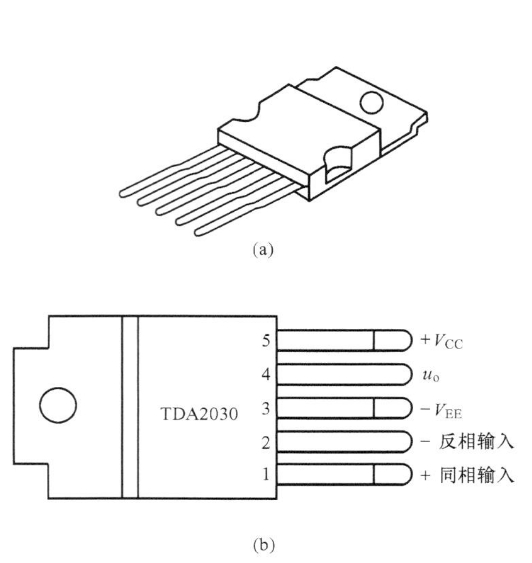

图 2－63 TDA2030 音频功放电路外形图和引脚图

(a) 外形图；(b) 引脚图

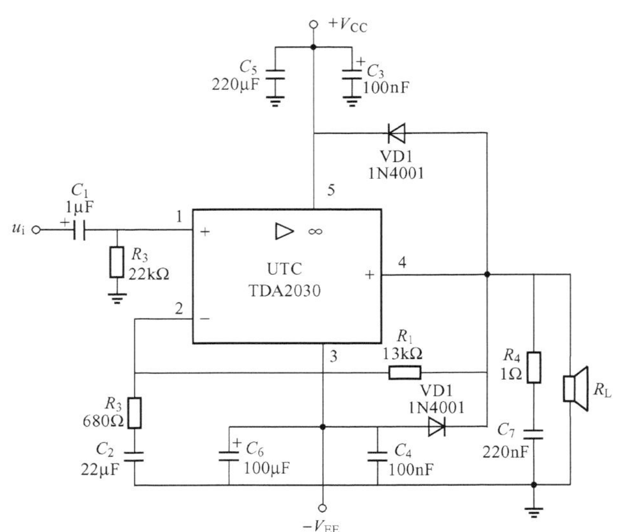

图 2－64 TDA2030 的典型应用电路

2.8 音频放大器设计

（一）设计方案提示

本方案采用前置放大器、集成功率放大器和电源三大部分组成。

1. 前置放大器

由于信号源提供的信号非常微弱，故一般要加一级前置放大器。前置放大器的任务是把各种信号源送来的声音信号进行足够的放大，以供给功率放大器。

前置放大级主要完成对小信号的放大。一般要求输入阻抗要高，输出阻抗低。前置放大器采用集成运算放大器电路，考虑到对噪声、频率响应的要求，运算放大器选用 TL082 运算放大器，电路结构可参考图 2－65 所示的前置放大级电路。

图中，话筒输入插口（MIC IN）接动圈式话筒，一般动圈式话筒的输出电压仅有几毫伏。线路输入插口（LINE IN）信号是由录音机或收音机来的高电平音频信号，这些信号约为 150～500mV。由于话筒送来的信号电压太小，因此必须先经放大后，才能与线路输入来的信号进行混合放大。A 是由集成放大器组成的同相输入比例放大器，放大倍数约为

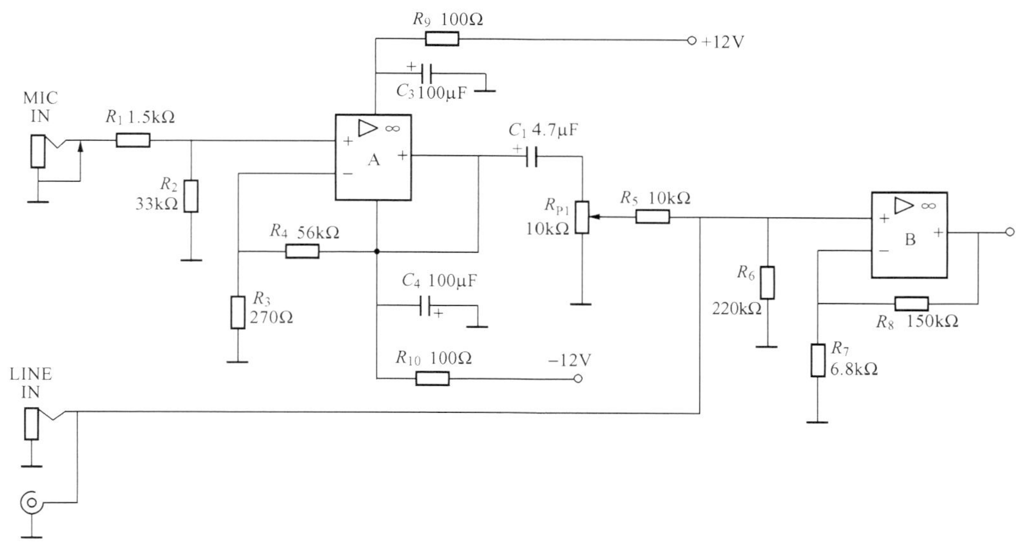

图 2－65　前置放大级电路

$(R_3+R_4)/R_3=210$（倍），如果话筒输入电压是 1mV，那么经过放大器 A 放大可得约 210mV 的输出电压。

放大器 B 是集成运放组成的混合放大器，它也是一个同相输入放大器，放大倍数约为 $(R_7+R_8)/R_7=20$（倍），其输出信号电压可达 3V 左右，足以推动功率放大器。

电位器 R_{P1} 可用来调节话筒来的信号的大小，R_5 是隔离电阻，可以避免当 R_{P1} 动端移至接地端时，线路来的信号被短路到地。

R_9、C_3、R_{10}、C_4 是电源去耦电路，以防止电源交流声和汽船声。C_1、C_2 为耦合电容。

2. 功率输出级

功率放大器决定了整机的输出功率、非线性失真系数等指标，要求效率高、失真尽可能小、输出功率大。TDA2030 是高保真集成功率放大器，输出功率大于 10W，频率响应为 10～140kHz，输出电流峰值最大可达 3.5A。其内部电路包含输入级、中间级和输出级，且有短路保护和过热保护，可确保电路工作安全可靠。TDA2030 的使用很方便，只需在其外部接有少量元器件。

本级电路可参照图 2－66 功率放大级电路。R_{P2} 是音量调节电位器，C_5 是输入耦合电容，R_{11} 是 TDA2030 同相输入偏置电阻。

R_{12}、R_{13} 决定了该电路交流负反馈的强弱及闭环增益。该电路的闭环增益为 $(R_{12}+R_{13})/R_{12}=(0.68+22)/0.68=33.3$（倍），$C_6$ 起隔直流作用，以使电路直流为 100%负反馈。静态工作点稳定性好。

C_8、C_9 为电源高频旁路电容，防止电路产生自激振荡。R_{14}、C_7 称作为佐贝尔网格，用于在电路接有感性负载扬声器时，保证高频稳定性。VD1、VD2 是保护二极管，防止输出电压峰值损坏集成块 TDA2030。

（二）调试要点

分别按图 2－65 和图 2－66 接好电路，为了方便调试，各电路之间暂不连通，分别对各

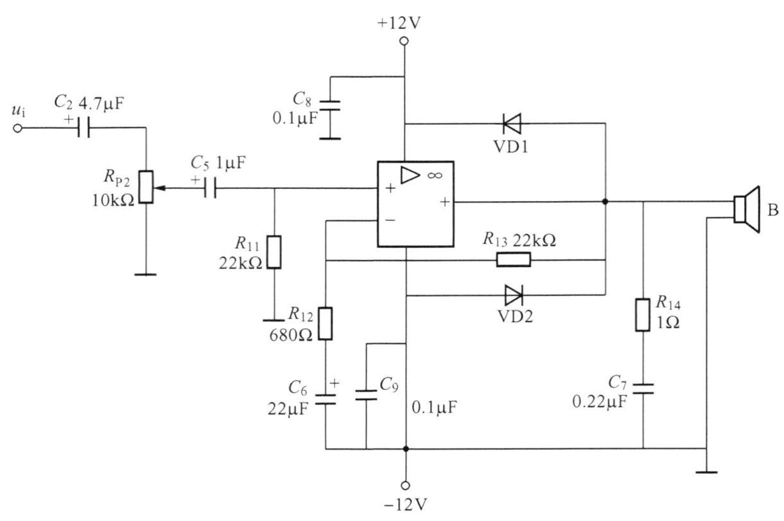

图 2-66 功率放大级电路

电路进行调试。

1. 前置放大电路的调试

前置放大电路的调试步骤如下：

(1) 调零和消除自激振荡。

(2) 在输入端加入输入正弦电压，幅值与频率自选（不能太大），观察与记录输出电压与输入电压的波形（幅值，相位关系），计算电压放大倍数，自拟表格将数据记录其中。

2. 功率放大电路的调试

功率放大电路的调试步骤如下：

(1) 输入端对地短路，观察输出有无振荡，若有振荡要采取措施消除振荡。

(2) 在输入端口加入 $f=1\text{kHz}$ 的正弦信号（u_{o1}），在输出信号不失真的情况下测量此时的输出电压，计算电压放大倍数，输出功率。

(3) 逐渐加大输入电压信号幅值直至输出电压信号 u_o 的波形出现临界削波时，测量此时负载两端的输出电压最大值 U_{omax} 或有效值 U_o，计算最大输出功率 P_{omax}

$$P_{omax}=\frac{U_{omax}^2}{2R_L}=\frac{U_o^2}{R_L} \tag{2-38}$$

3. 电路联调

经过前面两个电路的调试之后，可以进行系统的联调，联调步骤如下：

(1) 输入信号为零时，测量输出端的直流电压。

(2) 输入 $f=1\text{kHz}$ 的正弦信号，改变输入信号幅度，用示波器观察输出电压信号 u_o 的波形变化，记录输出信号的最大不失真幅度所对应的输入电压信号的变化。

(3) 在输出不失真的情况下，输入端输入一个正弦信号，改变输入信号的频率，观察输出波形的幅值变化，记录输出电压下降到 $0.707u_o$ 时的频率变化范围。

(4) 测量、计算总的电压放大倍数。

(5) 系统的联调完成后可模拟试听效果。

（三）供参考选择的元器件

（1）TL082 运算放大器，2 片；

（2）TDA2030 功率放大器，2 片；

（3）喇叭，1 个；

（4）电阻电容导线等。

（四）设计报告要求

（1）画出音频功率放大器电路图。

（2）掌握电路工作原理。

（3）选择电路各元器件（列明细表）。

（4）整理各项实验数据，画出各级输入/输出电压的波形，标出幅值、相位关系，分析测试结果。

（5）分析整体的调试结果和试听结果。

（6）叙述在整个调试过程中所遇到的问题、解决的方法、体会。

习　　题

2.1　选择题

2.1.1　在图 2－67（a）所示电路中，$V_{CC}=24V$，$R_B=800k\Omega$，$R_C=6k\Omega$，$R_L=3k\Omega$，$\beta=50$ 晶体管的输出特性曲线如图 2－67（b）所示。估算法求得静态工作点 $Q(I_{BQ}, I_{CQ}, U_{CEQ})$，是图中（　　）。

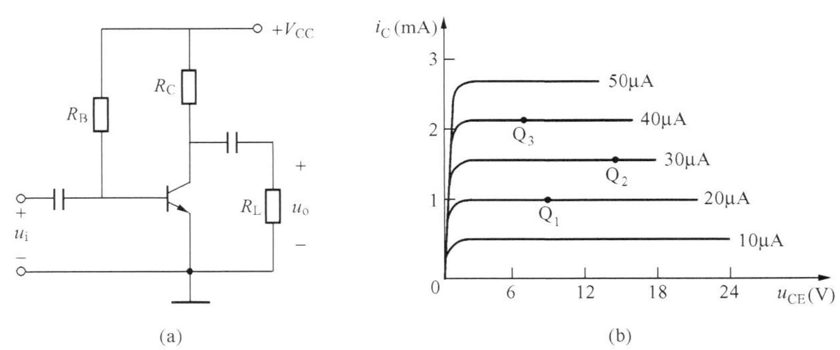

图 2－67　题 2.1.1

（a）Q_1 点　　（b）Q_2 点　　（c）Q_3 点

2.1.2　图 2－68 所示放大电路中，晶体管有足够大的电流放大系数，若 $V_{CC}=12V$，$R_{B1}=50k\Omega$，$R_{B2}=10k\Omega$，$R_C=1k\Omega$，$R_E=500\Omega$，其基极对发射极的电压 $U_{BE}=0.7V$，则集电极电流 I_C 最接近于（　　）。

（a）14.6mA　　（b）6.7mA　　（c）2.6mA

2.1.3　放大电路如图 2－69 所示，因静态工作点不合适而使 u_o 出现严重的截止失真，通过调整偏置电阻 R_B，可以改善 u_o 波形。调整过程是应使 R_B（　　）。

（a）增加　　（b）减小　　（c）等于零

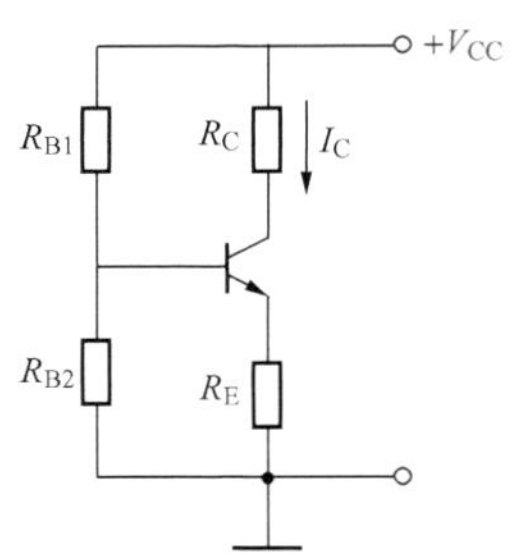

图 2-68 题 2.1.2 图

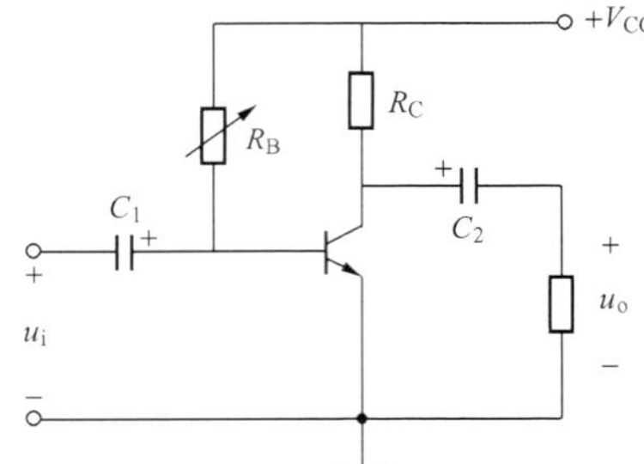

图 2-69 题 2.1.3 图

2.1.4 放大电路如图 2-69 所示，$V_{CC}=12V$。静态时 $U_{CE}=4V$，$R_C=4k\Omega$，当逐渐加大输入信号 u_i 时，输出信号 u_o 首先出现（ ）。

(a) 截止失真 (b) 饱和失真 (c) 截止和饱和失真

2.1.5 图 2-70 所示为理想运算放大器组成的运算电路中，若运算放大器所接电源为 ±12V，且 $R_1=10k\Omega$，$R_F=100k\Omega$，则当输入电压 $U_i=2V$ 时，输出电压 U_o，最接近于（ ）。

(a) 20V (b) −12V (c) −20V

2.1.6 图 2-71 所示电路中，若 u_i 一定，当可变电阻 R_P 的电阻值由大适当减小时，输出电压的变化情况为（ ）。

(a) 由小变大 (b) 由大变小 (c) 基本不变

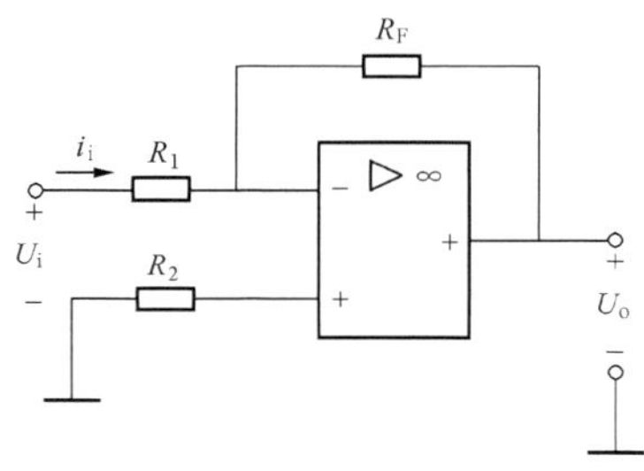

图 2-70 题 2.1.5 图

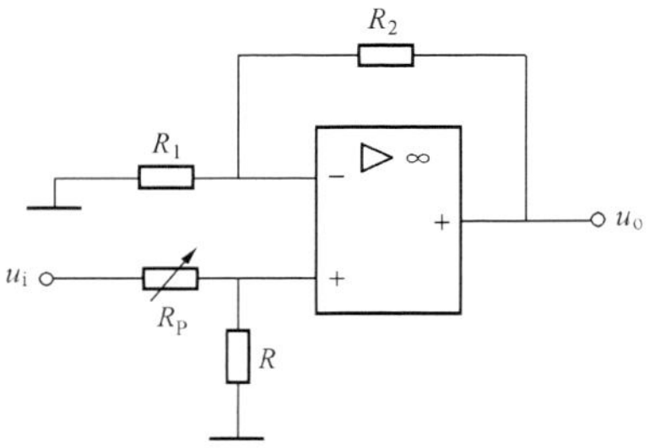

图 2-71 题 2.1.6

2.1.7 图 2-72 所示电路中，若输入电压 $u_i=-0.5V$，则输出端电流 i 为（ ）。

(a) 10mA (b) −5mA (c) 5mA

2.1.8 图 2-73 所示电路中，负载电流 i_L 与输入电压 u_i 的关系为（ ）。

(a) $-u_i/(R_L+R_o)$ (b) u_i/R_L (c) u_i/R_o

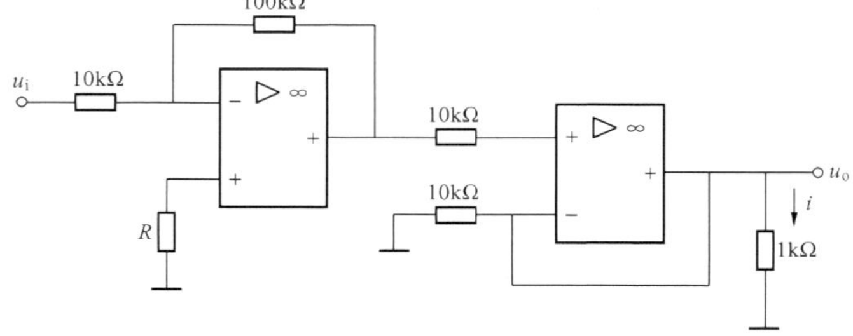

图 2-72 题 2.1.7 图

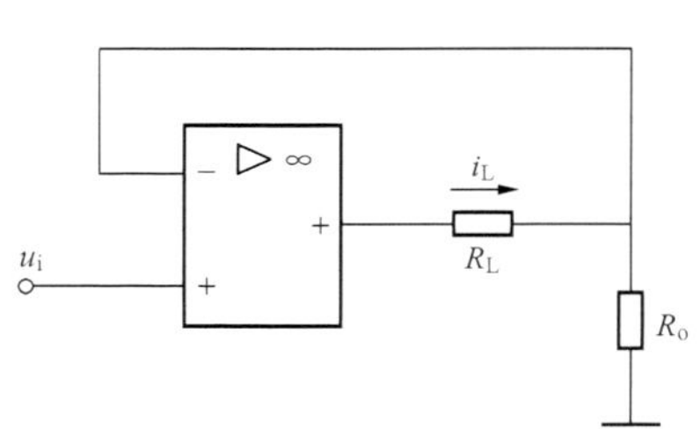

图 2-73 题 2.1.8 图

2.2　分析计算题

2.2.1　图 2 - 74 所示的电路中，$u_{i1}=1V$，$u_{i2}=2V$，$u_{i3}=3V$，$u_{i4}=4V$，$R_1=R_2=2k\Omega$，$R_3=R_4=R_F=1k\Omega$，试计算输出电压 u_o。

2.2.2　图 2 - 75 所示的电路中，试求电路的输出电压 u_o 和 u_i 的关系。

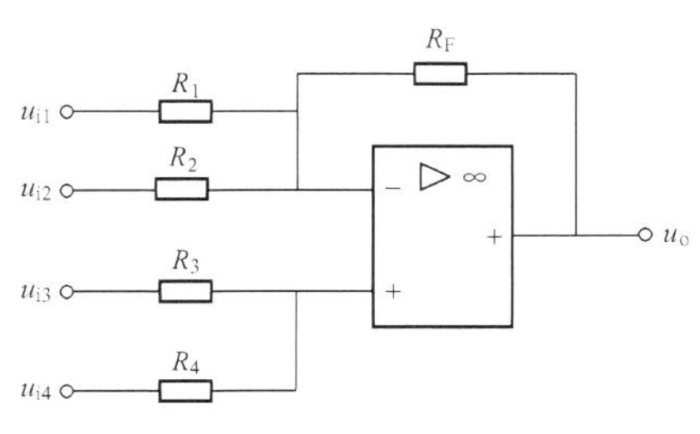

图 2 - 74　题 2.2.1 图

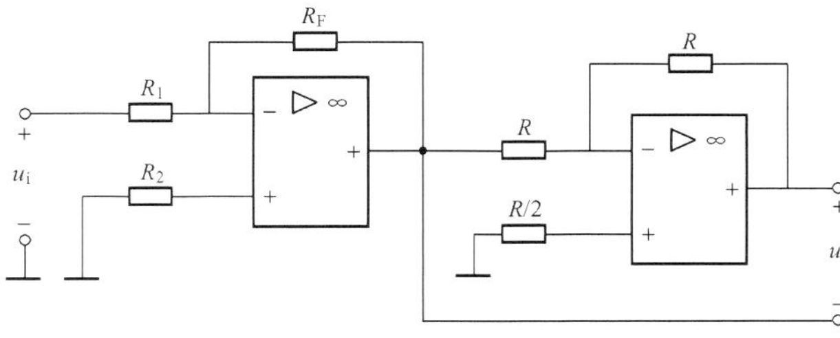

图 2 - 75　题 2.2.2 图

2.3　设计题：多级负反馈放大电路的设计

1. 设计任务

设计一个由运算放大器构成的两级负反馈放大电路。已知条件如下：

(1) 闭环时中频电压放大倍数：$A_{uF}=1000$。

(2) 输入电阻：$R_i=20k\Omega$。

(3) 负载电阻：$R_L=2k\Omega$。

(4) 上限频率：$f_H\leqslant 20kHz$。

(5) 下限频率：$f_L\leqslant 10kHz$。

(6) 最大不失真输出电压：$U_{o\max}=5V$。

2. 设计要求

(1) 确定负反馈放大电路的级数。

(2) 选择合适的反馈形式。

(3) 根据设计要求选择集成运算放大器，计算所用的电阻值、耦合电容值。

(4) 画出电路图。

TL082 管脚排列图如图 2 - 76 所示。

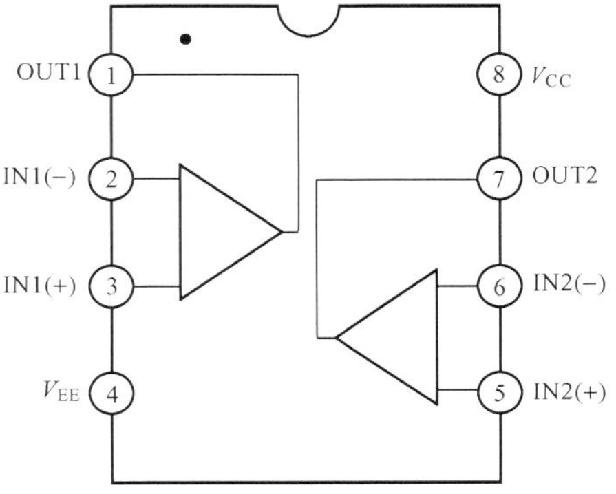

图 2 - 76　TL082 管脚排列图

情境三　函数信号发生器的设计

在电子通信、自动控制、遥测控制、测量仪器、仪表和计算机等技术领域，经常需要用到各种各样的信号波形发生器。随着集成电路的迅速发展，用集成电路可很方便地构成各种信号波形发生器。用集成电路实现的信号波形发生器与其他信号波形发生器相比，其波形质量、幅度和频率稳定性等性能指标，都有了很大的提高。

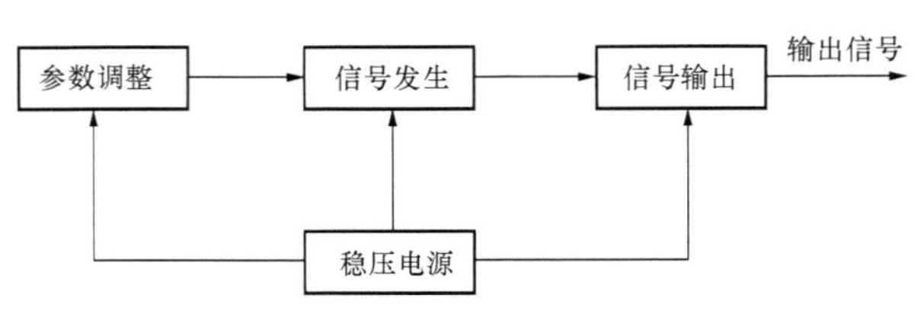

图 3-1　函数信号发生器方框图

设计并制作一台函数信号发生器，使之能产生正弦波、三角波和矩形波信号，其系统框图如图 3-1 所示。

3.1　设　计　目　的

（1）通过本课题设计，进一步掌握理想集成运算放大器电路的特性和应用；

（2）通过本课题设计，进一步掌握电压比较器电路的特性和应用；

（3）通过本课题设计，掌握矩形波、三角波、正弦波函数发生器的设计方法与调试技术；

（4）了解单片多功能集成函数信号发生器的功能及特点；

（5）学会安装与调试函数信号发生器电路。

3.2　设计任务及要求

（1）根据技术指标要求及实验室条件自选方案设计出原理电路图，分析工作原理，计算元件参数。设计完成矩形波、三角波、正弦波信号发生器。

（2）主要技术指标如下：

1）频率范围：10Hz～10kHz。

2）频率控制方式：通过改变 RC 时间常数手控信号频率。

3）输出电压 ：正弦波 $U_{PP}\approx3V$；三角波 $U_{PP}\approx5V$；矩形波 $U_{PP}\approx14V$。

4）波形特性：矩形波占空比可调、三角波斜率可调、正弦波失真度可调。

3.3　必备知识一：运放在信号处理方面的应用

在自动控制系统以及数据采集处理系统等许多场合，经常要对信号进行比较、幅度鉴别、滤波、波形的变换与整形等不同处理。下面讨论由运放构成的有源滤波器和电压比较器电路。

一、有源滤波器

1. 滤波器的概念

滤波器是一种选频电路，它允许指定频率范围内的信号顺利通过，其衰减很小；而对指定频率范围之外的其他频率信号加以抑制，使其衰减很大。根据电路工作频率的范围，滤波器可以分为低通滤波器、高通滤波器、带通滤波器和带阻滤波器等不同类型，带阻滤波器的功能与带通滤波器相反。理想滤波器的幅频特性如图 3－2 所示。实际的滤波器都不可能具有图 3－2 所示的幅频特性，在通带与阻带之间存在着过渡带。显然，过渡带越窄，滤波特性越接近理想滤波器，电路的选通性能就越好。

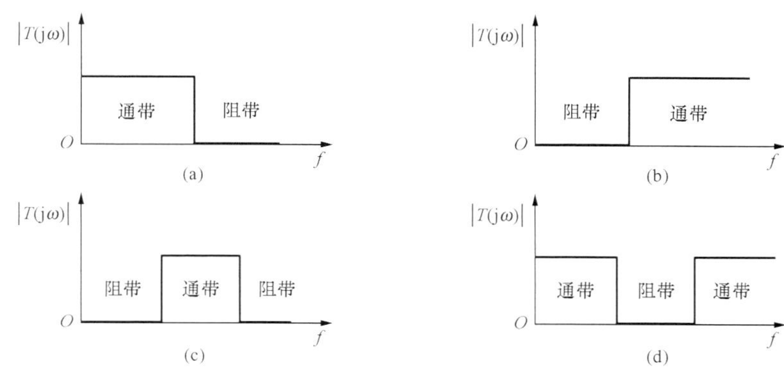

图 3－2　理想滤波器的幅频特性

(a) 低通滤波器的幅频特性；(b) 高通滤波器的幅频特性；(c) 带通滤波器的幅频特性；(d) 带阻滤波器的幅频特性

由 R、L、C 等无源元件构成的滤波器称为无源滤波器，将有源器件（三极管、场效应管、运放等）与无源元件共同组成的滤波器称为有源滤波器。

与无源滤波器比较，有源滤波器有两个突出的特点：一是不需要采用电感元件，因此体积小、重量轻、便于集成；二是具有良好的选择性，对所处理的信号可以不衰减甚至还能放大。当输入信号从运放的同相输入端加入时，有源滤波器还具有输入阻抗高，输出阻抗低，使滤波器输出和输入间有良好的隔离，便于级联，以构成滤波特性好或频率特性有特殊要求的滤波器。

2. 低通有源滤波器

图 3－3 (a) 所示为同相输入一阶低通有源滤波器，它由无源一阶低通滤波器和同相输入比例运算放大器组成，因同相比例运算放大器输入电阻极高，输出电阻几乎为零，频率特性为

$$A_u(\mathrm{j}\omega)=\frac{\dot{U}_o}{\dot{U}_i}=\frac{\dot{U}_o}{\dot{U}_+}\cdot\frac{\dot{U}_+}{\dot{U}_i}$$

其中，$\dfrac{\dot{U}_o}{\dot{U}_+}=1+\dfrac{R_F}{R_1}$与频率无关，称为通频带增益，以 A_{um}表示，而

$$\frac{\dot{U}_+}{\dot{U}_i}=\frac{\dfrac{1}{\mathrm{j}\omega C}}{R+\dfrac{1}{\mathrm{j}\omega C}}=\frac{1}{1+\mathrm{j}\omega RC}$$

设 $\omega_H=\dfrac{1}{RC}$，称为截止角频率。则有

$$\frac{\dot{U}_+}{\dot{U}_i}=\frac{1}{1+j\dfrac{\omega}{\omega_H}}$$

可得
$$A_u(j\omega)=A_{um}\frac{1}{1+j\dfrac{\omega}{\omega_H}}$$

幅频特性为
$$|A_u(j\omega)|=\frac{A_{um}}{\sqrt{1+\left(\dfrac{\omega}{\omega_H}\right)^2}} \tag{3-1}$$

低通有源滤波器的幅频特性曲线如图 3－3（b）所示，频率小于 ω_H 的信号可以通过，而大于 ω_H 的信号被阻止。在 $\omega=\omega_H$ 处，增益下降到通频带增益 A_{um} 的 $\frac{1}{\sqrt{2}}$（约等于 0.707），即降低 3dB，在 $\omega>\omega_H$ 的高频段，增益按照－20dB/10 倍频的速率衰减。

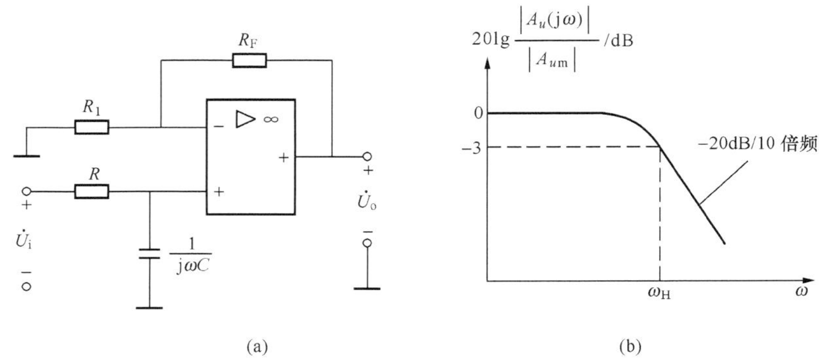

图 3－3　一阶低通有源滤波器

（a）电路图；（b）幅频特性

一阶有源低通滤波器的幅频特性与理想特性相差较大，对高频信号的衰减速率为－20dB/10 倍频，滤波效果不够理想。采用二阶或高阶有源滤波器可明显改善滤波效果。二阶有源滤波器可以用两个一阶有源滤波器级联实现，也可用一个无源二阶滤波器和集成运算放大器构成，可参考有关资料。

3. 高通有源滤波器

高通滤波器和低通滤波器一样，有一阶和高阶之分。将图 3－3（a）一阶低通滤波器中的电阻 R 和电容 C 对调即成为一阶高通滤波器，如图 3－4 所示。

频率特性为
$$A_u(j\omega)=\frac{\dot{U}_o}{\dot{U}_i}=A_{um}\frac{1}{1-j\dfrac{\omega_L}{\omega}}$$

式中，A_{um} 为频带增益，$A_{um}=1+\frac{R_F}{R_1}$；ω_L 为截止频率，$\omega_L=\frac{1}{RC}$。

幅频特性为
$$|A_u(j\omega)|=\frac{A_{um}}{\sqrt{1+\left(\dfrac{\omega_L}{\omega}\right)^2}} \tag{3-2}$$

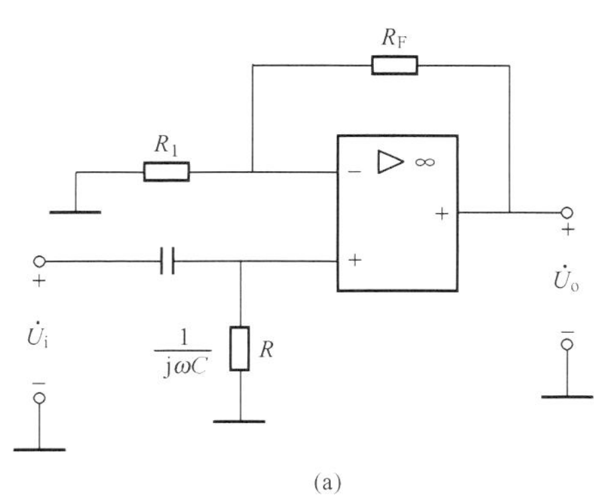

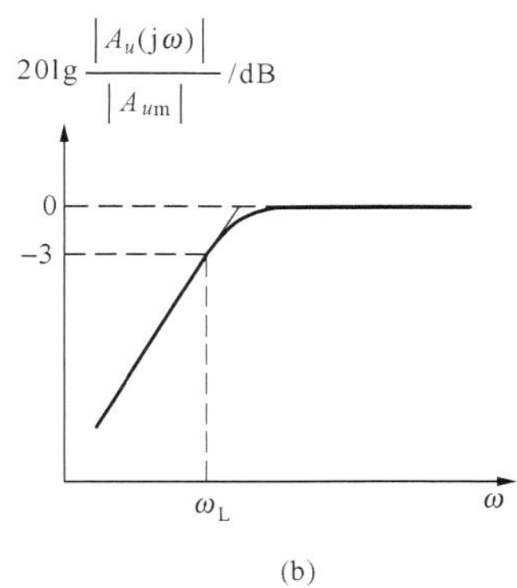

图 3－4　一阶高通滤波器

(a) 电路图；(b) 幅频特性

幅频特性曲线，如图 3－4（b）所示，为一阶高通特性，频率大于 ω_L 的信号可以通过，而小于 ω_L 的信号被阻止。

将低通滤波器和高通滤波器串联，并使低通滤波器的截止频率 ω_H 大于高通滤波器的截止频率 ω_L，则构成有源带通滤波器。频率在通频带范围内的信号可以通过，通频带以外的信号被阻止。将低通滤波器和高通滤波器并联，并使高通滤波器的截止频率 ω_L 大于低通滤波器的截止频率 ω_H，则构成有源带阻滤波器。

二、电压比较器

1. 单限电压比较器

电压比较器可对两个电压的相对大小进行比较，其中一个电压为参考电压或基准电压 U_R，另一个为被比较的输入信号电压 u_i。电路如图 3－5（a）所示，集成运算放大器处在开环状态，由于电压放大倍数极高，因而，两输入端电压只要有微小的差值，运算放大器便进入非线性工作区域，输出电压 u_o 即达到最大值。电压传输特性如图 3－5（b）所示，当 $u_i < U_R$ 时，$u_o = U_{OM}$；当 $u_i > U_R$ 时，$u_o = -U_{OM}$。根据输出电压 u_o 的状态，便可判断输入电压 u_i 相对 U_R 的大小。

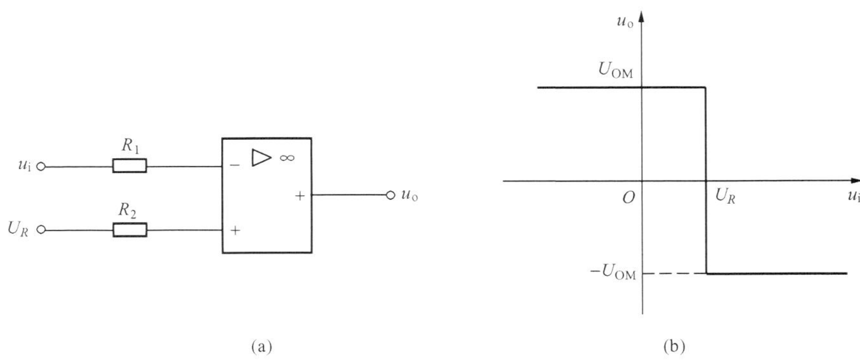

图 3－5　单限电压比较器

(a) 电路图；(b) 电压传输特性

当基准电压 $U_R=0$ 时，称为过零比较器，输入电压 u_i 与零电位比较，电路图和电压传输特性如图 3－6 所示，每当输入信号电压 u_i 过零时，输出改变状态。

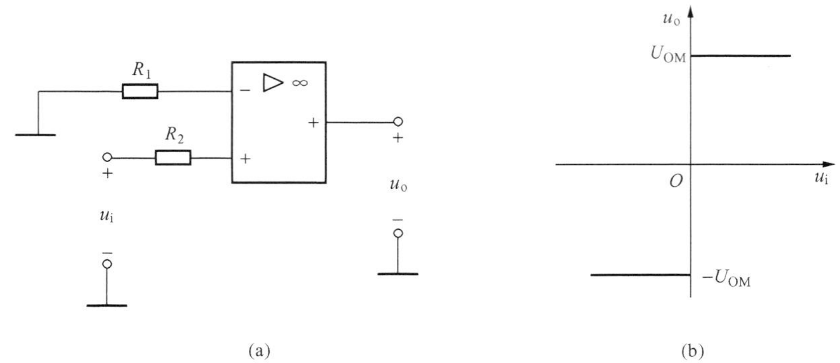

图 3－6　过零比较器

(a) 电路图；(b) 电压传输特性

为了限制和稳定电压比较器输出电压的幅值，以便和连接的负载相匹配，常在比较器的输出端加接稳压二极管限幅电路。图 3－7（a）所示电路中，用两个稳压二极管反向串联，将电压比较器的输出电压限制在稳压二极管的稳定电压 $+U_Z$ 和 $-U_Z$ 之间，电压传输特性如图 3－7（b）所示。

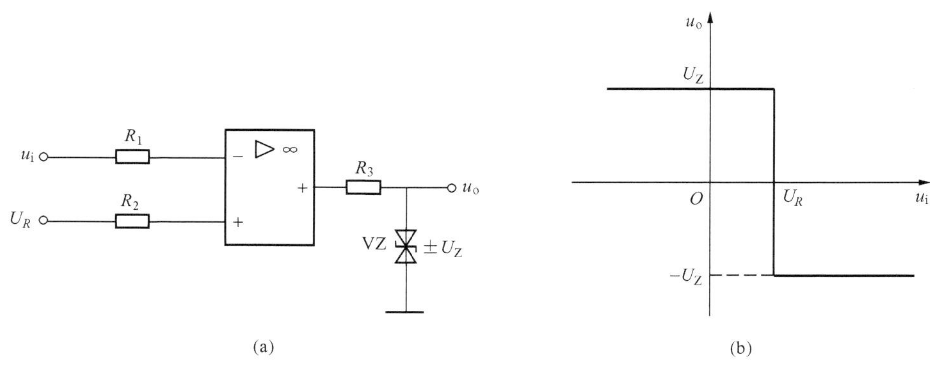

图 3－7　加限幅的电压比较器

(a) 电路图；(b) 电压传输特性

需要指出，在组成限幅比较器时应注意：①接入稳压管时，必须串入限流电阻（见图 3－7 中 R_3），以保证稳压管工作在合适的电流范围内；②选择稳压管的稳压值应小于运放的最大输出，即 $U_Z<|U_{OM}|$，以保证在正常工作时，稳压管被反向击穿起稳压作用，才能具有限幅功能。

2. 电压比较器的分析方法

(1) 输出电压跃变的条件。比较器输出电压 u_o 从高（低）电平跃变到低（高）电平的临界条件是：集成运放两个输入端的电位相等，即

$$u_- = u_+ \tag{3-3}$$

输出电压跃变时所对应的输入电压称为门限电压或阈值电压 U_T。对过零比较器 $U_T=0$，对电压比较器 $U_T=U_R$。

（2）电压比较器的电压传输特性：当 $u_+>u_-$ 时，$u_o=U_{OM}$；当 $u_+<u_-$ 时，$u_o=-U_{OM}$。据此可画出电压比较器的电压传输特性。在电压比较器中，运放的输出与输入之间为非线性关系，所以运放的输出电压或者是正向饱和值，或者是负向饱和值。

电压比较器可用于波形变换，可以把任意波形变换为矩形波。

【例 3-1】 图 3-7 所示电压比较器输入信号 u_i 为正弦波时，画出其输出波形。

解：由图 3-7（b）电压比较器电压传输特性得，输出为矩形波，幅值在稳压管稳定电压 $\pm U_Z$ 之间，如图 3-8 所示。

根据图 3-7 所示电压比较器电路，建立仿真电路如图 3-9 所示，仿真结果如图 3-8 所示。

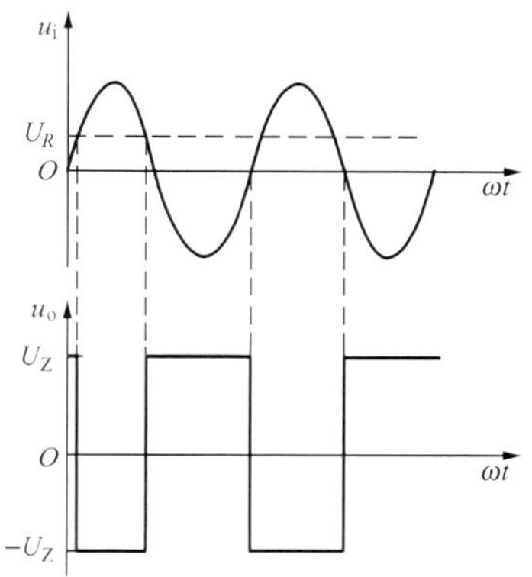

图 3-8 ［例 3-1］图

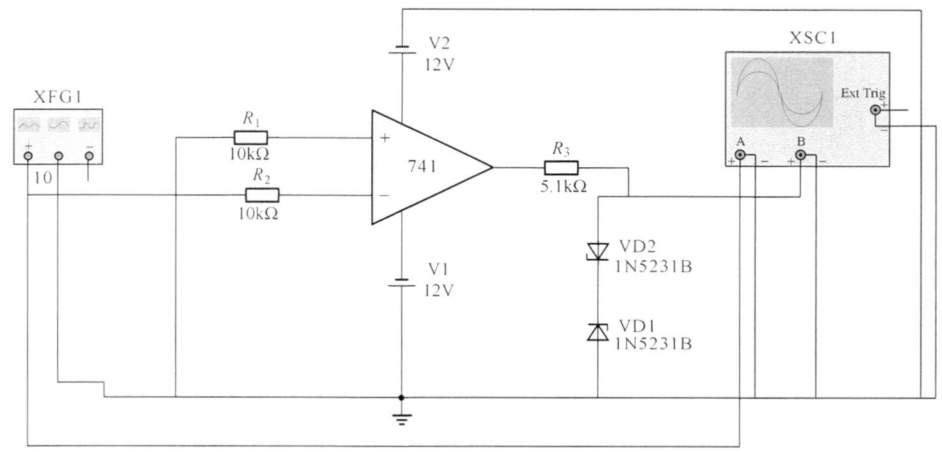

图 3-9 单限电压比较器仿真电路

3. 滞回电压比较器

以上所讨论的过零比较器和电压比较器灵敏度高，但抗干扰能力较差。若输入信号 u_i 处于门限电平 U_T 附近时，由于外界干扰或噪声的影响，可能会造成输出电压 u_o 的不断跳变。为了解决这一问题，在电路中加入正反馈，形成具有滞回特性的比较器，可大大提高比较器的抗干扰能力。

反相输入过零滞回电压比较器的电路图和电压传输特性如图 3-10 所示。将反馈电阻 R_F 接在输出端与同相输入端之间，形成正反馈，R_3 为稳压管 VZ 的限流电阻，同相输入端经电阻 R_2 接地。滞回电压比较器引入正反馈的目的是为了加速比较器翻转的过程，使运放经过线性区过渡的时间缩短，传输特性更接近理想特性。

根据式（3-3）可求得滞回比较器的阈值电压 U_T。由于同相输入端经电阻 R_2 接地，根

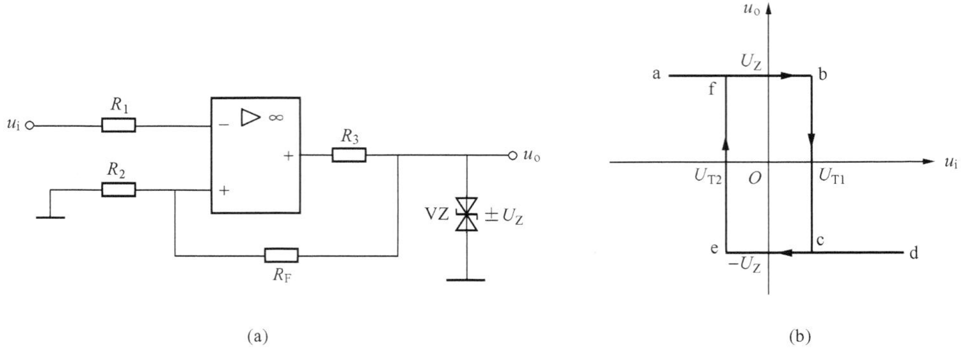

图 3-10 反相输入过零滞回电压比较器

(a) 电路图；(b) 电压传输特性

据虚断原则，利用分压公式可求得同相端对地的电位为

$$u_+ = \frac{R_2}{R_2 + R_F} u_o = \frac{R_2}{R_2 + R_F} (\pm U_Z)$$

当 $u_o = U_Z$，可得上门限电压为

$$u_{T1} = \frac{R_2}{R_2 + R_F} U_Z \tag{3-4}$$

取 $u_o = -U_Z$，可得下门限电压为

$$u_{T2} = -\frac{R_2}{R_2 + R_F} U_Z \tag{3-5}$$

比较式（3-4）和式（3-5），可看出上下门限电压是大小相等、符号相反的两个数值。

根据比较器输出的跃变条件 $u_- = u_+$，在输出 $u_o = +U_Z$时，只要 $u_i = u_- < u_+ = U_{T1}$，u_o 便维持$+U_Z$ 不变，而当 $u_i \geqslant U_{T1}$时，u_o则从$+U_Z$ 跳变到$-U_Z$，形成图 3-10（b）传输特性上 abcd 段，正反馈加速负向翻转速度，使特性 bc 段变得陡峭。同理，$u_i \leqslant U_{T2}$ 时，u_o从$-U_Z$ 跳变到$+U_Z$，形成图 3-10（b）传输特性上 defa 段。由于它与磁滞回线形状相似，故将此类电路称为滞回电压比较器。

回差电压 ΔU 定义为上、下门限电平之差，即

$$\Delta U = U_{T1} - U_{T2} = \frac{2R_2}{R_2 + R_F} U_Z \tag{3-6}$$

上式表明：ΔU 与 R_2、R_F、U_Z 有关，但与输入信号无关。

回差是表明滞回比较器抗干扰能力的一个参数。比较器一旦进入某一状态后，u_+ 随即变化，u_i必须发生较大变化才能翻回原状态。滞回比较器由于有回差电压存在，大大提高了电路的抗干扰能力。但回差也导致了输出电压的滞后现象，使电平鉴别产生误差。

【例 3-2】 滞回电压比较器电路如图 3-11（a）所示，$R_1 = 10\text{k}\Omega$，$R_2 = R_F = 20\text{k}\Omega$，$R_3 = 2\text{k}\Omega$，设输入信号是幅值为 10V 的三角波，双向稳压管的稳定电压值为 $U_Z = 8\text{V}$，要求：

（1）画出比较器的电压传输特性；

（2）对应画出输入和输出波形。

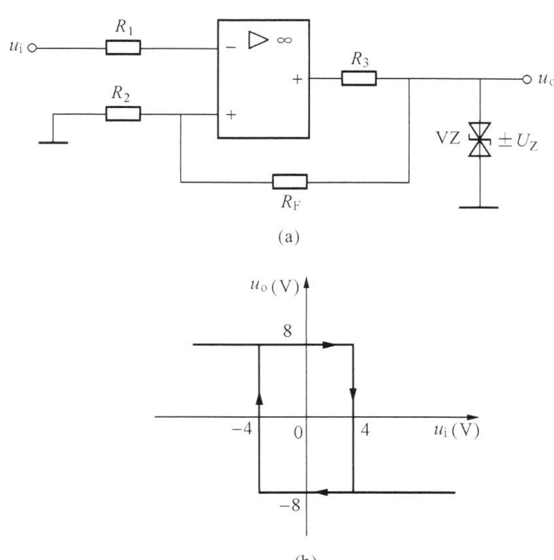

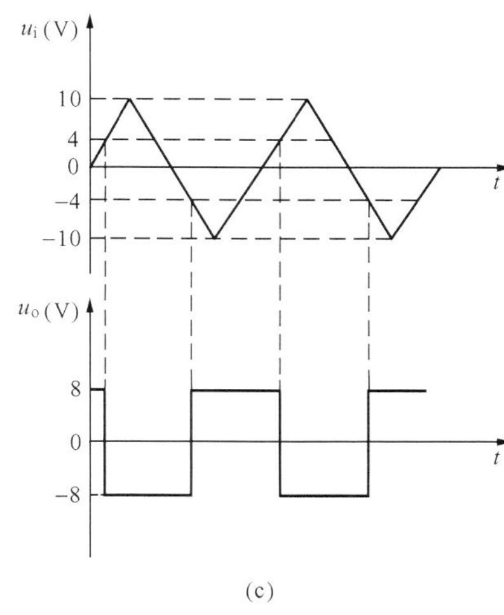

图 3-11 ［例 3-2］图

解： 由电路图可见，其功能为反相输入滞回电压比较器。

根据式（3-4）、式（3-5）和电路参数，可求出上、下门限电平为

$$u_{T1}=\frac{R_2}{R_2+R_F}U_Z=4V$$

$$u_{T2}=-\frac{R_2}{R_2+R_F}U_Z=-4V$$

据此可画出电路的电压传输特性，如图 3-11（b）所示。由于电路从反相输入端加入信号 u_i，可画出输入电压 u_i 和输出电压 u_o 的波形，如图 3-11（c）所示。

实训 3.1　电压比较器电路的测试

电压比较器是集成运放非线性应用电路，它将一个模拟量电压信号和一个参考电压相比较，在二者幅度相等的附近，输出电压将产生跃变，相应输出高电平或低电平。比较器可以组成非正弦波形变换电路及应用于模拟与数字信号转换等领域。

1. 过零比较器

过零比较器实验电路如图 3-12 所示。

(1) 接通±12V 电源。

(2) 测量输入端悬空时的 u_o 值。

(3) u_i 输入 500Hz、幅值为 2V 的正弦信号，观察 u_i、u_o 波形并记录。

(4) u_i 输入直流电压，改变 u_i 大小，测量传输特性曲线。

2. 滞回电压比较器

滞回电压比较器实验电路如图 3-13 所示。

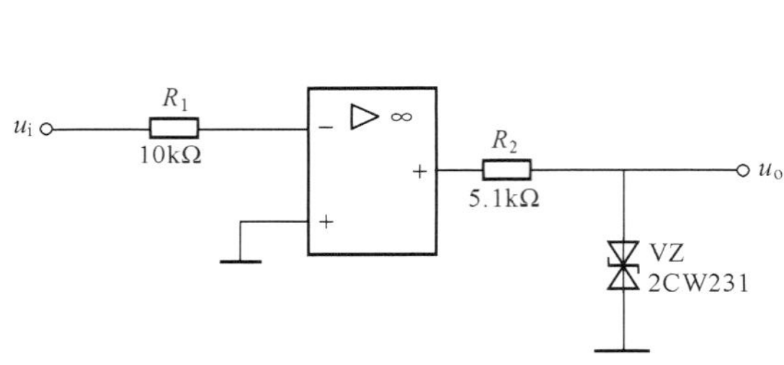

图 3-12 过零比较器实验电路

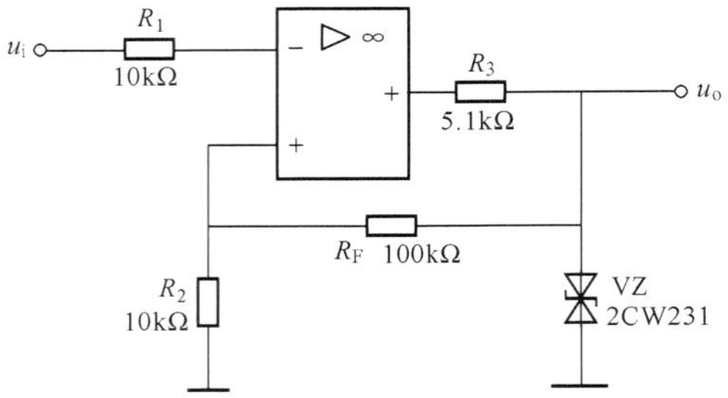

图 3-13 滞回电压比较器电路

(1) 按图 3-13 接线，u_i 接 +5V 可调直流电源，测出 u_o 由 $-U_{OM}$ 到 $+U_{OM}$ 时 u_i 临界值。

(2) 同上，测出 u_o 由 $+U_{OM}$ 到 $-U_{OM}$ 时 u_i 临界值。

(3) u_i 接 500Hz，峰值为 2V 的正弦信号，观察并记录 u_i、u_o 波形。

(4) 将 R_F 改为 200kΩ，复上述实验，测定传输特性。

3.4 必备知识二：集成运放在波形产生方面的应用

波形产生电路是用来产生具有一定频率和幅度的交流信号的，它包括正弦波产生电路和非正弦波产生电路两大类。它们无需外加输入信号便能自动产生各种周期性的波形，例如正弦波、矩形波和三角波等，通常也称为振荡电路。

一、正弦波振荡电路

正弦波信号常作为信号源，被广泛地应用于无线电通信、自动测量和自动控制等系统中。其频率范围很广，可以从零点几赫兹至几百兆赫兹。

1. 自激振荡

电路引入负反馈可以改善放大电路的性能，但如果引入正反馈则可以使电路在没有外加输入信号的情况下，产生一定频率和幅度的交流信号输出，这种现象称自激振荡。在放大电路中，自激振荡是非正常工作状态，必须设法消除它。而正弦波振荡电路，正是利用自激振荡产生正弦波。振荡电路不需外接信号源。

反馈放大器自激振荡的条件。为了使反馈放大器转化为振荡器，电路必须满足一定的条件。反馈放大器产生自激振荡的条件，可以用图 3-14 所示的自激振荡的方框图说明。图中，设 A 是放大电路的放大倍数，F 是反馈电路的反馈系数。当开关 S 合在端点 1 上时，就是一般的交流放大电路。假设在放大电路的输入端加上一个正弦波电压 $\dot{U}_i$，则产生输出电压 $\dot{U}_o$。如果将输出信号 $\dot{U}_o$ 反馈到输入端，反馈电压为 $\dot{U}_f$，并设法使 $\dot{U}_f$ 与 $\dot{U}_i$ 大小相等，相位相同，则反馈电压就可以取代外

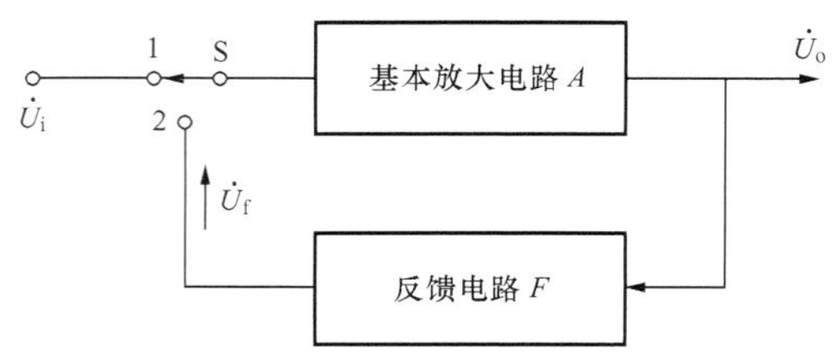

图 3-14 自激振荡的方框图

加输入信号电压。此时，将开关合在端点 2 上，去掉信号源而接上反馈电压 $\dot{U}_f$，输出电压仍保持不变。这样在放大电路的输入端不外接信号的情况下，输出端仍有一定频率和幅度的正弦波信号输出，形成自激振荡。放大电路的输入信号是从自己的输出端反馈回来的反馈电压，因此

$$\dot{U}_i = \dot{U}_f, \dot{U}_o = A\dot{U}_i = A\dot{U}_f$$

又由 $\dot{U}_f = F\dot{U}_o = AF\dot{U}_f$ 可得

$$AF = 1 \tag{3-7}$$

式（3－7）称为自激振荡的平衡条件。

$$A = |A|\angle\varphi_A, F = |F|\angle\varphi_F$$

$$AF = |AF|\angle(\varphi_A + \varphi_F)$$

φ_A和 φ_F分别为 A 和 F 的相位角。

则

$$|AF| = 1 \tag{3-8}$$

$$\varphi_A + \varphi_F = \pm 2n\pi \quad n = 0, 1, 2, 3\cdots \tag{3-9}$$

式（3－8）称为幅度平衡条件，式（3－9）称为相位平衡条件。反馈电路只有为正反馈时才能满足这一相位平衡条件。

既然自激振荡无需外接信号源，那么起始信号从何而来呢？当振荡电路接通电源时，在电路的输入端将激起一个微小的噪声电压，这就是起始信号。它经过基本放大电路的放大和正反馈电路的反馈后，得到一个幅值较大的信号，然后再放大、再反馈后，幅值进一步增大。当信号的幅值增大到一定程度后，放大器件进入非线性区，输出的幅值便不再继续增大，振荡电路的输出便自动稳定在某一幅值上。由此可见，为了起振，必须满足

$$|AF| \geqslant 1$$

2. 正弦波振荡器的构成

在上述振荡器中，作为激励信号的噪声电压是非正弦信号，包含有极丰富的谐波成分，所以，振荡器的输出也是非正弦的。为了使振荡器输出单一频率的正弦波，必须对这些信号加以选择。即仅使某个特定频率的谐波成分能满足自激振荡的条件，在反复的反馈中，使振幅逐渐增大，而其他成分都不满足条件而受到抑制，振幅逐渐减小直至为零。因此，正弦波振荡电路都包含放大电路、正反馈电路、稳幅电路和选频电路四部分，有时正反馈电路和选频电路合二为一。

在正弦波振荡器中，选频网络可以由 R、C 元件构成，称为 RC 正弦波振荡器。也可以由 L、C 元件构成，称为 LC 正弦波振荡器。

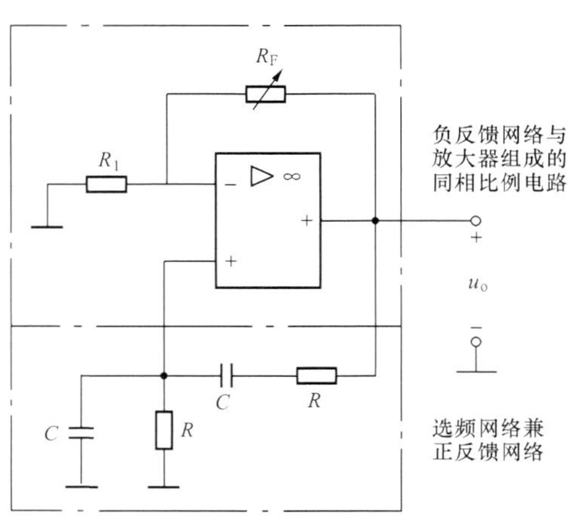

图 3－15　RC 正弦波振荡器

图 3－15 所示电路为 RC 正弦波振荡器，它由三部分组成，其一为放大器，放大信号；其二为起稳幅作用的负反馈网络，使电路能从 $|AF|>1$，过渡到 $|AF|=1$，从而达到稳幅振荡；其三为选频网络兼正反馈网络，选频网络

是保证输出为单一频率的正弦波，就是使电路只在某一特定频率下满足自激振荡条件，正反馈信号就是放大电路的输入信号。其中，闭环（同相比例电路）电压放大倍数为

$$A = A_{uf} = 1 + \frac{R_F}{R_1}$$

现 RC 选频网络的选频特性分析如下。

由图 3-16 可得反馈系数为

$$F(j\omega) = \frac{\dot{U}_f}{\dot{U}_o} = \frac{R \mathbin{/\!/} \frac{1}{j\omega C}}{R + \frac{1}{j\omega C} + R \mathbin{/\!/} \frac{1}{j\omega C}} = \frac{1}{3 + j\left(\omega RC - \frac{1}{\omega RC}\right)}$$

令 $\omega_0 = \frac{1}{RC}$ 则有

$$F(j\omega) = \frac{1}{3 + j(\omega/\omega_0 - \omega_0/\omega)}$$

当角频率为 $\omega = \omega_0 = \frac{1}{RC}$ 时，反馈系数为 $F(j\omega) = \frac{1}{3}\angle 0°$

RC 选频网络的频率特性如图 3-17 所示，$\omega = \omega_0 = \frac{1}{RC}$ 时，$|F| = \frac{1}{3}$，幅频特性达到最大值，且 u_o 与 u_f 同相，即振荡器反馈网络的输出电压和输入电压同相位，相移为 0°，电路呈电阻性，而 $\omega \neq \omega_0$ 的信号，$|F| < \frac{1}{3}$，即网络具有选频特性；放大器同相输入时，输出电压和输入电压极性相同，基本相移也为 0°，所以环路总相移为 0°，满足了相位条件；只要放大器的闭环电压放大倍数 $A_{uf} = 3$，即可满足 $|AF| = 1$ 的幅值条件，从而在角频率 ω_0 处建立起正弦波振荡。

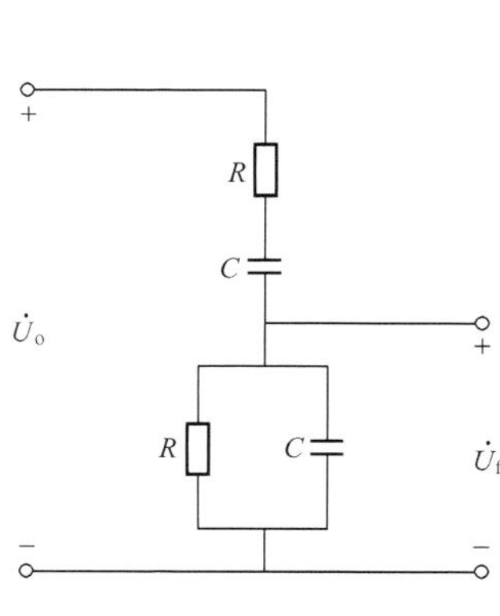

图 3-16 RC 选频网络

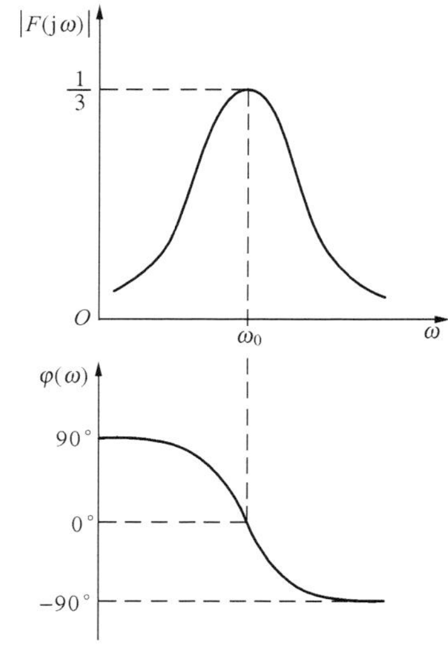

图 3-17 RC 选频网络的频率特性

为了顺利起振，应使$|AF|>1$，即$A_{uf}>3$。在图 3-15 中接入一个非线性元件—具有负温度系数的热敏电阻R_F，且$R_F>2R_1$，以便顺利起振。当振荡器的输出幅值增大时，流过R_F的电流增加，产生较多的热量，使其阻值减小，负反馈作用增强，使放大器的放大倍数A_{uf}减小，从而限制了振幅的增长，直至$|AF|=1$，使振荡器的输出幅值趋于稳定。这种振荡电路，由于放大器始终工作在线性区，输出波形的非线性失真较小。

3．振荡频率f_0

振荡频率由相位平衡条件决定：$\omega=\omega_0=\frac{1}{RC}$，即$f_0=1/2\pi RC$。

如图 3-18 所示，改变开关 S 的位置可改变选频网络的电阻，实现频率粗调。利用双联同轴可变电容器，同时调节选频网络的两个电容，通过改变电容C的大小可实现频率的细调。RC 振荡器，频率调节方便，波形失真小，应用很广泛。

用示波器测量可以输出电压的周期和频率。RC 振荡电路的振荡频率一般在 200kHz 以下。

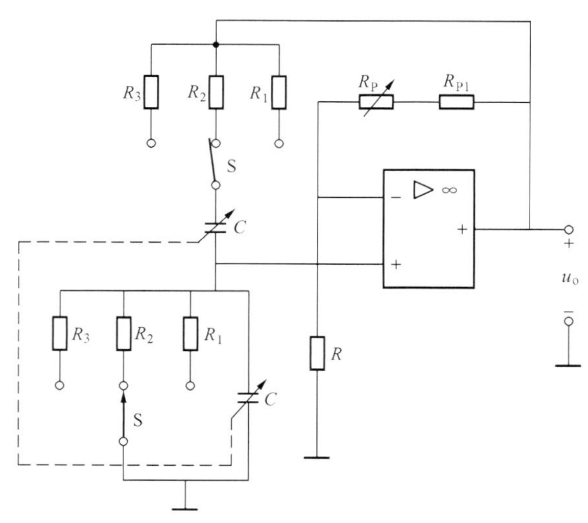

图 3-18　RC 正弦波振荡电路的频率调节

实训 3.2　RC 正弦波振荡电路的测试

由集成运放构成的正弦波振荡电路有多种形式，本实验选用最常用的、线路较简单的 RC 正弦波振荡电路进行测试。

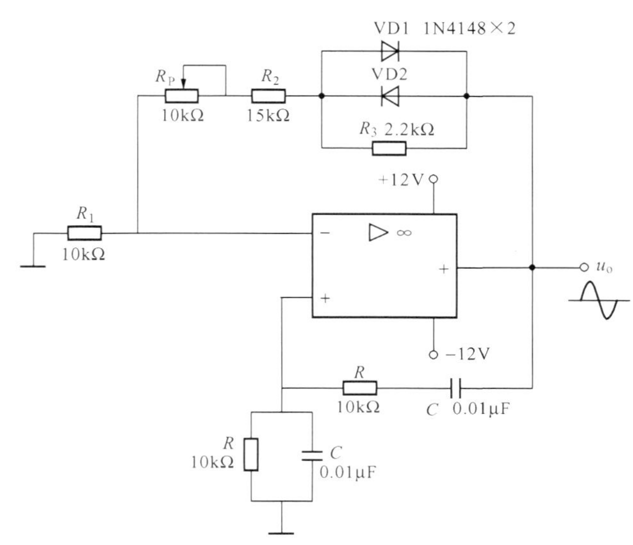

图 3-19　RC 正弦波振荡电路

图 3-19 所示为 RC 正弦波振荡电路。其中，RC 串、并联电路构成正反馈网络，同时兼作选频网络，R_1、R_2、R_P 及二极管等元件构成负反馈和稳幅环节。调节电位器 R_P 可以改变负反馈深度，以满足振荡的振幅条件和改善波形。利用两个反向并联二极管 VD1、VD2 正向电阻的非线性特性来实现稳幅。VD1、VD2 采用硅管（温度稳定性好），且要求特性匹配，以保证输出波形正、负半周对称。R_3 的接入是为了削弱二极管非线性的影响，以改善波形失真。

图 3-19 所示的 RC 正弦波振荡

电路中，闭环电压放大倍数为

$$A_{uf}=1+\frac{R_F}{R_1},\ R_F=R_P+R_2+(R_3\ /\!/\ r_D)$$

式中：r_D为二极管正向导通电阻。

当角频率为 $\omega=\omega_0=\frac{1}{RC}$时，反馈系数为 $F=\frac{1}{3}$，只要放大器的闭环电压放大倍数 $|A_{uf}|=3$，即可满足$|A_{uf}F|=1$ 的幅值条件；反馈网络和基本放大器相移都为 0°，所以环路总相移为 0°，满足了相位条件，从而在角频率 ω_0 处下建立起正弦波振荡。

为了顺利起振，在图 3-19 中接入电位器 R_P。调节 R_P 可以改变负反馈深度，使 $|A_{uf}|>3$，$|A_{uf}F|>1$，振荡器顺利起振；同时，调节 R_P，可调节 u_o 幅值。

改变选频网络的参数 C 或 R，即可调节振荡频率。

这种振荡电路，由于放大器始终工作在线性区，输出波形的非线性失真较小。

实训内容：

(1) 按图 3-19 建立仿真电路如图 3-20 所示，调节电位器 R_P 使输出波形从无到有，从正弦波到出现失真。

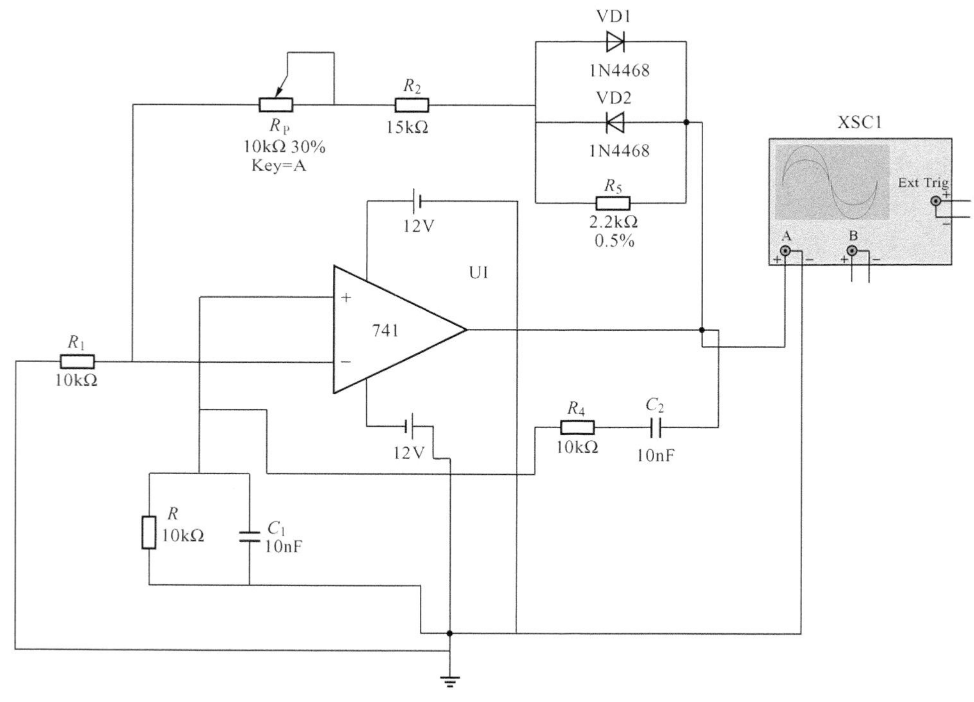

图 3-20　*RC* 桥式正弦波振荡器仿真电路

(2) 按图 3-19 连接实验电路。接通±12V 电源，调节电位器 R_P 使输出波形从无到有，从正弦波到出现失真。描绘 u_o 的波形，分别记录下临界起振、正弦波输出及失真情况下的 R_P 值，分析负反馈强弱对起振条件及输出波形的影响。

(3) 测量负反馈放大电路的闭环电压放大倍数 A_{uf}及反馈系数 F。

调节电位器 R_P，使输出电压 u_o 幅值最大且不失真，用交流毫伏表分别测量输出电压

U_o、反馈电压U_+和U_-，测量结果记入表 3-1 中，计算负反馈放大电路的电压放大倍数A_{uf}和反馈系数 F，分析研究振荡的幅值条件。

表 3-1　　RC 正弦波振荡电路的测试表

U_o	U_+	U_-	A_{uf}	F

二、矩形波发生器

1. 矩形波发生器

矩形波电压常用于数字电路中作为信号源，图 3-21（a）所示一种矩形波发生电路。

图 3-21（a）中运算放大器作比较器用；VZ 是双向稳压管，使输出电压的幅度被限制在$\pm U_Z$；R_1 和 R_2 构成正反馈电路，R_2 上的反馈电压 U_R 是输出电压幅度的一部分，即

$$U_R=\pm\frac{R_2}{R_1+R_2}\cdot U_Z$$

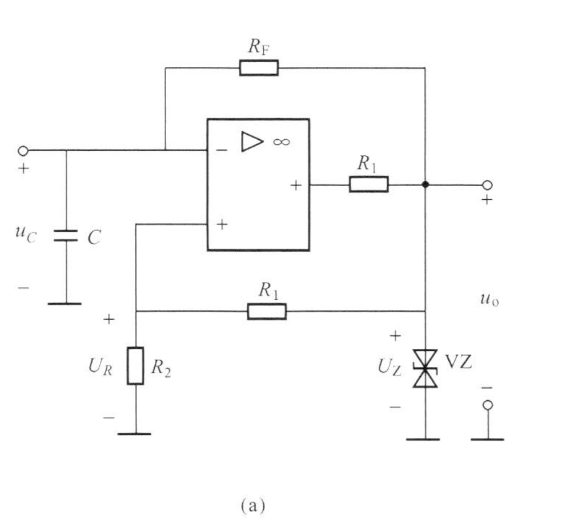

(a)

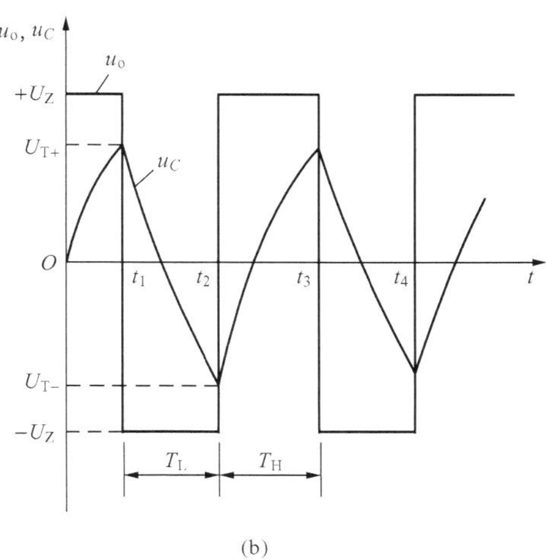

(b)

图 3-21　矩形波发生电路

（a）电路图；（b）信号波形图

电阻 R_2 两端的电压 U_R 即是比较器的参考电压，即比较器的上、下门限电压为

$$U_{T+}=+\frac{R_2}{R_1+R_2}U_Z\quad U_{T-}=-\frac{R_2}{R_1+R_2}U_Z$$

R_F、C 充放电网络为运放提供输入信号，u_C 和 U_R 相比较而决定 u_o 的变化；R_3 是限流电阻。

电路的工作稳定后，当 u_o 为$+U_Z$ 时，U_R 也为正值；这时 $u_C<U_R$，u_o 通过 R_F 对电容 C 充电，u_C 按指数规律增长。当 u_C 增长到等于 U_R 时，u_o 由$+U_Z$ 变为$-U_Z$，U_R 随即也变为负值。电容 C 开始通过 R_F 放电，当放电到 u_C 等于$-U_R$ 时，u_o 由$-U_Z$ 又变为$+U_Z$。如此周期性地变化，在输出端得到的是矩形波电压，如图 3-21（b）所示。

电容充放电过程，u_C 的响应规律为

$$u_C(t)=u_C(\infty)+[u_C(0_+)-u_C(\infty)]e^{-\frac{t}{R_F C}}$$

分析电容充放电电路，可得：

矩形波的周期为

$$T=T_l+T_h=2R_F C\ln\left(1+\frac{2R}{R_1}\right) \tag{3-10}$$

矩形波的频率为

$$f=\frac{1}{T}=\frac{1}{2R_F C\ln\left(1+\frac{2R_2}{R_1}\right)} \tag{3-11}$$

2. 矩形波的各项参数

数字电路中的信号波形通常是矩形波。矩形波的各项参数请参看图 3－22。图中各项参数的含义如下：

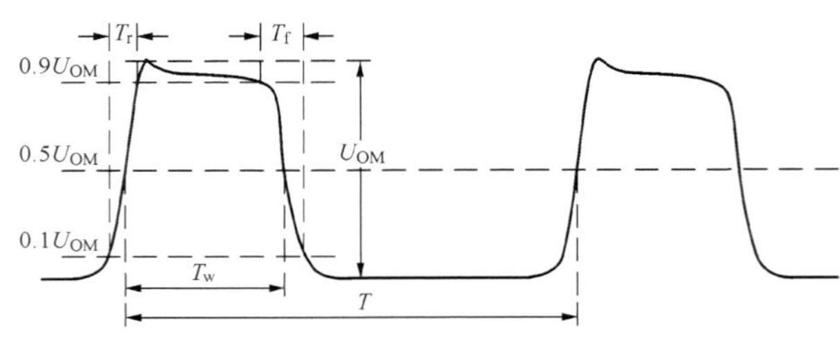

图 3－22 描述矩形波特性的主要参数

脉冲幅度 U_{OM}——脉冲电压的最大变化幅度；

脉冲周期 T——周期性重复的脉冲序列中，两个相邻脉冲之间的时间间隔；

脉冲宽度 T_w——从脉冲前沿 $0.5U_{OM}$处到脉冲后沿 $0.5U_{OM}$处之间的时间；

上升时间 T_r——脉冲前沿从 $0.1U_{OM}$处上升到 $0.9U_{OM}$处所需的时间；

下降时间 t_f——脉冲后沿从 $0.9U_{OM}$处下降到 $0.1U_{OM}$处所需的时间；

占空比 q——脉冲宽度与脉冲周期的比值，即 $q=\frac{T_w}{T}$。

方波：正负半周宽度相同，占空比 $q=50\%$的矩形波称为方波。

三、三角波发生器

如果在矩形波发生器的输出端接一个积分电路，以替代图 3－21（a）中的 $R_F C$ 电路，并将 R_2 的一端改接到后者的输出端，则构成三角波发生器，其电路如图 3－23 所示。

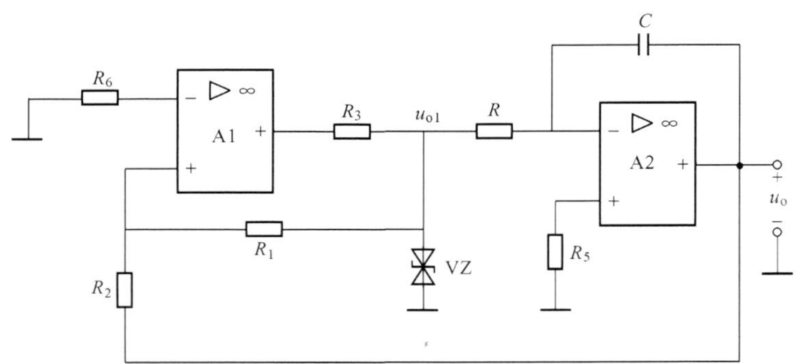

图 3－23 三角波发生器电路图

运算放大器 A1 所组成的电路为滞回比较器，A2 组成积分电路。

A1 组成的滞回比较器中，$u_-=0$，当 $u_+=0$ 时，A1 状态改变。

$$u_{+1}=\frac{R_2}{R_1+R_2}u_{o1}+\frac{R_1}{R_1+R_2}u_o=0$$

即当 $u_o=-\frac{R_2}{R_1}u_{o1}=-\frac{R_2}{R_1}(\pm U_Z)$时，输出 u_{o1} 改变（$+U_Z$ 跃变到 $-U_Z$ 或 $-U_Z$ 跃变到 $+U_Z$），同时积分电路的输入、输出电压也随之改变，工作波形如图 3-24 所示。

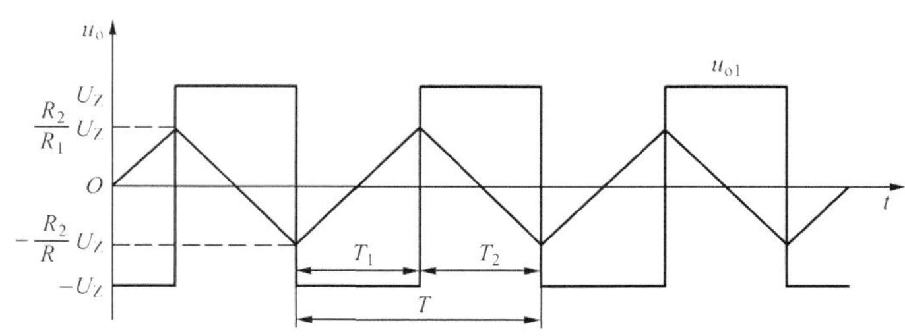

图 3-24　三角波发生器信号波形图

积分电路输出为

$$u_o=-\frac{u_{o1}}{RC}(t-t_o)+u_o(t_o)$$

因此有

$$T_1=T_2=\left(2\frac{R_2}{R_1}U_Z\right)\Big/\left(\frac{U_Z}{RC}\right)$$

输出三角波的周期为　$T=T_1+T_2=2T_1=2T_2$

频率为

$$f=\frac{1}{T}=\frac{R_1}{4R_2RC} \tag{3-12}$$

由式（3-12）可得，改变比较器的输出 u_{o1}、电阻 R_1、R_2 即可改变三角波的幅值；改变积分常数 RC 即可改变三角波的频率。

实训 3.3　矩形波发生器

占空比可调的矩形波发生电路如图 3-25 所示。在图 3-25 中，电容 C 充电时，充电电流经过 R_P 的上半部分和 VD1 通路，电容放电时，放电电流经过 VD2 和 R_P 的下半部分通路，因此，调节 R_P，便可得到正负半周不同的充、放电时间常数，从而调节矩形波的占空比。

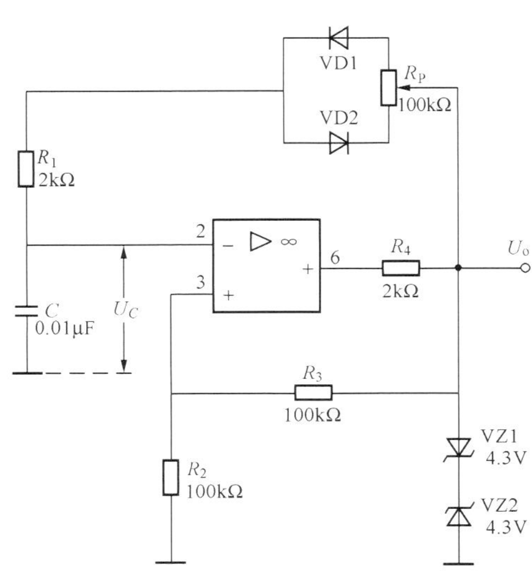

图 3-25　占空比可调的矩形波发生电路

图 3-25 所示占空比可调的矩形波发生器，其振荡周期为

$$T=(R_P+r_{D1}+r_{D2}+2R_1)C\ln\left(1+\frac{2R_2}{R_3}\right)$$

式中：r_{D1}、r_{D2} 是二极管 VD1、VD2 的正向导通电阻。阻值一般为几十欧姆至几千欧姆，与流过二极管的正向电流的大小有关，锗管比硅管小。

按图 3-25 连接实验电路。

(1) 将电位器 R_P 调至中心位置，用双踪示波器观察并描绘输出方波 u_o 的波形，测量其幅值及频率，记录之。

(2) 转动 R_P，改变 R_P 动点的位置，观察 u_o 幅值及频率变化情况。把动点调至最上端和最下端，测出频率范围，记录之。

(3) 将 R_P 恢复至中心位置，将一只稳压管短接，观察 u_o 波形，分析稳压管 VZ 的限幅作用。

3.5 必备知识三：集成函数发生器 ICL8038 简介

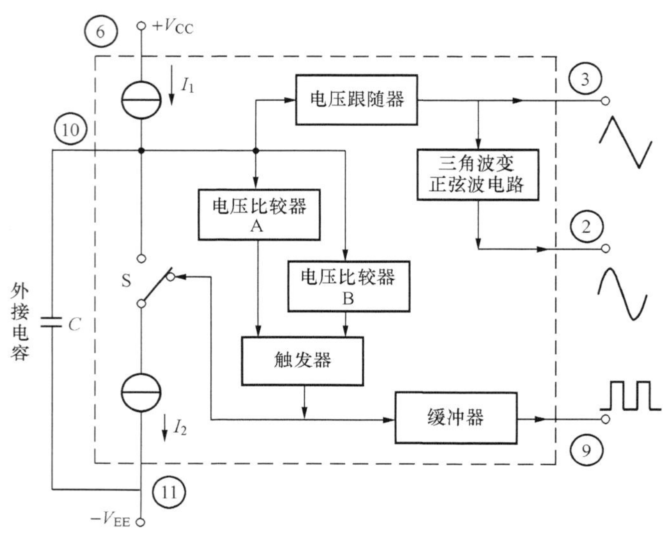

图 3-26 ICL8038 原理框图

ICL8038 是单片集成函数信号发生器，其内部结构框图如图 3-26 所示。它由恒流源 I_1 和 I_2、电压比较器 A 和 B、触发器、缓冲器和三角波变正弦波电路等组成。

外接电容 C 由两个恒流源充电和放电，电压比较器 A、B 的阈值电压分别为电源电压（指 $V_{CC}+V_{EE}$）的 2/3 和 1/3。恒流源 I_1 和 I_2 的大小可通过外接电阻调节，但必须 $I_2>I_1$。当触发器的输出为低电平时，恒流源 I_2 断开，恒流源 I_1 给电容 C 充电，它的两端电压 u_C 随时间线性上升，当 u_C 达到电源电压的 2/3 时，电压比较器 A 的输出电压发生跳变，使触发器输出由低电平变为高电平，恒流源 I_2 接通，由于 $I_2>I_1$（设 $I_2=2I_1$），恒流源 I_2 将电流 $2I_1$ 加到电容 C 上反充电，相当于 C 由一个净电流 I_1 放电，电容 C 两端的电压 u_C 又转为直线下降。当它下降到电源电压的 1/3 时，电压比较器 B 的输出电压发生跳变，使触发器的输出由高电平跳变为原来的低电平，恒流源 I_2 断开，I_1 再给电容 C 充电，……，如此周而复始，产生振荡。

若调整电路，使 $I_2=2I_1$，则触发器输出为方波，经缓冲器由管脚⑨输出方波信号。C 上的电压 u_C，上升与下降时间相等，为三角波，经电压跟随器从管脚③输出三角波信号。将三角波变成正弦波是经过一个非线性的变换网络（正弦波变换器）而得以实现，在这个非线性网络中，当三角波电位向两端顶点摆动时，网络提供的交流通路阻抗会减小，这样就使三角波的两端变为平滑的正弦波，从管脚②输出。

ICL8038 管脚功能如图 3-27 所示。

电源电压：单电源 10～30V；双电源±5V～±15V。

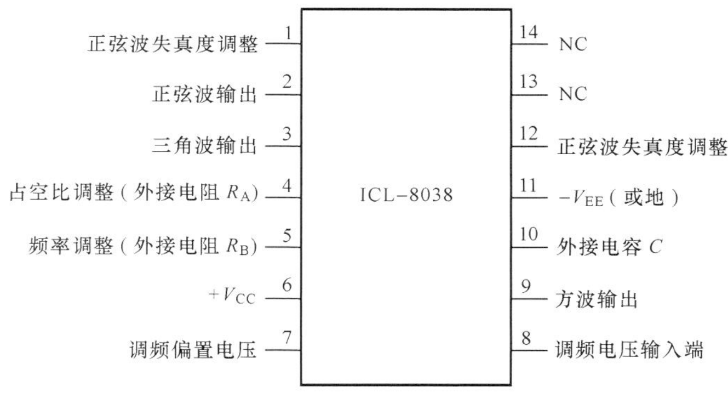

图 3-27　ICL8038 管脚图

3.6　函数信号发生器的设计、安装与调试

图 3-28 所示为采用单片集成 ICL8038 组成的函数信号发生器的参考电路，组成一个方波占空比可调，三角波斜率可调，正弦波失真度可调的函数信号发生器。图中，R_{P2}为矩形波占空比及三角波斜率调整电位器，R_{P3}和 R_{P4}为正弦波失真度调整电位器。ICL8038 的外围阻容网络决定了电路的振荡频率；3 个不同挡位的电容决定频率的倍率，而 R_{P1}则完成频率范围的细调，以获得所需要的输出频率。

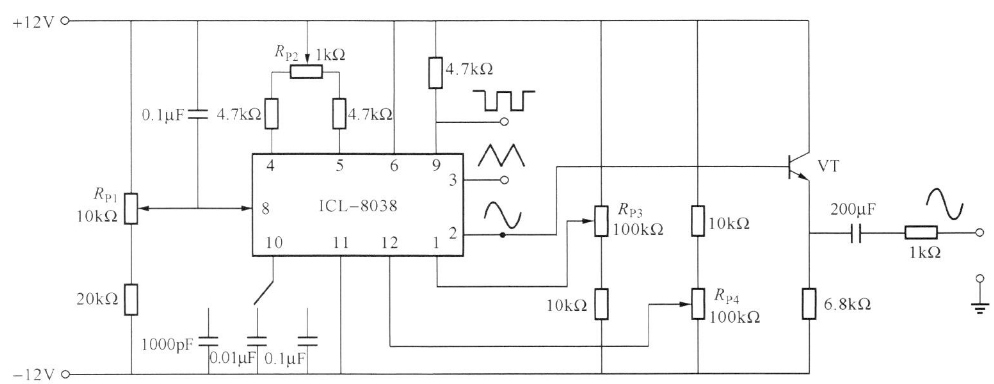

图 3-28　ICL8038 组成的函数信号发生器参考电路

一、实训内容

(1) 根据设计要求，参考图 3-28 所示的电路，完成函数信号发生器电路的设计并组装电路。

(2) 调试和测试电路：参考以下步骤。

1) 取 $C=0.1\mu F$，R_{P1}、R_{P2}、R_{P3}、R_{P4}均置中间位置，调整电路，使其处于振荡，产生矩形波，通过调整电位器 R_{P2}，使矩形波的占空比达到 50%。

2) 保持矩形波的占空比为 50%不变，用示波器观测 ICL8038 正弦波输出端的波形，反复调整 R_{P3}、R_{P4}，使正弦波的失真不明显。

3) 调节电位器 R_{P1}，使输出信号从小到大变化，记录管脚 8 的电位及测量输出正弦波的频率，列表记录之。

4）改变外接电容 C 的值（取 $C=0.01\mu F$ 和 1000pF），观测三种输出波形，并与 $C=0.1\mu F$ 时测得的波形作比较。

5）改变电位器 R_{P2} 的值，观测三种输出波形。

二、参考实验设备及元器件

(1) ±12V 直流电源；　(2) 双踪示波器；

(3) 数字频率计；　(4) 直流电压表；

(5) ICL8038；　(6) 晶体三极管 3DG12×1 (9013)；

(7) 电位器、电阻器、电容器等。

三、报告要求

(1) 画出 ICL8038 组成的函数信号发生器的电路图。

(2) 分别画出 $C=0.1\mu F$，$C=0.01\mu F$，$C=1000pF$ 时所观测到的矩形波，三角波和正弦波的波形图，从中得出什么结论。

(3) 列表整理 C 取不同值时三种波形的频率和幅值。

(4) 组装、调整函数信号发生器的心得、体会。

习　题

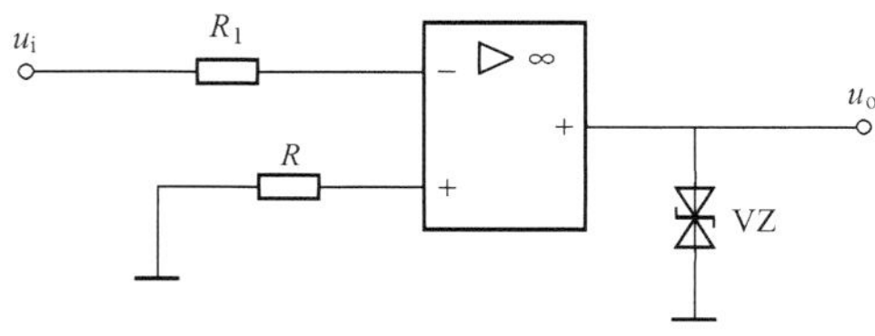

图 3-29　题 3.1 图

3.1　运算放大器电路如图 3-29 所示，运算放大器的最大输出电压为±15V，双向稳压管 VZ 的稳定电压为±6V，正向压降可忽略不计，当输入电压 $u_i=\sin\omega t$V 时，画出输出电压 u_o 的波形。

3.2　电路如图 3-30 所示，输出电压的频率 f_0 为多少？

3.3　图 3-31 所示电路中，运算放大器的最大输出电压 $U_{OM}=\pm 12V$，稳压管的稳定电压 $U_Z=6V$，其正向压降为 0.7V，$u_i=12\sin\omega t$V。当参考电压 $U_R=+3V$ 和 $-3V$ 两种情况下，试画出电压传输特性和输出电压 u_o 的波形。

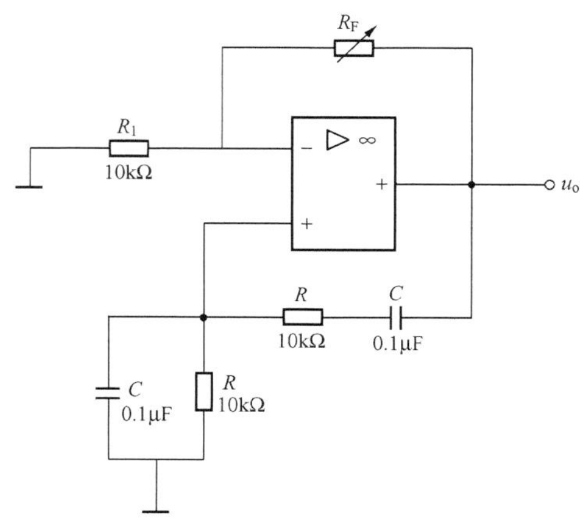

图 3-30　题 3.2 图

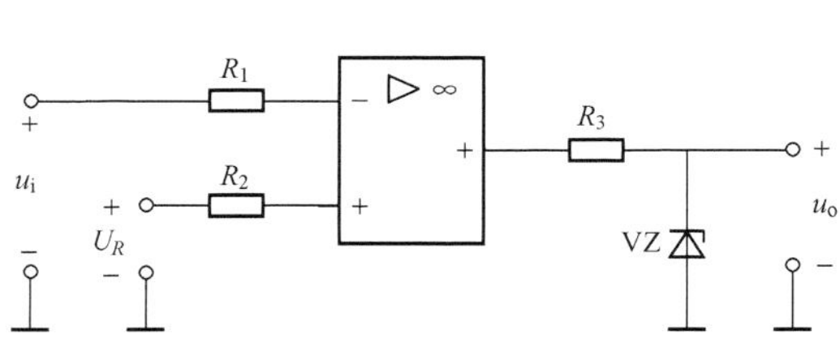

图 3-31　题 3.3 图

3.4　电路如图 3-32（a）所示，运算放大器的最大输出电压为 12V，晶体管 VT 的 β 足够大，输入电压 u_i 的波形如图 3-32（b）所示，试分析灯 L 的亮暗情况。

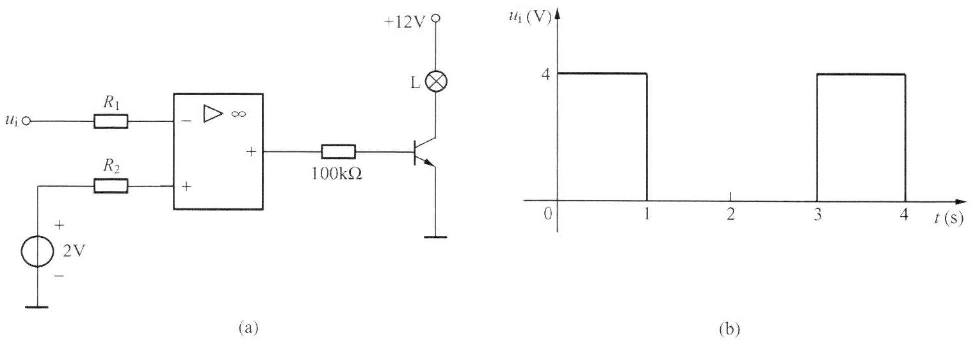

图 3-32　题 3.4 图

3.5　图 3-33 所示为监控报警装置图，如需对某一参数（如温度、压力等）进行监控时，可由传感器取得监控信号 u_i，U_R 是参考电压，当 u_i 超过正常值时，报警灯亮，试说明其工作原理，并说明二极管 VD 和电阻 R_3 在此分别起何作用。

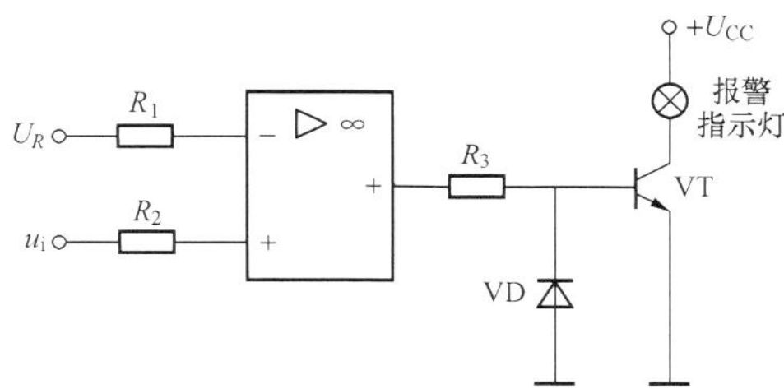

图 3-33　题 3.5 图

情境四　密码锁的设计与调试

4.1　设计目的及任务

4.1.1　设计目的

（1）掌握密码锁电路的设计与调试方法。

（2）掌握数字电路的基本知识、各种集成逻辑门的逻辑符号及其功能、常用中规模集成电路的功能及其使用方法。

4.1.2　设计任务及要求

（1）设计一个密码锁的逻辑电路。当有钥匙插入且四位二进制密码输入正确时，绿灯亮；当有钥匙插入但四位二进制密码输入不正确时，红灯亮；当钥匙不插入时，红灯和绿灯都不亮。

（2）画出密码锁的逻辑电路原理图。

（3）按电路原理图接线并调试，实现密码锁的设计要求。

4.2　必备知识一：数字电路的基础

4.2.1　数制与二—十进制编码

一、数制

数制就是按某种进位规则进行计数的计数体制。在我们日常生活中广泛使用十进制，在数字电路中使用的却是二进制。因此，我们既要熟悉十进制，二进制，还要熟悉二者之间的相互转换。

1. 十进制

十进制是以 10 为基数的计数体制，由 0、1、2…9 十个数码组成，逢十进一，借一当十。在十进制数中，位于不同数位上的数码所代表的数值是不同的。例如，十进制数 333，同样的数码 3，在百位上代表三百，在十位上代表三十，在个位上代表三个。我们把 10^K 称作十进制数的“位权”，K=0、1、2…，个位的“位权”是 10^0，十位的“位权”是 10^1，百位的“位权”是 10^2…，依次类推。数码所处的数位越高，其“位权”越大。

十进制数有十个数码，在电路中要有十个不同的状态来实现。这显然是不现实的，因此在电路中一般都采用二进制。

2. 二进制

二进制是以 2 为基数，由 0 和 1 两个数码组成，逢二进一，借一当二。其“位权”为 2^K，K=0、1、2 …。

人们熟悉十进制，而由电路只能实现二进制，为了便于人机交互，就要熟悉二者之间的相互转换。

3. 二进制与十进制相互转换

(1) 二进制数转换为十进制数。

二进制数转换为十进制数，可以采用按“位权”相加的方法，就是把一个二进制数中 1 的对应“位权”相加即可。

[示例 4-1] $(101101)_2=1\times2^5+1\times2^3+1\times2^2+1\times2^0=32+8+4+1=(45)_{10}$

[示例 4-2] $(11001011)_2=1\times2^7+1\times2^6+1\times2^3+1\times2^1+1\times2^0=128+64+8+2+1=(203)_{10}$

(2) 十进制数转换为二进制数。

十进制数转换为二进制数可采用除 2 取余法，该方法比较繁杂。本教材介绍一种分解“位权”的方法，就是把一个十进制数分解成二进制数“位权”相加的形式，对应二进制数的“位权”，在相应的位上填 1，缺少的“位权”在相应位上填 0。只要熟记二进制数从低位到高位的“位权”分别为：1、2、4、8、16、32、64、128、256、512、1024…。即可直接写出转换后的二进制数。

[示例 4-3] $(15)_{10}=8+4+2+1=(1111)_2$

[示例 4-4] $(56)_{10}=32+16+8=(111000)_2$

[示例 4-5] $(87)_{10}=64+16+4+2+1=(1010111)_2$

[示例 4-6] $(135)_{10}=128+4+2+1=(10000111)_2$

在 [示例 4-4] 中，缺少二进制数“位权”4、2、1，所以在相应位上填 0。在 [示例 4-5] 中，缺少二进制数“位权”32 和 8，在相应位上也填上 0。在 [示例 4-6] 中，缺少二进制数“位权”64、32、16 和 8，在相应位上也填上 0。

二、二—十进制编码

十进制数的 0、1、2、… 9 十个数码，无法用电路来实现，必须先用二进制数码将其表示出来，再用电路实现并进行传输和处理。这种用四位二进制数码表示一位十进制数码的方法称为二—十进制编码，即 BCD 码（binary-coded decimal)。

四位二进制数码有十六个不同的状态，只需从中选出十个状态，就可以分别表示一位十进制的十个数码。选取方法有多种，对应有多种 BCD 码，其中最常用的是 8421BCD 码和循环码。8421BCD 码编码方式是，将十进制数码的 0、1、2、… 9 十个数码，分别与自然二进制数码一一对应，见表 4-1。

表 4-1　几种常用的 BCD 编码

十进制数	8421BCD 码	循环码	余三码	5421 码
0	0000	0000	0011	0000
1	0001	0001	0100	0001
2	0010	0011	0101	0010
3	0011	0010	0110	0011
4	0100	0110	0111	0100
5	0101	0111	1000	1000
6	0110	0101	1001	1001
7	0111	0100	1010	1010
8	1000	1100	1011	1011
9	1001	1000	1100	1100

由表 4－1 可看出，8421BCD 码在形式上与四位二进制数相同，但二者的含义是不一样的。

例如：$(9)_{10}=(1001)_{BCD}$；$(9)_{10}=(1001)_2$；

$(95)_{10}=(10010101)_{BCD}$；$(95)_{10}=(1011111)_2$。

4.2.2 逻辑函数

逻辑代数也称布尔代数，它是分析和设计逻辑电路的数学工具。逻辑代数和普通代数相类似，也分常量、变量和函数。在逻辑代数中称为逻辑常量、逻辑变量和逻辑函数。

一、逻辑函数基本概念

1. 逻辑常量

所谓常量就是取值一定，不再变化的量。在普通代数中有无穷多个常量。而在逻辑代数中，只有 0、1 两个逻辑常量。这里的 0 和 1 不表示数值大小，只表示两个对立的逻辑状态。如开关的闭合与断开、电平的高和低、灯亮与灯灭等。我们称它为逻辑 0 和逻辑 1。

2. 逻辑变量

逻辑变量也称逻辑自变量，用 A、B、C、D 等字母表示，其取值可以自主变化，可以取 0，也可以取 1，但只能取 0 或者取 1。这里的 0 和 1 同样不表示数值的大小，而是表示两种对立的逻辑状态。例如，一个开关可以断开也可以闭合，所以，开关可视为一个逻辑变量，用字母 A 表示。当它闭合时，其值取为 1，当它断开时，其值取为 0。

3. 逻辑函数

与普通代数类似，逻辑函数也称因变量，当决定事物的（自变量）取值一定时，被决定事物的结果也唯一的确定。这一结果称为逻辑函数或逻辑因变量。当变量取值一定时，函数值也唯一的确定了。逻辑函数值也只有 0 和 1 两个。0 和 1 也是表示事物的两个对立状态，而不表示数值大小。

二、三种最基本逻辑函数及其表示方法

在逻辑代数中，逻辑问题是千变万化的，但最基本的逻辑函数有三种，分别是与、或、非逻辑函数。

1. 与逻辑函数

在图 4－1 所示的照明电路中，电灯 L 亮与不亮取决于开关 S_A、S_B 接通与否。显然，只有当开关 S_A 和 S_B 同时闭合时，电灯 L 才能亮。开关 S_A、S_B 闭合（条件）和灯亮（结果）之间的这种因果关系，称为与逻辑关系。若灯亮用 1 表示，不亮用 0 表示，开关闭合用 1 表示，断开用 0 表示，可以列出以真值 0 和 1 表示的与逻辑关系表格，我们称其为真值表，见表 4－2。真值表是研究数字电路的重要工具。表的左边是变量的所有取值组合，每个变量可以取 0 和 1 两个值，n 个变量则有 2^n 个取值组合。表的右边是在每一组变量取值下，按着一定的逻辑关系所确定的函数值。与逻辑函数表达式为 L＝A・B 或 L＝AB

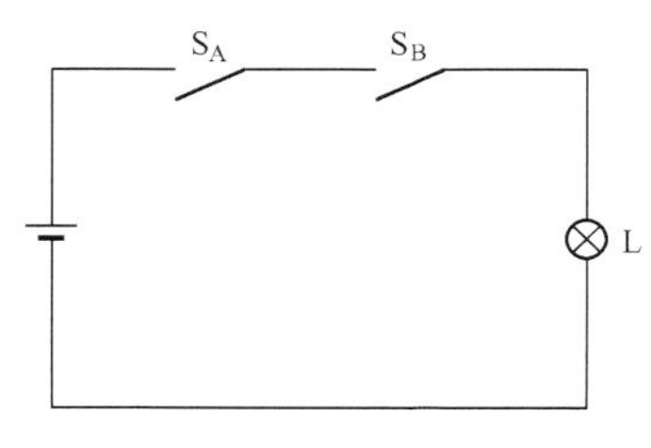

图 4－1 与逻辑电路

读作 L 等于 A 与 B。式中：A、B 为逻辑变量，取值可以自主变化，但取值只能是 0 或 1。L 是变量 A、B 的函数。当 A、B 的值取定以后，L 的值也唯一的确定了。

表 4－2　与逻辑函数的几种表示方式

真值表			表达式	逻辑符号	逻辑规律
A	B	L			
0	0	0	L＝AB	L、&、A、B	有 0 出 0 全 1 出 1
0	1	0			
1	0	0			
1	1	1			

与逻辑函数可以推广到 n 个变量 A_1，A_2，A_3，$\cdots A_n$

$$L = A_1 A_2 A_3 \cdots A_n$$

由与逻辑真值表可以得到与逻辑规律是：“有 0 出 0，全 1 出 1”。

与逻辑关系在数字电路中用与逻辑门电路来实现，逻辑变量对应逻辑门的输入，逻辑函数对应逻辑门的输出，与的逻辑符号如图 4－2 所示。

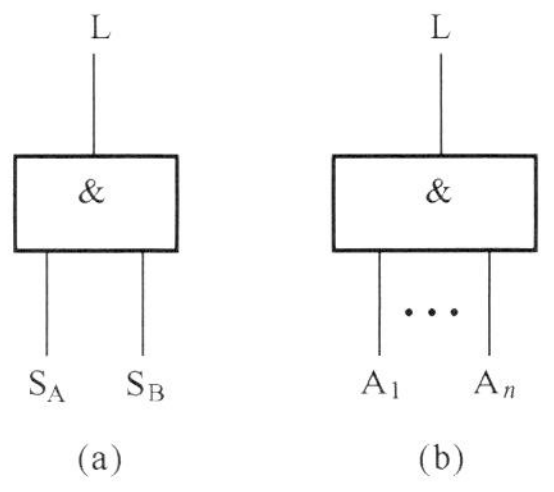

图 4－2　与逻辑符号
(a) 两变量与逻辑符号；
(b) 多变量与逻辑符号

2. 或逻辑函数

在图 4－3 中，开关 S_A 和 S_B 并联后控制电灯 L。当开关 S_A 闭合或者 S_B 闭合，或 S_A 和 S_B 都闭合时，电灯 L 都会亮。只有当开关 S_A 和 S_B 都断开时，灯才不亮。开关 S_A、S_B 闭合（条件）与灯亮（结果）之间的这种逻辑关系，称为或逻辑关系。用表达式 L＝A＋B 表示，读作 L 等于 A 或 B。若灯亮用 1 表示，灯不亮用 0 表示，开关闭合用 1 表示，断开用 0 表示，列出或逻辑函数真值表如表 4－3 所示。

或逻辑在电路中用或门电路来实现。或逻辑函数的逻辑符号如图 4－4 所示。或逻辑规律如表 4－3 所示。

或逻辑也可以推广到 n 个变量 A_1，$A_2 \cdots A_n$

$$L = A_1 + A_2 + \cdots + A_n$$

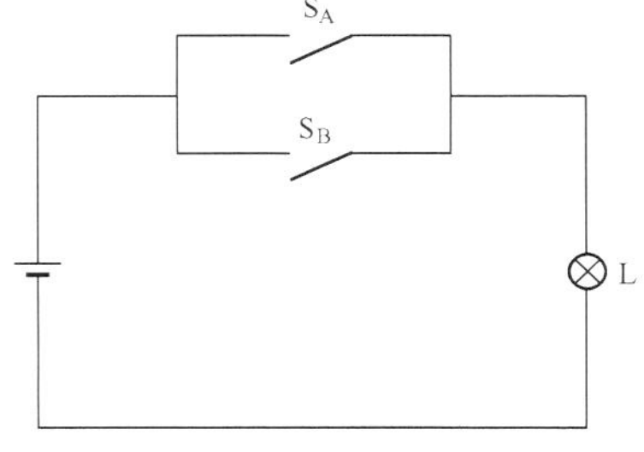

图 4－3　或逻辑电路

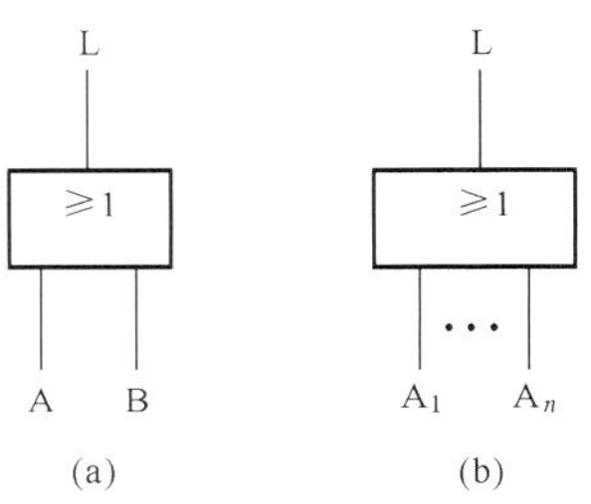

图 4－4　或逻辑符号
(a) 两变量或逻辑符号；
(b) 多变量或逻辑符号

表 4－3 **或逻辑函数的几种表示方式**

真值表			表达式	逻辑符号	逻辑规律
A	B	L			
0	0	0	L＝A＋B	L ≥1 A B	有1出1 全0出0
0	1	1			
1	0	1			
1	1	1			

3. 非逻辑函数

在图 4－5 所示电路中，KM 为继电器动断触点。线圈 A 不通电时，KM 是闭合的，电灯亮。当线圈通电时，动断触点断开，电灯不亮。我们把这种逻辑关系称为非逻辑关系。若灯亮用 1 表示，灯不亮用 0 表示，线圈通电用 1 表示，不通电用 0 表示，列出非逻辑的真值表，见表 4－4。非的逻辑表达式写为：$L=\overline{A}$，读作 L 等于 A 非或 A 反。逻辑非的逻辑规律为进 0 出 1，进 1 出 0。在数字电路中，非逻辑关系用非门电路来实现，非逻辑符号如图 4－6 所示。

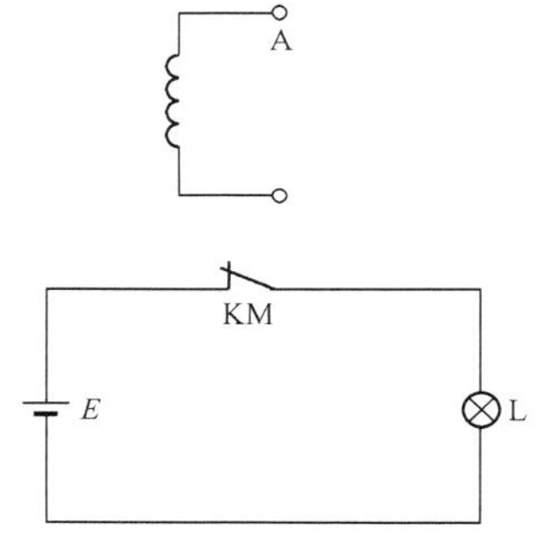

图 4－5 非逻辑电路

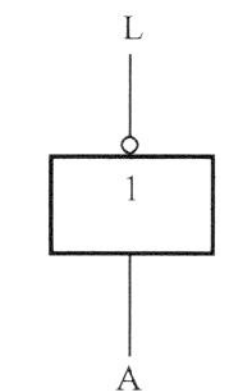

图 4－6 非逻辑符号

表 4－4 **非逻辑函数的几种表示方式**

真值表		表达式	逻辑符号	逻辑规律
A	L			
0	1	$L=\overline{A}$	L 1 A	进1出0 进0出1
1	0			

三、常用复合逻辑函数

实际的逻辑关系往往要比单纯的与、或、非三种逻辑关系复杂得多。但不管有多复杂，总能用与、或、非的组合来实现。含有两种或两种以上的逻辑运算，称为复合逻辑运算，也称复合逻辑函数。最常用的复合逻辑函数有与非、或非、异或和同或等逻辑函数。目前，人们已经做出了实现这些复合逻辑函数的相应门电路，分别为与非门电路、或非门电路、异或门电路和同或门电路等。下面分别介绍它们的逻辑功能和逻辑符号。

1. 与非逻辑函数

与非逻辑函数是“与逻辑函数”和“非逻辑函数”组合成的复合逻辑函数，其运算顺序是先与后非。由与的逻辑规律和非的逻辑规律，可得到与非的逻辑规律是：有 0 出 1，全 1 出 0。与非的表达式是：$L=\overline{AB}$。真值表及逻辑符号见表 4－5。

表 4－5　与非逻辑函数的几种表示方式

真值表			表达式	逻辑符号	逻辑规律
A	B	L	$L=\overline{AB}$	L & A　B	有 0 出 1 全 1 出 0
0	0	1			
0	1	1			
1	0	1			
1	1	0			

2. 或非逻辑函数

或非逻辑函数是或逻辑函数和非逻辑函数组合而成的复合逻辑函数。其运算顺序是先或后非。其真值表、表达式、逻辑符号和逻辑规律见表 4－6。

表 4－6　或非逻辑函数的几种表示方式

真值表			表达式	逻辑符号	逻辑规律
A	B	L	$L=\overline{A+B}$	L ≥1 A　B	有 1 出 0 全 0 出 1
0	0	1			
0	1	0			
1	0	0			
1	1	0			

3. 异或逻辑函数

异或逻辑函数的定义是两个输入变量取值不同（相异）时，函数值是 1，两个输入变量取值相同时，函数值是 0。异或逻辑函数在数字电路中是十分有用的复合逻辑函数，它可以使复杂的逻辑关系简单化。异或函数的真值表、表达式、逻辑符号及逻辑规律见表 4－7。

表 4－7　异或逻辑函数的几种表示方式

真值表			表达式	逻辑符号	逻辑规律
A	B	L	$L=A\oplus B$ $=\overline{A}B+A\overline{B}$	L =1 A　B	相异出 1 相同出 0
0	0	0			
0	1	1			
1	0	1			
1	1	0			

4. 同或逻辑函数

同或逻辑函数的定义是两个输入变量取值相同时，函数值是 1，两个输入变量取值不同时，函数值是 0。从定义可知，同或逻辑函数和异或逻辑函数是相反的，它们互为反函数。

同或逻辑函数的真值表、表达式、逻辑符号和逻辑规律见表 4-8。

表 4-8　　同或逻辑函数的几种表示方式

真值表		表达式	逻辑符号	逻辑规律
A　B	L			
0　0	1	$L=A\odot B$ $=AB+\overline{A}\cdot\overline{B}$	L =1 A　B	相同出 1 不同出 0
0　1	0			
1　0	0			
1　1	1			

说明：异或和同或逻辑函数都只有两个输入变量，而与、或、与非、或非都可以是多输入变量。

读者可自行证明：

$$A\oplus 0=A$$
$$A\oplus 1=\overline{A}$$
$$A\oplus\overline{B}=\overline{A}\oplus B=\overline{A\oplus B}=A\odot B$$
$$(A\oplus B)\oplus C=A\oplus(B\oplus C)=A\oplus B\oplus C$$
$$A\odot B\odot C=A\oplus B\oplus C$$

4.2.3　逻辑函数的几种表示形式及其相互转换

对前面所讨论的与、或、非三种基本逻辑函数以及与非、或非、异或、同或四种常用的复合逻辑函数，因为都已经有相应的逻辑门电路，且有各自的逻辑符号，所以都可以用真值表、表达式、逻辑符号表示。而对于一般的由以上七种逻辑函数中的某几种组合起来的逻辑函数除了用真值表、表达式表示外，还可以用逻辑图和卡诺图来表示，这将在以后进一步讨论。

一、逻辑函数几种表示形式

1. 逻辑函数表达式

逻辑函数表达式，就是把逻辑函数（输出）和变量（输入）之间的逻辑关系，写成与、或、非、与非、或非、异或、同或等运算的组合式，即逻辑函数表达式。例如：$L=\overline{AB}+A\overline{C}+\overline{B+C}$是由非、与非、或非、与以及或等组合起来的三变量表达式。

在逻辑运算中的运算顺序是：①括号；②非；③与、与非、或非；④或。例如：在 $L=(A+B)(A+C)$ 中，第一级运算是 A 或 B 和 A 或 C，第二级运算是两个或运算的结果进行与运算。有些特殊情况括号可以省略，如$\overline{(A+B)}C$ 可以写为$\overline{A+B}C$。

2. 逻辑函数真值表

用真值表表示逻辑函数，是一种直观的表格表示方法，表 4-9 是函数 $F=\overline{AB}+A\overline{C}+\overline{B+C}$的真值表。

表 4-9　　$L=\overline{AB}+A\overline{C}+\overline{B+C}$真值表

A　B　C	F	A　B　C	F
0　0　0	1	1　0　0	1
0　0　1	1	1　0　1	1
0　1　0	1	1　1　0	1
0　1　1	1	1　1　1	0

表的左边是变量的所有取值组合，右边是变量每一组合下对应的函数值。

3. 逻辑图

逻辑图就是用与、或、非、与非、或非等逻辑符号按照逻辑函数中的运算顺序组合起来的图形，图 4-7 所示就是逻辑函数 $L=\overline{AB}+A\overline{C}+\overline{B+C}$ 的逻辑图。

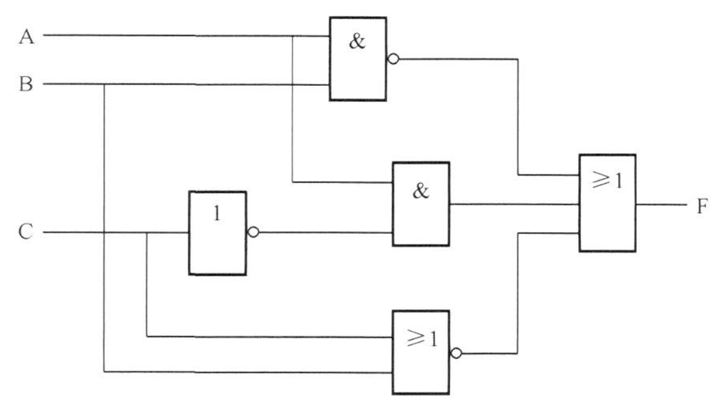

图 4-7　$L=\overline{AB}+A\overline{C}+\overline{B+C}$ 逻辑图

表达式、真值表、逻辑图是同一个逻辑函数的不同表示形式，在逻辑上是等价的，所以三者之间可以相互转换。

二、逻辑函数各种表示形式的相互转换

逻辑函数各种形式的转换如下：

$$\text{真值表} \rightleftharpoons \text{表达式} \rightleftharpoons \text{逻辑图}$$

可以看出：表达式可以直接转换为真值表和逻辑图，而真值表不能直接转换为逻辑图，需要经表达式转换。下面介绍转换方法。

1. 已知表达式求真值表

设逻辑函数有 n 个变量，每个变量可取 0 或 1 两个值。n 个变量有 2^n 个取值组合。为了不重复，不遗漏，可以把 n 个变量当作 n 位二进制数，由全取 0 开始，按每次加 1 的递增顺序，直到全取 1 为止，列出 n 个变量所有取值组合，然后将每一组变量取值组合，代入函数表达式中，算出函数值，填入对应的行中，便可得到该逻辑函数的真值表。

【例 4-1】 试列出 $L=A\overline{B}+AC+\overline{B}\,\overline{C}$ 的真值表。

解： 由表达式可知，这是三变量的逻辑函数。变量取值组合从 000 开始，逐次加 1，直到 111 共有 $2^3=8$ 项。算出每一项的函数值，得到 $L=A\overline{B}+AC+\overline{B}\,\overline{C}$ 的真值表，见表 4-10。

表 4-10　$L=A\overline{B}+AC+\overline{B}\,\overline{C}$ 真值表

A　B　C	L	A　B　C	L
0　0　0	1	1　0　0	1
0　0　1	0	1　0　1	1
0　1　0	0	1　1　0	0
0　1　1	0	1　1　1	1

2. 已知真值表写表达式

已知真值表写表达式的方法是先找出函数值为 1 的项，对每一项写出一个由输入变量为因子的乘积项。在这些乘积项中，当变量取 1 时，以其原变量为因子，变量取值为 0 时，以其反变量为因子，然后将这些乘积项相加即可得到相应的逻辑函数表达式。

【例 4-2】 试写出表 4-11 所示逻辑函数真值表对应的表达式。

解： 由表 4-11 可见函数值为 1 的项共有三项，所以表达式有三个乘积项相加。第一项对应 A=0、B=1、C=0，在乘积项中以 $\overline{A}$、B、$\overline{C}$ 为因子写出乘积项 $\overline{A}B\overline{C}$，第二项的乘积

项为 $AB\overline{C}$，第三项的乘积项为 ABC，$L=\overline{A}B\overline{C}+AB\overline{C}+ABC$。

表 4-11 [例 4-2] 真值表

A B C	L	A B C	L
0 0 0	0	1 0 0	0
0 0 1	0	1 0 1	0
0 1 0	1	1 1 0	1
0 1 1	0	1 1 1	1

3. 已知表达式画逻辑图

由表达式画逻辑图的方法是用逻辑符号代替表达式中的逻辑运算符号，并根据运算顺序，将这些逻辑符号一一连接起来，即可得到该逻辑函数的逻辑图。

【例 4-3】 试画出 $L=AB+\overline{B}C+\overline{AC}$的逻辑图。

解： 在逻辑表达式中，第一级是非运算，第二级顺序是与和与非运算，第三级运算顺序是或，由此可画出对应的逻辑图如图 4-8 所示。

【例 4-4】 试画出 $L=\overline{\overline{AB}\,\overline{AC}\,\overline{BC}}$的逻辑图

解： 第一级是与非运算，分别是$\overline{AB}$、$\overline{AC}$、$\overline{BC}$，第二级还是与非运算。画出其逻辑图如图 4-9 所示。

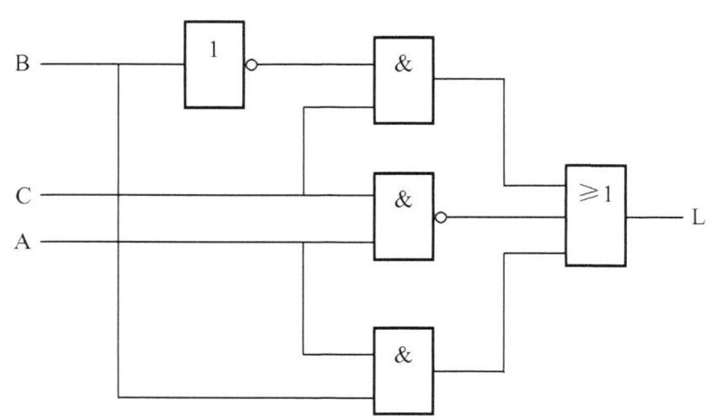

图 4-8 [例 4-3] 的逻辑图

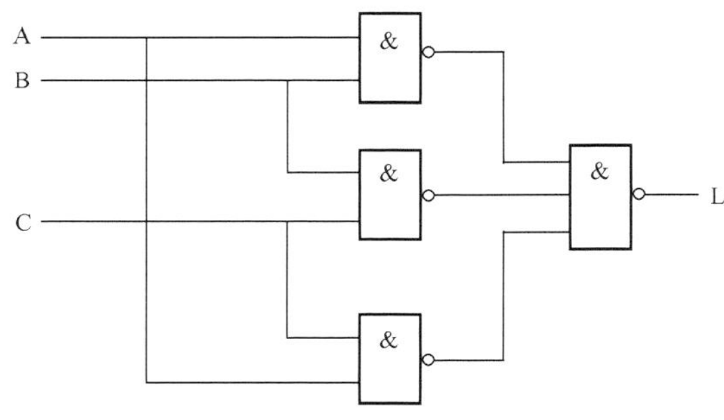

图 4-9 [例 4-4] 的逻辑图

4. 已知逻辑图写逻辑函数表达式

根据给定的逻辑图，由输入级开始，写出每个逻辑符号对应的逻辑表达式，便可以得到该逻辑图的逻辑函数表达式。

【例 4-5】 已知逻辑图如图 4-10 所示，试写出该逻辑函数表达式。

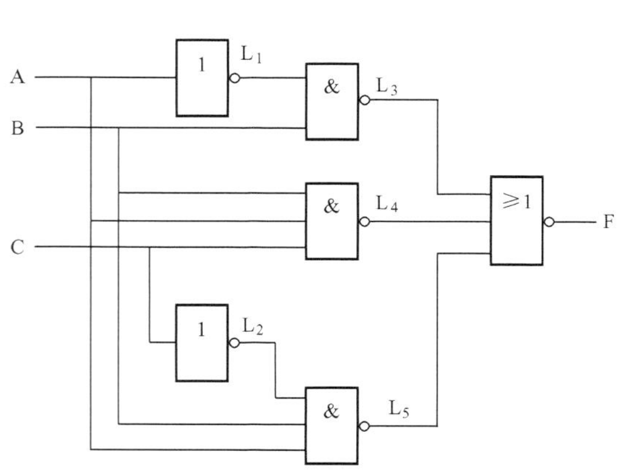

图 4-10 [例 4-5] 的逻辑图

解： 从输入到输出每个逻辑符号的表达式为

$L_1=\overline{A}\quad L_2=\overline{C}\quad L_3=\overline{\overline{A}B}$

$L_4=\overline{ABC}\quad L_5=\overline{AB\overline{C}}$

$F=\overline{\overline{\overline{A}B}+\overline{ABC}+\overline{AB\overline{C}}}$

4.2.4　逻辑函数代数化简法及逻辑表达式形式转换

一、逻辑代数基本定律

0-1律：$1 \cdot A=A$，　　$0+A=A$；

　　　$0 \cdot A=0$，　　$1+A=1$。

交换律：$AB=BA$；　　$A+B=B+A$。

结合律：$A(BC)=(AB)C$；　　$A+(B+C)=(A+B)+C$。

分配律：$A(B+C)=AB+AC$；　　$A+(BC)=(A+B)(A+C)$。

互补律：$A\overline{A}=0$；　　$A+\overline{A}=1$。

重叠律：$AA=A$；　　$A+A=A$。

还原律：$\overline{\overline{A}}=A$。

反演律：$\overline{ABC}=\overline{A}+\overline{B}+\overline{C}$；　　$\overline{A+B+C}=\overline{A}\,\overline{B}\,\overline{C}$。

吸收律：$A+AB=A$；　　$A\ (A+B)=A$。

　　　$A+\overline{A}B=A+B$；　　$A\ (\overline{A}+B)=AB$。

在以上定律中，以分号为界分为两部分。分号后面的和分号前面的公式互为对偶式，所谓对偶式是指将原函数式 $F=f(A, B, C\cdots)$ 中的“•”变成“+”，“+”变成“•”，0 变成 1，1 变成 0，所有变量保持不变，得到一个新的逻辑函数式 F'，则 F'是原函数式 F 的对偶式，或者说 F 和 F'互为对偶。如果某一等式成立，其对偶式也成立。只要证明分号前面的公式是正确的，分号后面的公式也是正确的。

在以上公式中，有些和普通代数相同，有些不同，而且这些公式在化简和转换逻辑函数时非常有用。要熟记这些公式。

二、逻辑函数代数法化简

同一个逻辑函数，其表达式不是唯一的。表达式简单的，对应的逻辑图简单，逻辑电路也相应的简单。表达式复杂的，其逻辑电路也复杂。而电路越简单，其成本也越低，可靠性越高。因此，需要将逻辑函数表达式化简到最简形式，以便用最少的门电路去实现，以降低成本，提高可靠性。

化简逻辑函数的标准，是将逻辑函数化为最简与或式，即与项最少，每个与项中的因子个数最少。

逻辑代数法化简，就是运用逻辑代数基本公式，使逻辑函数变换为最简单的形式。下面举例说明化简方法。

1. 并项法

并项法是利用公式 $A+\overline{A}=1$，将两项合并为一项，并消去一个变量。

例如：$F=\overline{A}\,\overline{B}C+\overline{A}\,\overline{B}\,\overline{C}+A\overline{B}=\overline{A}\,\overline{B}+A\overline{B}=\overline{B}$

再如：$F=A(BC+\overline{B}\,\overline{C})+A(B\overline{C}+\overline{B}C)=ABC+A\overline{B}\,\overline{C}+AB\overline{C}+A\overline{B}C=AB+A\overline{B}=A$

2. 吸收法

吸收法是利用公式 $A+AB=A$，消去多余项。

例如：$F=AB+AB\overline{C}\,\overline{D}+AB(C+D)=AB$

再如：$F=\overline{A}+\overline{A}BCD=\overline{A}$

3．消去法

消去法是利用公式 $A+\overline{A}B=A+B$，消去多余因子。

例如：$F=AB+\overline{A}C+\overline{B}C=AB+C(\overline{A}+\overline{B})=AB+\overline{AB}C=AB+C$

4．综合举例

在逻辑函数化简中，往往不只用单一的方法，而是同时用到多种方法，才能得到最简逻辑函数表达式。

【例 4-6】　试化简逻辑函数 $F=(A+B)(A+\overline{A}\,\overline{B})C+\overline{\overline{A}(B+C)}+\overline{A}B+ABC$

解：

$$\begin{aligned}F&=(A+B)(A+\overline{A}\,\overline{B})C+\overline{\overline{A}(B+C)}+\overline{A}B+ABC\\&=AC+ABC+A+\overline{BC}+\overline{A}B+ABC\\&=A+\overline{B}\,\overline{C}+\overline{A}B\\&=A+B+\overline{C}\end{aligned}$$

【例 4-7】　试化简逻辑函数 $F=A+\overline{\overline{A}\,\overline{BC}}\ (B+\overline{\overline{C}D+E})+BC$

解：

$$\begin{aligned}F&=A+\overline{\overline{A}\,\overline{BC}}(B+\overline{\overline{C}D+E})+BC\\&=A+(A+BC)(B+\overline{\overline{C}D+E})+BC\\&=(A+BC)+(A+BC)(B+\overline{\overline{C}D+E})\\&=A+BC\end{aligned}$$

【例 4-8】　试化简逻辑函数 $F=ABC+\overline{A}BC+\overline{A}B\overline{C}+\overline{ABC}\,\overline{AB}$。

解：

$$\begin{aligned}F&=ABC+\overline{A}BC+\overline{A}B\overline{C}+\overline{ABC}\,\overline{AB}\\&=BC+\overline{A}B\overline{C}+(\overline{AB}+\overline{C})\,\overline{AB}\\&=BC+\overline{A}B\overline{C}+\overline{AB}\\&=BC+\overline{A}B\overline{C}+\overline{A}+\overline{B}\\&=\overline{A}+\overline{B}+C\end{aligned}$$

三、逻辑函数表达式的形式及其转换

逻辑函数表达式形式是多种多样的。一个逻辑问题可以用多种形式的表达式来描述，每一种形式对应一种电路。前面介绍的最简与或式，一般情况对应的逻辑电路也是最简的。但有些情况则不是最简的。例如：逻辑函数 $F=\overline{A}\cdot\overline{B}C+\overline{A}B\overline{C}+A\overline{B}\cdot\overline{C}+ABC$ 已经是一个最简与或式。如果用这种形式画出逻辑图，需要三个非门，四个与门和一个或门共用三个种类的八个门电路。但该逻辑函数可以变换为 $F=A\oplus B\oplus C$ 只需要两个异或门就可以实现。一些集成门电路中含有多个门电路的情况下，如果用两个不同种类的门电路来实现某一逻辑函数，需要集成块多。如果变换形式后可用相同种类的门电路来实现该逻辑函数，可能会多用门电路，但需要集成块反而可能会少。不仅电路简单，成本也低，可靠性也高。所以需要熟悉逻辑函数表达式的形式转换。

1．逻辑函数表达式几种形式

$F=AB+\overline{A}C$	与或式
$=AB+\overline{A}A+\overline{A}C+BC$	
$=(\overline{A}+B)(A+C)$	或与式
$=\overline{\overline{AB}\,\overline{\overline{A}C}}$	与非 — 与非式
$=\overline{\overline{(\overline{A}+B)}+\overline{(A+C)}}$	或非 — 或非式

$= \overline{A}\,\overline{B}C + \overline{A}BC + AB\overline{C} + ABC$　　　　最小项表达式

以上几种形式中，与非—与非式和或非—或非式都只含有一种运算形式，在电路中只需用同一种门电路来实现，在逻辑电路中得到广泛应用。下面讨论如何将与或式转换为其他形式。

2. 逻辑函数形式转换

(1) 与或式变为与非与非式。

将与或式变为与非与非式的方法是利用还原律 $\overline{\overline{A}}=A$，在原表达式上加两次非，对其中一次非利用反演律 $\overline{A+B+C}=\overline{A}\,\overline{B}\,\overline{C}$ 即可得到。

例如：$F=AB+\overline{B}C=\overline{\overline{AB+\overline{B}C}}=\overline{\overline{AB}\,\overline{\overline{B}C}}$

(2) 与或式变为异或式。

有时候把与或式变为异或式会使逻辑电路更加简单。

例如：函数式 $F=\overline{A}\,\overline{B}C+\overline{A}B\overline{C}+A\,\overline{BC}+ABC$ 已经是一个最简与或式，需要用八个门电路来实现。我们把它变换一下，得

$$F = \overline{A}\,\overline{B}C + \overline{A}B\overline{C} + A\overline{B}\,\overline{C} + ABC = C(\overline{A}\,\overline{B} + AB) + \overline{C}(\overline{A}B + A\overline{B})$$
$$= C\,\overline{A \oplus B} + \overline{C}(A \oplus B) = A \oplus B \oplus C$$

4.2.5　逻辑函数的卡诺图化简法

代数化简法的优点是灵活，但需要读者熟练地掌握公式和一定的化简技巧，对所得的结果还需要判断是否是最简式。有些较复杂的逻辑函数，判断是否是最简式有一定的难度。下面介绍另一种化简方法，即卡诺图化简法。

一、最小项及逻辑函数的最小项表达式

1. 最小项概念

最小项是逻辑变量的一个与项。对 n 个变量，与项是由 n 个因子组成的。每个变量或以原变量形式，或以反变量形式，在与项中必须出现一次，且仅出现一次，这样的与项就称为 n 变量的最小项。这样的与项共有 2^n 个，即 n 变量最小项有 2^n 个。

例如：三变量 A、B、C 共有 $2^3=8$ 个最小项。分别为 $\overline{A}\,\overline{B}\,\overline{C}$、$\overline{A}\,\overline{B}C$、$\overline{A}B\overline{C}$、$\overline{A}BC$、$A\overline{BC}$、$A\overline{B}C$、$AB\overline{C}$、$ABC$。为了方便起见，通常用 m_i 表示最小项，其中 m 为最小项，下标 i 为最小项编号。

2. 最小项编号

把变量看作一位二进制数，原变量看作 1，反变量看作 0，与这个二进制数相对应的十进制数就是最小项的编号。例如：$\overline{A}B\overline{C}$ 可看作 010，对应的编号为 m_2，$AB\overline{C}$ 可看作 110，对应的编号为 m_6。表 4 - 12 给出了三变量 A、B、C 所有最小项的编号。

表 4 - 12　　三变量最小项编号

序号	A	B	C	最小项	编号	序号	A	B	C	最小项	编号
0	0	0	0	$\overline{A}\,\overline{B}\,\overline{C}$	m_0	4	1	0	0	$A\overline{BC}$	m_4
1	0	0	1	$\overline{A}\,\overline{B}C$	m_1	5	1	0	1	$A\overline{B}C$	m_5
2	0	1	0	$\overline{A}B\overline{C}$	m_2	6	1	1	0	$AB\overline{C}$	m_6
3	0	1	1	$\overline{A}BC$	m_3	7	1	1	1	ABC	m_7

依次类推，读者可为四变量A、B、C、D最小项编号。

3. 最小项性质

根据最小项定义，可以证明最小项具有以下性质：

(1) 对输入变量任何一组取值，在所有最小项（2^n 个）中，必有一个且只有一个最小项的值为1。

(2) 对输入变量任何一组取值，任意两个不同的最小项的乘积为0。

(3) 全体最小项的和为1。

(4) 任意两个逻辑相邻的最小项可以合并为一项，并消去一个因子。

所谓逻辑相邻，就是两项中只有一个变量互补，其他所有变量都相同。

例如：三变量最小项 $A\overline{B}\,\overline{C}$ 和 $A\overline{B}C$ 就是逻辑相邻，只有变量C互补，其他都相同。$A\overline{B}\,\overline{C}+A\overline{B}C=A\overline{B}$。再如：$\overline{A}\,\overline{B}\,\overline{C}$和$\overline{A}B\overline{C}$逻辑相邻。$\overline{A}\,\overline{B}\,\overline{C}+\overline{A}B\overline{C}=\overline{A}\,\overline{C}$。

性质（1）可以通过 表4-13 三变量真值表得到证明。性质（2）和性质（3）都可以通过性质（1）得到证明。

表4-13　三变量最小项真值表

	m_0	m_1	m_2	m_3	m_4	m_5	m_6	m_7
A B C	$\overline{A}\,\overline{B}\,\overline{C}$	$\overline{A}\,\overline{B}C$	$\overline{A}B\overline{C}$	$\overline{A}BC$	$A\overline{B}\,\overline{C}$	$A\overline{B}C$	$AB\overline{C}$	ABC
0 0 0	1	0	0	0	0	0	0	0
0 0 1	0	1	0	0	0	0	0	0
0 1 0	0	0	1	0	0	0	0	0
0 1 1	0	0	0	1	0	0	0	0
1 0 0	0	0	0	0	1	0	0	0
1 0 1	0	0	0	0	0	1	0	0
1 1 0	0	0	0	0	0	0	1	0
1 1 1	0	0	0	0	0	0	0	1

4. 逻辑函数最小项表达式

由最小项组成的逻辑函数表达式，称为最小项表达式。需要说明的是：一个逻辑函数的最小项表达式是唯一的。例如：$F=\overline{A}\,\overline{B}C+\overline{A}BC+A\overline{B}C+AB\overline{C}+\overline{A}\,\overline{B}C$ 就是最小项表达式。

前面介绍的由真值表写出的逻辑函数表达式，就是最小项表达式。

把逻辑函数一般表达式化为最小项表达式的方法是：先把逻辑函数表达式化为一般与或式，再利用互补律 $A+\overline{A}=1$ 和 $A\cdot 1=A$，将缺少变量A的与项乘以 $A+\overline{A}$，然后再展开即可。

例如：将 $F=\overline{A}B+A\overline{C}$化为最小项表达式。这是一个三变量逻辑函数，第一项缺变量C，第二项缺变量B。用上述方法可得

$$
\begin{aligned}
F &= \overline{A}B+A\overline{C} \\
&= \overline{A}B(C+\overline{C})+A\overline{C}(B+\overline{B}) \\
&= \overline{A}BC+\overline{A}B\overline{C}+AB\overline{C}+A\overline{B}\,\overline{C} \\
&= m_2+m_3+m_4+m_6 \\
&= \sum m(2,3,4,6)
\end{aligned}
$$

说明：在用最小项编号表示最小项时，一定要使变量 A、B、C 的顺序统一，因为编号时，是将变量看作一位二进制数，变量所处位置不同，其位权也不同。

二、变量卡诺图

n 变量卡诺图，是一个具有 2^n 个方格的方格图。每一个方格恰好容纳一个 n 变量最小项，2^n 个方格恰好容纳 2^n 个最小项。卡诺图中上下相邻、左右相邻、同一行两端或同一列两端的两个方格的最小项，具有逻辑相邻的特点。这一特点是化简逻辑函数的重要依据。卡诺图是美国贝尔实验室的工程师卡诺先生（Karnaugh）提出的，所以用卡诺先生的名字命名。

一般的，用卡诺图化简逻辑函数，适用于三变量和四变量的逻辑函数。两变量逻辑函数用代数法化简更简单，五变量以上的卡诺图本身就很复杂，所以，化简五变量以上的逻辑函数不宜用卡诺图。这里只介绍三变量和四变量卡诺图。

（一）三变量卡诺图

图 4－11 所示为三变量卡诺图。三变量最小项有八个，所以，三变量卡诺图是由八个方格组成，每个方格代表一个最小项。图 4－11（a）所示卡诺图中，变量 A 和它的反变量 $\overline{A}$ 标在图的左边，变量 B 、$\overline{B}$ 以及 C、$\overline{C}$ 标在图的上方。为了讨论方便，将变量用 1 表示，反变量用 0 表示，每个小方格则用最小项编号表示。图 4－11（b）是卡诺图的另一种表示形式。只标出原变量的行和列，没有标注变量的行和列是反变量区。图 4－11（c）所表示的卡诺图中，写出了每个方格所代表的最小项。从图中可看出，卡诺图中上下相邻、左右相邻、同一行两端或同一列两端的两个最小项，具有逻辑相邻性。

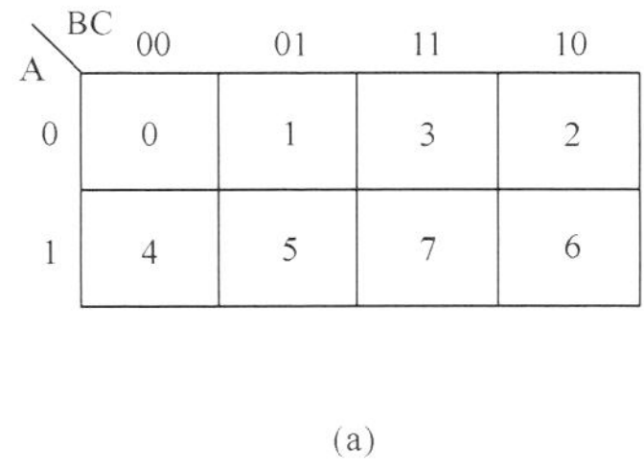

(a)

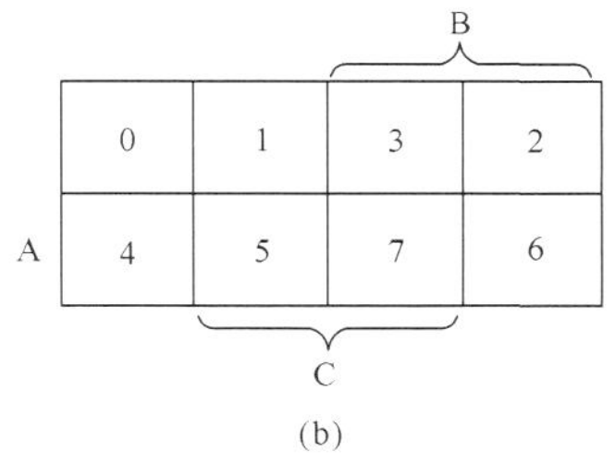

(b)

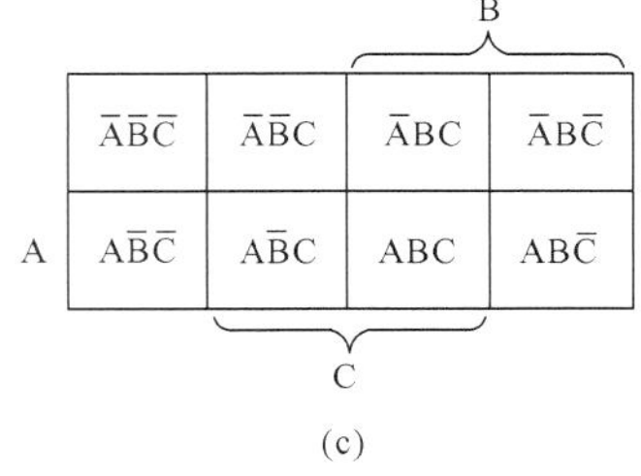

(c)

图 4－11 三变量卡诺图

卡诺图的简化画法：在卡诺图中，每个方格的最小项或最小项编号不标出来，但应记住每个方格的最小项编号，以方便使用，如图 4－12（c）所示。

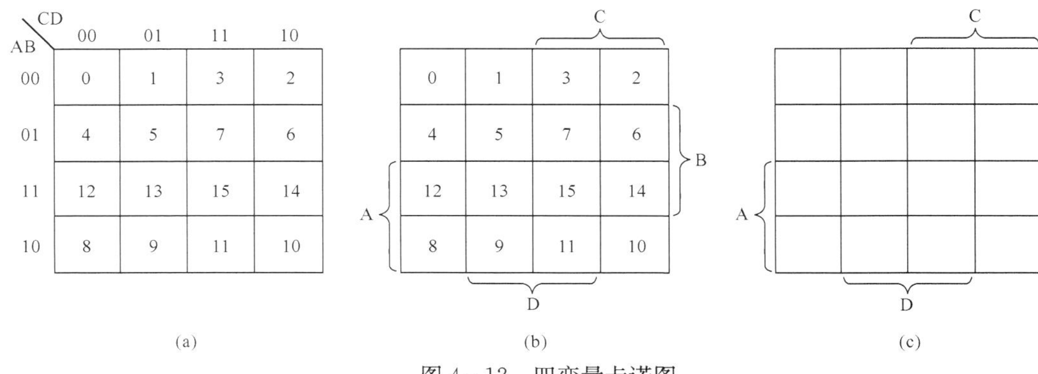

图 4－12 四变量卡诺图

(二) 四变量卡诺图

卡诺图变量区标注方法是：把卡诺图平分两半，一半标注原变量，另一半为反变量区，不予标注。变量以高位到低位因子的次序，按先行后列，先边后中间的顺序排列。

(三) 用卡诺图表示逻辑函数

任何一个逻辑函数，都有一个唯一的最小项标准表达式形式，而最小项在卡诺图中又有其相应的方格，自然可以用卡诺图表示逻辑函数。

1. 用卡诺图表示最小项逻辑函数

先把逻辑函数化为最小项标准表达式形式，表达式中具有的最小项，在卡诺图对应方格内填入 1，表达式中缺的最小项，卡诺图中对应的方格填 0 或空着不填（一般不填），这样就得到了逻辑函数的卡诺图。

【例 4-9】 试用卡诺图表示逻辑函数。

$$F=\overline{A}BC+\overline{AC}B\overline{D}+\overline{B}CD+\overline{A+B+D}$$

解： 先把逻辑函数化为最小项标准表达式形式。

$$\begin{aligned}F&=\overline{A}BC+\overline{AC}B\overline{D}+\overline{B}CD+\overline{A+B+D}\\&=\overline{A}BC+(\overline{A}+\overline{C})B\overline{D}+\overline{B}CD+\overline{A}\,\overline{B}\,\overline{D}\\&=\overline{A}BC(D+\overline{D})+\overline{A}B\overline{D}(C+\overline{C})+\overline{C}B\overline{D}(A+\overline{A})+\overline{B}CD(A+\overline{A})+\overline{A}\,\overline{B}\,\overline{D}(C+\overline{C})\\&=\overline{A}BCD+\overline{A}BC\overline{D}+\overline{A}BC\overline{D}+\overline{A}B\overline{C}\,\overline{D}+AB\overline{C}\,\overline{D}+\overline{A}B\overline{C}\,\overline{D}\\&\quad+A\overline{B}CD+\overline{A}\,\overline{B}CD+\overline{A}\,\overline{B}C\overline{D}+\overline{A}\,\overline{B}\,\overline{C}\,\overline{D}\\&=m_7+m_6+m_4+m_{12}+m_{11}+m_3+m_2+m_0\\&=\sum m\ (0,2,3,4,6,7,11,12)\end{aligned}$$

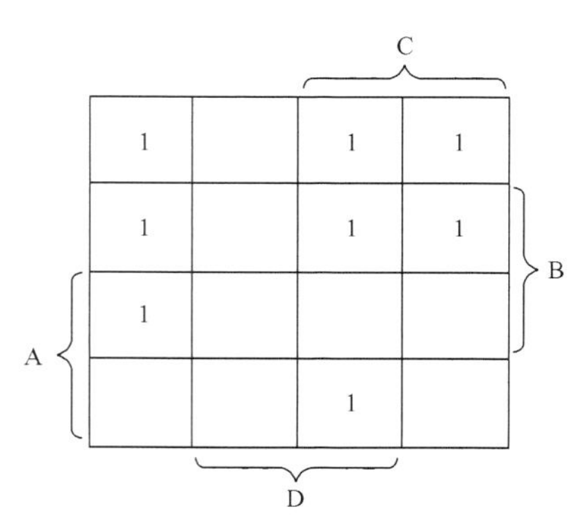

图 4-13 [例 4-9] 的卡诺图

画出四变量卡诺图，分别在编号为 0，2，3，4，6，7，11，12 的方格内填入 1，其他方格空着不填，就可以得到该逻辑函数的卡诺图，如图 4-13 所示。

2. 用与或式直接填卡诺图

首先将逻辑函数表达式化为一般与或式（不必化为最小项表达式形式）。在卡诺图中，将逻辑函数每个与项的各因子共同所属的方格都填入 1，其余不填，就可以得到该逻辑函数的卡诺图。

【例 4-10】 试画出 $F=\overline{A}B+\overline{A+B+C}+\overline{B}C\overline{D}$ 的逻辑函数卡诺图。

解： 首先将 F 化为一般与或式。

$$F=\overline{A}B+\overline{A+B+C}+\overline{B}C\overline{D}=\overline{A}B+\overline{A}\,\overline{B}\,\overline{C}+\overline{B}C\overline{D}$$

在四变量卡诺图中，第一个与项有两个因子 $\overline{A}$ 和 B。先在卡诺图中找到 $\overline{A}$ 所属的八个方格，然后再在这八个方格中找到 B 所属的四个方格，在这四个方格中都填入 1。

依次类推，将另外两个与项中每个因子所属的公共方格都填入 1 ，其余方格不填，就可得到该逻辑函数的卡诺图，如图 4－14 所示。

3. 由真值表填卡诺图

根据前面介绍的由真值表写表达式的方法可知，写出的逻辑函数表达式就是最小项标准表达式，因此，由真值表可以直接填入卡诺图。具体方法是：先找到真值表中函数值为 1 的项，所对应的最小项在卡诺图相应方格中填入 1，其他方格空着不填，就可以得到该逻辑函数的卡诺图。

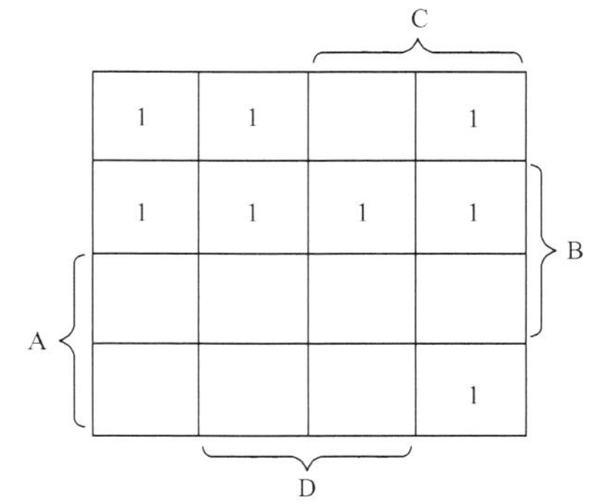

图 4－14　[例 4－10] 的卡诺图

【例 4－11】　试画出表 4－14 所示逻辑函数卡诺图。

表 4－14　　[例 4－11] 的真值表

A　B　C	F	A　B　C	F
0　0　0	1	1　0　0	1
0　0　1	0	1　0　1	0
0　1　0	1	1　1　0	1
0　1　1	0	1　1　1	1

解：从真值表中可知，函数值为 1 的项共有五项，分别是 m_0，m_2，m_4，m_6，m_7，在卡诺图对应方格中依次填 1 可得到该逻辑函数的卡诺图，如图 4－15 所示。

4. 由卡诺图写逻辑函数表达式

由于逻辑函数卡诺图中的 1，就是表示逻辑函数具有的最小项。所以将卡诺图中为 1 的方格所代表的最小项写出来，然后相加即可得逻辑函数表达式。

【例 4－12】　试写出图 4－16 中的逻辑函数表达式。

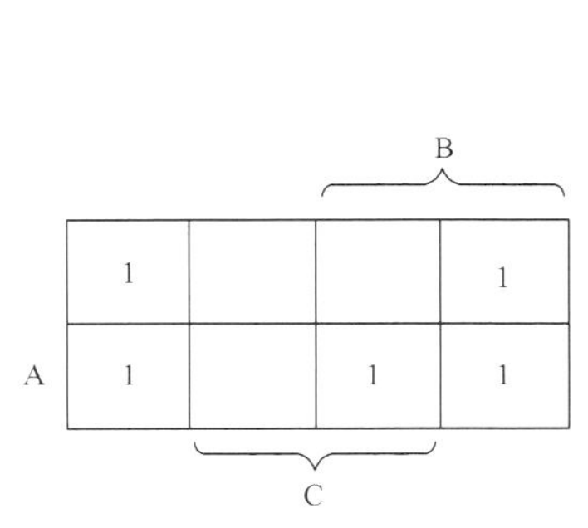

图 4－15　[例 4－11] 的卡诺图

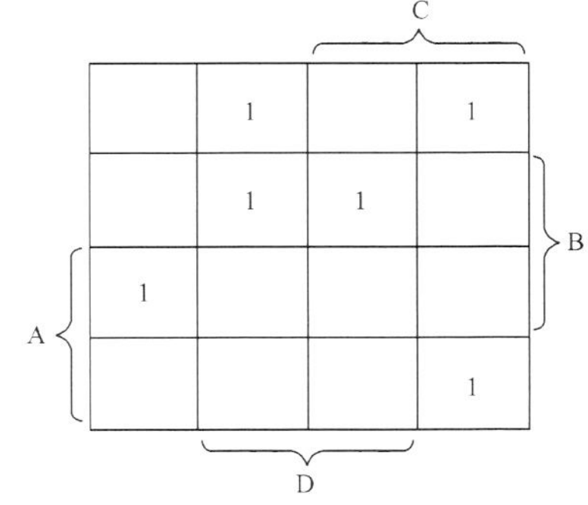

图 4－16　[例 4－12] 的卡诺图

解：卡诺图中共有六个方格为 1，所以函数表达式有六项相加，即

$$F=\overline{A}\,\overline{B}\,\overline{C}D+\overline{A}\,\overline{B}C\overline{D}+\overline{A}B\overline{C}D+\overline{A}BCD+A\overline{B}C\overline{D}+AB\overline{CD}$$

三、用卡诺图化简逻辑函数

1. 卡诺图化简逻辑函数的依据

卡诺图化简逻辑函数的重要依据，就是卡诺图几何相邻的最小项具有逻辑相邻性以及逻辑代数的互补律（$A+\overline{A}=1$）。只要卡诺图中上下相邻或左右相邻，同一行两端或同一列两端的两个方格中都有 1，说明逻辑函数有这两个最小项，就可以把这两项直接合并为一项，

并消去相反因子。

2. 化简步骤

(1) 用卡诺图表示逻辑函数。

(2) 把取值为 1 的相邻方格，以 2^K 为单位画包围圈 (K=0，1，2，3…)。

(3) 把每个包围圈所属的公共因子写成一个与项。

(4) 把每个与项相加就是最简与或表达式。

3. 画包围圈的原则

(1) 包围圈所包含的方格数一定是 2^K 个。

(2) 包围圈的形状是矩形。

(3) 必须把取值为 1 的方格，全部包围，不能遗漏。

(4) 每个取值为 1 的方格可以被重复包围，但每个包围圈中至少有一个方格是独立的。

(5) 包围圈尽可能的大，包围圈的个数尽可能的少。

说明：几何相邻包括上下相邻、左右相邻、同一行两端、同一列两端、四个角相邻。图 4-17 列出了各种相邻最小项画包围圈及合并的情况。

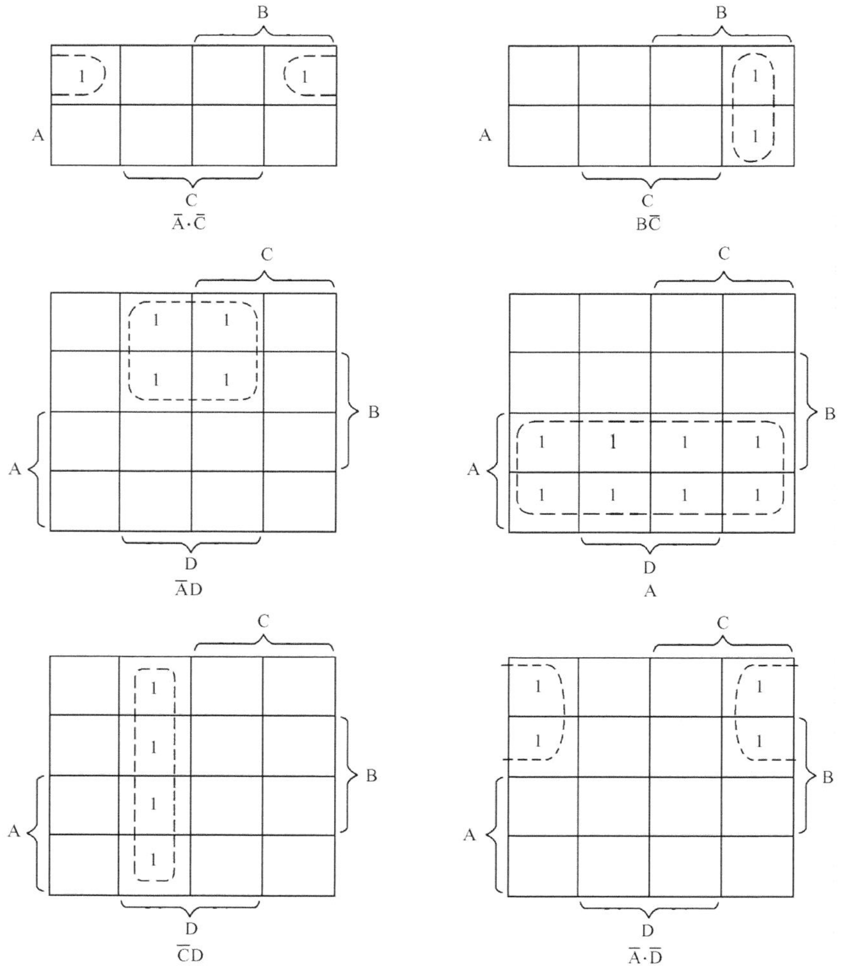

图 4-17 各种相邻最小项画包围圈及合并的情况（一）

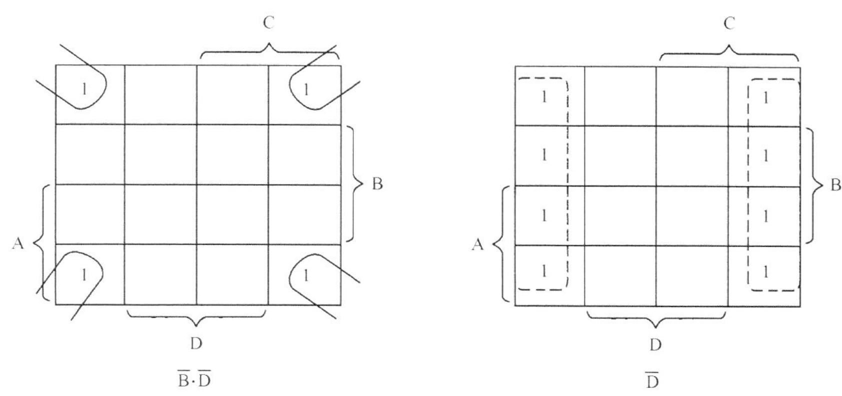

图 4－17　各种相邻最小项画包围圈及合并的情况（二）

4．卡诺图化简举例

【例 4－13】 试化简 $F=ABC+ABD+AC\overline{D}+\overline{C}\,\overline{D}+A\overline{B}C+A\,\overline{C}D+\overline{A}BCD+\overline{A}\,\overline{B}\,\overline{C}D$

解：（1）先用卡诺图表示逻辑函数。

（2）画包围圈，如图 4－18 所示。

（3）写出每个包围圈的最简与项，然后相加得逻辑函数最简与或式为

$$F=BCD+\overline{C}\,\overline{D}+\overline{B}\,\overline{C}+A$$

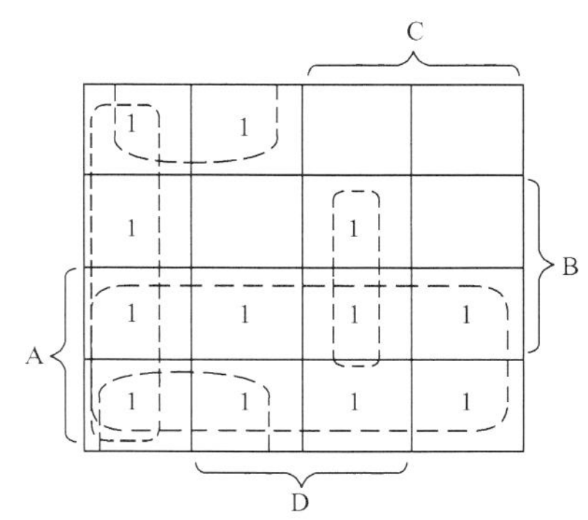

图 4－18　［例 4－13］的卡诺图

【例 4－14】 某逻辑函数的真值表见表 4－15，试用卡诺图化简为最简与或式。

表 4－15　　［例 4－14］的真值表

A	B	C	D	F	A	B	C	D	F
0	0	0	0	1	1	0	0	0	1
0	0	0	1	0	1	0	0	1	0
0	0	1	0	1	1	0	1	0	1
0	0	1	1	0	1	0	1	1	0
0	1	0	0	1	1	1	0	0	1
0	1	0	1	1	1	1	0	1	0
0	1	1	0	0	1	1	1	0	1
0	1	1	1	0	1	1	1	1	0

解：由真值表画卡诺图，如图 4－19 所示。

最简与或式为　　$F=\overline{A}B\overline{C}+A\overline{D}+\overline{B}\,\overline{D}$

【例 4－15】 试将逻辑函数 $F=\sum m(0,1,2,3,5,6,7,8,9,10,11,13,14,15)$ 化简为最简与或式。

解法 1：包围 1 的方法，其卡诺图如图 4－20 所示，化简结果为 $F=\overline{B}+C+D$。

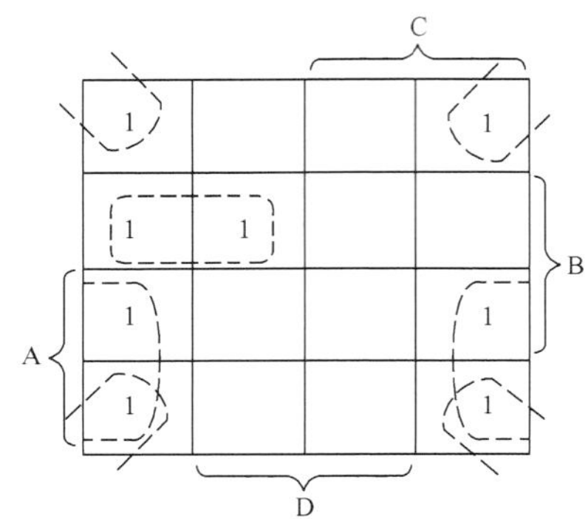

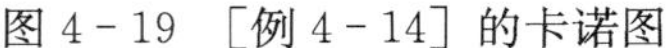

图 4-19 ［例 4-14］的卡诺图

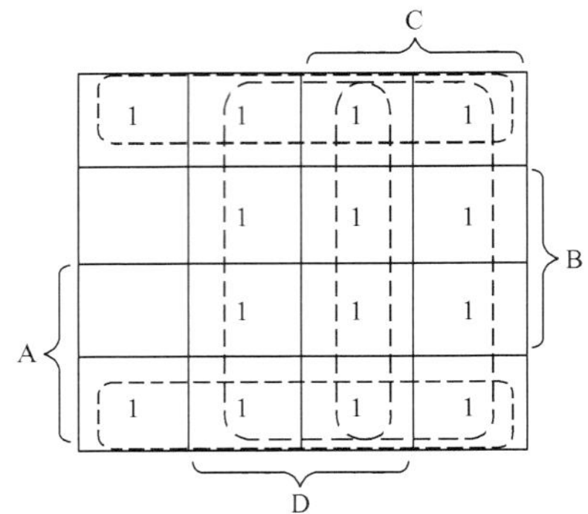

图 4-20 ［例 4-15］包围 1 的卡诺图

解法 2：用包围 0 求反函数的方法，其卡诺图如图 4-21 所示。

反函数为 $\overline{F}=B\overline{C}\cdot\overline{D}=\overline{\overline{B}+C+D}$

原函数为 $F=\overline{\overline{F}}=\overline{B}+C+D$

*【例 4-16】 试化简逻辑函数 $F=(A+\overline{B})\cdot(\overline{B}+\overline{C}+D)\cdot(\overline{A}+\overline{B}+\overline{D})$ 为最简与或式。

解：该逻辑函数为或与式，化为与或式比较麻烦，可以利用反演规则先求出其反函数，画出卡诺图后可利用包围 0 的方法化简，直接求出原函数。

反函数为 $\overline{F}=\overline{A}B+BC\overline{D}+ABD$，其卡诺图如图 4-22 所示。

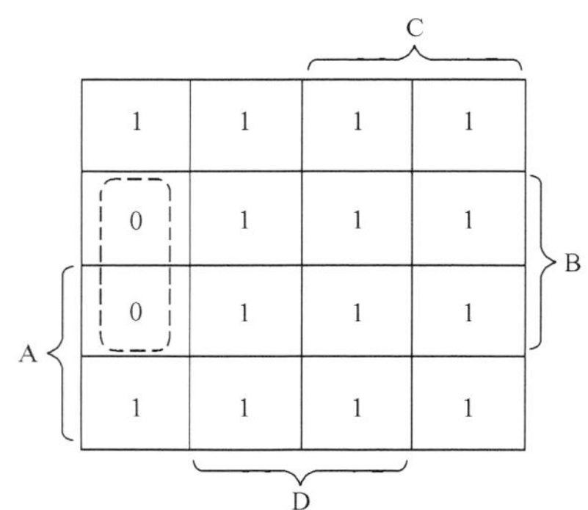

图4-21 ［例 4-15］包围 0 的卡诺图

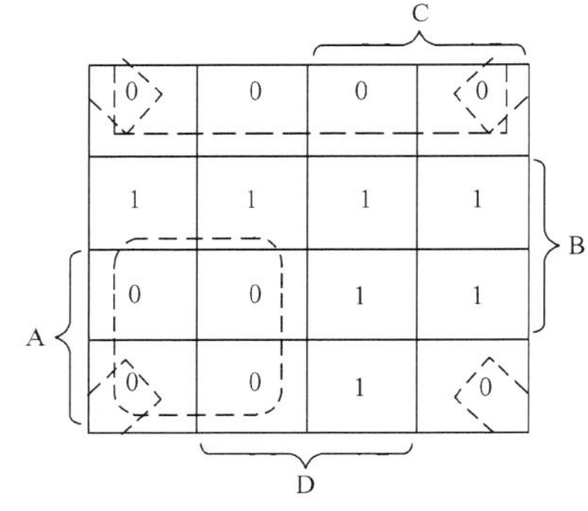

图 4-22 $\overline{F}=\overline{A}B+BC\overline{D}+ABD$ 的卡诺图

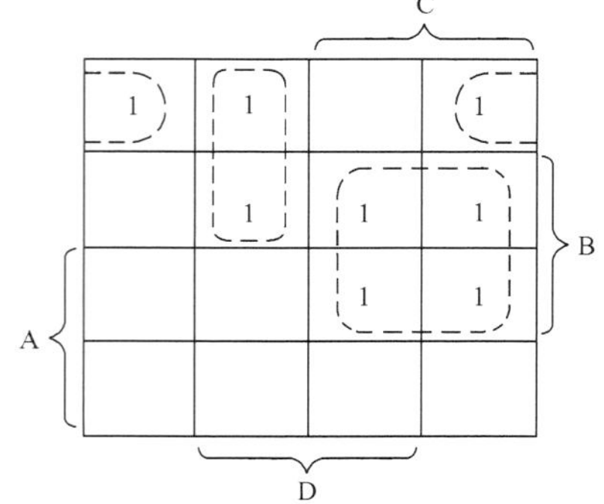

图 4-23 ［例 4-17］的卡诺图

包围 0 化简后直接得原函数为 $F=\overline{A}\,\overline{B}+A\overline{C}+\overline{B}\,\overline{D}$

【例 4-17】 试将逻辑函数 $F=\sum m(0,1,2,5,6,7,14,15)$ 化简为最简与或式。

解：画出逻辑函数卡诺图，如图 4-23 所示。

化简结果为 $F=\overline{A}\,\overline{B}\,\overline{D}+\overline{A}\,\overline{C}D+BC$

说明：有些逻辑函数的最简式是唯一的，但有些逻辑函数的最简式不是唯一的。

【例 4-18】 试将逻辑函数 $F=\sum m(0,1,4,9,11,13,15)$ 化简为最简与或式。

解：画逻辑函数卡诺图如图 4-24 所示。

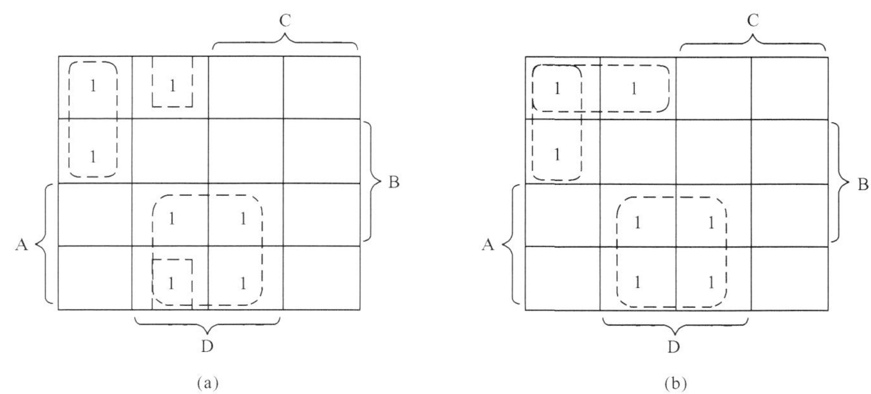

图 4-24 ［例 4-18］的卡诺图

化简结果分别为

$$F_a = AD + \overline{A}\,\overline{C}\,\overline{D} + \overline{B}\,\overline{C}D \qquad F_b = AD + \overline{A}\,\overline{C}\,\overline{D} + \overline{A}\,\overline{B}\,\overline{C}$$

四、具有无关项逻辑函数的化简

1. 无关项概念及其表示方法

在实际的逻辑命题中，某些变量的取值组合根本不会出现，因此，对应这些取值组合，函数值取 0 还是取 1 是无关紧要的。我们把这些组合值所对应的最小项，称为无关项或任意项，一般用 d 表示。例如：8421BCD 码十进制计数器的输出是 0000、0001、0010、0011、0100、0101、0110、0111、1000 和 1001 十个状态循环。不可能出现 1010、1011、1100、1101、1110 和 1111 这六个状态。把计数器输出送入译码器作输入变量时，1010、1011、1100、1101、1110 和 1111 是不可能出现的。所以这六组取值所对应的最小项，就是无关项。分别是：d_{10}、d_{11}、d_{12}、d_{13}、d_{14} 和 d_{15}。

将无关项的集合写为恒等于 0 的与或式，是表示逻辑函数无关项的一种方法。例如 $F=\sum m(1,3,5,6,8)+\sum d(10\sim15)$ 也可以写为

$$F=\sum m(1,3,5,6,8),\ \sum d(10\sim15)=0$$

2. 无关项在卡诺图化简逻辑函数中的应用

在卡诺图中，无关项用×表示。因为这些无关项对应的取值不会出现，逻辑函数中是否含有这些项，都不会影响逻辑函数的正确性。所以，在卡诺图化简逻辑函数时，可以让这些项取 1，也可以让这些项取 0，以使逻辑函数化到最简为原则。

【例 4-19】 试将逻辑函数 $F=\sum m(1,3,5,7,9)+\sum d(10,11,12,13)$ 化简为最简与或式。

解： 画卡诺图如图 4-25 所示。

其中，d_{13} 取 1，d_{10}，d_{11}，d_{12} 都取 0，化简结果为

$$F = \overline{A}D + \overline{C}D$$

【例 4-20】 试将逻辑函数 $F=\sum m(2,6,7,12,15)+\sum d(0,3,4,10,11,13,14)$ 化简为最简与或式。

解： 画出该逻辑函数的卡诺图，如图 4-26 所示。

化简结果为　$F = AB + C$

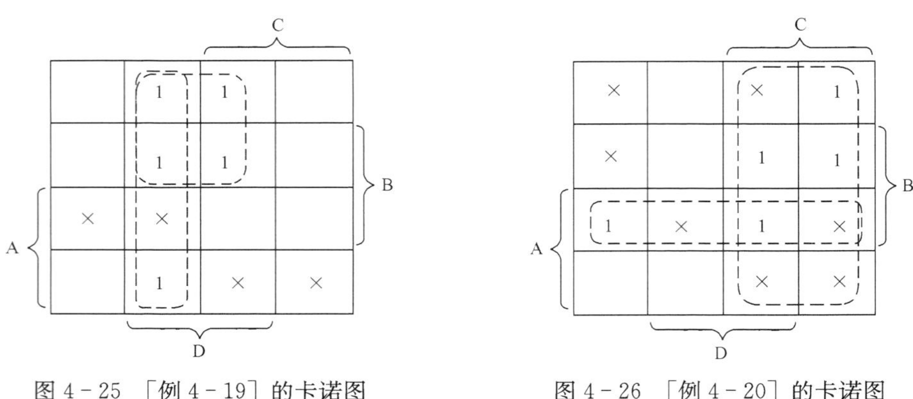

图 4-25 [例 4-19] 的卡诺图　　图 4-26 [例 4-20] 的卡诺图

4.3 必备知识二：基本逻辑门电路及组合逻辑电路

4.3.1 概述

在数字电路中，门电路是最基本的逻辑部件，其应用极为广泛。所谓门电路，就是指能够实现基本逻辑关系的电子电路。因此，门电路的输入信号与输出信号之间有一定的逻辑关系。我们在前面讨论的与、或、非、与非、或非、异或和同或等逻辑函数，都可以用相应的逻辑门电路实现，即用与门实现与逻辑关系，用或门实现或逻辑关系等。其中，逻辑变量对应门电路的输入，逻辑函数对应门电路的输出。

在逻辑运算中，分别用 1 和 0 表示高电平和低电平，若用 1 表示高电平，0 表示低电平，称为正逻辑；反之，用 1 表示低电平，用 0 表示高电平，称为负逻辑。这是在逻辑电路中的人为规定，本书一律采用正逻辑。

高、低电平可以通过开关电路获得，如图 4-27 所示。其中，S 为受输入信号 U_i 控制的电子开关，当开关断开时，输出高电平；当开关导通时，输出低电平。

在数字电路中，高、低电平都有一个允许的范围，只要确保能区分出高电平和低电平两种状态就足够了，如图 4-28 所示。正因为如此，在数字电路中，无论是对元器件参数的精度，还是对供电电源的稳定度的要求都比模拟电路低一些。

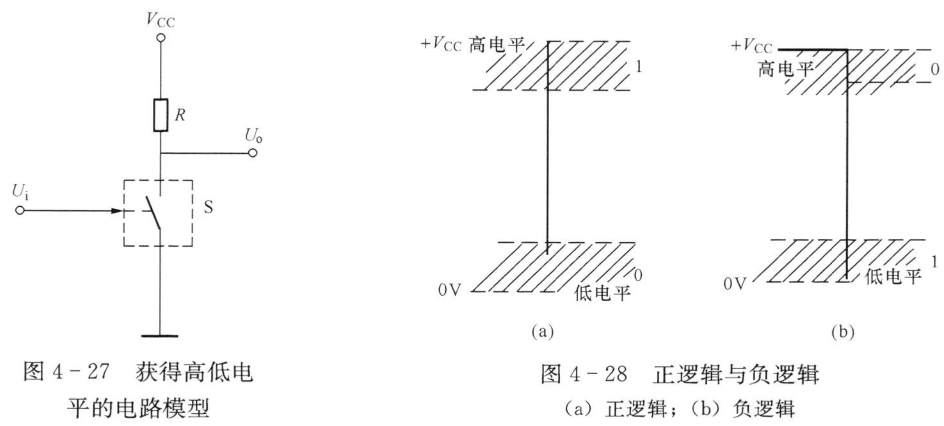

图 4-27 获得高低电平的电路模型

图 4-28 正逻辑与负逻辑
(a) 正逻辑；(b) 负逻辑

4.3.2　晶体二极管、三极管的开关特性

在数字电路中，二极管、三极管大多数工作在开关状态，下面我们就介绍一下它们的开关特性。

1. 晶体二极管的开关特性

由于半导体二极管具有单向导电性，即外加正向电压时导通，外加反向电压时截止，所以它相当于一个受外加电压极性控制的开关。用它取代图 4－27 中的 S，得到图 4－29（a）所示的二极管开关电路。

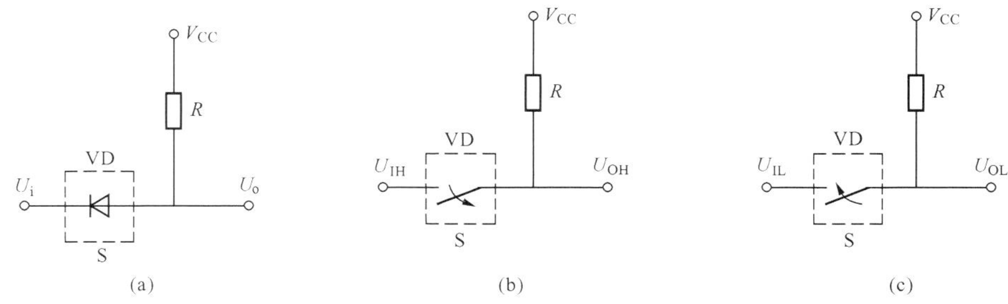

图 4－29　二极管开关电路及其等效电路

若二极管的正向电阻为零，反向电阻为无穷大，则当输入信号 U_i 是高电平 U_{IH}（如 $U_{IH}=V_{CC}$）时，二极管截止，相当于一个开关的断开状态，如图 4－29（b）所示的等效电路，此时，输出信号 U_o 是高电平 U_{OH}（即 $U_{OH}=V_{CC}$）；而当 U_i 是低电平 U_{IL}（如 $U_{IL}=0$）时，二极管导通，相当于一个开关的闭合状态，如图 4－29（c）所示的等效电路，此时，U_o 是低电平 U_{OL}（即 $U_{OL}=0$）。由此可见，可以用 U_i 的高、低电平控制二极管的开关状态，并在输出端得到相应的高、低电平输出信号。

2. 晶体三极管的开关特性

晶体管是数字电路中最基本的开关元件。晶体管有放大、饱和和截止三种工作状态。在数字电路中，晶体管稳定的工作于饱和或截止状态，放大状态只不过是过渡状态。晶体管的饱和和截止状态分别相当于开关的闭合和断开状态。

当晶体管饱和时，$U_{CE}\approx 0$，其间电阻很小，发射极与集电极之间如同一个开关接通；当晶体管截止时，$I_C\approx 0$，其间电阻很大，发射极与集电极之间如同一个开关断开。这就是晶体管的开关特性。

晶体管结电压的典型数据见表 4－16。表 4－16 中，对硅管而言，$U_{BE}<0.5$V 已开始截止。为了保证可靠截止，常使 $U_{BE}=0$ 或加反向偏压。

表 4－16　　晶体管结电压的典型数据

管型	工作状态				
	饱和		放大	截止	
	$U_{BE(sat)}$/V	$U_{CE(sat)}$/V	U_{BE}/V	U_{BE}/V	
				开始截止	可靠截止
硅管（NPN）	0.7	0.3	0.6～0.7	0.5	≤0
锗管（PNP）	−0.3	−0.1	−0.3～−0.2	−0.1	0.1

4.3.3 集成逻辑门电路

1. “与”门电路

图 4-30 所示是“与”门电路的逻辑符号，A、B 是它的两个输入端，F 是其输出端。其逻辑功能是当输入端 A“与”B 全为“1”时，输出端 F 才为“1”；否则输出为“0”。实现了“与”逻辑关系。“与”门的逻辑函数关系式为 F=AB，表 4-17 是“与”门电路的真值表。

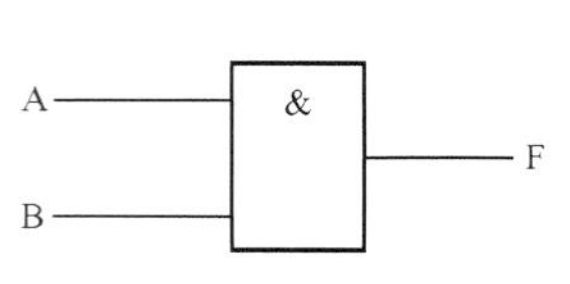

图 4-30 “与”门电路逻辑符号

表 4-17 “与”门电路真值表

A	B	F
0	0	0
0	1	0
1	0	0
1	1	1

2. “或”门电路

图 4-31 所示为“或”门电路逻辑符号。A、B 是它的两个输入端，F 是其输出端。其逻辑功能是当输入端 A、B 不全为“0”时，F 为“1”。当输入端 A、B 全为低电平时，输出端 F 为“0”。实现了“或”逻辑关系。

“或”门的逻辑函数关系式为 F=A+B，表 4-18 是“或”门电路的真值表。

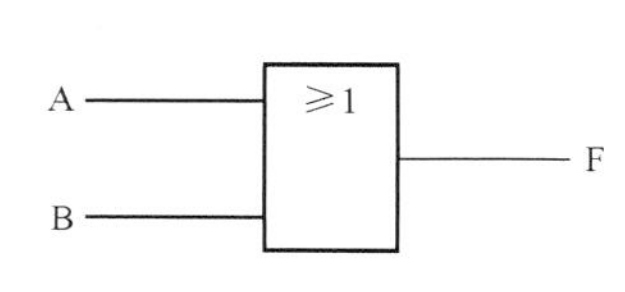

图 4-31 “或”门电路逻辑符号

表 4-18 “或”门电路真值表

A	B	F
0	0	0
0	1	1
1	0	1
1	1	1

3. “非”门电路

图 4-32 所示是“非”门电路逻辑符号。它只有一个输入端 A，输出端为 F。

其逻辑功能当 A 为“1”时，其输出端 F 为“0”；当 A 为“0”时，其输出端 F 为“1”。实现“非”的逻辑关系。

其逻辑函数表达式为 $F=\overline{A}$。

“非”门的真值表如表 4-19 所示。

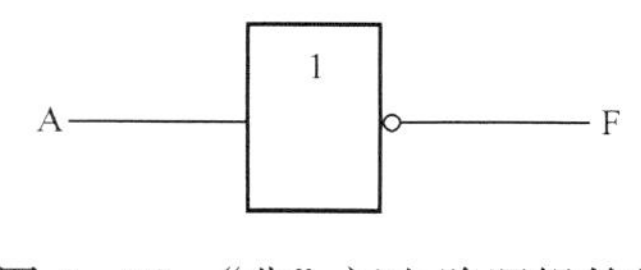

图 4-32 “非”门电路逻辑符号

表 4-19 “非”门真值表

A	Y
0	1
1	0

上述三种门电路是基本逻辑门电路，还可以把它们组合成为复合逻辑门电路，以丰富逻辑功能。常用的有“与非”门电路和“或非”门电路。

“与非”门的逻辑符号如图 4-33 所示。“与非”门的逻辑功能是：当输入端全为“1”时，输出为“0”；当输入端有一个或几个为“0”时，输出为“1”。简言之，即全“1”出“0”，有“0”出“1”。“与非”门的逻辑关系式为 $F=\overline{A \cdot B}$

“与非”门的真值表见表 4-20。

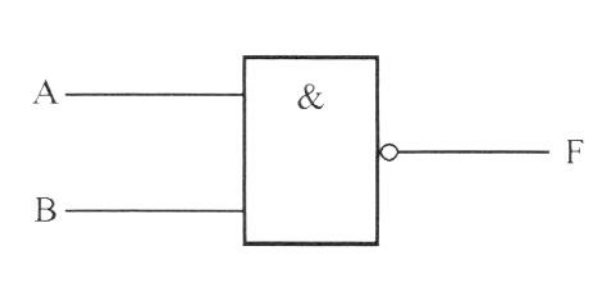

图 4-33 “与非”门逻辑符号

表 4-20　“与非”门电路真值表

A	B	F
0	0	1
0	1	1
1	0	1
1	1	0

“或非”门的逻辑符号如图 4-34 所示。“或非”门的逻辑功能是当输入端全为“0”时，输出为“1”；当输入端有一个或几个为“1”时，输出为“0”。简而言之，即全“0”出“1”，有“1”出“0”。“或非”门的逻辑关系式为

$$F=\overline{A+B}$$

表 4-21 是“或非”门的真值表。

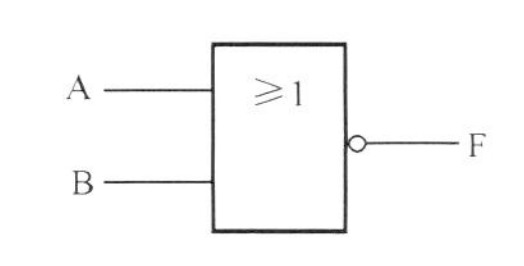

图 4-34 “或非”门逻辑符号

表 4-21　“或非”门电路真值表

A	B	F
0	0	1
0	1	0
1	0	0
1	1	0

4.3.4　TTL 集成与非门

目前，分立元件门电路已经很少使用，而数字集成电路得到广泛应用。所谓集成电路就是指将各种元、器件和连线制作在一个半导体基片上的整体电路。集成电路与分立元件相比，具有高可靠性和微型化等优点。

集成电路按所用半导体器件的不同，可分为单极型和双极型两大类集成电路。单极型集成电路是由金属－氧化物－半导体（MOS）场效应管构成的集成电路。双极型集成电路（简称为 TTL 集成电路）是由一般的双极型晶体管组成的集成电路。TTL 电路在各类数字集成电路中，它的生产历史最久、品种繁多。由于 TTL 集成电路具有结构简单、稳定可靠、工作速度范围宽等优点。所以 TTL 集成电路，在今天仍然是被广泛应用的数字集成电路之一。

本节将以 TTL“与非”门为例介绍，使大家对 TTL 集成电路有一个理性认识，并为以后学习和正确使用集成电路打下必要的基础。

一、电路组成

图 4-35（a）所示为 TTL“与非”门的典型电路，它由三部分组成：VT1 和 R_1 组成的输入级，VT2 和 R_2、R_3 组成的倒相级，VT3、VT4、VT5 和 R_4、R_5 组成的输出级。

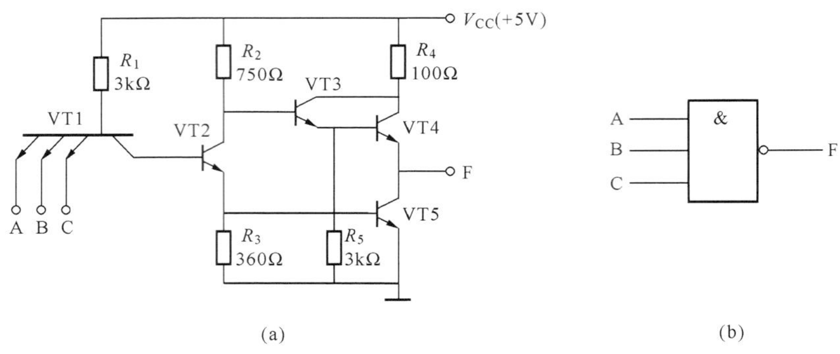

图 4-35 TTL“与非”门电路及其逻辑符号
(a) 典型电路；(b) 逻辑符号

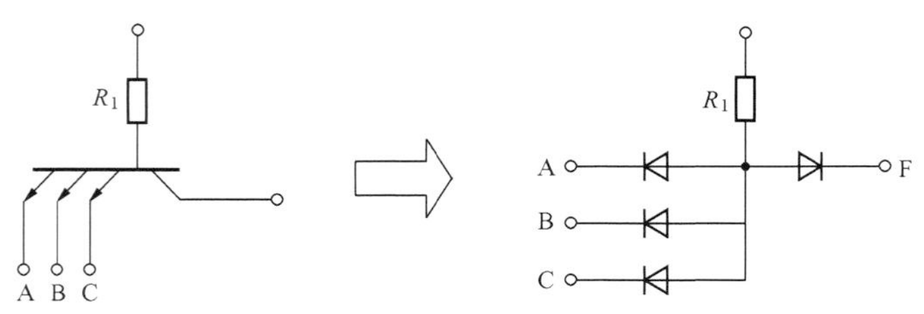

图 4-36 多发射极晶体管及其等效二极管与门电路

VT1 是一个多发射极晶体管，可把它的集电结看成一个二极管，而把发射结看成与前者“背靠背”的几个二极管，如图 4-36 所示。这样，VT1 的作用和二极管“与”门的作用完全相似。

二、工作原理

当输入端有一个或几个为低电平“0”（约为 0.3V）时，则 VT1 的基极与“0”态的发射极间处于正向偏置。这时电源 V_{CC}经 R_1 为 VT1 提供基极电流。VT1 基极电位约为 0.3+0.7=1（V），不足以向 VT2 提供正向基极电流，所以 VT2 截止，以致 VT5 也截止。由于 VT2 截止，其集电极电位接近于 V_{CC}，VT3 和 VT4 因而导通，所以输出端的电位为

$$U_F = V_{CC} - R_2 I_{B3} - U_{BE3} - U_{BE4}$$

因为 I_{B3}很小，可以忽略不计，电源电压 $V_{CC}=5V$，于是

$$U_F \approx 5 - 0.7 - 0.7 = 3.6V$$

即输出为高电平“1”。

由于 VT5 截止，当接负载后，有电流从 V_{CC}经 R_4流向负载，这种电流称为拉电流。

当输入端全为高电平“1”（约为 3.6V）时，则 VT1 的几个发射结都处于反向偏置，电源通过 R_1 和 VT1 的集电结向 VT2 提供足够的基极电流，使 VT2 饱和，VT2 的发射极电流在 R_3 上产生的压降又为 VT5 提供足够的基极电流，使 VT5 也饱和，所以输出端的电位为

$$U_F = 0.3V$$

即输出为低电平“0”。

而 VT2 的集电极电位为

$$U_{C2} = U_{CES2} + U_{BE5} \approx 0.3 + 0.7 = 1V$$

此即 VT3 的基极电位，所以 VT3 可以导通，VT3 的发射极电位 $U_{E3} \approx 1-0.7=0.3V$，此即 VT4 的基极电位，而 VT4 的发射极电位也约为 0.3V，因此 VT4 截止。由于 VT4 截止，当接负载后，VT5 的集电极电流全部由外接负载门灌入，这种电流称为灌电流。

综上所述，当输入有一个或一个以上为 0 时，输出为 1；当输入全为 1 时，输出为 0。该电路实现了与非逻辑功能，其逻辑表达式为

$$F=\overline{A\cdot B\cdot C}$$

“与非”门的真值表如表 4－22 所示。

表 4－22　“与非”门真值表

A　B　C	F	A　B　C	F
0　0　0	1	1　0　0	1
0　0　1	1	1　0　1	1
0　1　0	1	1　1　0	1
0　1　1	1	1　1　1	0

图 4－37 所示为 74LS20 和 74LS00 两种 TTL“与非”门的外引线排列图。一片集成电路内的各个逻辑门互相独立，可以单独使用，但共用一根电源引线和一根接地线。

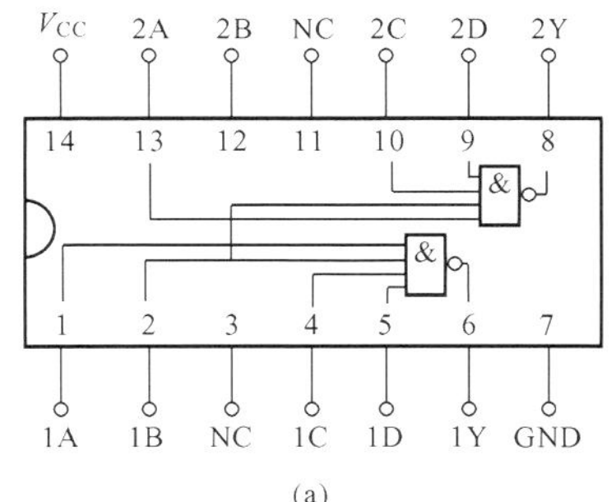

(a)

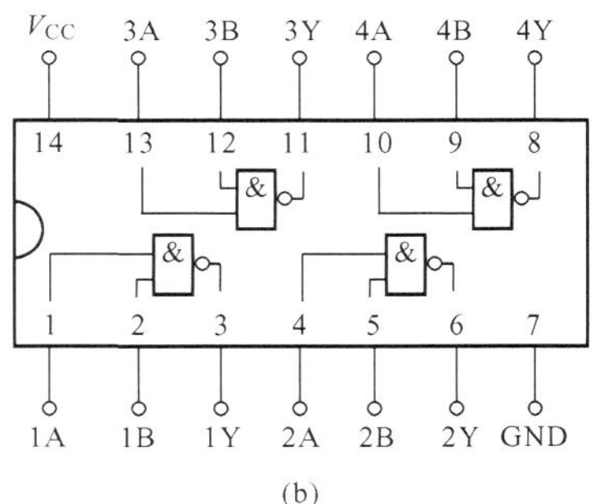

(b)

图 4－37　TTL“与非”门引脚排列图

(a) 74LS20 (4 输入 2 门)；(b) 74LS00 (2 输入 4 门)

三、TTL“与非”门的主要参数

TTL“与非”门有多种系列，参数很多，这里仅列举出几个反映性能的主要参数，并对这些参数有一个数量概念，便于今后应用。

1. 输出高电平 U_{OH}

输出高电平 U_{OH} 是 TTL“与非”门的输入有一个或几个为低电平时的输出电平。产品规范值 $U_{OH}\geqslant 2.4V$，标准高电平 $U_{SH}=2.4V$。

2. 输出低电平 U_{OL}

输出低电平 U_{OL} 是 TTL 与非门的输入全为高电平时的输出电平。产品规范值 $U_{OL}\leqslant 0.4V$，标准低电平 $U_{SL}=0.4V$。

3. 输入开门电平 U_{ON}

输入开门电平 U_{ON} 是在额定负载下使与非门的输出电平达到标准低电平 U_{SL} 的输入电平。它表示使与非门开通的最小输入高电平。一般 TTL 门电路的 $U_{ON}\approx 1.8V$。

4. 输入关门电平 U_{OFF}

输入关门电平 U_{OFF} 是使与非门的输出电平达到标准高电平 U_{SH} 的输入电平。它表示使与非门关断所需的最大输入低电平。一般 TTL 门电路的 $U_{OFF}\approx 0.8V$。

5. 低电平输入电流 I_{IL}

低电平输入电流 I_{IL}是输入为低电平时，从该输入端流出的电流。即当前级输出为低电平时，本级输入电路造成的前级灌电流。

6. 高电平输入电流 I_{IH}

高电平输入电流 I_{IH}是输入为高电平时，从该输入端流入的电流。即当前级输出为高电平时，本级输入电路造成的前级拉电流。

7. 低电平输出电流 I_{OL}

低电平输出电流 I_{OL}是指输出为低电平时，外接负载的最大输出电流，超过此值会使输出低电平上升。I_{OL}表示电路的灌电流负载能力。

8. 高电平输出电流 I_{OH}

高电平输出电流 I_{OH}是指输出为高电平时，提供给外接负载的最大输出电流，超过此值会使输出高电平下降。I_{OH}表示电路的拉电流负载能力。

9. 扇出系数 NO

扇出系数 NO 是指一个门电路能带同类门的最大数目，它表示门电路的带负载能力。一般 TTL 门电路有 NO≥8，功率驱动门的 NO 可达 25。

10. 平均传输延迟时间 t_{pd}

平均传输延迟时间 t_{pd}是指信号通过与非门时所需的平均延迟时间。在工作频率较高的数字电路中，信号经过多级传输后造成的时间延迟，会影响电路的逻辑功能。

11. 电压传输特性

电压传输特性描述的是与非门的输出电压 u_o 随输入电压 u_i 的变化情况，即 $u_o=f(u_i)$。通过它可得到门电路的一些重要参数，如输出高电平 U_{OH}、输出低电平 U_{OL}、关门电平 U_{OFF}、开门电平 U_{ON}等值。

四、三态输出 TTL“与非”门及集电极开路“与非”门

1. 三态输出 TTL“与非”门

三态输出 TTL“与非”门又称三态门（Three State Logic，TSL），它与上述的 TTL“与非”门电路不同，其输出端除出现高电平和低电平外，还可以出现第三种状态——高阻态。

图 4－38 所示为 TTL 三态门的典型电路。它与 TTL“与非”门主要差别是输入级多了一个控制端 EN 和一个二极管 VD。

在图 4－38 中，当 EN＝1 时，二极管 VD 截止，电路实现“与非”的逻辑关系，三态门的输出状态完全取决于输入端 A、B 的状态，此时电路处于工作状态；当 EN＝0 时，VT2 和 VT5 截止，同时二极管 VD 导通，将 VT2 的集电极电位钳位在 1V，而使 VT4 也截止。由于这时与输出端相连的两个晶体管 VT4 和 VT5 都截止（不管输入端 A、B 的状态如何），故输出端开路而处于高阻状态，有时也称为禁止状态。

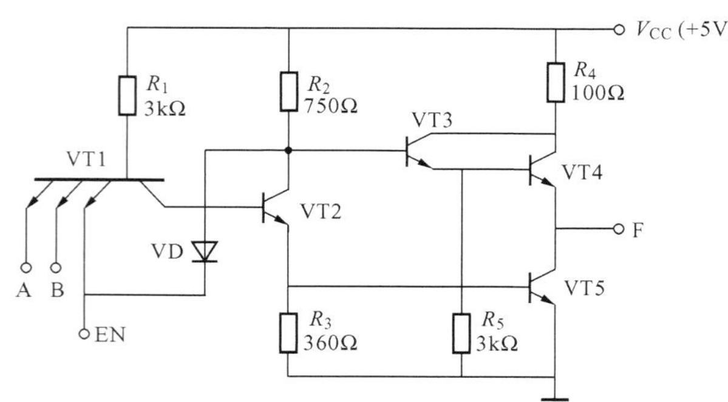

图 4－38 TTL 三态门的典型电路

三态输出 TTL“与非”门的逻辑状态表见表 4-23。

表 4-23　三态输出 TTL“与非”门的逻辑状态表

控制端 EN	输入端		输出端 F
	A	B	
1	0 0 1 1	0 1 0 1	1 1 1 0
0	×	×	高阻

注　×表示任意态。

由于电路结构不同，有的三态门是在控制端为高电平时出现高阻状态，而在低电平时电路处于工作状态。图 4-39 所示为三态门的逻辑符号。在图 4-39（a）中，控制端 EN=1 时，电路为与非门工作状态，故称控制端为高电平有效；在图 4-39（b）中，控制端$\overline{EN}$=0 时，电路为与非门工作状态，故称控制端为低电平有效。

三态门最重要的一个用途是可以构成总线结构，即用一根导线轮流传送几个不同的数据或控制信号，这根竖导线称为母线或总线，如图 4-40 所示。只要让各门的控制端轮流处于高电平，即任何时间只能有一个三态门处于工作状态，而其余三态门均处于高阻状态，这样，总线就会轮流接受各三态门的输出。

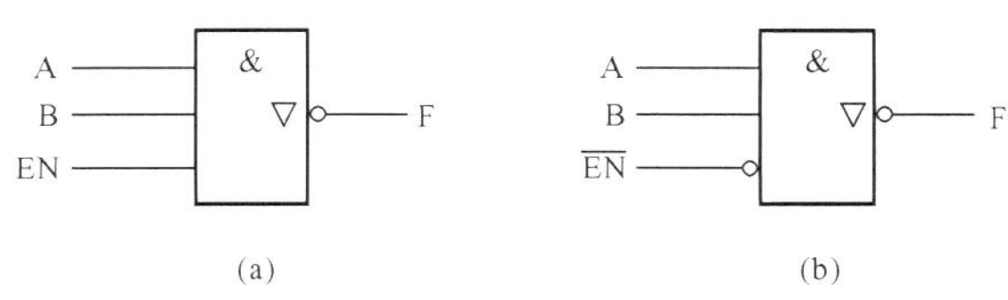

图 4-39　TTL 三态输出“与非”门电路的逻辑符号

（a）高电平有效；（b）低电平有效

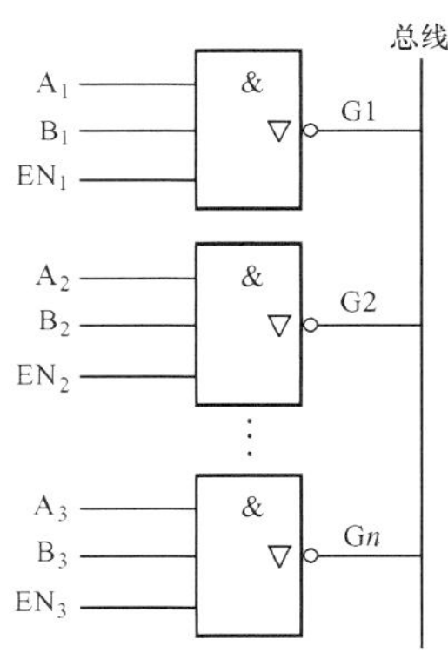

图 4-40　三态门构成的总线结构

2. 集电极开路“与非”门

集电极开路“与非”门（OC 门）电路及其逻辑符号如图 4-41 所示，它与图 4-35 中的普通 TTL“与非”门相比，少了 VT3 和 VT4 两个晶体管，并将输出管 VT5 的集电极开路。工作时，VT5 的集电极（即输出端）外接电源 V_{CC}和电阻 R_L，作为 OC 门的有源负载。

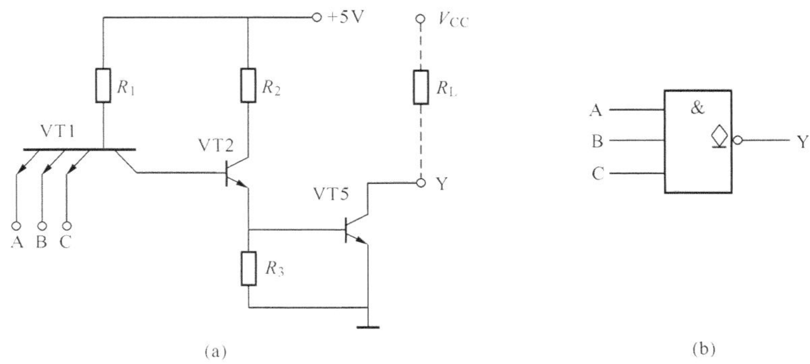

图 4-41　集电极开路“与非”门电路及其逻辑符号

（a）典型电路；（b）逻辑符号

OC门的逻辑功能与普通“与非”门完全相同。

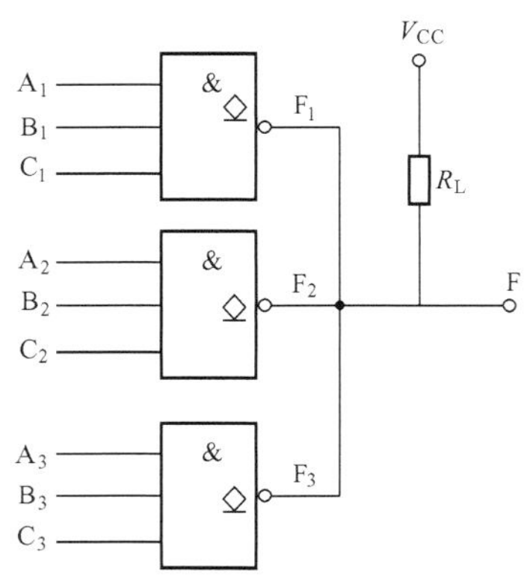

图4-42 OC门“线与”电路图

在OC门的输出端可以直接接负载，如继电器、发光二极管等。而普通的TTL“与非”门不允许直接驱动电压高于5V的负载，否则“与非”门将被损坏。此外，还可将几个OC门的输出端直接相连，而后接电源 V_{CC} 和负载电阻 R_L，如图4-42所示。当OC1门输出 F_1 为低电平，其余OC门输出为高电平时，负载电流全部流入OC1门的输出管，F=0；当每个OC门输出都为高电平时，即每个OC门的输出管都截止，F=1。这样，就实现了“线与”的功能，即将多个输出信号（“1”或“0”）按照“与”逻辑输出。

普通的“与非”门的输出端不允许直接相连。否则，可能会将相连的门损坏。

实训4.1 TTL集成与非门的测试

图4-37（a）是74LS20引脚排列图，取一片74LS20芯片插入实验箱IC插座中，按照图接好电源和接地端。

1. TTL集成与非门74LS20逻辑功能的测试

选择74LS20中的一个与非门，将与非门中的四个输入端（管脚1、2、4、5或管脚9、10、12、13）接逻辑开关输出插口，提供“0”和“1”电平信号；与非门的输出端（管脚6或管脚8）接逻辑电平显示器的显示插口。

74LS20有4个输入端，有16个最小项，但在实际测试时，只要通过对输入1111、0111、1011、1101、1110五项进行检测就可判断其逻辑功能是否正常，即按表4-24逐个测试集成块中与非门的逻辑功能。

2. 74LS20主要参数的测试

（1）电压传输特性测试。按照图4-43接线，采用逐点测试法，调节电位器 R_P，使 u_i 从0V向高电平变化，逐点测量 u_i 和 u_o 的对应值，记入表4-25中，并绘成电压传输特性曲线。

表4-24 74LS20逻辑功能的测试记录表

输入				输出
A	B	C	D	Y
1	1	1	1	
0	1	1	1	
1	0	1	1	
1	1	0	1	
1	1	1	0	

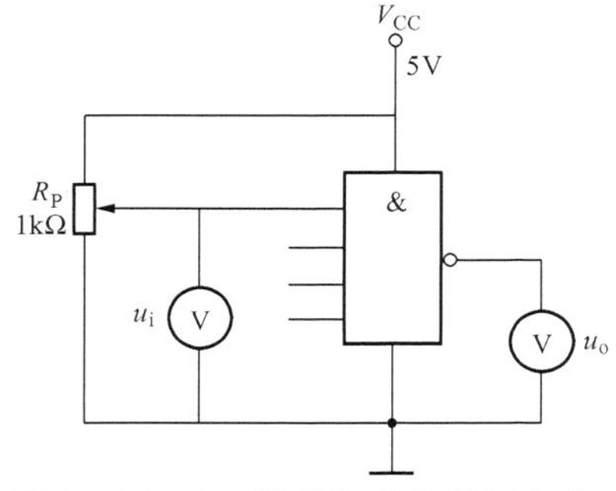

图4-43 电压传输特性的测试电路

表4-25 电压传输特性测试记录表

u_i（V）	0	0.5	1.0	1.1	1.2	1.3	1.4	1.5	1.6	2.0	4.0	5.0
u_o（V）												

(2) 74LS20 主要参数的测试。分别按图 4-44～图 4-47 接线并进行测试，将测试结果记入表 4-26 中。

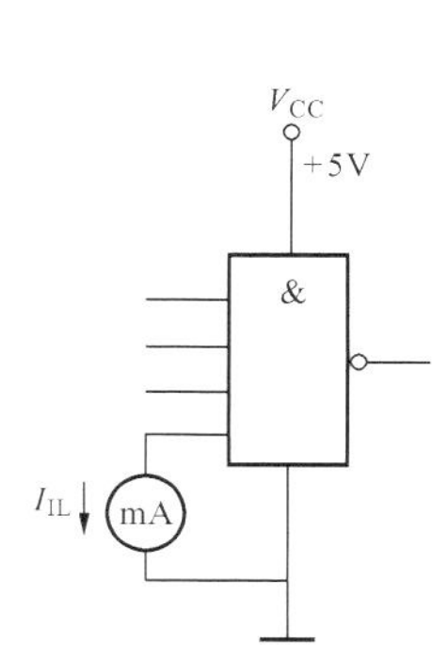

图 4-44　I_{IL}的测试电路

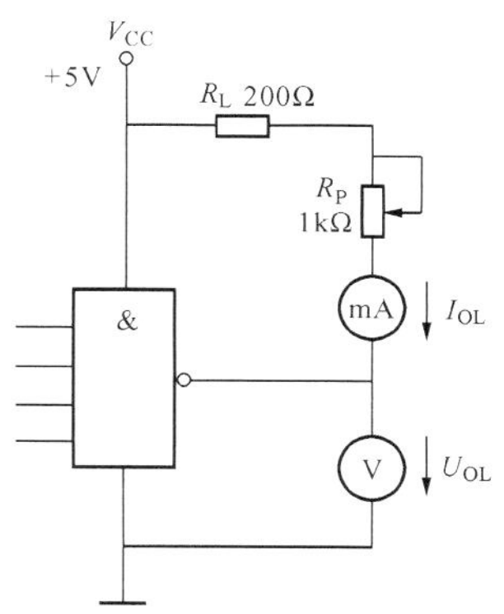

图 4-45　扇出系数 N_O 测试电路

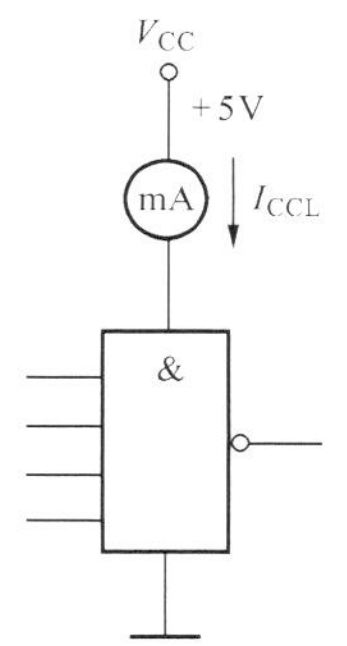

图 4-46　I_{CCL}测试电路

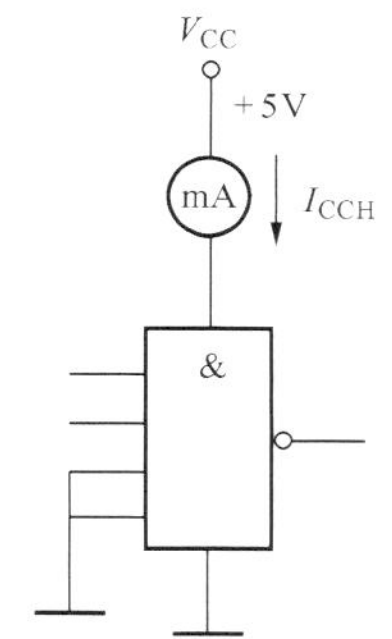

图 4-47　I_{CCH}测试电路

表 4-26　74LS420 主要参数的测试

I_{IL}（mA）	I_{OL}（mA）	$N_O=I_{OL}/I_{IL}$	I_{CCL}（mA）	I_{CCH}（mA）

4.3.5　CMOS 集成门电路

一、绝缘栅场效应管

由于三极管工作时，总是从信号源吸取电流，它是一种电流控制器件，输入电阻较低。而场效应管是通过改变输入电压（或电场）来控制输出电流的，属于电压控制器件，它几乎不从信号源吸取电流，输入电阻很高，可达 10^{10}Ω 以上。另外，它还具有稳定性好、噪声低、制造工艺简单、便于集成等优点，所以场效应管及其电路得到了广泛应用。

场效应管按其结构的不同分为结型和绝缘栅型两种，本书仅介绍绝缘栅型场效应管。绝缘栅场效应管是由金属、氧化物和半导体制成，故又称为金属—氧化物—半导体场效应管

(MOSFET)，简称 MOS 管，它分为 N 沟道和 P 沟道两类，其中每类又分为增强型和耗尽型两种。在数字电路中，由于输出与输入高低电平的一致性问题，只用增强型 MOS 场效应管。下面以 N 沟道增强型 MOSFET 为例，简单介绍其结构和工作原理。

1. 结构和符号

图 4-48 (a) 所示为 N 沟道增强型 MOSFET（简称增强型 NMOS）的结构示意图，它以一块掺杂浓度较低的 P 型硅片作为衬底，利用扩散工艺的方法在 P 型硅中形成两个高掺杂的 N^+ 区，并用金属铝引出两个电极，作为源极 s 和漏极 d；然后在硅片表面覆盖一层很薄的二氧化硅（SiO_2）绝缘层，在漏源极之间的绝缘层上再制造一层金属铝作为栅极 g，另外在衬底引出衬底引线 B（它通常在管内与源极 s 相连接）。显见，MOSFET 的栅极与源极、漏极均无电接触，故称绝缘栅极。

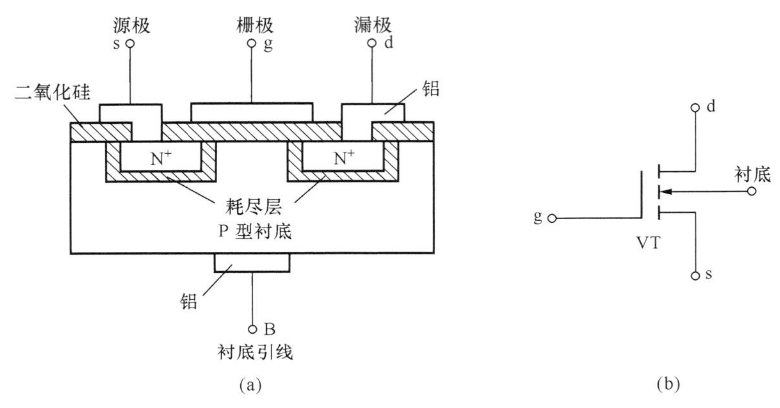

图 4-48 N 沟道增强型 MOSFET

(a) 结构示意图；(b) 逻辑符号

图 4-48 (b) 是 N 沟道增强型 MOSFET 的逻辑符号，漏极与源极间的虚线，表示管子的原始沟道（即 $u_{GS}=0$ 时）是不存在的，为增强型管；垂直于沟道的箭头表示导电沟道的类型，箭头由 P 区指向 N 区，所以 N 沟道的箭头向里，P 沟道的箭头向外。

2. 工作原理与特性曲线

N 沟道增强型 MOSFET 导电沟道的形成如图 4-49 所示。

工作时，N 沟道增强型 MOSFET 栅源电压 u_{GS} 和漏源电压 u_{DS} 均为正向电压，当 $u_{GS}=0$ 时，漏源间无原始导电沟道，是两个背靠背的 PN 结，即使加上 u_{DS}，也无漏极电流（$i_D=0$）。

当 $u_{GS}>0$ 且 u_{GS} 较小时，则在 u_{GS} 的作用下，在栅极下面的二氧化硅中产生了一个由栅极指向 P 型衬底的电场（由于绝缘层很薄，加上几伏的栅源电压 u_{GS}，便可产生高达 $10^5\sim10^6$ V/cm 数量级的强电场），这个电场排斥栅极附近的 P 型衬底中的空穴（多子），留下不能移动的负离子，形成耗尽层，同时 P 型衬底中的电子（少子）也被吸引到衬底表面，但由于 u_{GS} 较小，吸引电子的电场不强，故在漏、源极间尚无导电沟道出现，即使 $u_{DS}>0$，仍 $i_D\approx0$，如图 4-49 (b) 所示。

若 u_{GS} 继续增大，当增大到 $U_{GS(th)}$ 值时，则吸引到衬底表面的电子增多，在栅极附近的 P 型衬底表面形成一个 N 型薄层，由于它的导电类型与 P 型衬底相反，故称为“反型层”，

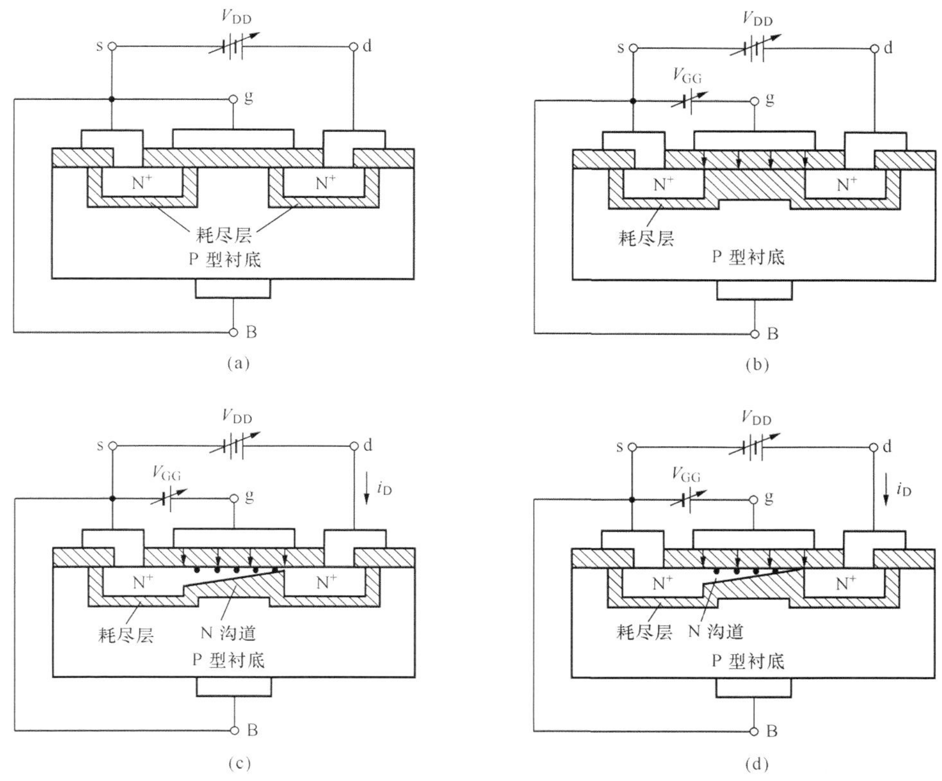

图 4-49　N 沟道增强型 MOSFET 导电沟道的形成

(a) $u_{GS}=0$ 时没有导电沟道；(b) u_{GS}较小时没有导电沟道；

(c) $u_{GS}>U_{GS(th)}$时产生导电沟道；(d) u_{DS}较大时出现夹断，i_D趋于饱和

它将两个 N^+ 区连通，于是在漏、源极间形成了 N 型导电沟道，这时若有 $u_{DS}>0$，就会有漏极电流产生，如图 4-49（c）所示。$U_{GS(th)}$是开始形成导电沟道的 u_{GS}，称为开启电压。显然，u_{GS}增加愈多，吸引到 P 型硅表面的电子就愈多，反型层就愈厚，即导电沟道愈宽，沟道电阻愈小，在同样的 u_{DS}下，i_D就愈大，这就是 MOSFET 中 u_{GS}控制 i_D的原理，它是利用外加电压 u_{GS}控制半导体表面一二氧化硅中的电场效应，改变反型层厚薄来控制 i_D大小的。这种 $u_{GS}=0$ 时没有导电沟道，$u_{GS}\geqslant U_{GS(th)}$后才有导电沟道，且 u_{GS}越大 i_D越大的现象，正是“增强型”的含义。

导电沟道形成后，在 u_{DS}作用下（$u_{DS}>0$），漏极电流 i_D沿沟道从漏极流向源极产生电压降，使栅极与沟道内各点的电压不再相等。栅、漏极之间的电压 $u_{GD}=u_{GS}-u_{DS}$将小于栅源电压 u_{GS}，漏极附近的电场减弱，反型层变薄，使沟道变为楔形，如图 4-49（c）所示。不过，当 u_{DS}较小时，这种情况尚不严重，这时只要 u_{GS}一定，沟道电阻也基本一定，所以 i_D随 u_{DS}成正比变化，输出特性呈线性上升，如图 4-50（a）中Ⅰ区。当 u_{DS}增加到使 $u_{GD}=U_{GS(th)}$时，在漏极附近的反型层首先消失，即沟道在漏极附近被夹断，随着 u_{DS}的增加，使 $u_{GD}<U_{GS(th)}$，夹断区朝源极方向延伸，如图 4-49（d）所示，导电沟道被夹断后，i_D不再随 u_{DS}变化，趋于饱和，其输出特性如图 4-50（a）中的Ⅱ区。

在 u_{DS}为常数的情况下，漏极电流 i_D与栅、源电压 u_{GS}之间的关系曲线称为场效应管的转移特性曲线。增强型 NMOS 管的转移特性曲线如图 4-50（b）所示。

在 u_{GS}为常数的条件下，i_D与漏、源电压 u_{DS}的关系曲线称为场效应管输出特性曲线。增强型 NMOS 管的输出特性曲线如图 4-50（a）所示，分为四个区域：Ⅰ区为可变电阻区，Ⅱ区为恒流区（放大区），Ⅲ区为击穿区，$u_{GS}<U_{GS(th)}$时为截止区。

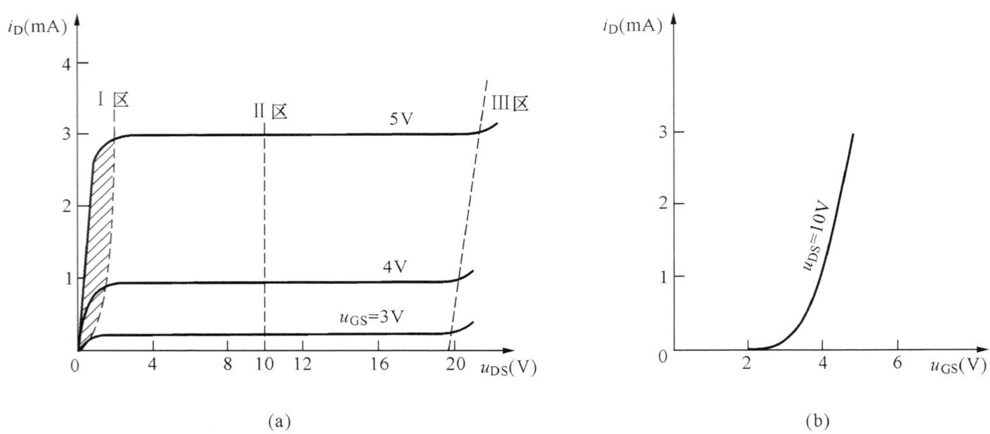

图 4-50 N 沟道增强型 MOSFET 特性曲线

（a）输出特性；（b）转移特性

3. 主要参数

（1）开启电压 $U_{GS(th)}$和夹断电压 $U_{GS(off)}$。开启电压 $U_{GS(th)}$是增强型 MOSFET 的参数，指 u_{DS}为一固定值（按手册规定，如 10V），使 i_D 等于某一微小电流（如 10μA）时所需要的最小 u_{GS}值。

夹断电压 $U_{GS(off)}$是耗尽型管子的参数，指 u_{DS}为一固定值（按手册规定，如 10V），使 i_D 减小到某一微小电流（如 10μA）时的 u_{GS}值。

（2）饱和漏极电流 I_{DSS}。是指耗尽型管子的参数，指在 $u_{GS}=0$ 时，使管子出现预夹断时的漏极电流。

（3）直流输入电阻 R_{GS}。它是漏、源极间短路的条件下，栅、源极之间所加直流电压与栅极直流电流之比值。一般 MOSFET 的 $R_{GS}>10^9\Omega$。

（4）跨导（互导）g_m。在 u_{DS}为某定值时，漏极电流 i_D的微变量和引起它变化的 u_{GS}微变量之比值，即

$$g_m=\frac{di_D}{du_{GS}}\bigg|_{u_{DS}=\text{常数}}$$

g_m反映了栅源电压 u_{GS}对漏极电流 i_D的控制能力，是表征场效应管放大能力的一个重要参数，单位为西门子（S），一般场效应管的 g_m为几毫西门子（mS）。

（5）漏源击穿电压 $U_{(BR)DS}$。它是漏、源极间所能承受的最大电压，即 u_{DS}增大到使 i_D开始急剧上升（管子击穿）时的 u_{DS}值。

表 4-27　　各种场效应管的电路符号和特性曲线

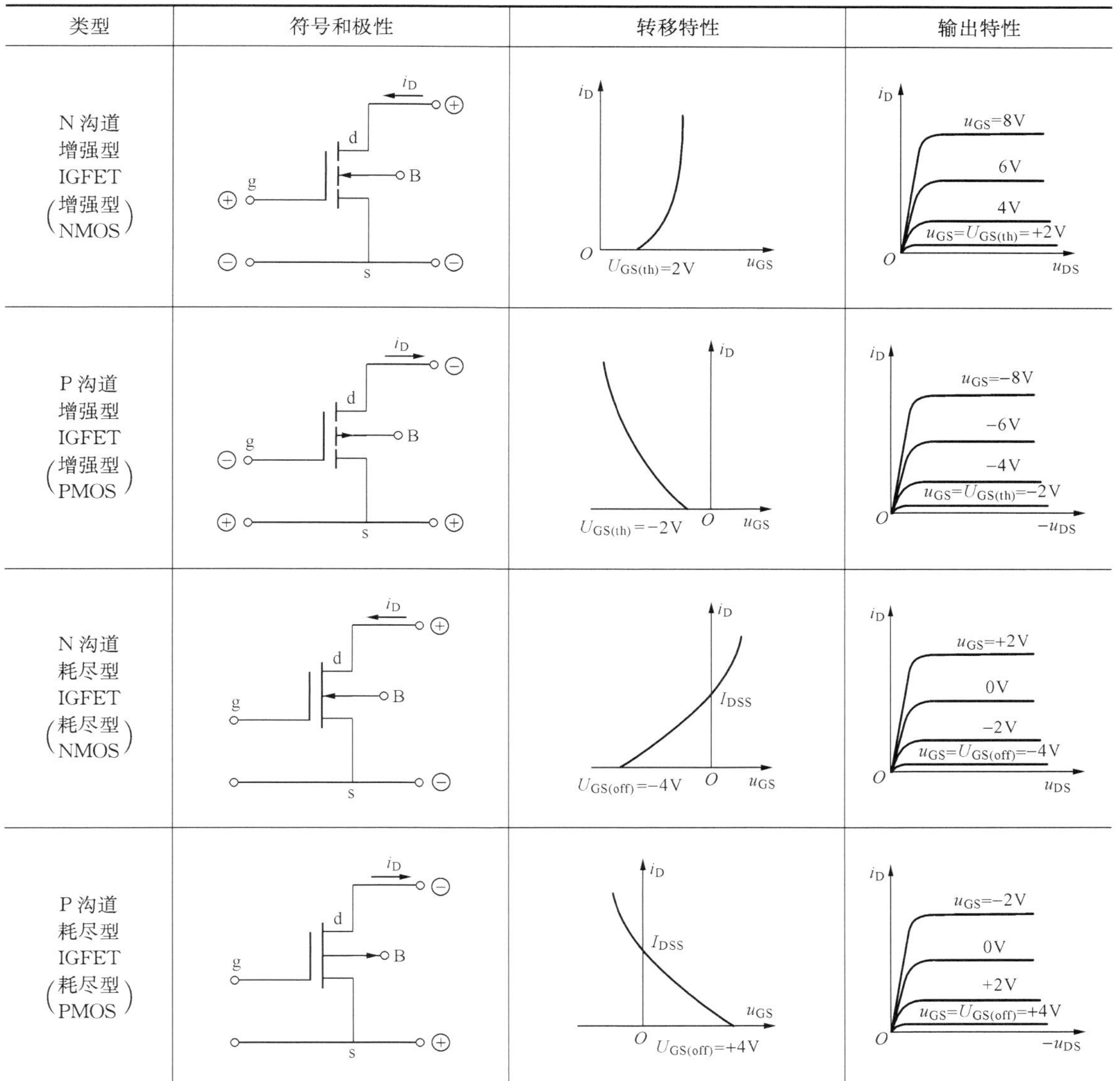

类型	符号和极性	转移特性	输出特性
N 沟道增强型 IGFET（增强型 NMOS）			
P 沟道增强型 IGFET（增强型 PMOS）			
N 沟道耗尽型 IGFET（耗尽型 NMOS）			
P 沟道耗尽型 IGFET（耗尽型 PMOS）			

二、CMOS 集成门电路

MOS 型集成门电路是由绝缘栅场效应管组成的。绝缘栅场效应管也就是金属-氧化物-半导体（MOS）场效应管。MOS 场效应管集成电路虽然出现较晚，但由于具有制造工艺简单、集成度高、功耗低、抗干扰能力强等优点，尤其在大规模集成电路中更显它的优越性。所以发展很快，其应用领域十分广阔。

CMOS 集成门电路是在 MOS 型集成电路的基础发展起来的一种互补对称场效应管集成电路，目前用得最多。

1. CMOS“非”门电路

（1）电路组成：图 4-51 所示为 COMS“非”门电路（常称为 CMOS 反相器）。驱动管 VT_N 为 N 沟道增强型 MOS 管，负载管 VT_P 为 P 沟道增强型 MOS 管，VT_P 是 VT_N 的有源负载，两者连成互补对称的结构；VT_N 和 VT_P 管的栅极连在一起作为“非”的输入端 A，两管的漏极连在一起作为输出端 F。电源电压 V_{DD} 接 VT_P 管的源极，VT_N 管的源极接地。

（2）工作原理：当输入端 A 为“1”（约为 V_{DD}）时，驱动管 VT_N 的栅-源电压大于开启电压，处于导通状态；而负载管 VT_P 的栅-源电压小于开启电压的绝对值，处于截止状态。这时，输出端 F 为“0”（约为零伏）。

当输入端 A 为“0”（约为零伏）时，VT_N 截止，而 VT_P 导通。这时，输出端 F 为“1”（约为 V_{DD}）。

可见，该电路具有“非”门的逻辑功能，即 $F=\overline{A}$。

从上面分析可知，无论 A 是“0”还是“1”，VT_N 和 VT_P 总是工作在一个导通、另一个截止的状态，即所谓互补状态，所以把这种结构形式称为互补对称式 MOS 电路，简称为 CMOS 电路。

2. CMOS“与非”门电路

（1）电路组成。图 4－52 所示为“与非”门电路。驱动管 VT_{N1} 和 VT_{N2} 为 N 沟道增强型管，两者串联；负载管 VT_{P1} 和 VT_{P2} 为 P 沟道增强型管，两者并联。驱动管整体和负载管串联。

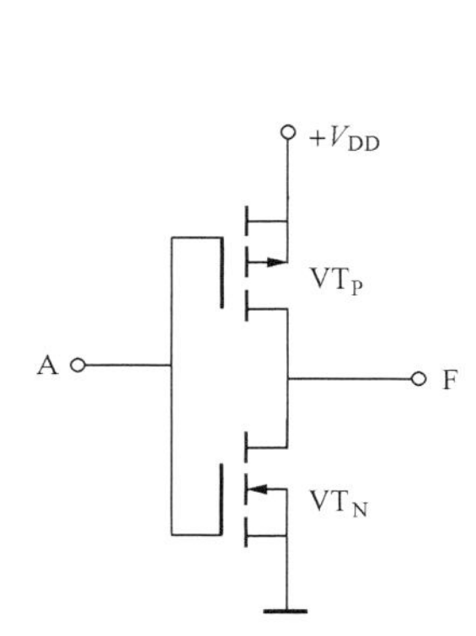

图 4－51 CMOS“非”门

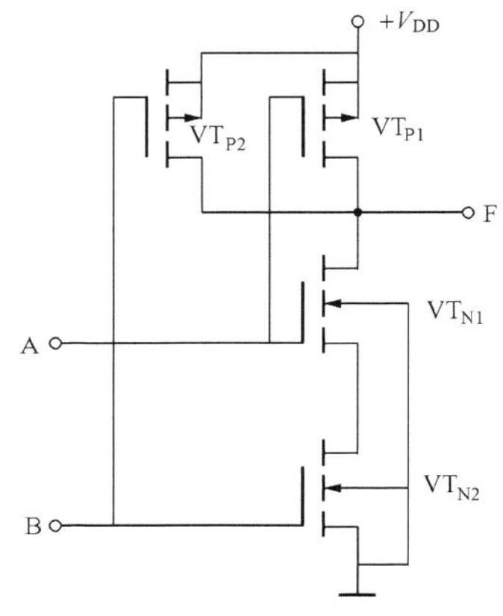

图 4－52 CMOS“与非”门电路

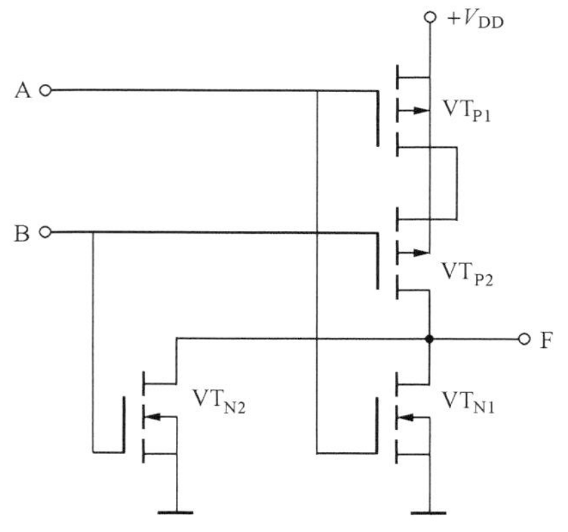

图 4－53 CMOS“或非”门电路

（2）工作原理。当 A、B 两个输入端全为“1”时，驱动管 VT_{N1} 和 VT_{N2} 都导通，负载管 VT_{P1} 和 VT_{P2} 都处于截止状态，输出端 F 为“0”。

当输入端有一个为“0”或全为“0”时，串联的驱动管截止，而相应的负载管导通，输出端 F 为“1”。

可见，该电路具有“与非”功能，即 $F=\overline{A \cdot B}$。

3. CMOS“或非”门电路

（1）电路组成。图 4－53 所示为“或非”门电路。驱动管 VT_{N1} 和 VT_{N2} 为 N 沟道增强型管，两者并联；负载管 VT_{P1} 和 VT_{P2} 为 P 沟道增强型管，两者串联。

驱动管整体和负载管串联。

（2）工作原理。当 A、B 两个输入端全为“1”或其中一个为“1”时，并联的两个驱动管 VT_{N1}、VT_{N2} 中至少有一个导通，这使得电阻很低，而串联的负载管截止，故输出端 F 为“0”；只有当输入端全为“0”时，驱动管 VT_{N1}、VT_{N2} 都截止，负载管 VT_{P1} 和 VT_{P2} 都导通，输出端 F 才为“1”。可见，该电路具有“或非”功能，即 $F=\overline{A+B}$。

由上述可知：“与非”门的输入端愈多，串联的驱动管也愈多，导通时的总电阻就愈大，输出低电平值将会因输入端的增多而提高，所以输入端不能太多。而“或非”门电路的驱动管是并联的，不存在这个问题。所以在 CMOS 电路中，“或非”门用得较多。

图 4－54～图 4－57 是一些常用的 CMOS 数字集成电路引脚图及其功能。

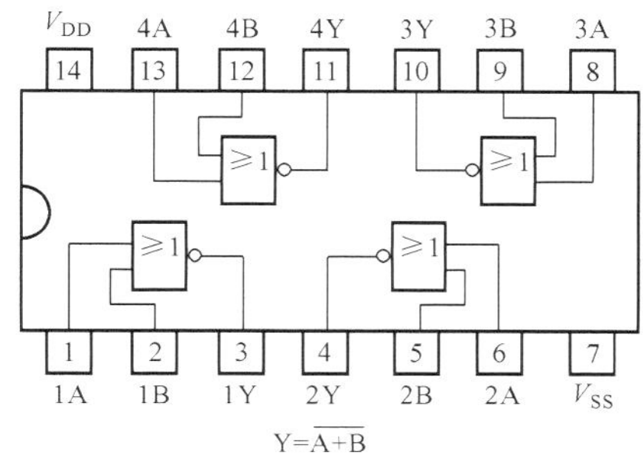

图 4－54 4001 四 2 输入或非门

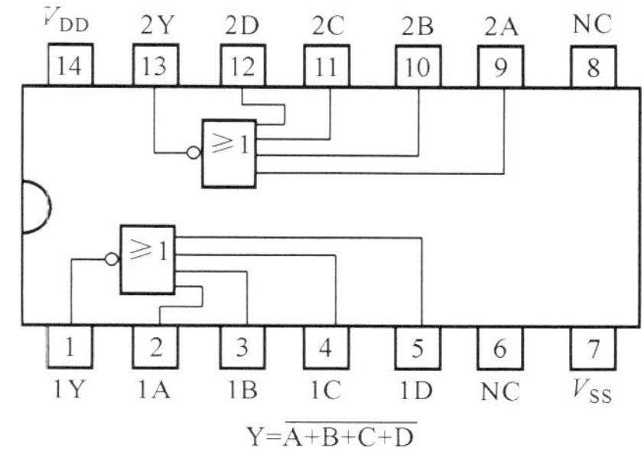

图 4－55 4002 双四输入或非门

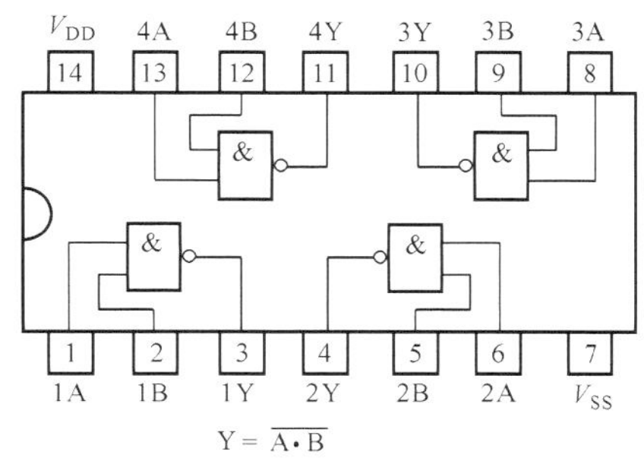

图 4－56 4011 四 2 输入与非门

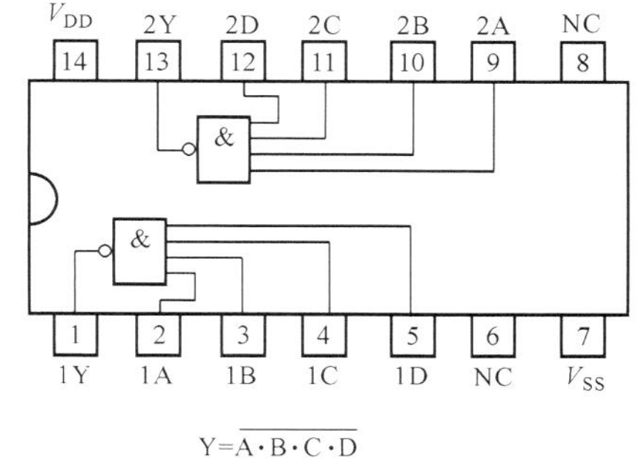

图 4－57 4012 双四输入与非门

4. CMOS 传输门电路

（1）电路组成。图 4－58（a）所示为 CMOS 传输门电路，它由一个 NMOS 管 VT_N 和一个 PMOS 管 VT_P 并联而成。两管的源极相连，作为输入端；两管的漏极相连，作为输出端。两管的栅极作为控制极，分别加一对互为相反的控制电压 C 和 $\overline{C}$ 进行控制。

（2）工作原理。当 C＝0、$\overline{C}$＝1，

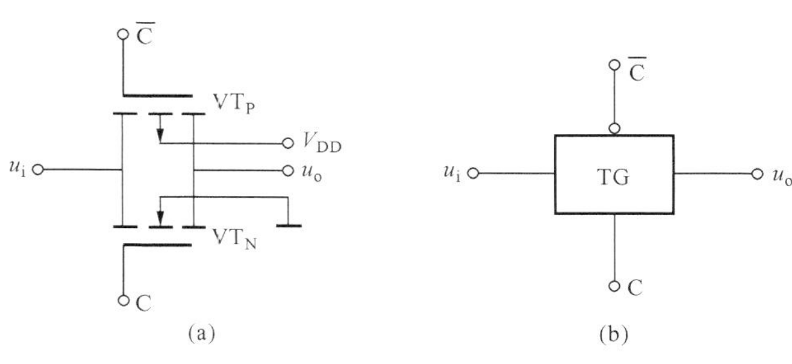

图 4－58 CMOS 传输门电路及其逻辑符号

（a）传输门电路；（b）逻辑符号

即 C 端为低电平（0V）、$\overline{C}$端为高电平（$+V_{DD}$）时，只要输入信号的变化范围在 0～V_{DD}之内，VT_N 和 VT_P 同时截止，输入和输出之间呈高阻态（大于 $10^9\Omega$），传输门截止。此时，传输门状态相当于开关断开状态。

当 C=1、$\overline{C}$=0，即 C 端为高电平（$+V_{DD}$）、$\overline{C}$端为低电平（0V）时，输入信号在 0～V_{DD}之间变化时，VT_N 和 VT_P 总有一个是导通的，使得输入和输出之间呈低阻状态（小于 1kΩ），传输门导通。此时，传输门状态相当于开关接通状态，即 $u_o=u_i$。

从上面分析可知，CMOS 传输门是一种较为理想的开关器件。又由于电路结构的对称性，CMOS 传输门的输入和输出端可以互换，此外，当传输门导通时，可以传输模拟信号，因此，它是一个双向模拟开关。

CC4066 是 CMOS 单刀单掷集成模拟开关，图 4-59 所示为 CC4066 单刀单掷集成四双向模拟开关的引脚分布图，其逻辑功能见表 4-28。

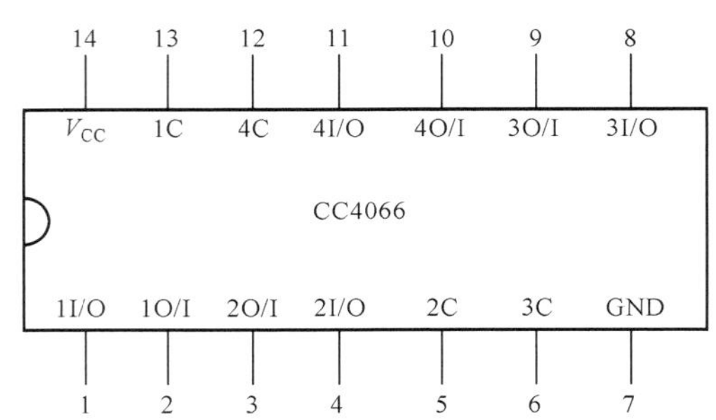

图 4-59 四单刀单掷模拟开关 CC4066 引脚分布

当 C 控制端高电平为 5V，低电平为−5V 时，可以传输从−5V～+5V 的模拟信号，而当 C 控制端高电平为 5V，低电平为 0V 时，只能传输从 0V～5V 的模拟信号。

表 4-28 CC4066 模拟开关功能表

控制输入端 C	开关状态
1	导通 $u_o=u_i$
0	高阻态

CC4066 各引脚功能见表 4-29。

表 4-29 CC4066 引脚功能

引 脚 号	引 脚 功 能
14	$+V_{CC}$
7	地端
13、5、6、12	控制端，高电平开关闭合，低电平开关断开
1、2、3、4、8～11	输入/输出端子，对应的输入/输出端可互换

4.3.6 使用集成门电路注意事项

对于各种集成电路，使用时对已经选定的元器件一定要进行测试，参数的性能指标应满足设计要求，并留有裕量；并且一定要在推荐的工作条件范围内使用，否则将导致性能下降或损坏器件。使用前，要准确识别各元、器件的引脚，以免接错造成人为故障甚至损坏元、器件。由于 TTL 门电路和 CMOS 门电路各有特点，使用时的注意事项也是不一样的。

1. TTL 电路的使用注意事项

(1) 在电源接通情况下，不要拔出或插入集成电路，因为电流的冲击会造成器件永久性损坏。

(2) 电源电压不能高于+5.5V，并且不能将电源与“地”引线错接，否则将会因电流过大造成器件损坏。

(3) 电路的各输入端不能直接与高于+5.5V、低于−0.5V的低内阻电源连接，因为低内阻电源能提供较大电流，器件会因过热而烧毁。

(4) 除三态门和OC门之外，TTL电路的输出端不允许并联使用。

(5) 输出端不允许与电源或“地”短路，否则会造成器件损坏，但可以通过电阻与电源相连，提高输出高电平。

(6) 对于TTL门电路中的未使用输入端，在不改变逻辑关系的前提下可以并联起来使用，也可根据逻辑关系的要求接地或接高电平。输入端悬空表示输入为高电平，但由于易受干扰，在实际使用中，依据逻辑门的功能将未使用输入端接固定的电平。将与门、与非门的未使用输入端接高电平“1”，而将或门、或非门的未使用输入端接低电平“0”。

2. CMOS电路的使用注意事项

CMOS电路由于输入电阻高，因此极易接受静电电荷。为了防止产生静电击穿，生产CMOS时，在输入端都加了标准保护电路，但这并不能保证绝对安全，因此使用CMOS电路时，必须采取以下预防措施：

(1) 在存储和运输CMOS器件时，不要使用易产生静电的材料包装，最好采用金属屏蔽作包装材料或用导电橡胶将全部输入管脚短接，避免因静电的产生而将管脚击穿。

(2) 测试COMS电路时，如果信号源和线路板用两组电源，则应先接通线路板电源，断路时先断开信号源的电源，即禁止在COMS本身没有接通电源情况下接入输入信号。

(3) 在组装调试电路时，烙铁、测量仪表、工作台面等应良好接地。操作人员的服装、手套等应选用无静电的材料制作。在通电状态下不能拆装器件或印制板，器件插入或拔出插座之前，应关闭电源。

(4) 焊接CMOS电路时，一般电烙铁容量不准大于20W，烙铁要有良好的接地线，最好是利用电烙铁断电后的余热进行快速焊接。禁止在电路通电的情况下焊接。

(5) 对于CMOS门中的未使用输入端，由于COMS门输入阻抗很高，悬空的输入端会因受干扰而破坏逻辑关系，故未使用输入端不能悬空。在实际中，也可以依据逻辑门的功能将未使用输入端接固定电平。

3. CMOS与TTL电路的连接

在一个较大的数字系统中，为了使性价比最佳，往往会采用不同类型的器件，这就产生了匹配问题。最常见的是采用TTL和CMOS电路，所以应当正确地解决二者的连接问题。

作为前级驱动门的某种类型的集成电路要能直接驱动另一种类型的作为后级负载门的集成电路，在连接时必须保证二者在电平和电流两方面的匹配，即驱动门必须能为负载门提供符合要求的高、低电平和足够的输入电流。

4.4　必备知识三：组合逻辑电路

数字电路按照电路结构和工作原理分为组合逻辑电路（简称组合电路）和时序逻辑

电路（简称时序电路）两大类。组合电路是指该电路在任一时刻的输出稳定状态，仅取决于该时刻的输入信号，而与电路的原来状态无关。也就是组合电路不具有记忆功能。构成组合逻辑电路的基本单元是门电路。图 4-60 是组合电路的结构框图，图中，X_1，X_2，…，X_n 是输入逻辑变量，Y_1，Y_2，…，Y_n 是输出逻辑函数。输入与输出之间的函数关系表示为

图 4-60 组合逻辑电路的结构框图

$$\begin{cases} Y_1 = f_1(X_1, X_2 \cdots, X_n) \\ Y_2 = f_2(X_1, X_2 \cdots, X_n) \\ Y_m = f_m(X_1, X_2 \cdots, X_n) \end{cases}$$

简记为

$$Y = f(X)$$

4.4.1 组合逻辑电路的分析

组合逻辑电路的分析步骤如下：

(1) 根据已知逻辑电路图写出逻辑表达式，并化简或变换；

(2) 根据表达式列出真值表；

(3) 分析真值表并概述电路的逻辑功能。

【例 4-21】 试分析图 4-61 所示的组合逻辑电路的功能。

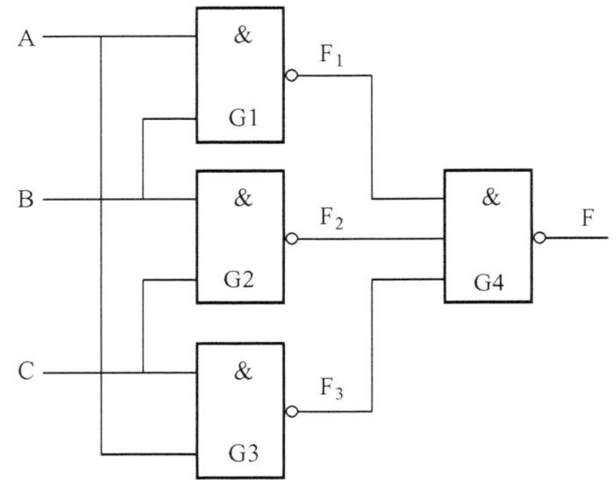

图 4-61 [例 4-21] 的逻辑电路图

解： (1) 由逻辑图写出逻辑表达式，并化简。

从输入端到输出端，依次写出各个逻辑门的逻辑表达式，最后写出输出变量 F 的逻辑式并化简。

$$G1 门：F_1 = \overline{AB}$$

$$G2 门：F_2 = \overline{BC}$$

$$G3 门：F_3 = \overline{AC}$$

$$G4 门：F = \overline{F_1 F_2 F_3} = \overline{\overline{AB}\ \overline{BC}\ \overline{AC}} = \overline{\overline{AB}} + \overline{\overline{BC}} + \overline{\overline{AC}} = AB + BC + AC$$

(2) 由逻辑式列出真值表见表 4-30。

表 4-30 **[例 4-21] 的真值表**

A B C	F	A B C	F
0 0 0	0	1 0 0	0
0 0 1	0	1 0 1	1
0 1 0	0	1 1 0	1
0 1 1	1	1 1 1	1

（3）分析逻辑功能。

当输入 A、B、C 中有两个或三个为 1 时，输出 F 为 1，否则输出 F 为 0。

【例 4－22】 试分析图 4－62（a）所示逻辑图的逻辑功能。

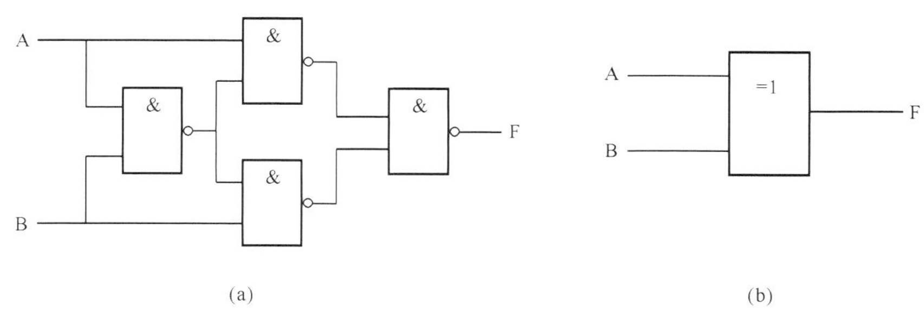

图 4－62［例 4－22］的逻辑图和“异或”逻辑符号

（a）逻辑图；（b）“异或”门的逻辑符号

解：（1）由逻辑图写出逻辑表达式，并化简。

$$F=\overline{\overline{A\,\overline{AB}}\;\overline{B\,\overline{AB}}}=\overline{\overline{A\,\overline{AB}}}+\overline{\overline{B\,\overline{AB}}}=A\,\overline{AB}+B\,\overline{AB}$$

$$=A(\overline{A}+\overline{B})+B(\overline{A}+\overline{B})=A\overline{A}+A\overline{B}+B\overline{A}+B\overline{B}$$

$$=A\overline{B}+\overline{A}B$$

（2）分析逻辑功能。

由表达式就可知该电路实现了异或逻辑功能。称为“异或”门电路，其逻辑符号如图 4－62（b）所示。逻辑式也可写为

$$F=A\overline{B}+\overline{A}B=A\oplus B$$

4.4.2　组合逻辑电路的设计

组合逻辑电路的设计步骤如下：

（1）分析逻辑要求，列出真值表；

（2）根据真值表，写出逻辑函数表达式并化简为最简表达式；

（3）选定器件类型，并依据所选器件类型进行函数表达式的形式变换；

（4）画出逻辑电路图。

【例 4－23】 试用与非门设计一个举重裁判表决电路。设举重比赛有三个裁判，一个主裁判和两个副裁判。杠铃完全举上的裁决由每一个裁判按一下自己面前的按钮来确定。只有当两个或两个以上裁判判定成功，并且其中有一个为主裁判时，表明成功的灯才亮。

解：（1）分析逻辑要求，列出真值表。

设主裁判为变量 A，副裁判分别为 B 和 C，表示成功与否的灯为 F。并设 A、B、C 判定成功时为 1，判不成功时为 0；灯亮时 F 为 1，灯不亮时为 0，根据逻辑要求列出真值表，见表 4－31。

表 4-31 [例 4-23] 的真值表

A	B	C	F	A	B	C	F
0	0	0	0	1	0	0	0
0	0	1	0	1	0	1	1
0	1	0	0	1	1	0	1
0	1	1	0	1	1	1	1

(2) 写出逻辑表达式并化简为最简表达式。

$$F = A\overline{B}C + AB\overline{C} + ABC = (A\overline{B}C + ABC) + (AB\overline{C} + ABC)$$
$$= AC(\overline{B} + B) + AB(\overline{C} + C) = AC + AB$$

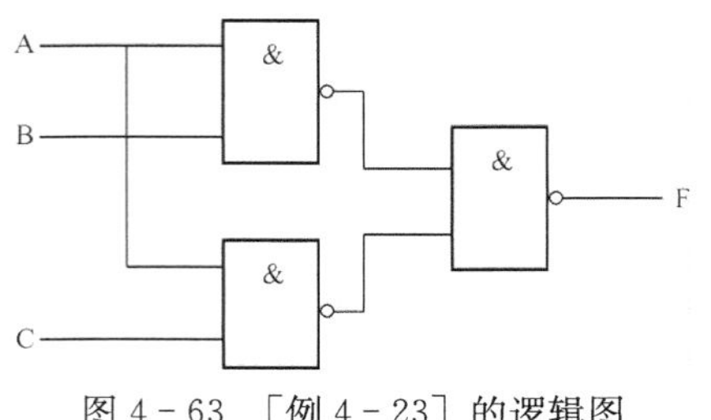

图 4-63 [例 4-23] 的逻辑图

(3) 将最简表达式变换成与非表达式。

$$F = AC + AB = \overline{\overline{AC + AB}} = \overline{\overline{AC}\ \overline{AB}}$$

(4) 画出由与非门构成的逻辑图。

按图 4-63 建立 Mulitisim 仿真电路如图 4-64 所示，通过控制 A、B、C，观察 LED 的状态，验证表 4-31。

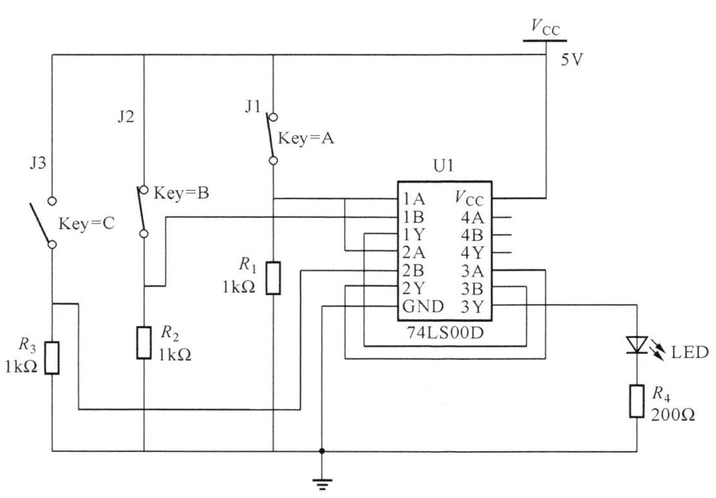

图 4-64 [例 4-23] 的 Mulitisim 仿真电路

【例 4-24】 设计一个为医院优先照顾重患者的呼唤电路。设医院某科有 1，2，3，4 四间病室，患者按病情从重至轻依次住进 1～4 号病室。为了优先照顾重患者，设计如下呼唤电路：即在每室分别装有 A，B，C，D 四个呼唤按钮，按下为“1”，值班室里对应的四个指示灯为 L_1，L_2，L_3，L_4，灯亮为“1”。现要求 1 号病室的按钮 A 按下时，无论其他病室的按钮是否按下，只有 L_1 亮；当 1 号病室未按按钮，而 2 号病室的按钮 B 按下时，无论 3，4 号病室的按钮是否按下，只有 L_2 亮；当 1，2 号病室均未按按钮，3 号病室的按钮 C 按下时，无论 4 号病室的按钮是否按下，只有 L_3 亮；只有在 1，2，3 号病室的按钮均未按下，而只按下 4 号病室的按钮 D 时，L_4 才亮。试画出满足上述要求的逻辑图。

解： (1) 按照要求列出真值表，见表 4-32。

表 4-32　[例 4-24] 的真值表

A	B	C	D	L_1	L_2	L_3	L_4	A	B	C	D	L_1	L_2	L_3	L_4
0	0	0	0	0	0	0	0	1	0	0	0	1	0	0	0
0	0	0	1	0	0	0	1	1	0	0	1	1	0	0	0
0	0	1	0	0	0	1	0	1	0	1	0	1	0	0	0
0	0	1	1	0	0	1	0	1	0	1	1	1	0	0	0
0	1	0	0	0	1	0	0	1	1	0	0	1	0	0	0
0	1	0	1	0	1	0	0	1	1	0	1	1	0	0	0
0	1	1	0	0	1	0	0	1	1	1	0	1	0	0	0
0	1	1	1	0	1	0	0	1	1	1	1	1	0	0	0

(2) 写出每个输出端的逻辑表达式并化简为最简与或表达式

$$L_1 = m_8 + m_9 + m_{10} + m_{11} + m_{12} + m_{13} + m_{14} + m_{15}$$
$$L_2 = m_4 + m_5 + m_6 + m_7$$
$$L_3 = m_2 + m_3$$
$$L_4 = m_1$$

画出 $L_1 \sim L_4$ 的卡诺图，如图 4-65 所示。

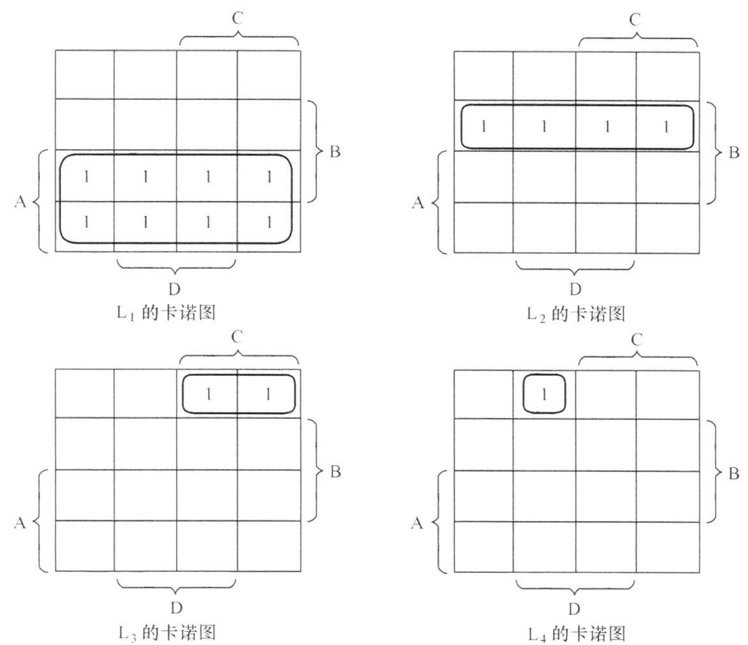

图 4-65　$L_1 \sim L_4$ 的卡诺图

用卡诺图化简法分别对 L_1，L_2，L_3，L_4 进行化简，得到

$$L_1 = A,\ L_2 = \overline{A}B,\ L_3 = \overline{A}\overline{B}C,$$
$$L_4 = \overline{A}\overline{B}\overline{C}D$$

(3) 根据逻辑式画出逻辑图，如图 4-66 所示。

按照图 4-66 建立 Mulitisim 仿真电路，通过控制 A、B、C，观察四个 LED 的状态，是否满足表 4-32 的功能。

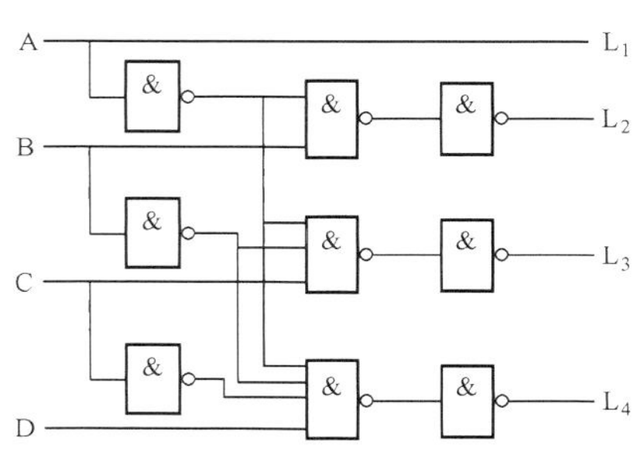

图 4-66　[例 4-24] 的逻辑图

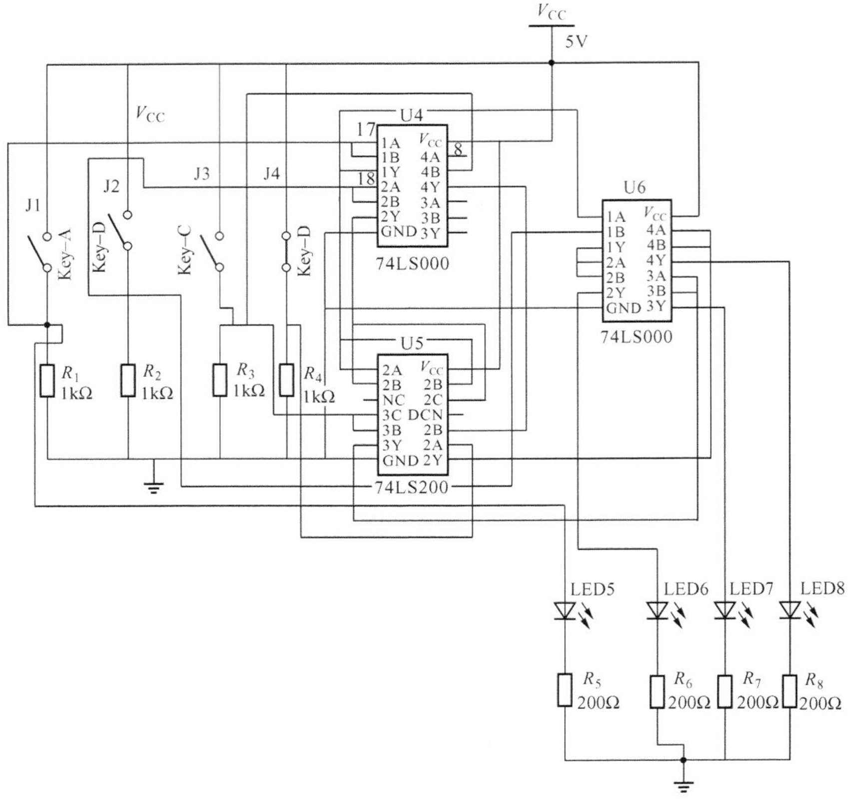

图 4-67 [例 4-24] 的 Mulitisim 仿真电路

4.4.3 常用中规模集成组合逻辑电路及应用

数字电路按集成度分为四种：小规模集成电路 SSI（Small Scale Integration），其集成度为 1～10 个逻辑门/片；中规模集成电路 MSI（Medium Scale Integration），其集成度为 10～100 个逻辑门/片；大规模集成电路 LSI（Large Scale Integration），其集成度大于 100 个逻辑门/片；超大规模集成电路 VLSI（Very Largr Scale Integration），每片含有万个以上等效逻辑门。本节将介绍几种常用的中规模集成组合逻辑电路。

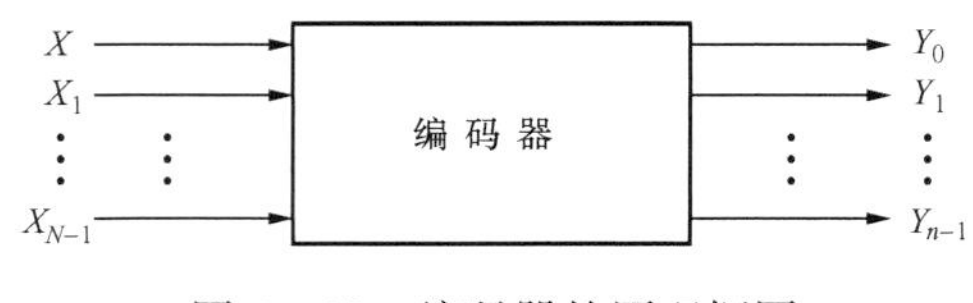

图 4-68 编码器的原理框图

一、编码器

一般的说，用某种文字、符号或数码来表示某一对象或信号的过程称为编码。实现编码功能的电路称为编码器。图 4-68 所示为编码器的一般原理框图。

在数字系统中，是采用若干个二进制码 0 和 1 来进行编码的，要表示的信息越多，二进制代码的位数越多。n 位二进制代码有 2^n 个状态，可以表示 2^n 个信息。对 N 个信号进行编码时，应按公式 $2^n \geqslant N$ 来确定要使用的二进制代码的位数 n。

常用的编码器有二进制编码器、二—十进制编码器、优先编码器等。其中，二—十进制编码器是将十进制的十个数码 0，1，2，3，4，5，6，7，8，9 编成二进制代码的电路。输入为 0～9 十个数码，输出为对应的二进制代码。这二进制代码又称为二—十进制代码，简称 BCD 码。现以 8421BCD 编码器的设计为例说明 BCD 编码器的工作原理。

1. 确定二进制代码的位数

由于输入有十个数码，因此输出的应为四位（$2^n>10$，$n=4$）二进制代码。这种编码器通常称为 10—4 线编码器。

2. 8421BCD 编码器的真值表（见表 4－33）

表 4－33　　二—十进制编码器真值表

输入										输出			
I_0	I_1	I_2	I_3	I_4	I_5	I_6	I_7	I_8	I_9	Y_3	Y_2	Y_1	Y_0
1	0	0	0	0	0	0	0	0	0	0	0	0	0
0	1	0	0	0	0	0	0	0	0	0	0	0	1
0	0	1	0	0	0	0	0	0	0	0	0	1	0
0	0	0	1	0	0	0	0	0	0	0	0	1	1
0	0	0	0	1	0	0	0	0	0	0	1	0	0
0	0	0	0	0	1	0	0	0	0	0	1	0	1
0	0	0	0	0	0	1	0	0	0	0	1	1	0
0	0	0	0	0	0	0	1	0	0	0	1	1	1
0	0	0	0	0	0	0	0	1	0	1	0	0	0
0	0	0	0	0	0	0	0	0	1	1	0	0	1

其中，I_0，I_1，I_2，I_3，I_4，I_5，I_6，I_7，I_8，I_9 分别表示 0，1，2，3，4，5，6，7，8，9 十个数字。高电平有效，“1” 表示选中这个数字。

3. 根据真值表写出各个输出端的逻辑函数表达式

$$Y_3=I_8+I_9=\overline{\overline{I}_8\,\overline{I}_9}$$

$$Y_2=I_4+I_5+I_6+I_7=\overline{\overline{I}_4\,\overline{I}_5\,\overline{I}_6\,\overline{I}_7}$$

$$Y_1=I_2+I_3+I_6+I_7=\overline{\overline{I}_2\,\overline{I}_3\,\overline{I}_6\,\overline{I}_7}$$

$$Y_0=I_1+I_3+I_5+I_7+I_9=\overline{\overline{I}_1\,\overline{I}_3\,\overline{I}_5\,\overline{I}_7\,\overline{I}_9}$$

4. 由逻辑式画出逻辑图

图 4－69 所示为有十个按键的 8421BCD 编码器的逻辑图。按下某个键，输入相应的一

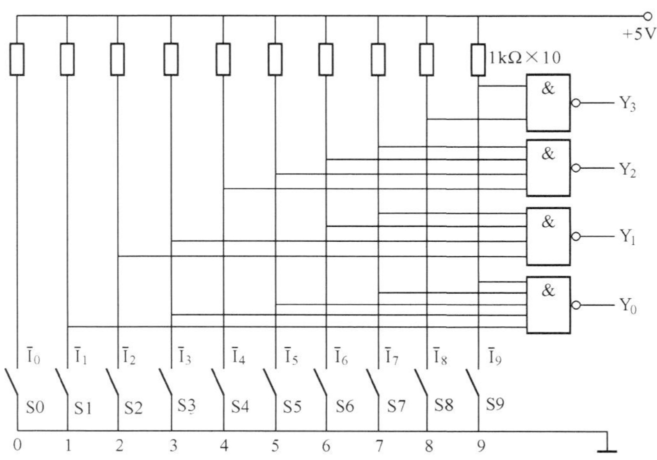

图 4－69　十键 8421BCD 码编码器的逻辑图

个十进制数码。例如，按下 S5 键时，即 $I_5=1$，$\bar{I}_5=0$，表示输入为 I_5（5），输出为 0101，即将十进制 5 编成二进制代码 0101。

参照图 4-69 建立 Mulitisim 仿真电路如图 4-70 所示。操作开关 S0～S9，观察编码输出。

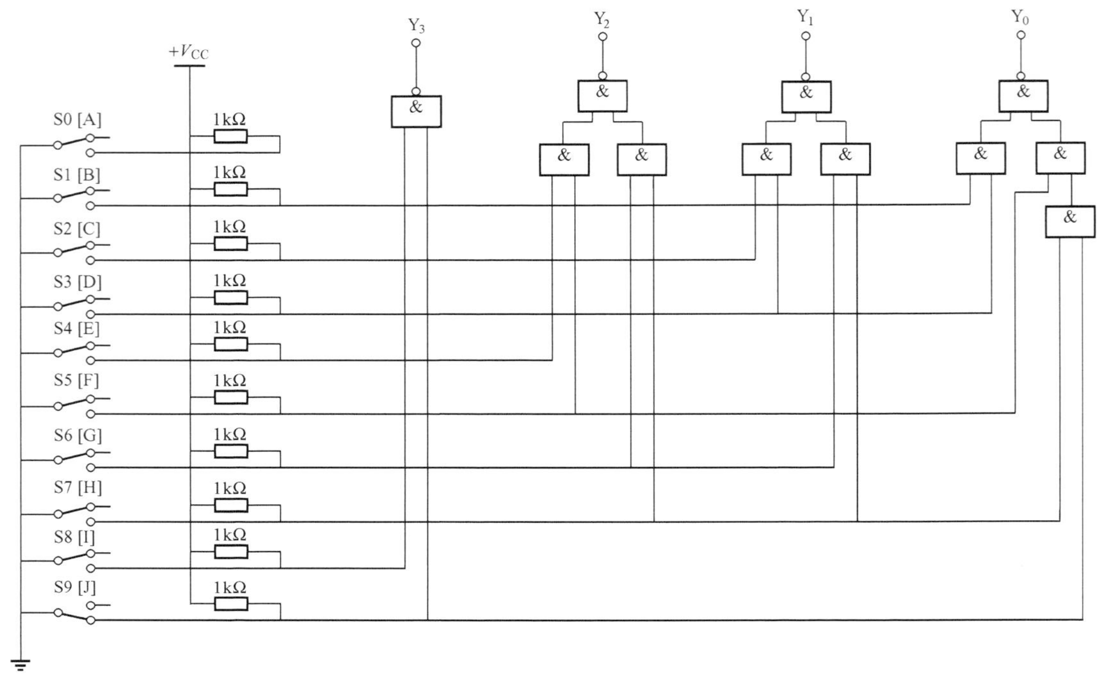

图 4-70 十键 8421BCD 码编码器的 Mulitisim 仿真电路

二、译码器

译码是编码的逆过程。译码是将二进制代码（输入）按其编码时的原意译成对应的信号或十进制数码（输出）。能够实现译码功能的逻辑电路称为译码器。译码器的框图如图 4-71 所示，它有 n 个输入端。N 个输出端，n 和 N 之间的关系应满足 $2^n \geqslant N$。

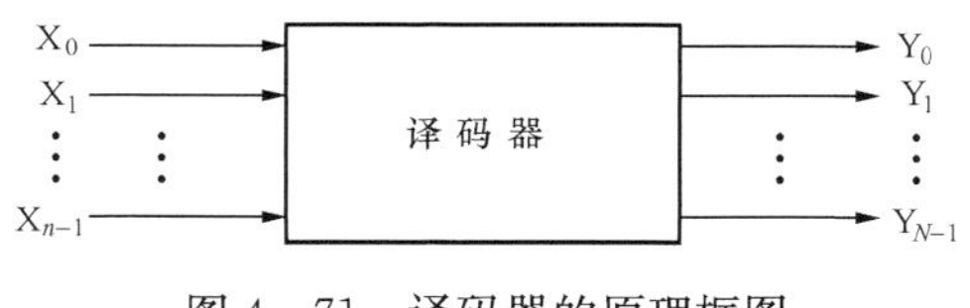

图 4-71 译码器的原理框图

译码器可分为二进制译码器、二—十进制译码器和数字显示译码器等。下面介绍常用的二—十进制七段显示译码器的工作原理。

在数字仪表、计算机和其他数字系统中，常常要把测量数据和运算结果用十进制数显示出来。这就要用显示译码器，它能够把 8421BCD 代码译成能用显示器显示出的十进制数。

目前应用最广泛的显示器件有半导体显示器、液晶显示器（简称 LCD）。下面只介绍半导体显示器和能够驱动半导体显示器工作的一种七段显示译码器。

1. 半导体显示器

半导体显示器又称半导体发光二极管显示器（简称 LED 显示器），它的基本单元就是发光二极管（简称 LED）。LED 是由特殊材料（如磷砷化镓等）做成的二极管，当外加正向电压时，就能发出清晰的光线。其工作电压一般为 1.5～3V，工作电流为几毫安至十几毫安。LED 显示器件的优点是体积小、寿命长、响应速度快、颜色丰富，缺点是功耗较大。

LED 七段显示器是由七个条形发光二极管构成的七个字段，通过这七个字段亮灭的不同组合，构成 0～9 十个十进制字符。七段显示器字形结构如图 4-72 所示。例如，当 a、b、c、d、e、f、g 七个字段全亮时，显示出 8；a、b、d、e、g 字段亮时，显示出 2。七个发光二极管的连接方式有共阴极和共阳极两种接法。对于共阴极接法［如图 4-73（a）所示］，阳极为高电平的那个字段发亮，将发亮字段组合起来便显示 0～9 十个数字。对于共阳极接法［如图 4-73（b）所示］，阴极为低电平的那个字段发亮，使用时每个管要串联限流电阻。

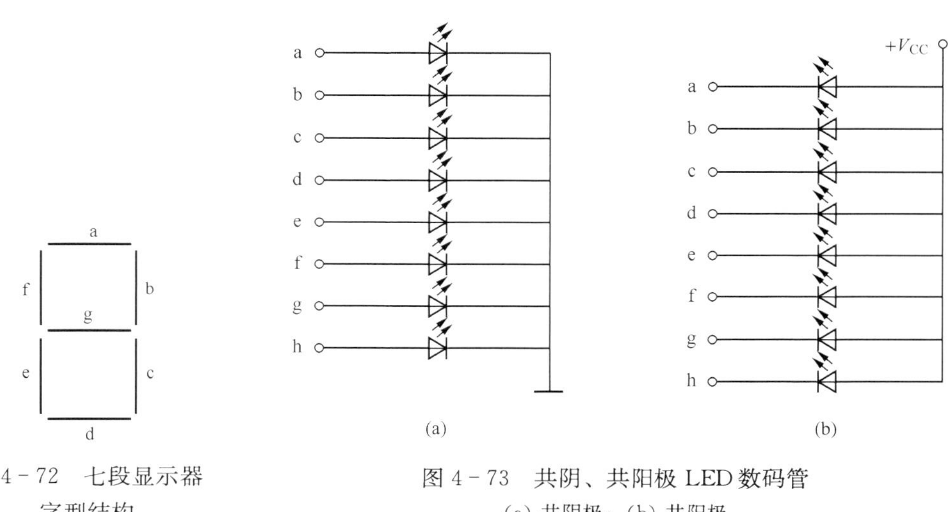

图 4-72　七段显示器字型结构

图 4-73　共阴、共阳极 LED 数码管
（a）共阴极；（b）共阳极

S201 是共阴极七段显示器，其引脚排列图如图 4-74 所示。BS201 为共阴极数码管，当公共端接低电平，a～g 各段都接高电平时，七段全亮。

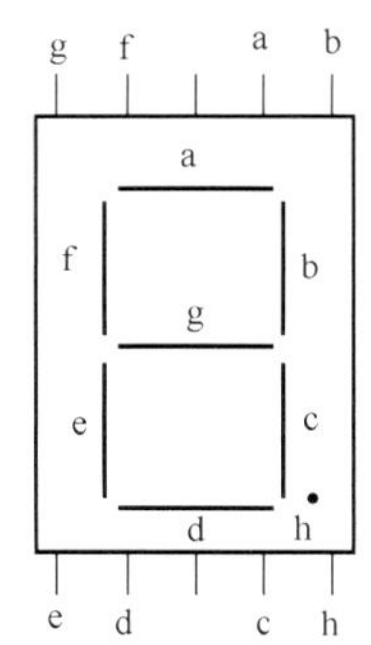

图 4-74　BS201 引脚排列图

在使用 LED 显示器时，一是要注意串接限流电阻；二是要注意控制信号的输出电流可否驱动 LED，若不能驱动则要在前边加驱动电路。

MC1413 是一种常用的集成驱动电路，带负载能力强，性能优异，可用于 TTL 和 CMOS 集成电路与外设的接口。MC1413 的芯片内，有 7 个完全相同的驱动单元，每个集成块可输出 350mA 的电流，最大承受 40V 电压。可直接驱动小型继电器，LED 显示器，蜂鸣器等。

MC1413 电路结构及单元电路如图 4-75 所示。

在电路芯片内部已经接有续流二极管 VD3，所以，在应用时，不需要再外接续流二极管，此外，电路内部还接了输入输出保护二极管 VD1 和 VD2。应用时，因为集电极开路，所以要将负载串在电源与对应输出端之间，在输入高电平时，三极管饱和导通，为负载提供较大的驱动电流。

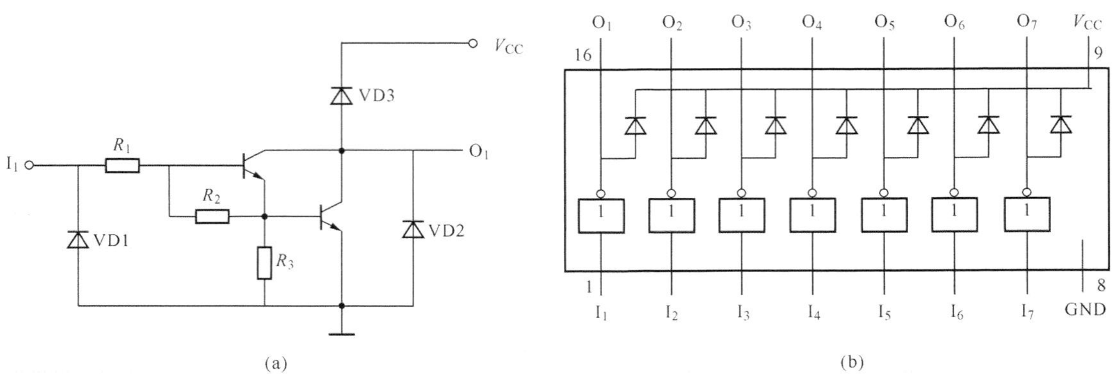

图 4－75　MC1413 驱动电路

(a) MC1413 驱动单元电路；(b) MC1413 内部电路

2. MC1413 应用电路

图 4－76 所示为 MC1413 常用驱动电路。(a) 图是用 MC1413 直接驱动 7 只 LED（或一只共阴极的七段 LED 数码管）。当 MC1413 某一个输入端为高电平时，经反相后输出低电平，点亮相应的发光二极管。而输入端为低电平的相应 LED 不亮。电路中 300Ω 的电阻在电路中起限流作用，若 V_{CC} 为 5V，每只 LED 的正向导通电压约为 1.5V，设输出低电平为 0.3V，则流过每只发光二极管的电流约为 10mA，若需要更大或更小的电流，可通过调节限流电阻获得所需要的电流。

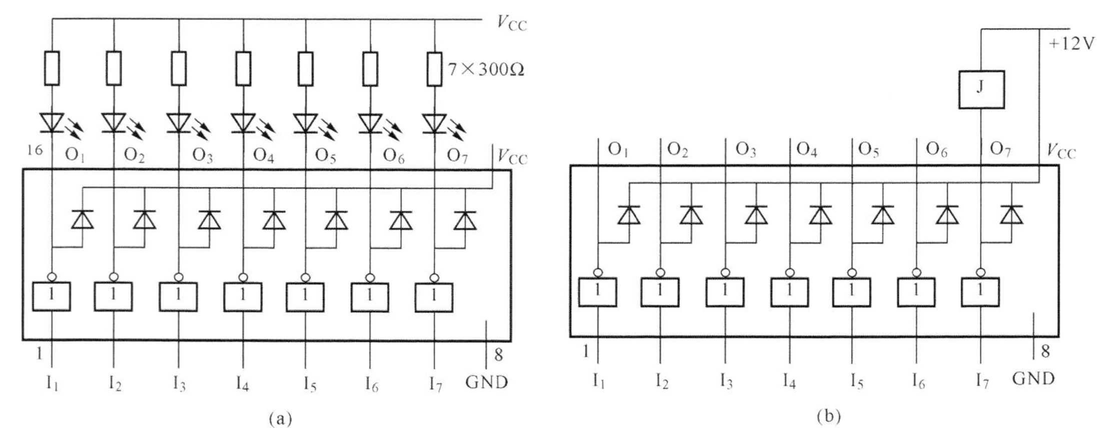

图 4－76　MC1413 驱动电路

(a) MC1413 驱动 LED；(b) MC1413 驱动继电器

有时为了使电路简化，只在电源端串入一个公共的限流电阻，但缺点是发光不均匀。(b) 图是用 MC1413 驱动了一只继电器，(可以同时驱动多个)，与 (a) 图不同的是，由于继电器属于感性负载，需要将片内的续流二极管与电源端相接，以防止在输入端由高电平变为低电平时，为继电器线圈提供续流回路，防止器件被烧坏。当 I_7 端为高电平时，输出端 O_7 为低电平，继电器线圈通电，继电器的动片发生动作，反之，继电器处于断电状态而维持常态。

一个半导体显示器可用来显示一位 0～9 十进制数和一个小数点。半导体显示器要显示

BCD 码所表示的十进制数字就需要有一个专门的译码器。

3. 七段显示译码器

七段显示译码器的功能是把 8421BCD 代码译成对应于数码管的七个字段信号，驱动显示器，显示出相应的十进制数码。因此，其原理框图如图 4 - 77 所示，输入是 BCD 码，输出为 a～g，用来驱动 LED 显示器。

译码器不但要完成译码功能，还要有相当的驱动能力。与共阴极七段半导体显示器配套的译码器有 CD4511（CC4511）、74LS48、74LS49 等，与共阳极七段半导体显示器配套的译码器有 74LS46、74LS47 等。下面介绍 CD4511 译码器。

图 4 - 78 所示为 CD4511 译码器的外引脚排列图，其功能表见表 4 - 34。

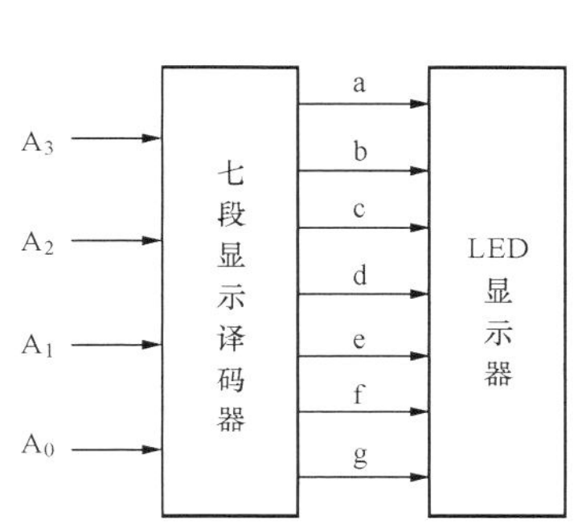

图 4 - 77　七段显示译码器的原理框图

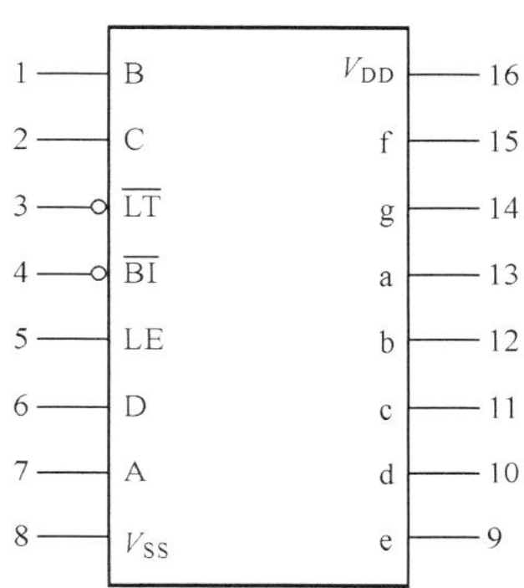

图 4 - 78　CD4511 译码器的外引脚排列图

表 4 - 34　CD4511 功能表

输入							输出								
$\overline{LT}$	$\overline{BI}$	LE	D	C	B	A	Y_a	Y_b	Y_c	Y_d	Y_e	Y_f	Y_g	显示	功能
0	×	×	×	×	×	×	1	1	1	1	1	1	1	8	测灯
1	0	×	×	×	×	×	0	0	0	0	0	0	0		灭灯
	1	1	当前输入码不起作用，锁存原来输入码												锁存输入码
		0	0	0	0	0	1	1	1	1	1	1	0	0	正常译码显示
			0	0	0	1	0	1	1	0	0	0	0	1	
			0	0	1	0	1	1	0	1	1	0	1	2	
			0	0	1	1	1	1	1	1	0	0	1	3	
			0	1	0	0	0	1	1	0	0	1	1	4	
			0	1	0	1	1	0	1	1	0	1	1	5	
			0	1	1	0	1	0	1	1	1	1	1	6	
			0	1	1	1	1	1	1	0	0	0	0	7	
			1	0	0	0	1	1	1	1	1	1	1	8	
			1	0	0	1	1	1	1	1	0	1	1	9	
			1010～1111				0	0	0	0	0	0	0	非 BCD 码不显示	

A、B、C、D 是 CD4511 输入端，D 为最高位，A 为最低位。a～g 是它的输出端。为了增强器件的功能，在 CD4511 中还设置了一些辅助端。这些辅助端的功能如下：

(1) 试灯输入端$\overline{LT}$：低电平有效。当$\overline{LT}=0$时，数码管的七段应全亮，与输入的译码信号无关。本输入端用于测试数码管的好坏。

(2) 灭灯输入$\overline{BI}$：低电平有效。当$\overline{LT}=1$且$\overline{BI}=0$时，数码管七段全灭，与译码输入无关。

(3) 数据锁存输入端 LE：高电平有效。当 LE=0 时，接收 A、B、C、D 输入端的数据，当 LE=1 时，锁存输入数据，不再接收新的输入数据。

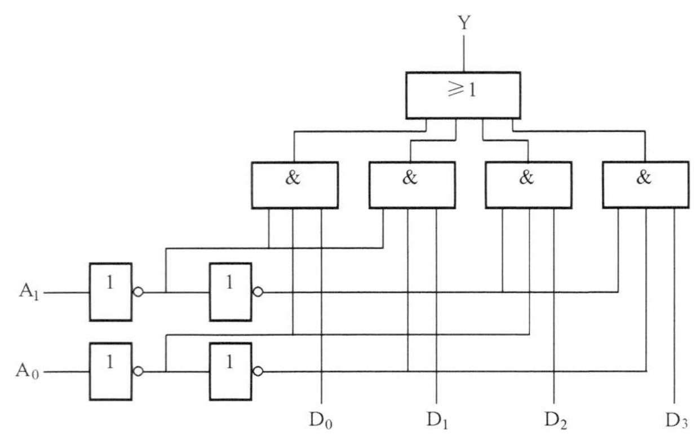

图 4-79 四选一数据选择器的逻辑图

三、数据选择器

1. 数据选择器的工作原理

数据选择器（简称为 MUX）又称为多路开关、多路选择器。其功能就是能从多个输入数据中选择一个作为输出。图 4-79 所示为一个四选一数据选择器的逻辑图，图中 $D_0 \sim D_3$ 是四个数据输入端；A_1 和 A_0 是地址输入端；Y 是输出端。

由逻辑图可写出逻辑式为

$$Y = D_0\overline{A}_1\overline{A}_0 + D_1\overline{A}_1 A_0 + D_2 A_1\overline{A}_0 + D_3 A_1 A_0 = \sum_{i=0}^{3} D_i m_i$$

由逻辑式列出选择器的功能表，见表 4-35。

表 4-35 MUX 的功能表

D A_1 A_0	Y	D A_1 A_0	Y
D_0 0 0	D_0	D_2 1 0	D_2
D_1 0 1	D_1	D_3 1 1	D_3

由此可见：数据选择器相当于一个被 A_1 和 A_0 控制的四选一多路开关。若有四个数据输入端，就需要两个选择端，因为它们有四种组合；如果有八个输入端，就需要三个地址输入端。

2. 集成数据选择器

图 4-80 所示为集成双四选一数据选择器 74LS153 的外引线排列图和四选一 MUX 的逻辑符号。

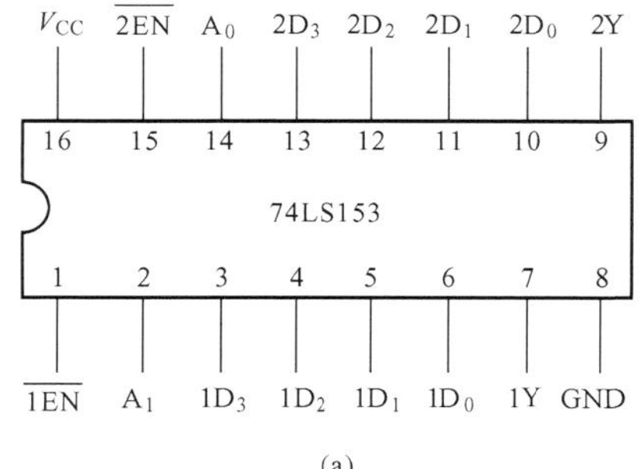

(a)

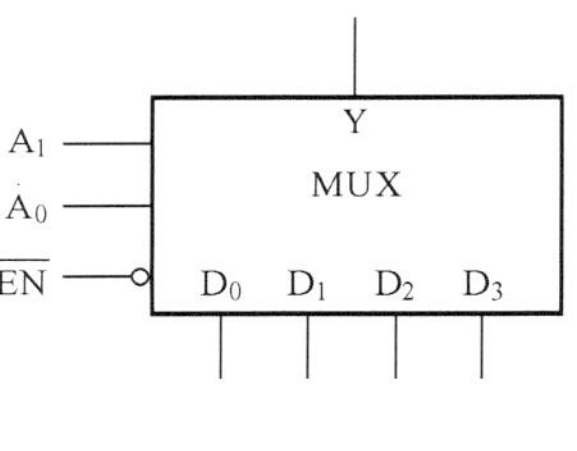

(b)

图 4-80 74LS153 的外引线排列图和逻辑符号
(a) 管脚引线图；(b) 逻辑符号

74LS153 单个四选一数据选择器的逻辑功能见表 4-36。其中，$\overline{EN}$是选通控制端；当$\overline{EN}$=0 时，数据选择器处于工作状态；$\overline{EN}$=1 时，无论 A_1 和 A_0 为何值，Y 都等于 0。

表 4-36　　74LS153 的功能表

输入				输出	输入				输出
$\overline{EN}$	D	A_1	A_0	Y	$\overline{EN}$	D	A_1	A_0	Y
1	×	×	×	0	0	D_2	1	0	D_2
0	D_0	0	0	D_0	0	D_3	1	1	D_3
0	D_1	0	1	D_1					

图 4-81 所示为集成八选一数据选择器 74LS151 的外引线排列图和逻辑符号。

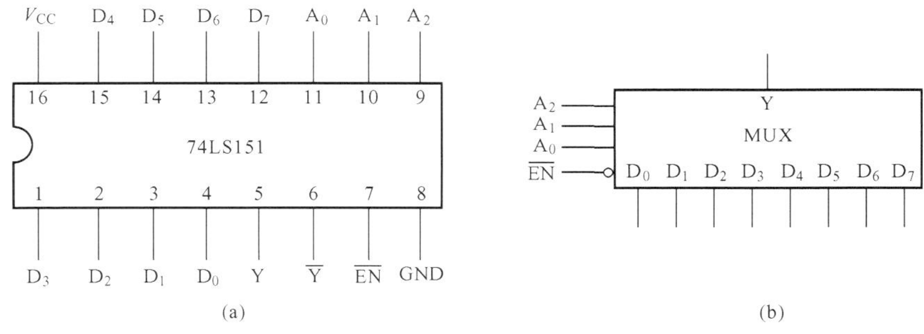

图 4-81　74LS151 外引线排列图和逻辑符号
(a) 外引线排列图；(b) 逻辑符号

74LS151 的逻辑功能见表 4-37。当$\overline{EN}$=0 时，数据选择器处于工作状态；$\overline{EN}$=1 时，无论 A_1 和 A_0 为何值，Y 都等于 0。

表 4-37　　74LS151 的功能表

$\overline{EN}$	D	A_2	A_1	A_0	Y	$\overline{EN}$	D	A_2	A_1	A_0	Y
1	×	×	×	×	0	0	D_4	1	0	0	D_4
0	D_0	0	0	0	D_0	0	D_5	1	0	1	D_5
0	D_1	0	0	1	D_1	0	D_6	1	1	0	D_6
0	D_2	0	1	0	D_2	0	D_7	1	1	1	D_7
0	D_3	0	1	1	D_3						

74LS151 逻辑功能表达式为

$$Y = D_0\overline{A}_2\overline{A}_1\overline{A}_0 + D_1\overline{A}_2\overline{A}_1A_0 + \cdots + D_7A_2A_1A_0 = \sum_{i=0}^{7} D_i m_i$$

$\overline{EN}$为低电平时有效。

3. 用数据选择器实现逻辑函数

数据选择器是一种灵活方便、开发性很强的组合逻辑电路，在数字系统中应用比较广泛。用数据选择器实现逻辑函数是它的典型应用之一。

数据选择器的主要特点：具有标准与或表达式的形式。即：

$$Y=\sum_{i=0}^{2^n-1}D_i m_i$$

对于一个组合逻辑函数，可以根据它的最小项表达式借助于 MUX 来实现它，方法如下：

(1) 将给定函数化为最小项的与或表达式。

(2) 以最小项因子作为 MUX 的地址输入端，并由此确定 MUX 的规模。

(3) 将最小项与或函数表达式中已存在的最小项 m_i 相对应的数据输入 D_i 赋值为 1，不存在的最小项相对应的 D_i 赋值为 0。

【例 4-25】 试用数据选择器实现逻辑函数 $Y=\overline{A}\overline{B}C+\overline{A}B\overline{C}+AB$。

解：(1) 将函数式写为最小项与或表达式为

$$\begin{aligned}Y&=\overline{A}\overline{B}C+\overline{A}B\overline{C}+AB(\overline{C}+C)\\&=\overline{A}\overline{B}C+\overline{A}B\overline{C}+AB\overline{C}+ABC\\&=\sum m(1,2,6,7)\end{aligned}$$

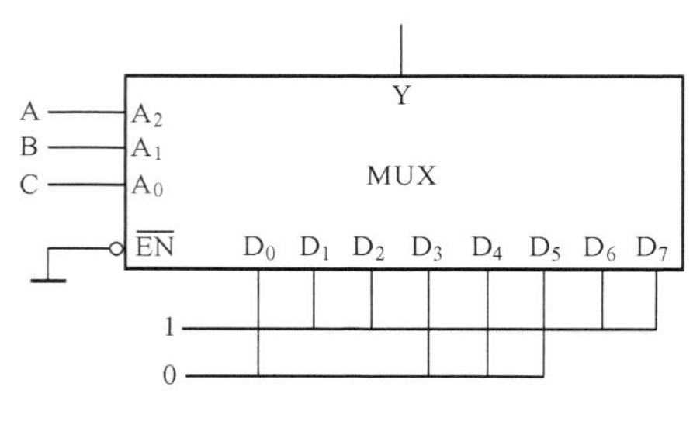

图 4-82 [例 4-25] 的逻辑图

(2) 因为 Y 为三变量函数，因此，MUX 地址输入端也为三个，应选八选一的 MUX，如 74LS151。

(3) 根据 (1) 中最小项表达式将数据输入端赋值

$$D_1=D_2=D_6=D_7=1$$
$$D_0=D_3=D_4=D_5=0$$

若采用 74LS151 实现电路，可得出逻辑图，如图 4-82 所示。

实训 4.2 译码、显示电路的测试

译码、显示电路的测试内容如下。

(1) 七段共阴极显示器 BS201 的功能检查。用一个 300～500Ω 的电阻分别接到数码管的七段及小数点上，看各段是否发光；

(2) 集成七段显示译码器 CD4511 的功能检查。

1) 测试$\overline{LT}$、$\overline{BI}$和 LE 的控制功能。

2) 然后将 CD4511 的 a～g 端与 BS201 的对应端连接，将 CD4511 的 A～D 端分别接高低电平开关，使输出从 0000 到 1001，观测数码管 BS201 的显示。

4.5 密码锁设计方案

假设四位二进制密码输入端为 A、B、C、D，设置密码为 1111，E 表示钥匙，当有钥匙插入用 1 表示，无钥匙插入时用 0 表示；Y_1 表示开锁信号（绿灯），Y_2 表示报警信号（红灯），灯亮时为 1，不亮时为 0。

1. 设计方案及步骤

(1) 根据设计题目要求列出真值表，见表 4－38，其中×表示任意值。

(2) 根据真值表写出 Y_1 和 Y_2 表达式

$$Y_1 = EABCD$$

$$Y_2 = E\,\overline{ABCD}$$

如果分别用 74LS20 和 74LS00 实现设计要求，则要将 Y_1和 Y_2 转换为两变量或四变量的与非与非式。

$$Y_1 = EABCD = \overline{\overline{E\,\overline{\overline{ABCD}}}}$$

$$Y_2 = E\,\overline{ABCD} = \overline{\overline{E\,\overline{ABCD}}}$$

(3) 根据表达式画出逻辑图，如图 4－83 所示。

表 4－38　　密码锁真值表

E	A	B	C	D	Y_1	Y_2
0	×	×	×	×	0	0
	0	0	0	0	0	1
	0	0	0	1	0	1
	0	0	1	0	0	1
	0	0	1	1	0	1
	0	1	0	0	0	1
	0	1	0	1	0	1
	0	1	1	0	0	1
1	0	1	1	1	0	1
	1	0	0	0	0	1
	1	0	0	1	0	1
	1	0	1	0	0	1
	1	0	1	1	0	1
	1	1	0	0	0	1
	1	1	0	1	0	1
	1	1	1	0	0	1
	1	1	1	1	1	0

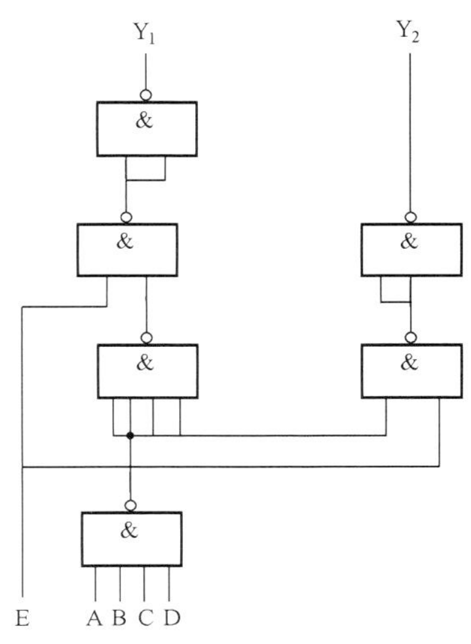

图 4－83　密码锁逻辑图

由 74LS20 和 74LS00 构成的密码锁电路如图 4－84 所示。

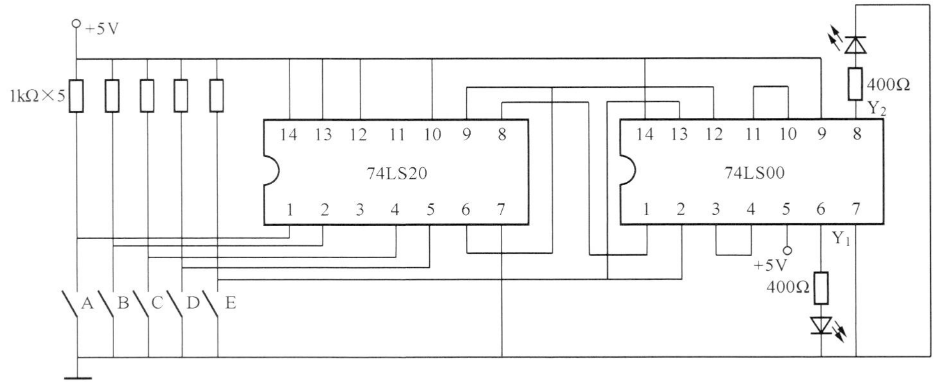

图 4－84　由 74LS20 和 74LS00 组成的密码锁电路

2. 供参考选择的元器件如下

(1) 74LS20，1 片；

(2) 74LS00，1 片；

(3) 发光二极管红、绿各 1 只；

(4) 电阻若干。

3. 设计报告要求

(1) 按照组合逻辑电路设计方法，写出密码锁设计过程，画出逻辑图；

(2) 选择适当的元器件，画出密码锁的接线图；

(3) 组装、调试密码锁；

(4) 简要写出密码锁设计的心得、体会。

习　　题

4.1 试将下列十进制数转换为二进制数：

35；67；89；165

4.2 试将下列二进制数转换为十进制数：

$(1010)_2$；$(110011)_2$；$(10111011)_2$；$(11010101)_2$。

4.3 试有一数码 10010101，作为二进制数时，对应的十进制数为多少？作为 8421BCD 码时，对应的十进制数又为多少？

4.4 试列出下列逻辑函数的真值表，画出其逻辑图。比较（1）和（2）；（3）和（4）的真值表有何关系。

(1) $F=\overline{A}B+AC+BC$

(2) $F=\overline{A}B+AC$

(3) $F=\overline{A}B+A\overline{B}+AB$

(4) $F=A+B$

4.5 试写出图 4-85 所示电路的逻辑表达式和真值表。

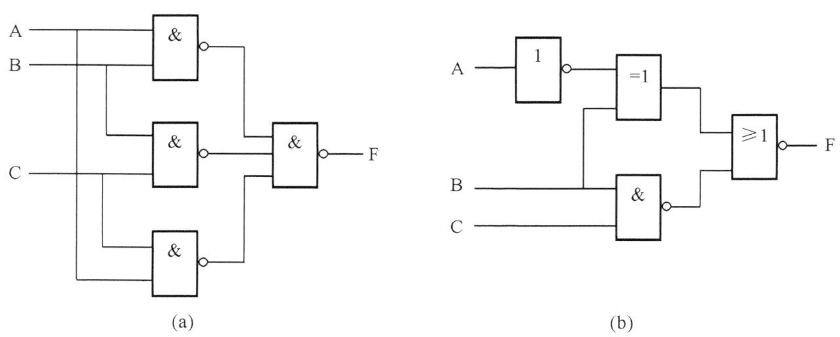

图 4-85 题 4.5 图

4.6 试用与非门实现下列逻辑函数：

(1) $F=\overline{A+\overline{B}+A\overline{C}}$；

(2) $F=AB+A\overline{B}+\overline{B}C$；

(3) $F=A+BC$；

(4) $F=(A+B)\cdot(A+\bar{C})$。

4.7 试用代数法化简下列逻辑函数：

(1) $F=A+A\bar{B}C+AB\cdot(C+D)+BC+B\bar{C}$；

(2) $F=AB+\bar{A}C+AC$；

(3) $F=\overline{\bar{A}B+A\bar{B}}+\overline{AB}+\overline{AC}+B\bar{C}$；

(4) $F=\bar{A}\,\bar{B}\,\bar{C}+\bar{A}B\bar{C}+\bar{A}BC+A\bar{B}\,\bar{C}+A\bar{B}C+AB\bar{C}+ABC$；

(5) $F=\overline{AC+\bar{B}\,\bar{C}+BC(A\bar{C}+\bar{A}C)+\bar{A}C}$；

(6) $F=(A+B)(A+B+C)(\bar{A}+C)(B+C+D)$；

(7) $F=\overline{AB+\bar{A}B+A\bar{B}}$。

4.8 试用卡诺图将下列逻辑函数展为最小项表达式：

(1) $F=\overline{\bar{A}(B+\bar{C})}$；

(2) $F=A\bar{B}C+\bar{A}BD+AB\bar{C}$；

(3) $F=\overline{AC+\bar{A}B\bar{C}+\bar{B}C+AB\bar{C}}$；

(4) $F=\overline{\overline{A\bar{B}+ABC}+A(B+A\bar{B})}$。

4.9 试用卡诺图化简下列逻辑函数。

(1) $F=A\bar{B}CD+AB\bar{C}D+A\bar{B}+A\bar{D}+\bar{A}\,\bar{B}C$；

(2) $F=(\bar{A}\,\bar{B}+B\bar{D})\bar{C}+BD\,\overline{\bar{A}\,\bar{C}}+\bar{D}\,\overline{\bar{A}+\bar{B}}$；

(3) $F=\bar{A}B\bar{C}+\bar{A}CD+ABC+A\overline{BC}D+AB\bar{C}D$；

(4) $F=ABC+ABD+\bar{C}\,\bar{D}+A\bar{B}C+\bar{A}C\bar{D}+A\bar{C}D$；

(5) $F=\sum m(0，3，4，7)$；

(6) $F=\sum m(0\sim4，6\sim11，14)$；

(7) $F=\sum m(0\sim6，8\sim14)$；

(8) $F=\sum m(0，2，3，5，7，8，10，11，13，15)$；

(9) $F=\sum m(0，1，4，9，10，13)+\sum d(2，5，8，12，15)$。

(10) $F=\bar{B}\,\bar{C}\,\bar{D}+BC\bar{D}+ABCD$，约束条件为 $\bar{B}C\bar{D}+\bar{A}BCD+\bar{A}B\,\bar{C}\,\bar{D}$。

4.10 已知输入 A、B、C 的波形如图 4-86 (b) 所示，试画出图 4-86 (a) 中各门电路的输出波形。

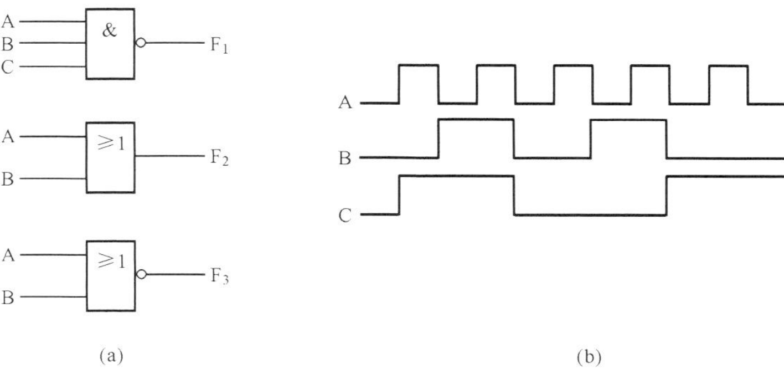

图 4-86 题 4.10 图

4.11 图 4-87 所示电路均为 TTL 电路，假设电路参数合理。试指出哪些电路能正常工作和不能正常工作？并简单说明原因。

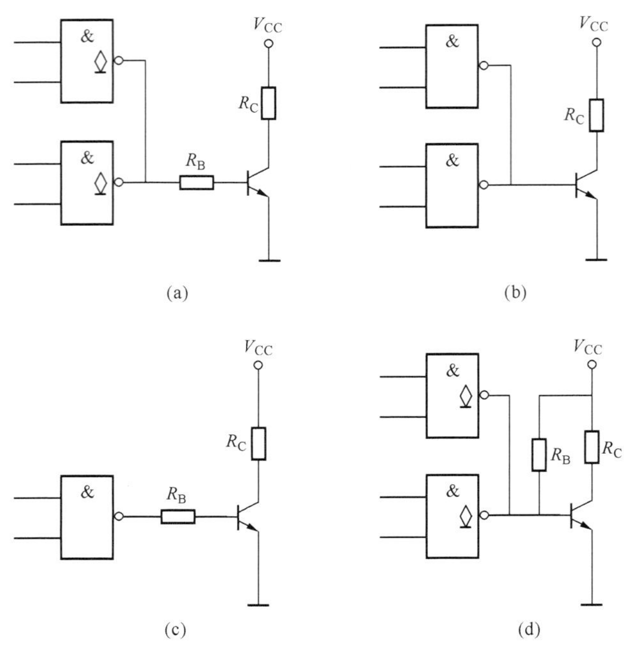

图 4-87 题 4.11 图

4.12 已知输入信号 A、B、C 的波形如图 4-88（d）所示，试画出图 4-88（a）～(c) 各输出端的输出波形图。

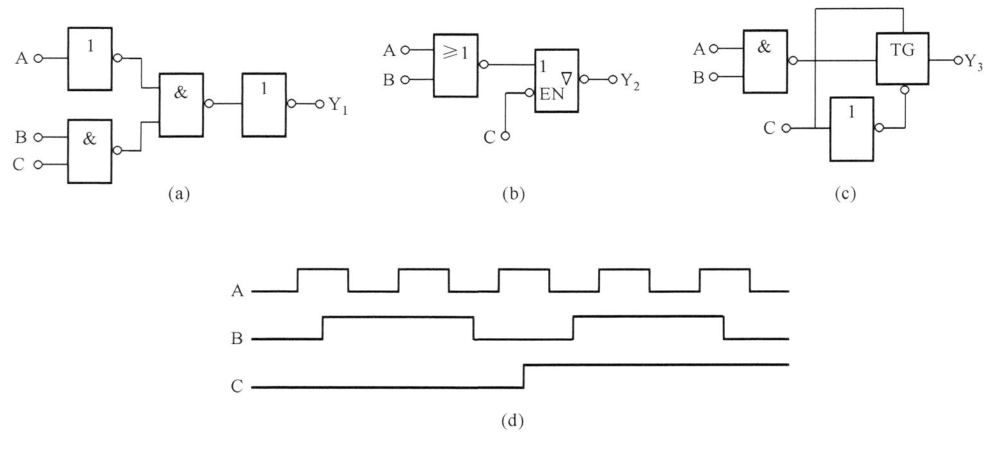

图 4-88 题 4.12 图

4.13 试分析组合逻辑电路的目的是什么，并请写出分析步骤。

4.14 试思考组合逻辑电路的设计步骤是什么？

4.15 试思考编码器的功能是什么？都有哪几种编码器？

4.16　试思考译码器的功能是什么？都有哪几种译码器？怎样用二进制译码器实现多输出的逻辑函数？

4.17　试思考数据选择器的功能是什么？怎样用数据选择器实现逻辑函数？

4.18　试分析图 4-89 所示电路在 C_1、C_2 不同组合下的逻辑功能。

4.19　某车间有 A、B、C、D 四台电动机，现要求：(1) A 机必须开机；(2) 其他三台电动机中至少有两台开机。如不满足上述要求，则指示灯灭。设指示灯亮为“1”，灭为“0”。电动机的开机信号通过某种装置送到各自的输入端，使该输入端为“1”，否则为“0”。试用“与非”门组成指示灯亮的逻辑图。

4.20　试写出图 4-90 所示电路的输出表达式。

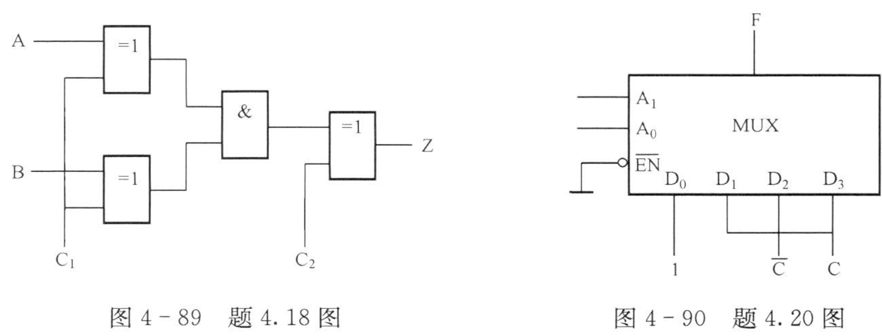

图 4-89　题 4.18 图　　　图 4-90　题 4.20 图

4.21　试写出图 4-91 所示电路的输出表达式。

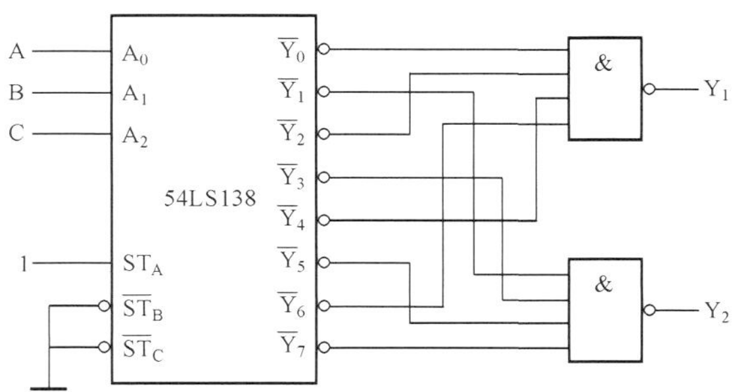

图 4-91　题 4.21 图

情境五　数字钟的设计与调试

数字钟是一种直接显示时、分、秒的计时装置，与传统的机械钟相比，它具有走时准确，显示直观，结构简单等优点，目前得到广泛应用，如电子手表，车站、码头、广场等公共场所的大型数显电子钟等。数字钟电路组成框图如图 5－1 所示。

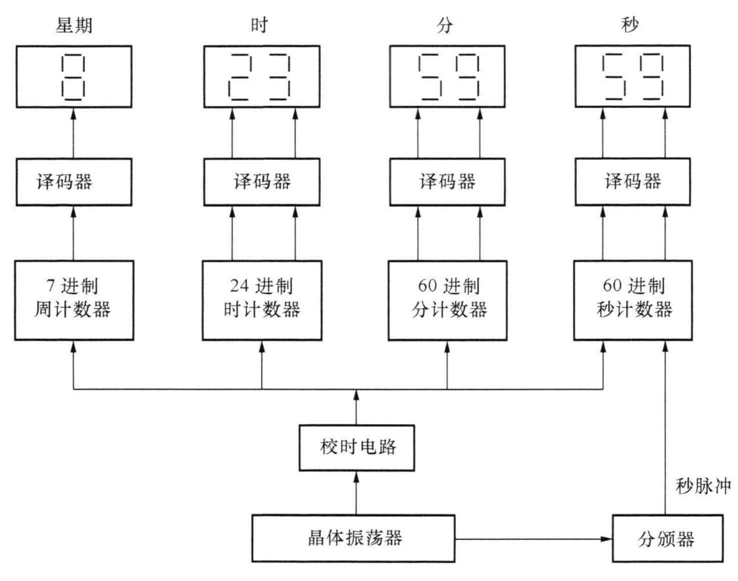

图 5－1　数字钟组成框图

5.1　设计目的及任务

5.1.1　设计目的

(1) 掌握数字钟的设计与调试方法；

(2) 掌握集成触发器、计数器、寄存器的功能及使用方法。

5.1.2　设计任务及要求

任务：用中规模集成电路设计一台能显示星期、时、分、秒的数字钟。

具体要求如下：

(1) 由晶振电路产生 1Hz 的标准秒脉冲信号；

(2) 秒、分显示 00～59；

(3) 时显示 00～23；

（4）能手动或自动进行秒、分、时、星期的校正。

5.2　必备知识一：集成触发器

触发器是时序逻辑电路的基本部件。由触发器可构成寄存器、计数器、模/数转换器等时序逻辑电路。触发器有两个稳定的输出状态，分别是 0 态和 1 态。如果触发器处于 0 态，只要触发器输入端不加有效的触发信号，触发器处于 0 态就不会变化，只有当触发器输入端外加有效的触发信号，触发器状态才可以由 0 态变化为 1 态。同理，当触发器处于 1 态时，只要输入端不加有效的触发信号，触发器也不会由 1 态变为 0 态，所以这类触发器也被称为双稳态触发器。

常用的触发器有 JK 触发器和 D 触发器，下面分别介绍这两种触发器的功能与应用。

5.2.1　JK 触发器

1. 电路组成

JK 触发器的逻辑电路如图 5－2（a）所示，其逻辑符号如图 5－2（b）所示。

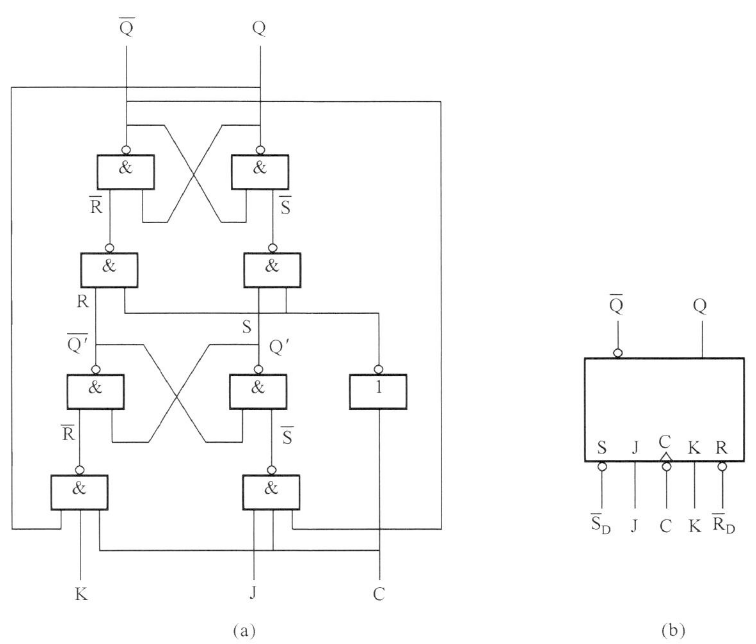

图 5－2　JK 触发器电路图及符号

（a）逻辑电路；（b）逻辑符号

各字母的含义：

Q 和 $\overline{Q}$ 端是触发器两个互补的输出端，正常情况下两个输出端状态互为相反，如果Q=0，则 $\overline{Q}$=1。如果 Q=1，则 $\overline{Q}$=0。规定把 Q 端的状态称为触发器的状态。例如，Q=0 时，就说触发器处于 0 态，当 Q=1 时，就说触发器处于 1 态。

$\overline{R}_D$(Reset) 是直接置 0 输入端，$\overline{S}_D$(Set) 是直接置 1 输入端，非号是指低电平有效，下标 D 是英文单词 direct 的第一个字母，表示直接的意思，它不受时钟脉冲的控制。若$\overline{R}_D=0$、$\overline{S}_D=1$，则触发器直接置 0，若 $\overline{S}_D=0$、$\overline{R}_D=1$，则触发器直接置 1。

J、K 是触发器的两个触发信号输入端，他们是在 $\overline{R}_D$ 和 $\overline{S}_D$ 都为高电平时，在时钟脉冲作用下才起触发作用。

CP 端（Clock Pole）是触发器的时钟脉冲输入端，符号中的非号说明该触发器是下降沿（或负跳沿）触发，就是只有当时钟脉冲由 1 变为 0 的一瞬间，触发器才可以由 J、K 的有效触发信号触发，其他时刻触发器状态都不变。

2. 逻辑功能

触发器逻辑功能可以分别用逻辑符号、真值表、特性方程、波形图、状态图等几种不同形式表示。

(1) 真值表。

JK 功能触发器真值表见表 5-1。其中，Q^n 称作初态，表示触发器在时钟脉冲触发沿（下降沿）到来以前 Q 的状态，Q^{n+1}称作次态，表示触发器在时钟脉冲触发沿（下降沿）到来以后 Q 的状态。需要注意的是，触发器的初态及次态都是滚动的，以后将通过波形图进一步说明。

表 5-1　　JK 功能触发器真值表

J　K	Q^n	Q^{n+1}	功能说明
0　0	0	0	$Q^{n+1}=Q^n$　保持不变
0　0	1	1	
0　1	0	0	$Q^{n+1}=0$　置 0
0　1	1	0	
1　0	0	1	$Q^{n+1}=1$　置 1
1　0	1	1	
1　1	0	1	$Q^{n+1}=\overline{Q}^n$　翻转
1　1	1	0	

由真值表可以看出，JK 功能触发器的功能很多，当 J=K=0 时，触发器具有保持功能，其状态保持不变；当 J=0、K=1，或 J=1、K=0 时，触发器的状态与 J 的状态相同，J=0 则 $Q^{n+1}=0$，J=1 则 $Q^{n+1}=1$，具有置数的功能；当 J=1、K=1 时，触发器的次态与其初态相反，具有翻转计数的功能。

说明：表 5-1 是在 $\overline{S}_D=\overline{R}_D=1$，并且有 CP 脉冲在下降沿的前提下才成立。

(2) 特性方程。

特性方程是描述触发器输出与输入之间逻辑关系的方程式，是触发器逻辑功能的文字描述方式。由表 5-1 可以得到 JK 功能触发器特性方程为

$$Q^{n+1} = J\overline{Q}^n + \overline{K}Q^n \tag{5-1}$$

式 (5-1) 是在时钟脉冲触发沿（下降沿）作用下，且 $\overline{S}_D=\overline{R}_D=1$ 才成立，各个量之间的时间关系如下：

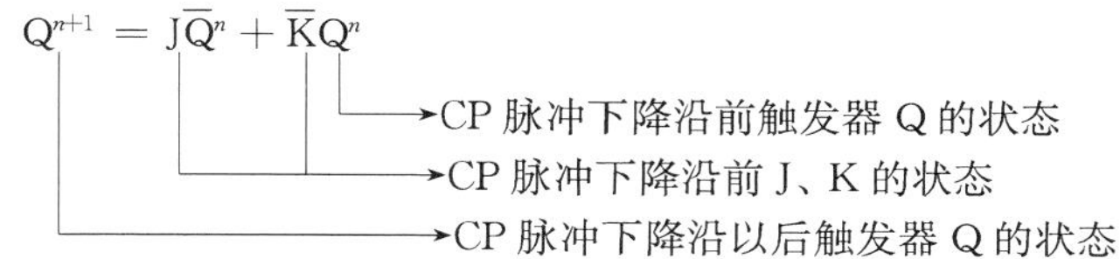

(3) 状态图。

图 5－3 所示为 JK 触发器的状态图。从状态图转换条件可以看出，当触发器处于 0 态时，只要看 J 端的状态就可以确定触发器的状态，而与 K 端状态无关。若J＝0，触发器状态不变，若 J＝1，在 CP 脉冲下降沿作用下，触发器由 0 变 1。当触发器处于 1 态时，只要看 K 端的状态就可以确定触发器的状态，而与 J 端状态无关。若 K＝0，触发器状态不变，若 K＝1，在 CP 脉冲下降沿作用下，触发器由 1 变 0。

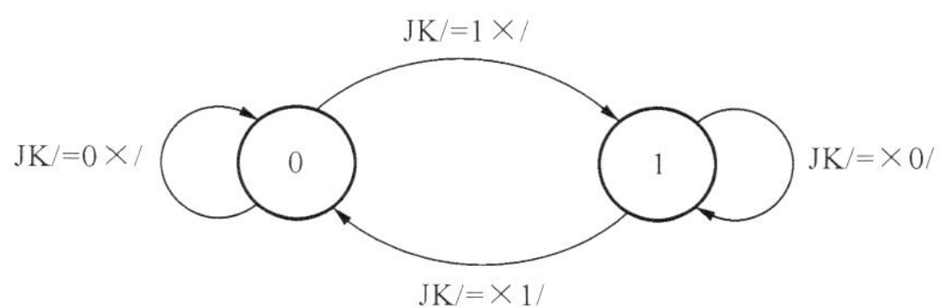

图 5－3　JK 触发器的状态图

(4) 波形图。

JK 触发器的波形图可根据以下两点画出：一是触发器的输出只有在 CP 脉冲下降沿瞬间才可以变化；二是触发器的次态由 CP 下降沿以前的 J、K 状态按触发器功能表决定。

图 5－4 所示为 JK 触发器的波形图，是JK 触发器初始状态为 0 时，在 CP 脉冲作用下的波形图。

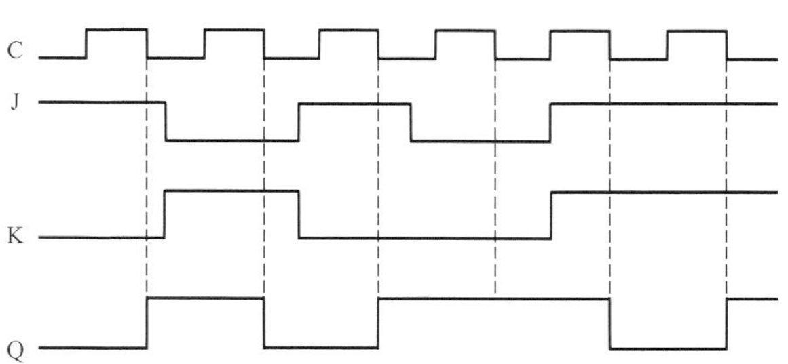

图 5－4　JK 触发器波形图

【例 5－1】 已知触发器初始状态为 0，CP 及 J、K 的波形如图 5－5 所示。试画出 Q 的波形。

解：根据触发器下降沿触发方式，先找出 CP 脉冲下降沿，再根据 JK 触发器逻辑功能，画出 Q 的波形图如图 5－5所示。

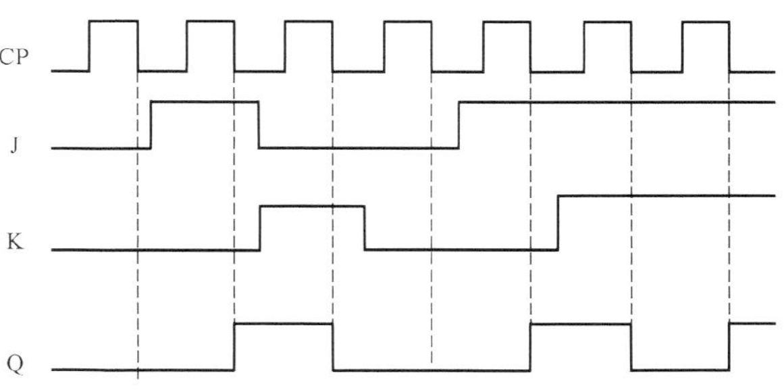

图 5－5 [例 5－1] 图

3. 74LS112 集成双 JK 触发器简介

74LS112 集成芯片内含有两个独立的 JK 触发器，图 5－6 所示为 74LS112 双 JK 触发器的引脚分布图。

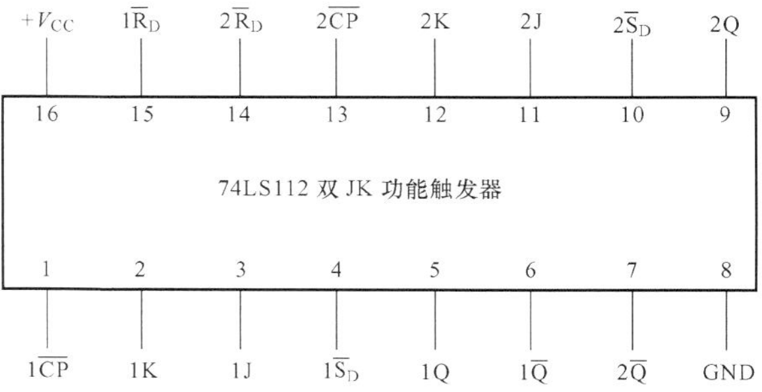

图 5－6　74LS112 引脚分布图

74LS112 双 JK 触发器主要引脚功能如下：

$\overline{CP}$——JK 触发器的 CP 脉冲输入端，下降沿触发；

K、J——JK 触发器的触发信号输入端；

$\overline{S}_D$、$\overline{R}_D$——JK 触发器的直接置 1 端和直接置 0 端，低电平有效；

Q、$\overline{Q}$——JK 触发器的两个互补输出端。

实训 5.1 集成 JK 触发器 74LS112 的功能测试及仿真

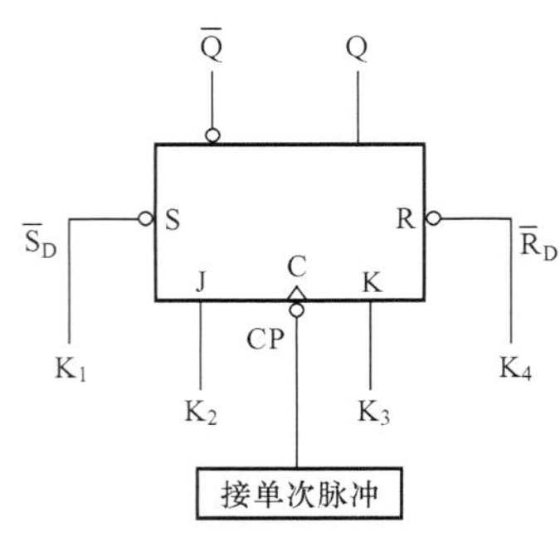

图 5-7 JK 触发器实验接线图

(1) 测试 $\overline{R}_D$、$\overline{S}_D$ 的复位、置位功能。

取一片 74LS112 集成触发器芯片插入实验箱 IC 插座中，按图 5-7 接线图接线，其中 $\overline{R}_D$、$\overline{S}_D$、K、J 分别接数字实验箱上逻辑电平开关的输出接口 K_1～K_4，CP 端接数字实验箱的单次脉冲源，Q、$\overline{Q}$ 端接数字实验箱逻辑电平显示输入接口，按表 5-2 测试并将测试结果填入表 5-2 中。

(2) JK 触发器功能测试。

令 $\overline{R}_D=1$，$\overline{S}_D=1$，按表 5-3 测试并将测试结果填入表 5-3 中。

表 5-2 $\overline{R}_D$、$\overline{S}_D$ 的复位、置位功能测试

$\overline{R}_D$	$\overline{S}_D$	J	K	CP	指示灯	Q
0	1	×	×	×		
1	1	×	×	↓		
1	0	×	×	×		
1	1	×	×	↓		

表 5-3 JK 触发器的功能测试

J	K	Q^n	CP	指示灯	Q^{n+1}
0	0	0	↓		
0	0	1	↓		
0	1	0	↓		
0	1	1	↓		
1	0	0	↓		
1	0	1	↓		
1	1	0	↓		
1	1	1	↓		

(3) 用 JK 触发器构成一位二进制计数器。

令 $\overline{R}_D=1$，$\overline{S}_D=1$，J=1，K=1，首先在 CP 脉冲输入端接单次脉冲信号或接 1Hz 的连续脉冲信号，用实验箱上指示灯观察 Q 端的状态变化，验证触发器输出状态是否每触发一次而变化一次。

在上述实验基础上，在 CP 脉冲输入端接 1kHz 的连续脉冲信号，用示波器分别观察 CP 端和 Q 端的波形，并注意观察输出端 Q 的状态变化是否对应 CP 脉冲的下降沿。

按图 5-8 所示建立 JK 触发器的仿真电路，双击 XFG1 信号源图标进行信号源参数设置，设置矩形波信号，频率为 1kHz，幅度为 5V，然后双击示波器图标，按动仿真按钮进行仿真。

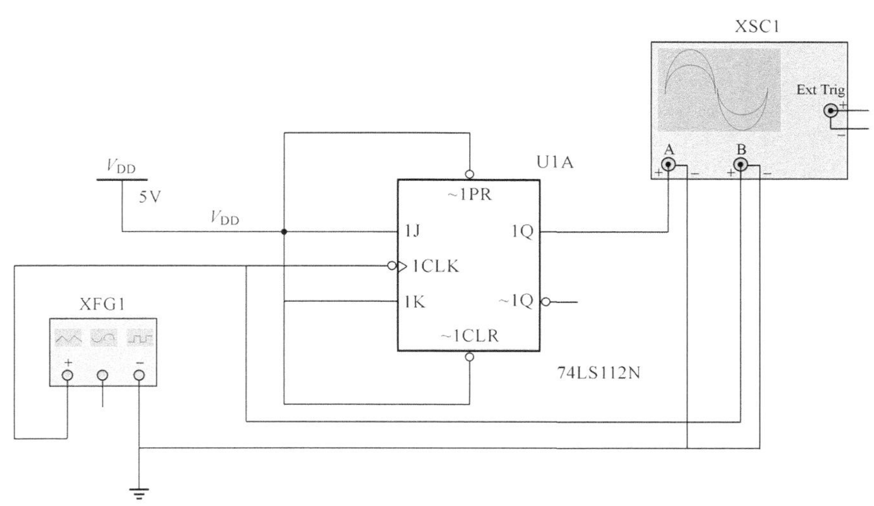

图 5-8　JK 触发器仿真电路

5.2.2　D 触发器

D 触发器只有一个信号输入端，用字母 D 表示，D 是英文单词 date 的第一个字母，表示数据的意思，所以 D 触发器也称作数据型触发器。

1. D 功能触发器的电路组成及逻辑符号

图 5-9 所示为 D 触发器的逻辑电路图及逻辑符号。图中，Q 、$\overline{Q}$、$\overline{R}_D$、$\overline{S}_D$、CP 的含义与 JK 触发器中的含义相同，D 是信号输入端。D 触发器多为上升沿触发方式，图 5-9 所示为上升沿触发的触发器。D 触发器接收的是 CP 上升沿前一瞬间 D 的边沿信号，所以也称作边沿触发器，在下面讨论的波形图中可以直观地看出来。

2. D 触发器的逻辑功能

(1) 真值表。

D 触发器的真值表如表 5-4 所示。

由表 5-4 可知，D 触发器就是在 CP 脉冲作用下将 D 端数据置入触发器输出端，实现置数功能。

(2) 特性方程。

由表 5-4 可以得出 D 触发器的特性方程为

$$Q^{n+1} = D \tag{5-2}$$

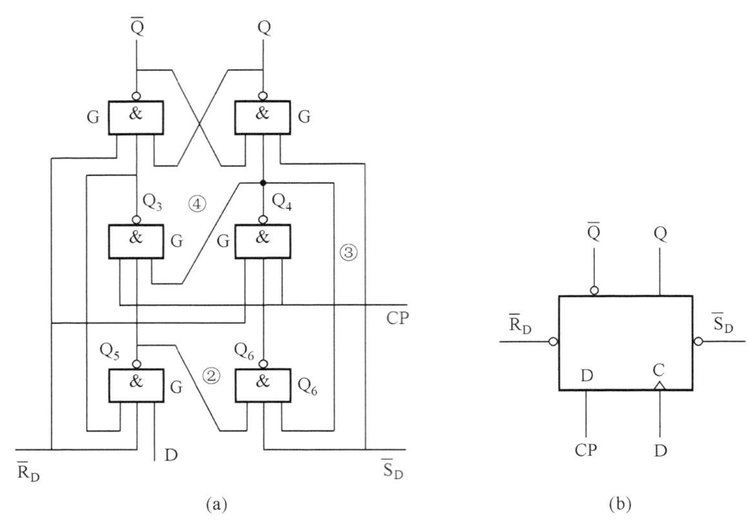

图 5-9 D 功能触发器的逻辑电路及逻辑符号

(a) 逻辑电路；(b) 逻辑符号

表 5-4 **D 触发器的真值表**

CP	D	Q^n	Q^{n+1}	说明
↑	0	0	0	置 0
↑	0	1	0	
↑	1	0	1	置 1
↑	1	1	1	

式（5-2）中，D 表示的是 CP 脉冲上升沿前一瞬间 D 的状态，Q^{n+1} 表示的是 CP 脉冲上升沿以后触发器 Q 的状态，二者之间有一个时间差。

（3）状态图

图 5-10 所示为 D 触发器状态图。

（4）波形图

D 触发器波形图如图 5-11 所示。

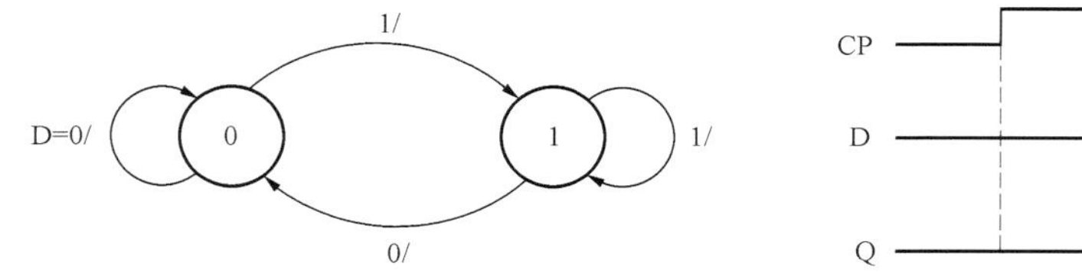

图 5-10 D 触发器的状态转换图

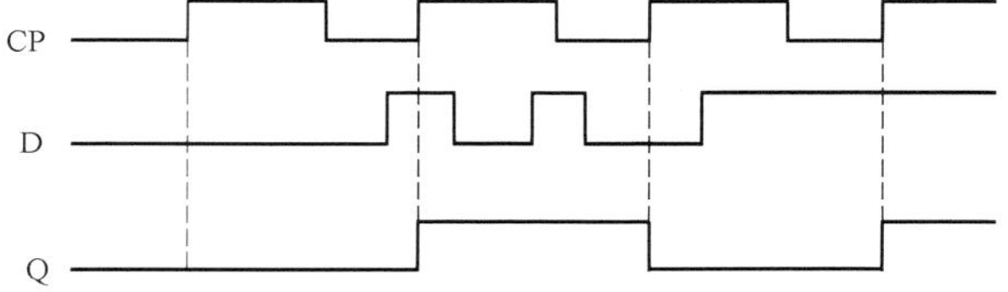

图 5-11 D 触发器波形图

【例 5-2】 已知上升沿触发的 D 触发器，其初态为 0，CP 脉冲、$\overline{R}_D$、$\overline{S}_D$ 以及 D 的波形如图 5-12 所示，试画出 Q 的波形图。

解：根据上升沿触发方式及 D 触发器的功能，画出 Q 波形如图 5-12 所示。

3. 集成双 D 触发器 74LS74 简介

图 5-13 所示为集成双 D 触发器 74LS74 的引脚分布图。

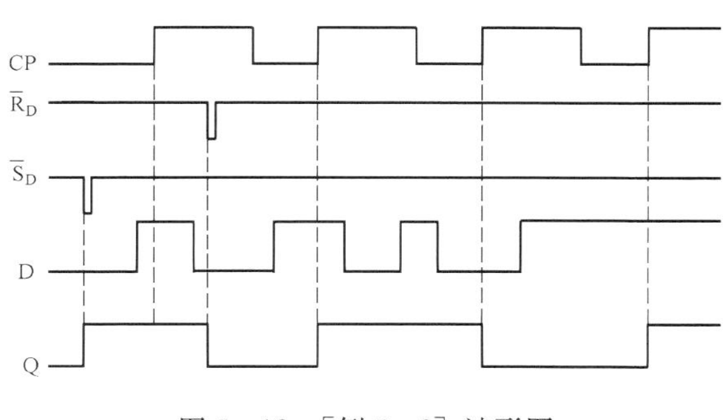

图 5-12 ［例 5-2］波形图

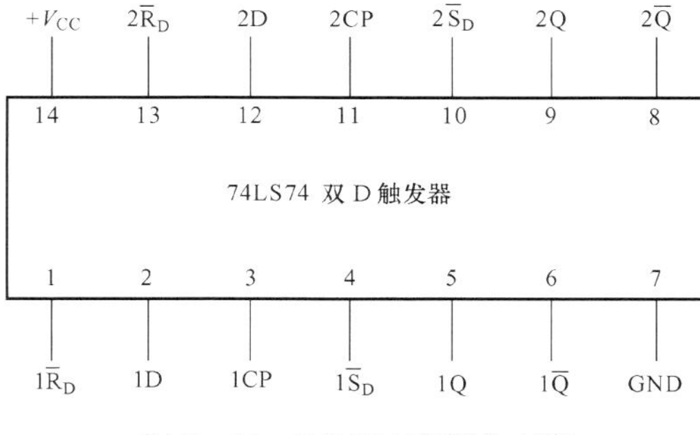

图 5-13　74LS74 引脚分布图

74LS74 中集成了两个独立的 D 触发器，引脚 1～6 为一个 D 触发器的六个端子，8～13 是另一个 D 触发器的六个端子，电源端和公共端是公用的。从引脚分布图的第 3 引脚可看出，74LS74 是 CP 脉冲的上升沿触发。

实训 5.2　D 触发器功能测试及仿真

(1) 测试 $\overline{R}_D$、$\overline{S}_D$ 的复位、置位功能。

取一片 74LS74 集成触发器芯片，将其中一个 D 触发器按图 5-14 接线，将 $\overline{R}_D$、$\overline{S}_D$、D 分别接数字实验箱上逻辑电平开关的输出接口 S1～S3，CP 端接数字实验箱的单次脉冲源，Q、$\overline{Q}$ 端接数字实验箱逻辑电平显示接口，按表 5-5 测试并将测试结果填入表 5-5 中。

(2) D 触发器功能测试。

令 $\overline{R}_D=1$，$\overline{S}_D=1$，按表 5-6 测试并将测试结果填入表 5-6 中。

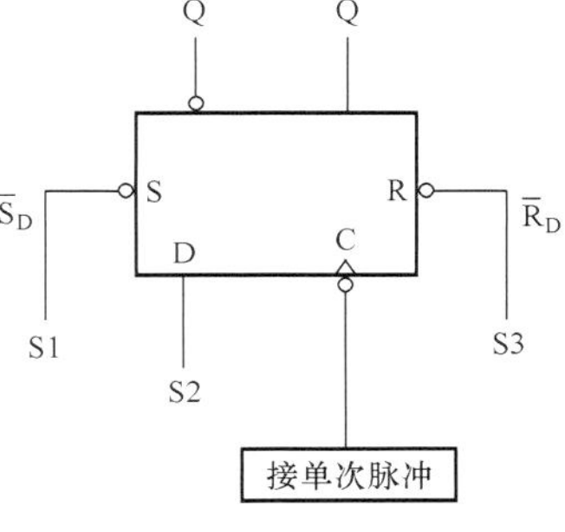

图 5-14　D 触发器实验接线图

表 5-5　$\overline{R}_D$、$\overline{S}_D$ 的复位、置位功能测试

$\overline{R}_D$	$\overline{S}_D$	D	CP	指示灯	Q
0	1	×	×		
1	1	×	↑		
1	0	×	×		
1	1	×	↑		

表 5-6　D 触发器的功能测试

D	Q^n	CP	指示灯	Q^{n+1}
0	0	↑		
0	1	↑		
1	0	↑		
1	1	↑		

(3) 用 D 触发器构成一位二进制计数器。

令 $\overline{R}_D=1$，$\overline{S}_D=1$，$D=\overline{Q^n}$，首先在 CP 脉冲输入端接单次脉冲信号或接 1Hz 的连续脉冲信号，用实验箱上指示灯观察 Q 端的状态变化，验证触发器输出状态是否每触发一次而变化一次。

在上述实验基础上，在 CP 脉冲输入端接 1kHz 的连续脉冲信号，用示波器分别观察 CP 端和 Q 端的波形，并注意观察输出端 Q 的状态变化是否对应 CP 脉冲的上升沿。

按图 5-15 建立仿真电路，双击 XFG1 信号源图标进行信号源参数设置，设置矩形波信号，频率为 1kHz，幅度为 5V，然后双击示波器图标，按动仿真按钮进行仿真，并注意观察输出端 Q 的状态变化是否对应 CP 脉冲的上升沿。

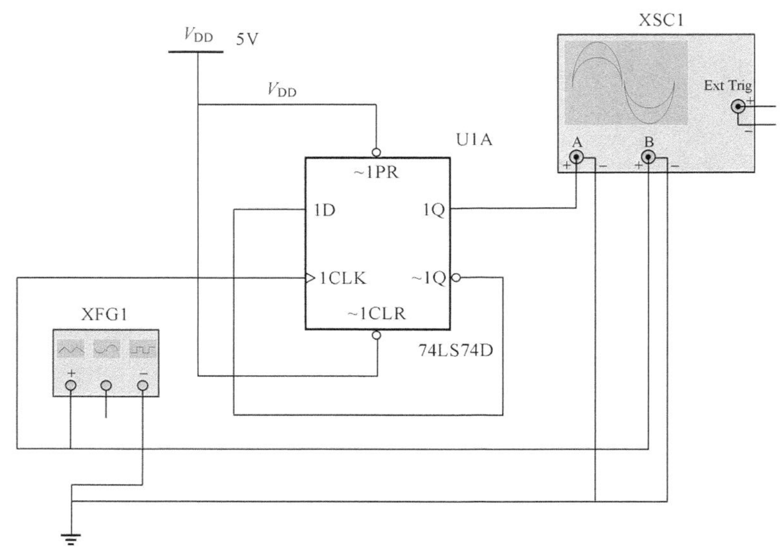

图 5-15 D 触发器仿真电路

5.3 必备知识二：寄存器和移位寄存器

寄存器是能够寄存数据的电路。它是数字信号运算过程中不可缺少的环节，例如，在微机、数控机床等数字设备操作时，通过键盘或触摸开关等输入的数据，总要先寄存起来，然后再把这些暂存的数据送入运算器按预定程序进行运算。

寄存器可分为数码寄存器和移位寄存器两种，下面分别进行阐述。

一、数码寄存器

数码寄存器的功能就是寄存一组二进制数码，前面介绍的 D 功能触发器，具有置数的功能，可以寄存一位二进制数，多个 D 功能触发器就可以构成多位数码寄存器。四位二进制数码寄存器逻辑电路如图 5-16 所示。

数码寄存器工作原理如下：

根据 D 触发器特性方程 $Q^{n+1}=D$，设输入数据为 $D_3D_2D_1D_0=1101$，即 $D_3=1$，$D_2=1$，

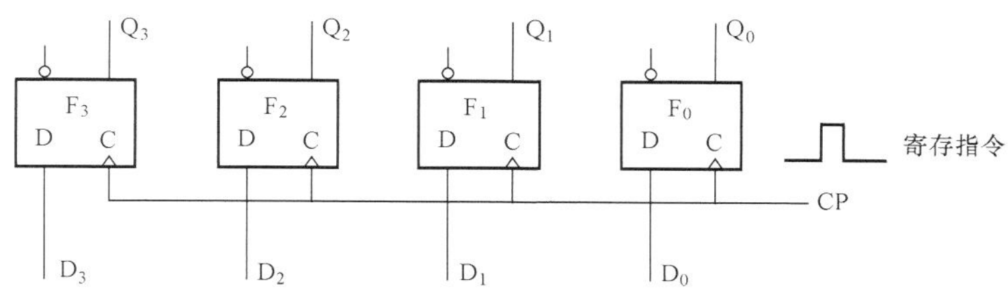

图 5-16　四位二进制数码寄存器逻辑电路

$D_1=0$，$D_0=1$。当发来寄存指令，CP 脉冲由 0 变 1 时，出现一个上升沿，则 $Q_3=D_3=1$，$Q_2=D_2=1$，$Q_1=D_1=0$，$Q_0=D_0=1$，即 $Q_3Q_2Q_1Q_0=1101$。当寄存指令消失后，输出保持不变，将输入数据保存下来。这种将多位二进制数同时送入输入端的输入方式，称为并行输入方式。同理，将寄存的多位二进制数同时输出的方式，称为并行输出方式。

二、移位寄存器

移位寄存器不仅有寄存数据的功能，而且具有移位功能。在数字系统中，应用移位寄存器可以存储数据，也可以用于数据的串行/并行转换以及数据的运算与处理。移位寄存器有单向移位寄存器和双向移位寄存器，在本书中只介绍单向移位寄存器。

1. 左移移位寄存器

由 D 触发器构成的四位左移移位寄存器如图 5-17 所示。其工作原理如下：

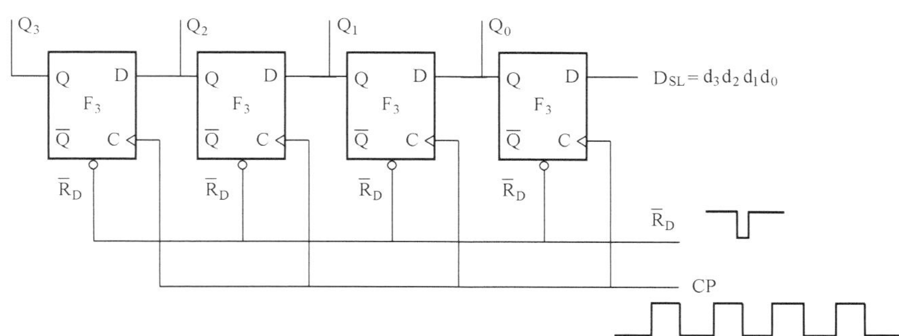

图 5-17　四位左移移位寄存器逻辑电路

由 $D_0=D_{SL}$，$D_i=Q_{i-1}^n$ 可知

在 CP 脉冲作用下有 $Q_0^{n+1}=D_{SL}$，$Q_i^{n+1}=Q_{i-1}^n$（$i=1$，2，3）

设在加入 CP 脉冲前，各触发器初始状态均为 0。

第一个 CP 脉冲：$Q_0=d_3$，$Q_1=Q_0^n=0$，$Q_2=Q_1^n=0$，$Q_3=Q_2^n=0$

第二个 CP 脉冲：$Q_0=d_2$，$Q_1=Q_0^n=d_3$，$Q_2=Q_1^n=0$，$Q_3=Q_2^n=0$

第三个 CP 脉冲：$Q_0=d_1$，$Q_1=Q_0^n=d_2$，$Q_2=Q_1^n=d_3$，$Q_3=Q_2^n=0$

第四个 CP 脉冲：$Q_0=d_0$，$Q_1=Q_0^n=d_1$，$Q_2=Q_1^n=d_2$，$Q_3=Q_2^n=d_3$

经过四个 CP 脉冲，将输入数据从高位到低位依次送入寄存器。这种将多位二进制数逐位输入的方式，称为串行输入方式。寄存器可以并行方式一次将数据输出，也可以串行方式输出。

2. 环形移位寄存器

四位环形移位寄存器如图 5-18 所示。其中，$D_3=Q_0^n$，$D_i=Q_{i+1}^n$（i=0，1，2）。

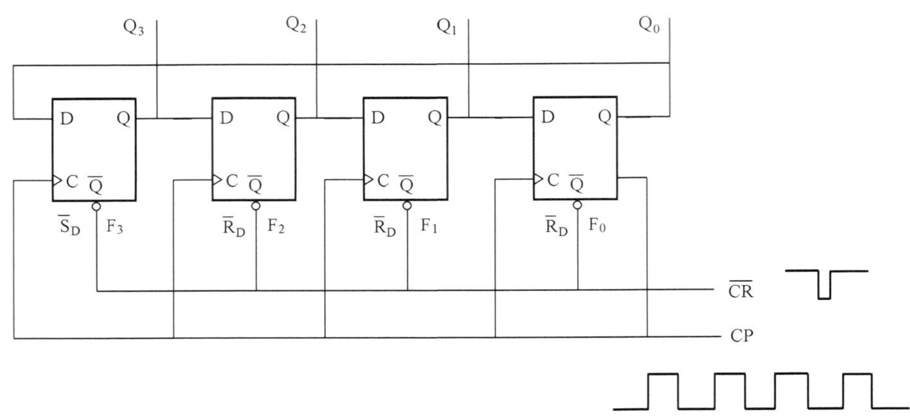

图 5-18 四位环形移位寄存器逻辑电路

在没接入 CP 脉冲前，由$\overline{CR}$给各触发器一个初始状态，因为最高位触发器 F_3 的 $\overline{S}_D$ 及其他各触发器的 $\overline{R}_D$ 都与$\overline{CR}$相连，所以，初始状态为 $Q_3Q_2Q_1Q_0$=1000。

第一个 CP 脉冲，循环移动一位，有 $Q_3Q_2Q_1Q_0$=0100。

第二个 CP 脉冲，循环移动一位，有 $Q_3Q_2Q_1Q_0$=0010。

第三个 CP 脉冲，循环移动一位，有 $Q_3Q_2Q_1Q_0$=0001。

第四个 CP 脉冲，循环移动一位，有 $Q_3Q_2Q_1Q_0$=1000。

经过四个 CP 脉冲后，寄存器完成一次循环。图 5-19 所示为四位环形移位寄存器的时序图。

若用八个触发器可构成八位循环移位寄存器，请读者自行分析。

三、可编程集成寄存器 74LS194

74LS194 集成寄存器具有保持、左移、右移、数码寄存等多种功能，通过两个控制变量的四种组合分别实现上述功能的选择，各引脚排列图如图 5-20 所示。功能表见表 5-7。

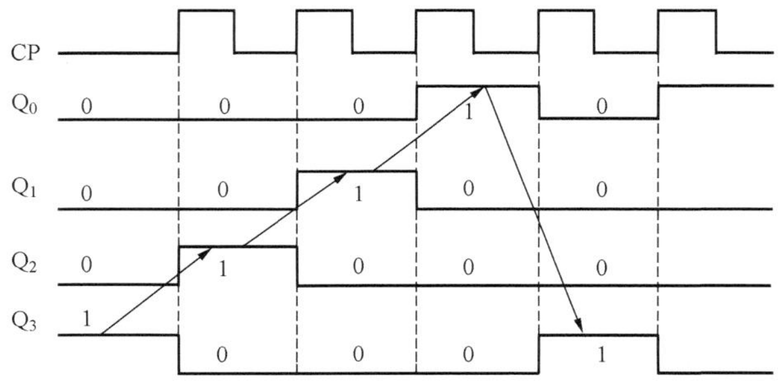

图 5-19 环形移位寄存器时序图

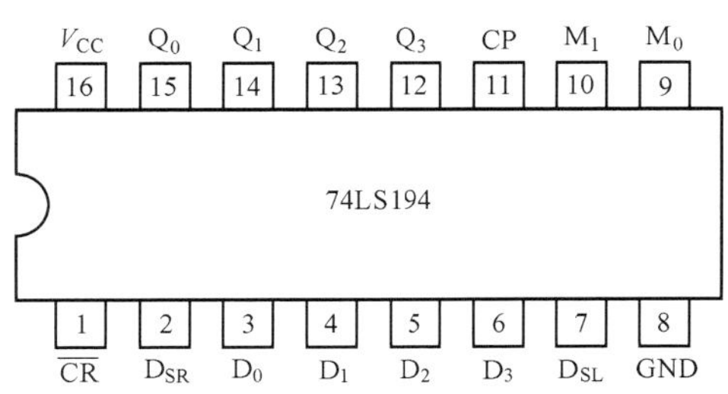

图 5-20 74LS194 引脚排列

表 5－7　　**74LS194 功能表**

功能	输入										输出			
	$\overline{CR}$	M_1	M_0	CP	D_{SL}	D_{SR}	D_0	D_1	D_2	D_3	Q_0^{n+1}	Q_1^{n+1}	Q_2^{n+1}	Q_3^{n+1}
清零	0	×	×	×	×	×	×	×	×	×	0	0	0	0
保持	1	×	×	0	×	×	×	×	×	×	保持			
	1	0	0	×										
置数	1	1	1	↑	×	×	d_0	d_1	d_2	d_3	d_0	d_1	d_2	d_3
右移	1	0	1	↑	×	1	×	×	×	×	1（D_{SR}）	Q_0^{n+1}	Q_1^{n+1}	Q_2^{n+1}
	1	0	1	↑	×	0					0（D_{SR}）	Q_0^{n+1}	Q_1^{n+1}	Q_2^{n+1}
左移	1	1	0	↑	1	×	×	×	×	×	Q_1^{n+1}	Q_2^{n+1}	Q_3^{n+1}	1（D_{SL}）
	1	1	0	↑	0	×					Q_1^{n+1}	Q_2^{n+1}	Q_3^{n+1}	0（D_{SL}）

实训 5.3　集成寄存器 74LS194 功能测试

取一块 74LS194 芯片插入实验箱 IC 插孔，按图 5－21 接线图接线。

(1) 清零功能测试：

令$\overline{CR}=0$，观察输出端四个发光二极管的状态并记录之。

(2) 数码寄存功能测试：

令$\overline{CR}=1$，$M_1=M_0=1$，数据端 $D_3 \sim D_0$ 预置一个数据如 0101，按动单次脉冲，观察四个发光二极管状态，看数据 0101 是否存入输出端。

(3) 右移功能测试：

按图 5－21 中虚线接线，将 Q_3 接到 D_{SR}端，按第 2 项实验内容将数据 0001 存入寄存器中，然后令$\overline{CR}=1$，$M_1=0$，$M_0=1$，在 CP 端输入四次单次脉冲，观察四个发光二极管的状态并记录之。

(4) 左移功能测试：

将图 5－21 中虚线断开，将 Q_0 接到 D_{SL}端，按第 2 项实验内容将数据 1000 存入寄存器中，然后令$\overline{CR}=1$，$M_1=1$，$M_0=0$，在 CP 端输入四次单次脉冲，观察四个发光二极管的状态并记录之。

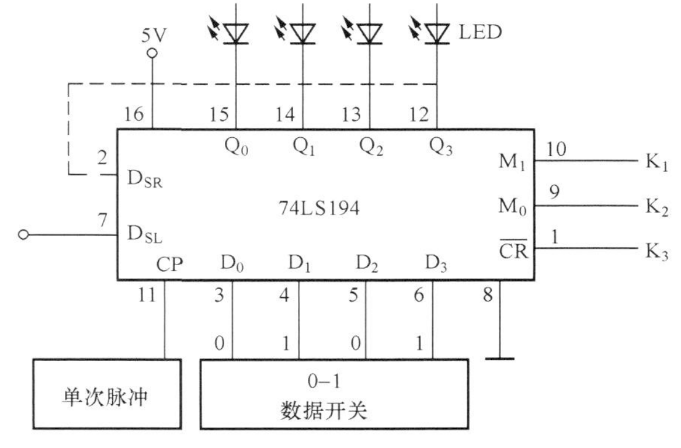

图 5－21　74LS194 实验接线图

5.4　必备知识三：计数器

5.4.1　计数器的特点和分类

1. 计数器的概念

在日常生产生活工作中，处处都涉及计数问题，如各项比赛的加分、清点人数、统计产品等都要计数。在数字电路中，把记录输入脉冲个数的操作称作计数，能实现计数操作的电子电路称作计数器。也就是说计数器就是实现对时钟脉冲个数进行累加的电路。

2. 计数器的特点

从电路组成来看，计数器的主要单元是触发器，从输入端来看，一般情况只有时钟脉冲作控制信号，输入端的信号是由触发器的输出反馈而来，就是说输出的次态是初态的函数。

3. 计数器分类

计数器按计数进位规律可分为以下三类：

(1) 二进制计数器：在计数脉冲作用下，按二进制计数规律进行计数的电路称为二进制计数器。

(2) 十进制计数器：在计数脉冲作用下，按十进制计数规律进行计数的电路称为十进制计数器。

(3) N 进制计数器：除了二进制、八进制、十六进制和十进制计数器以外，其他任意进制计数器都称作 N 进制计数器。例如，N=12，就是十二进制计数器，可用来表示一年十二个月的计数。N=60，就是六十进制计数器，用来表示一小时 60 分钟，或一分钟 60 秒的计数。

按计数中数字的增减可分为以下三类：

(1) 加法计数器：在计数脉冲作用下，按递增的规律进行计数的计数器称作加法计数器。

(2) 减法计数器：在计数脉冲作用下，按递减的规律进行计数的计数器称作减法计数器。

(3) 可逆计数器（加/减计数器）：在加减控制信号的控制下，既可以递增计数，也可以递减计数的计数器称作可逆计数器。

5.4.2 二进制计数器

一、四位二进制加法计数器

1. 电路组成

四位二进制加法计数器如图 5-22 所示，它是由四个 JK 触发器组成的。图中，JK 端子悬空相当于接逻辑 1，所以每个触发器都具有计数功能，但只有第一个触发器的 CP 端接计数脉冲输入信号，而高位触发器的 CP 端接相邻低位触发器的输出端，只有当相邻低位触发器输出端由 1 变 0 时，其高位的触发器才被触发翻转。

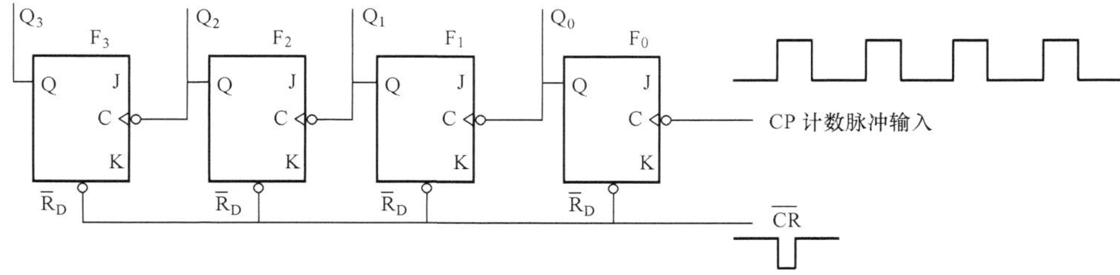

图 5-22 四位二进制加法计数器

2. 二进制加法计数器的状态表

根据各触发器的翻转条件可列出计数器的状态表见表 5 - 8。

表 5 - 8　　四位二进制加法计数器状态表

计数脉冲 CP	电路输出状态				等效十进制数	计数脉冲 CP	电路输出状态				等效十进制数
	Q_3	Q_2	Q_1	Q_0			Q_3	Q_2	Q_1	Q_0	
0	0	0	0	0	0	9	1	0	0	1	9
1	0	0	0	1	1	10	1	0	1	0	10
2	0	0	1	0	2	11	1	0	1	1	11
3	0	0	1	1	3	12	1	1	0	0	12
4	0	1	0	0	4	13	1	1	0	1	13
5	0	1	0	1	5	14	1	1	1	0	14
6	0	1	1	0	6	15	1	1	1	1	15
7	0	1	1	1	7	16	0	0	0	0	0
8	1	0	0	0	8						

由状态表可看出，电路状态是按四位二进制加法计数规律变化，实现了四位二进制加法计数功能。根据各触发器翻转条件，可依次画出在 CP 计数脉冲作用下 $Q_3Q_2Q_1Q_0$ 的波形图，也称时序图，如图 5 - 23 所示。

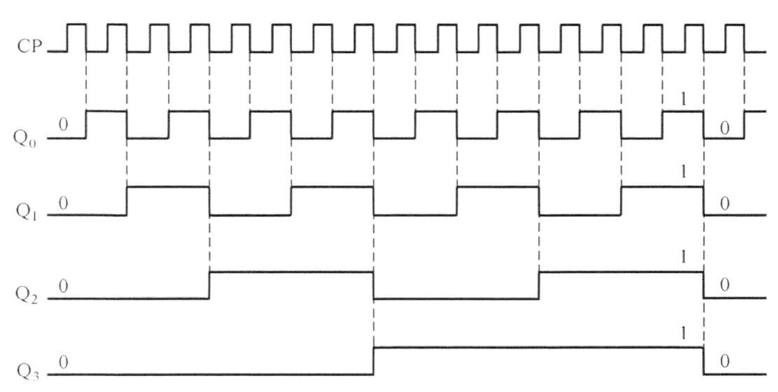

图 5 - 23　四位二进制加法计数器时序图

由图 5 - 23 可以看出：

Q_0 的周期是 CP 脉冲的两倍，其频率是 CP 脉冲频率的二分之一，即二分频。

Q_1 的周期是 CP 脉冲的四倍，其频率是 CP 脉冲频率的四分之一，即四分频。

Q_2 的周期是 CP 脉冲的八倍，其频率是 CP 脉冲频率的八分之一，即八分频。

Q_3 的周期是 CP 脉冲的十六倍，其频率是 CP 脉冲频率的十六分之一，即十六分频。

综上所述：

(1) 计数器也是一个分频器，从 Q_0 输出为二分频，从 Q_1 输出为四分频，从 Q_2 输出为 8 分频，从 Q_3 输出为十六分频；

(2) 计数器容量为 2^n-1（计数器累计脉冲个数）；

(3) 计数器的模为 2^n（计数器不重复的状态个数）。

二、四位二进制减法计数器

由 JK 触发器构成的四位二进制减法计数器如图 5 - 24 所示。

图中最低位触发器 F_0 的 CP 端接计数脉冲源，而高位触发器的 CP 端接相邻低位的 $\overline{Q}$

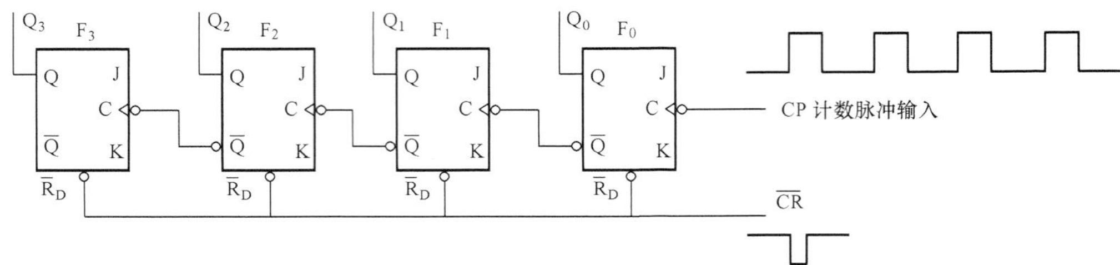

图 5-24 四位二进制减法计数器

端。只有当相邻低位端的 $\overline{Q}$ 由 1 变 0 时（即当相邻低位 Q 端的状态由 0 变 1 时），才可以被触发。仿照图 5-22 的分析，可得到图 5-24 电路的状态表见表 5-9。

表 5-9 四位二进制减法计数器状态表

计数脉冲 CP	电路输出状态				等效十进制数	计数脉冲 CP	电路输出状态				等效十进制数
	Q_3	Q_2	Q_1	Q_0			Q_3	Q_2	Q_1	Q_0	
0	0	0	0	0	0	9	0	1	1	1	7
1	1	1	1	1	15	10	0	1	1	0	6
2	1	1	1	0	14	11	0	1	0	1	5
3	1	1	0	1	13	12	0	1	0	0	4
4	1	1	0	0	12	13	0	0	1	1	3
5	1	0	1	1	11	14	0	0	1	0	2
6	1	0	1	0	10	15	0	0	0	1	1
7	1	0	0	1	9	16	0	0	0	0	0
8	1	0	0	0	8						

三、四位二进制集成计数器 74LS163

将图 5-22 所示四位二进制加法计数器电路，外加预置数据使能端以及数据输入端子，用集成的方法做在一块半导体芯片上，就可得到图 5-25 所示的 74LS163 四位集成二进制计数器的逻辑电路。74LS163 引脚分布图如图 5-26 所示。

74LS163 主要引脚功能如下。

$\overline{CR}$：清零端，低电平有效，同步清零。

CP：计数脉冲，上升沿触发。

CT_P、CT_T：计数使能端，高电平有效。

$\overline{LD}$：预置数据使能端，低电平有效。

$\overline{C_0}$进位输出端。计数器 $Q_3Q_2Q_1Q_0$ 从 0000～1110 状态，$\overline{C_0}=0$，当计数到 $Q_3Q_2Q_1Q_0=1111$ 时，$\overline{C_0}=1$。当进位时$\overline{C_0}$由 1 变 0，发出下降沿。

74LS163 功能表见表 5-10。

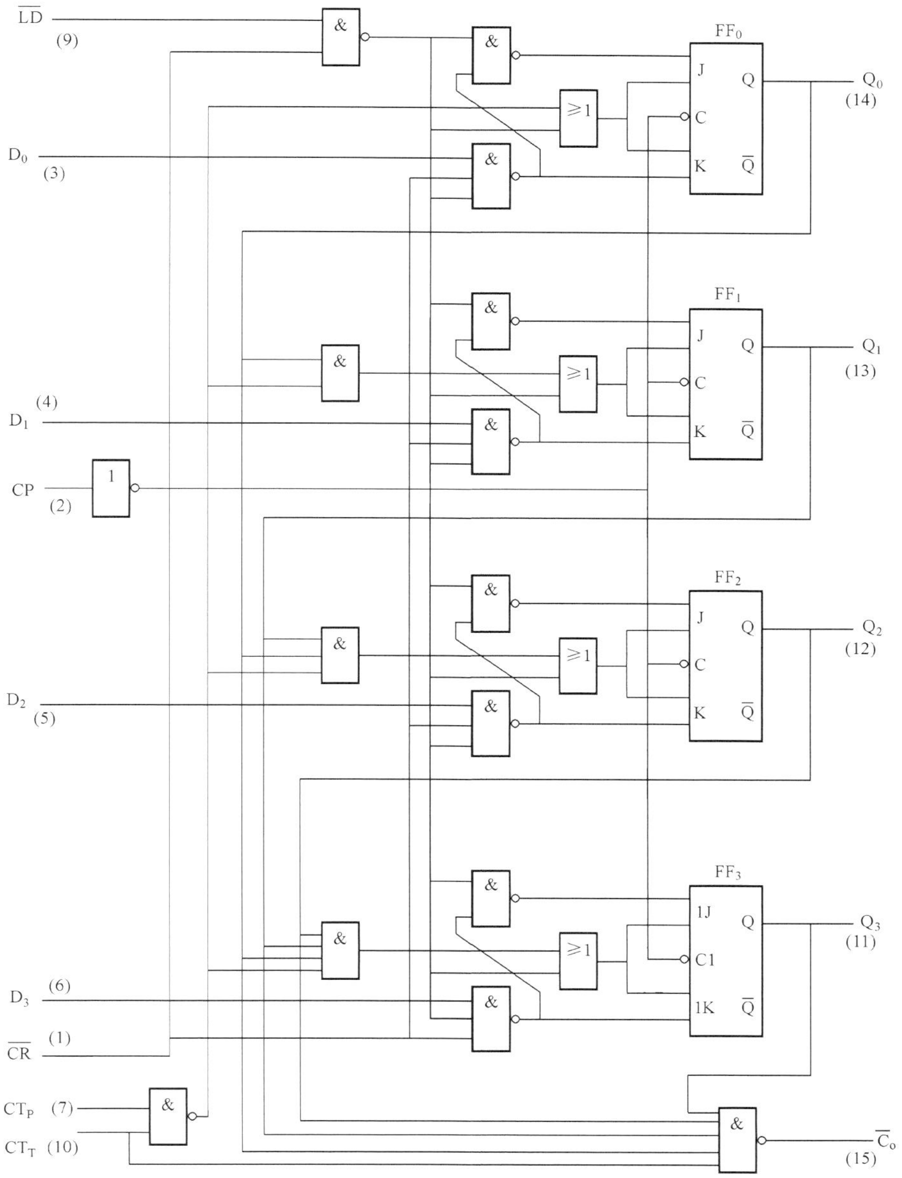

图 5－25　四位二进制集成计数器 74LS163 逻辑图

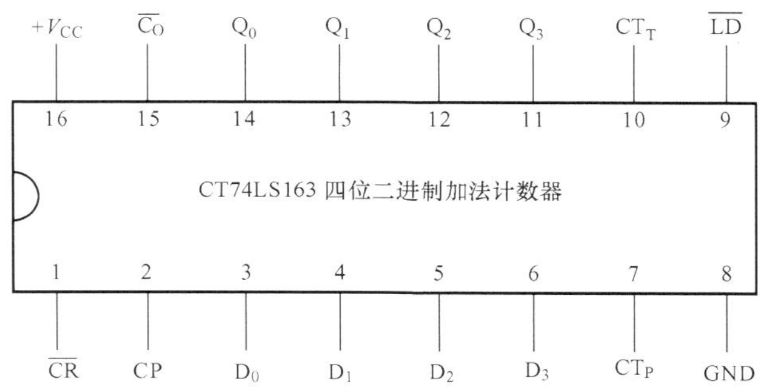

图 5－26　CT74LS163 四位二进制加法计数器引脚分布图

表 5-10　74LS163 的功能表

输入					输出	功能说明
$\overline{CR}$	$\overline{LD}$	CT_T　CT_P	CP	$D_3D_2D_1D_0$	$Q_3Q_2Q_1Q_0$	
0	×	×　×	↑	××××	0　0　0　0	同步清零
1	0	×　×	↑	d_3 d_2 d_1 d_0	d_3 d_2 d_1 d_0	同步置数
1	1	0　×	×	××××	保持	保持
1	1	×　0	×	××××	保持	
1	1	1　1	↑	××××	计数	四位二进制加法计数

74LS161 是与 74LS163 管脚兼容的集成二进制加法计数器，引脚分布与 74LS163 完全相同。不同的是 74LS161 是异步清零，同步置数。其功能表见表 5-11 所示。

表 5-11　74LS161 功能表

输入					输出	功能说明
$\overline{CR}$	$\overline{LD}$	CT_T　CT_P	CP	$D_3D_2D_1D_0$	$Q_3Q_2Q_1Q_0$	
0	×	×　×	×	××××	0　0　0　0	异步清零
1	0	×　×	↑	d_3 d_2 d_1 d_0	d_3 d_2 d_1 d_0	同步置数
1	1	0　×	×	××××	保持	保持
1	1	×　0	×	××××	保持	
1	1	1　1	↑	××××	计数	二进制加法计数

实训 5.4　二进制加法计数器功能测试

取一块 74LS163 芯片插入实验箱 IC 插孔中，按图 5-27 接线，将输入端及各控制端接逻辑电平开关接口的输出，将输出端接显示器接口的输入，按表 5-12 实验，根据发光二极管亮与不亮在表 5-12 中记录实验结果。

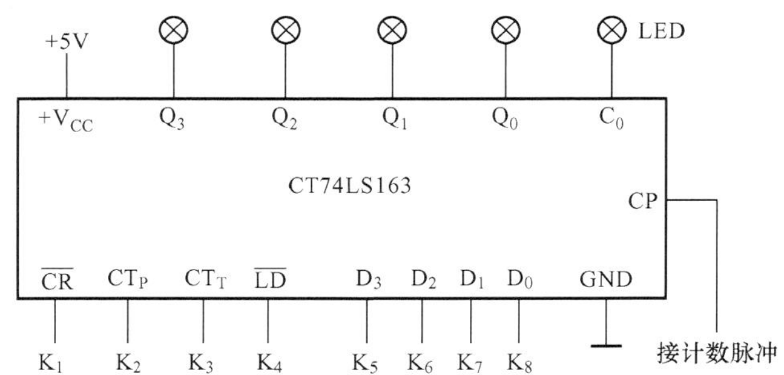

图 5-27　74LS163 四位二进制加法计数器实验接线图

表 5 - 12　　**74LS163 集成二进制加法计数器测试**

输入					输出		功能说明
$\overline{CR}$	$\overline{LD}$	CT_T　T_P	CP	$D_3D_2D_1D_0$	$Q_3Q_2Q_1Q_0$	$\overline{C_0}$	
0	×	×　×	↑	××××			
1	0	×　×	↑	1 1 0 1			
1	1	0　×	×	××××			
1	1	×　0	×	××××			
1	1	1　1	↑	××××			
1	1	1　1	↑	××××			
1	1	1　1	↑	××××			

5.4.3　十进制计数器

一、十进制加法计数器

1. 电路组成

一位 8421BCD 码十进制加法计数器如图 5 - 28 所示。

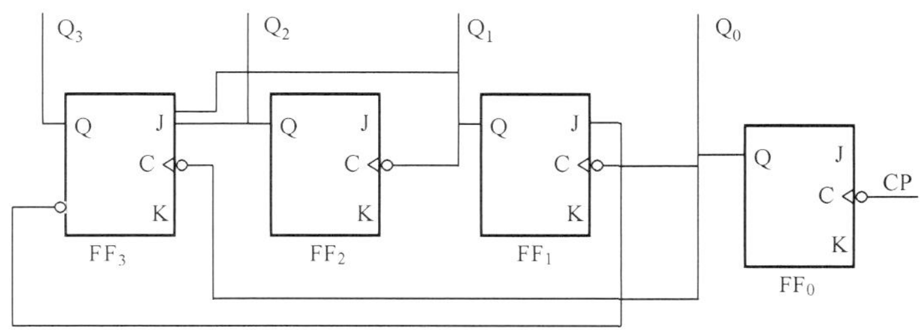

图 5 - 28　一位十进制加法计数器逻辑图

2. 十进制加法计数器状态表

十进制加法计数器状态表见表 5 - 13。

表 5 - 13　　**十进制加法计数器状态表**

CP	Q_3　Q_2　Q_1　Q_0	等效十进制数	CP	Q_3　Q_2　Q_1　Q_0	等效十进制数
0	0　0　0　0	0	6	0　1　1　0	6
1	0　0　0　1	1	7	0　1　1　1	7
2	0　0　1　0	2	8	1　0　0　0	8
3	0　0　1　1	3	9	1　0　0　1	9
4	0　1　0　0	4	10	0　0　0　0	0
5	0　1　0　1	5			

由表 5－13 可看出：该电路是按 8421BCD 码十进制加法计数规律变化，所以是一位 8421BCD 码十进制加法计数器。

二、集成十进制可逆计数器 74LS192

74LS192 是集成十进制可逆计数器，即能实现加法计数，又能实现减法计数。分别由加法计数脉冲 CP_U 和减法计数脉冲 CP_D 控制，其引脚分布如图 5－29 所示。

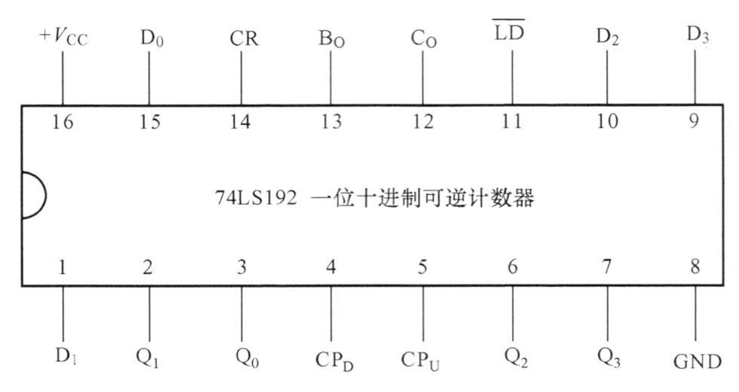

图 5－29　74LS192 可逆计数器引脚分布

其主要引脚功能如下：

CP_U、CP_D：分别为加法和减法计数脉冲输入端，上升沿触发。

CR：清零端，高电平有效，异步清零。

C_O、B_O：分别为进位输出和借位输出。在进位或借位时，发出上升沿。

74LS192 的功能表见表 5－14。

表 5－14　　74LS192 十进制可逆计数器功能表

输入				输出	功能说明
CR	$\overline{LD}$	CP_U　CP_D	$D_3D_2D_1D_0$	$Q_3Q_2Q_1Q_0$	
1	×	×　×	××××	0　0　0　0	异步清零
0	0	×　×	d_3 d_2 d_1 d_0	d_3 d_2 d_1 d_0	异步置数
0	1	1　1	××××	保持	保持
0	1	↑　1	××××	加法计数	十进制加法计数
0	1	1　↑	××××	减法计数	十进制减法计数

实训 5.5　集成十进制可逆计数器功能测试

1. 74LS192 功能测试

取一片 74LS192 芯片插入实验箱 IC 插孔中，按图 5－30 接线，根据表 5－15 实验进行，将数码管显示结果表中。

2. 两位十进制计数器测试

按图 5－31 所示两位十进电路接线，将各芯片的输出端仿照图 5－30 分别接 CD4511 译码器的输入端，按功能表加法计数的条件，令各芯片的 CR=0，使清零无效，$\overline{LD}=1$，使置数无效，$CP_D=1$，CP_U 接单次脉冲使加法计数有效。连续按动单次脉冲，观察数码管的变化。

3. 十进制计数器仿真

按图 5－32 所示创建仿真电路，双击信号源设置为矩形波输出，频率为 1kHz，启动仿真可得到如图 5－33 所示仿真波形。示波器中观察到的是 CP 脉冲波形以及计数器 Q_D 的波形。从图中可以看出 CP 脉冲经过 10 个周期，Q_D 的波形对应一个周期，实现逢 10 进 1 的计数要求。

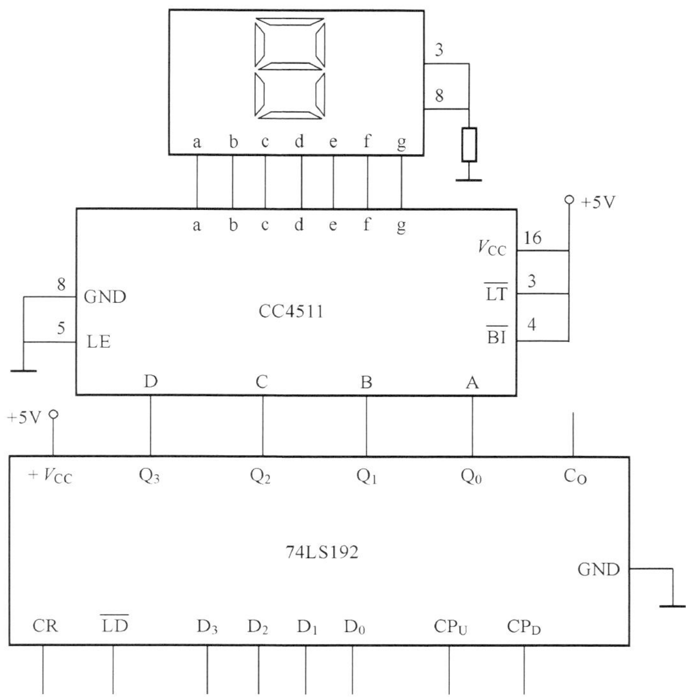

图 5-30　74LS192 可逆十进制加法计数器实验电路图

表 5-15　　74LS192 可逆计数器功能测试

输入				输出	功能说明
CR	$\overline{LD}$	CP_U　CP_D	$D_3D_2D_1D_0$	$Q_3Q_2Q_1Q_0$	
1	×	×　×	××××		
0	0	×　×	1 0 0 1		
0	1	1　1	××××		
0	1	↑　1	××××		
0	1	↑　1	××××		
0	1	↑　1	××××		
0	1	↑　1	××××		
0	1	1　↑	××××		
0	1	1　↑	××××		
0	1	1　↑	××××		
0	1	1　↑	××××		
0	1	1　↑	××××		

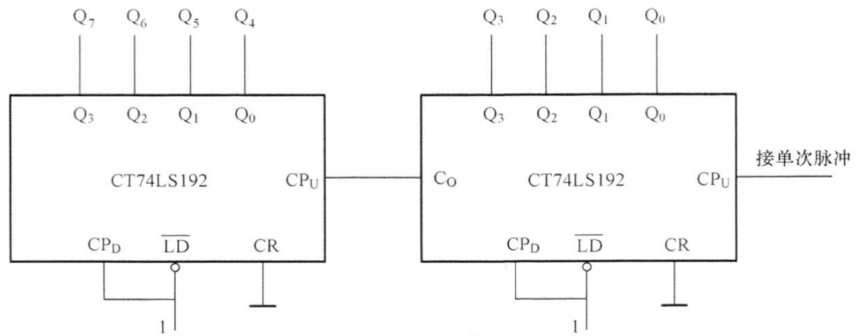

图 5-31　两位十进制加法计数接线图

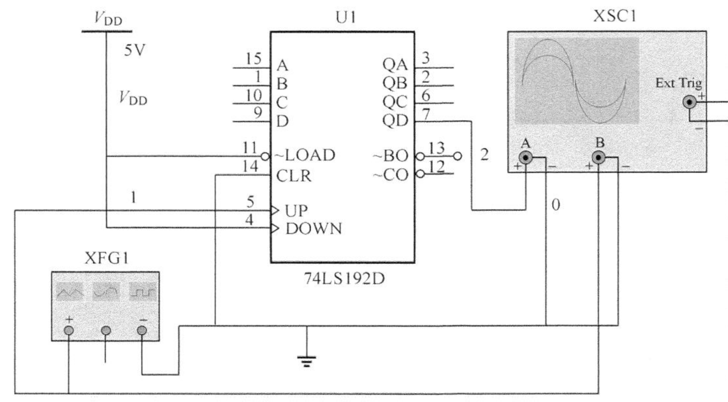

图 5-32　十进制计数器仿真电路

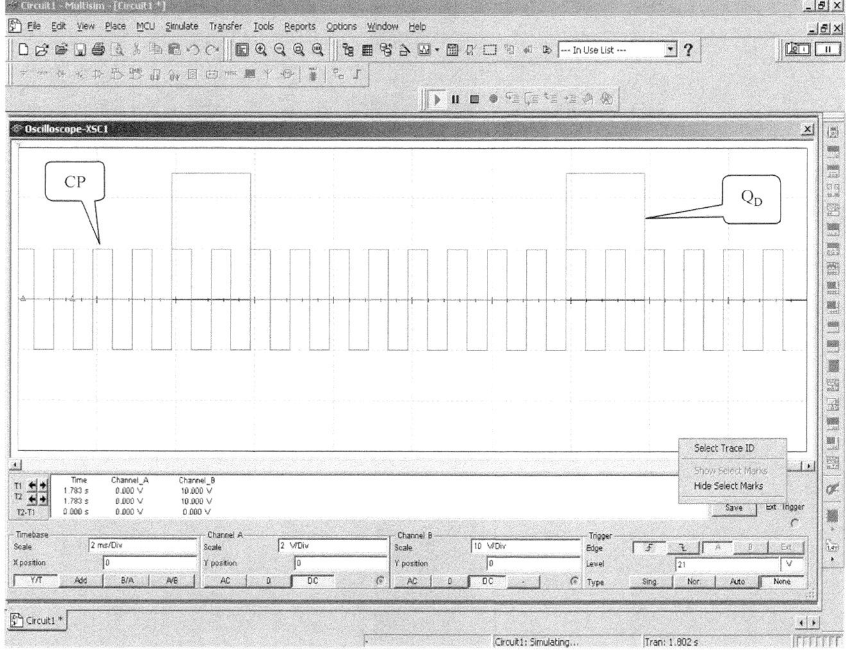

图 5-33　十进制计数器 Q_D 与 CP 脉冲仿真波形

5.4.4　可编程集成计数器——CC4029

CC4029 是一个可编程计数器。通过对两个控制端的编程，可实现二进制加、减，十进制加减计数功能。国外产品对应型号为 CD4029B。

1. CD4029 引脚分布图

图 5－34 所示为 CC4029 的引脚分布图。

2. CC4029 主要引脚功能

$\overline{LD}$：预置数据使能端，低电平有效，第一级优先。

D_0～D_3：预置数据输入端。

CP：计数脉冲输入端，上升沿有效触发。

$\overline{C}_I$：进位输入端（计数使能端）低电平有效，只有当 $\overline{C}_I=0$ 时，才能计数，当 $\overline{C}_I=1$ 时，计数脉冲无效，不能计数。该端子可用来构成多级计数器的控制，即当低位有进位（或借位）要求时，给该位的 $\overline{C}_I$ 端送有效信号。

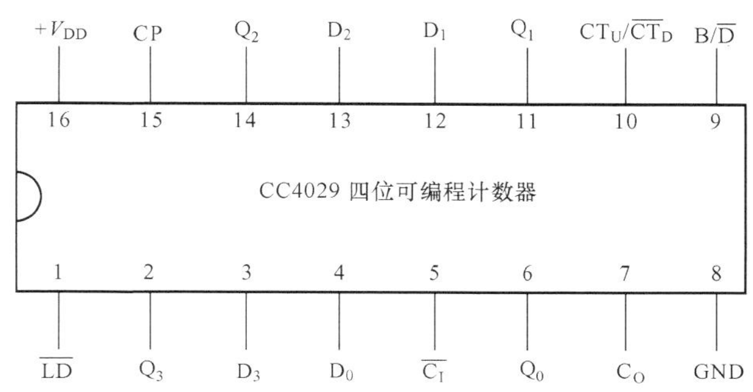

图 5－34　CC4029 四位可编程计数器引脚分布图

C_O：进位输出端，当作加法计数时，计数器计满（十进制计数器计到 1001，二进制计数器计到 1111）该端子输出 0，当再来计数脉冲时，计数器进入下一个状态，该端子 0 变 1，发出一个上升沿，为高位提供一个有效的计数脉冲。当作减法计数时，计数器减到 0000 时，该端子输出 0，计数器进入下一个状态，该端子由 0 变 1，发出一个上升沿。

$CT_U/\overline{CT}_D$：加/减计数控制端，高电平作加法计数使能，低电平作减法计数使能。

$B/\overline{D}$：计数进制控制端，高电平实现二进制计数，低电平实现十进制计数。

CC4029 功能表见表 5－16。

表 5－16　　CC4029 可编程计数器功能表

输入						输出	功能说明
预置使能	计数使能	计数脉冲	进制控制	加/减控制	预置输入	$Q_3Q_2Q_1Q_0$	
$\overline{LD}$	$\overline{C}_I$	CP	$B/\overline{D}$	$CT_U/\overline{CT}_D$	$D_3D_2D_1D_0$		
0	×	×	×	×	$d_3\ d_2\ d_1\ d_0$	$d_3\ d_2\ d_1\ d_0$	置数
1	0	↑	0	0	××××	十进制减法计数	计数
1	0	↑	0	1	××××	十进制加法计数	
1	0	↑	1	0	××××	二进制减法计数	
1	0	↑	1	1	××××	二进制加法计数	
1	1	×	×	×	××××	保持	保持

5.4.5　*N* 进制计数器

N 进制计数器，是除了二进制和十进制以外的其他任意进制计数器，其状态表中含有

N 个不重复的状态，分别表示 N 进制的 N 个数码。例如，七进制计数器有 0、1…6 等七个数码组成，所以七进制计数器状态表中有七个不重复的状态。

用集成计数器构成 N 进制计数器可以采用强迫清零法。强迫清零法就是当计数器按原来状态表变化到某一状态时，根据 N 进制计数器状态要求，跳过后面多余状态，强迫计数器清零，实现 N 进制计数要求。例如，用十进制计数器构成七进制计数器，当计数器按十进制计数器状态表从 0000→0001→…→0110 状态后，通过外部电路强迫计数器清零，从而实现了七进制计数器要求。

1. 用集成二进制计数器构成 N 进制计数器

n 位二进制计数器具有 2^n 个状态，可构成（$N<2^n$）任意进制计数器，例如，一片四位集成二进制计数器。具有 $2^4=16$ 个不重复状态，可以构成 $N<16$ 的所有 N 进制计数器。具体方法如下。

（1）确定计数器清零方式。若异步清零，来了有效清零信号后，计数器立刻清零，当前状态不被保留，所以要取 N 作为清零码。当计数器状态从 0 开始计数，到状态 N 时，得到有效清零码，计数器越过后面的状态立刻清零，数码 N 这个状态不被保留，只保留 $0\sim N-1$ 共 N 个不重复的状态，从而实现 N 进制计数。例如，要求构成七进制计数器，应该取 7 这个数码作为清零码，7 这个数码不被保留，只保留 0～6 这七个数码。若是同步清零计数器，来了有效清零码后，不能立刻清零，要等下一个计数脉冲到来后，才能清零。所以，应取 $N-1$ 作为清零码。当计数到 $N-1$ 状态时，获得有效清零信号，等到下一个 CP 脉冲到来后，计数器才能清零。因此，$N-1$ 这个状态是被保留的。保留的状态也是 $0\sim N-1$ 共 N 个不重复的状态，可以实现 N 进制计数。

（2）清零码确定以后，还要把清零码转换为相应的二进制数，以便确定清零信号的组成电路。例如，用同步清零四位二进制计数器构成一位十二进制计数器，应取 11 为清零码，转换为相应的二进制数为 $(11)_{10}=(1011)_2$，清零码 $CR=Q_3Q_1Q_0$（说明：计数器每个状态都是按每次加 1 或每次减 1 的规律独立存在的，所以，清零码只需取状态中的 1 即可。如此处的 Q_2 对应状态为 0，所以在清零码中可以不去考虑，只考虑取值为 1 的其他三个输出就可以了）。

（3）确定集成计数器的清零端是高电平有效还是低电平有效。若高电平有效，则将清零码经与门接到计数器的清零端。若是低电平清零有效，则将清零码经与非门接计数器清零端。

【例 5－3】 试用 74LS163 构成一位十二进制加法计数器。

解：74LS163 为四位二进制加法计数器，共有 16 个不重复的状态。取前十二个状态可构成十二进制计数器。因 74LS163 是同步清零方式，所以取 $(11)_{10}$ 为清零码。$(11)_{10}=(1011)_2$，74LS163 是低电平清零有效，用与非门实现。令 $\overline{CR}=\overline{Q_3Q_1Q_0}$，其逻辑电路如图 5－35 所示，其状态表见表 5－17。

如果构成十六进制以上的 N 进制计数器则需要多片集成器级联起来。例如，构成一位六十进制计数器，需要用两片集成的四位二进制计数器，首先把两片四位的二进制计数器级联成八位的二进制计数器，再用上述相同方法实现六十进制计数器。

2. 用集成十进制计数器构成 N 进制计数器

用集成十进制计数器构成 N 进制计数器的构成方法与二进制构成类似，但应注意：清零转换为相应的 8421BCD 码。一片十进制计数器有十个状态，可以构成 $N<10$ 的任意进制计数

器。对 $N>10$ 的情况，可将两片十进制计数器级联成 100 进制计数器，可构成 $N<100$ 的任意进制计数器。方法如下：若同步清零计数器，取 $N-1$ 为清零码，若异步清零计数器，则取 N 为清零码。若低电平清零，用与非门实现清零，若高电平清零，则用与门实现清零。

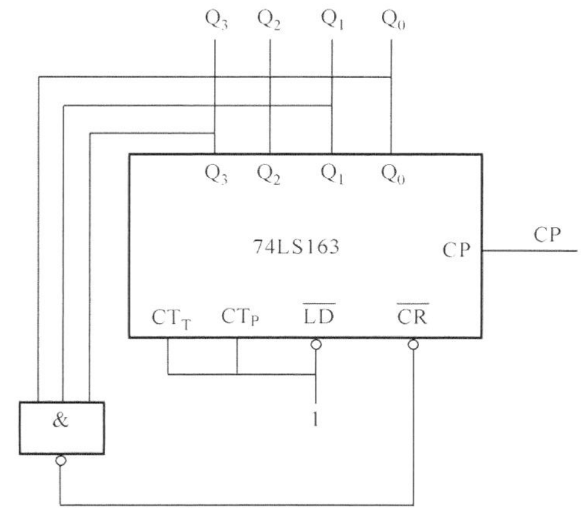

图 5-35 ［例 5-3］逻辑电路

表 5-17　十二进制计数器状态表

计数脉冲 CP	电路输出状态			
	Q_3	Q_2	Q_1	Q_0
0	0	0	0	0
1	0	0	0	1
2	0	0	1	0
3	0	0	1	1
4	0	1	0	0
5	0	1	0	1
6	0	1	1	0
7	0	1	1	1
8	1	0	0	0
9	1	0	0	1
10	1	0	1	0
11	1	0	1	1
12	0	0	0	0
跳过的状态	1	1	0	0
	1	1	0	1
	1	1	1	0
	1	1	1	1

【例 5-4】 试用一片 74LS192 构成一位七进制加法计数器。

解： 74LS192 是异步清零方式，取七为清零码。清零信号为高电平有效，可用与门实现。74LS192 是可逆十进制计数器，先构成加法计数器。

(1) 令 $CP_D=1$，在 CP_U 端加计数脉冲，构成加法计数器。

(2) 令 $\overline{LD}=1$，使置数无效。

(3) 令 $CR=Q_2Q_1Q_0$

电路组成如图 5-36 所示。在 CP 脉冲作用下，开始按十进制计数规律状态变化，到第七个脉冲到来后，计数器状态为 0111，与门输出为 1，CR=1，因为是异步清零，计数器立刻清零，0111 状态不被保留，只保留 0000～0110 七个状态，从而实现七进制计数要求。其状态转换表见表 5-18。

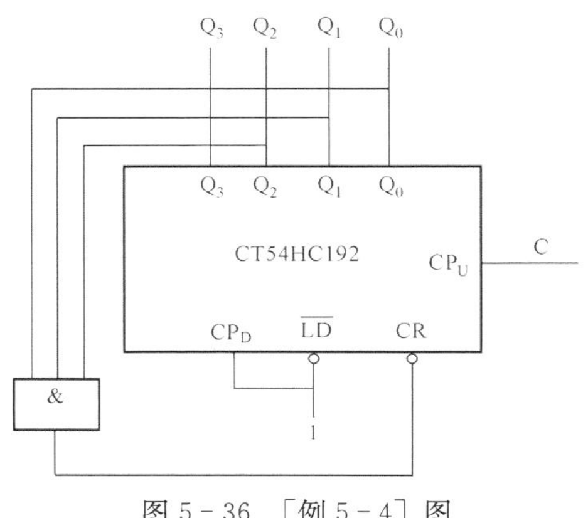

图 5-36 ［例 5-4］图

表 5-18　十进制变七进制状态表

CP	Q_3	Q_2	Q_1	Q_0
0	0	0	0	0
1	0	0	0	1
2	0	0	1	0
3	0	0	1	1
4	0	1	0	0
5	0	1	0	1
6	0	1	1	0
跳过的状态	0	1	1	1
	1	0	0	0
	1	0	0	1

【例 5-5】 试用两片 74LS192 构成二十四进制计数器。

解： 由于 24>10，可先用两片 74LS192 按图 5-37 级联成两位十进制计数器，即一百进制计数器，然后再构成二十四进制计数器。74LS192 是异步清零，取 24 为清零码，对应的 8421BCD 码为 0010 0100。即十位芯片的 Q_1 和个位芯片的 Q_2 相与作清零信号。令 $CR=Q_5Q_2$，$CP_D=\overline{LD}=1$。电路组成如图 5-37 所示。

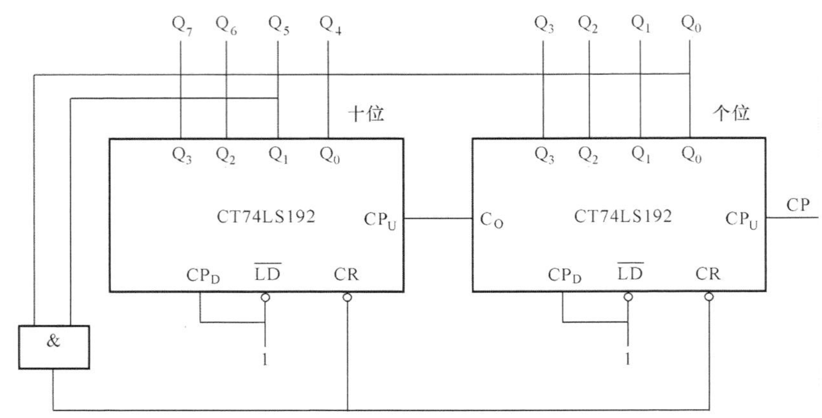

图 5-37 [例 5-5] 电路图

【例 5-6】 试分别用 74LS163 和 74LS192 构成三十进制计数器。

解：（1）用 74LS163 构成三十进制计数器：三十进制计数器有三十个不重复的状态，需要两片 74LS163。74LS163 是同步清零，低电平清零有效。所以取 29 为清零码，并用与非门实现。$(29)_{10}=(11101)_2$，令$\overline{CR}=\overline{Q_4Q_3Q_2Q_0}$，令置数使能端为高电平，画出逻辑图如图 5-38 所示。

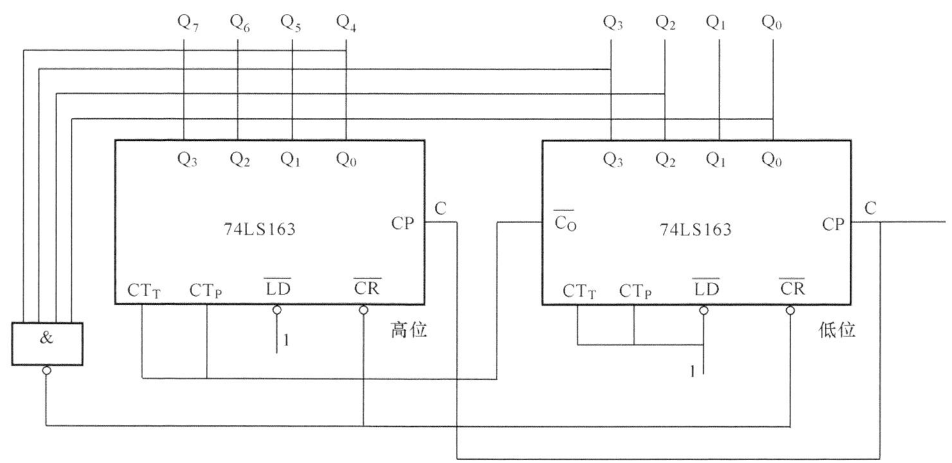

图 5-38 [例 5-6] 用二进制实现三十进制计数器逻辑图

说明：74LS163 芯片的进位输出端发下降沿，不能直接接高位的计数脉冲端，而是接高位的计数使能端，只有当低位芯片计数到 1111 状态时，$\overline{C_O}$才为 1，高位芯片具备计数的条件，再来下一个计数脉冲信号，低位的芯片由 1111 变为 0000 状态，高位芯片实现一次计数，这时低位芯片的$\overline{C_O}$又变为 0，再来脉冲低位芯片正常计数，而高位芯片计数使能端为低电平无效，所以不能计数必须再一次低位有进位时才能计数一次，从而实现了高低位的级联关系。

(2) 用 74LS192 构成：74LS192 是可逆十进制计数器，所以先实现加法计数要求。

对三十进制计数器，个位是十进制，进位时自动清零，不需要再另加清零控制码，只考虑十位的清零问题就可以。

74LS192 是异步清零，高电平有效，所以十位取 3 作清零码，令 $CR = Q_5 Q_4$。画出逻辑图如图 5－39 所示。

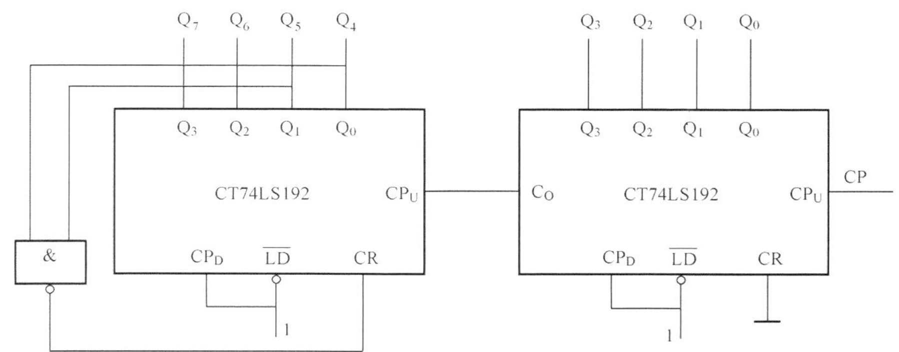

图 5－39 [例 5－6] 用十进制实现三十进制计数器逻辑图

3. 二十四进制计数器仿真

按图 5－40 创建一个 24 进制计数器仿真电路，在 Multisim 软件支持下，可以进行仿真。观察两位数码管的显示结果，是否从 00～23 之间变化。

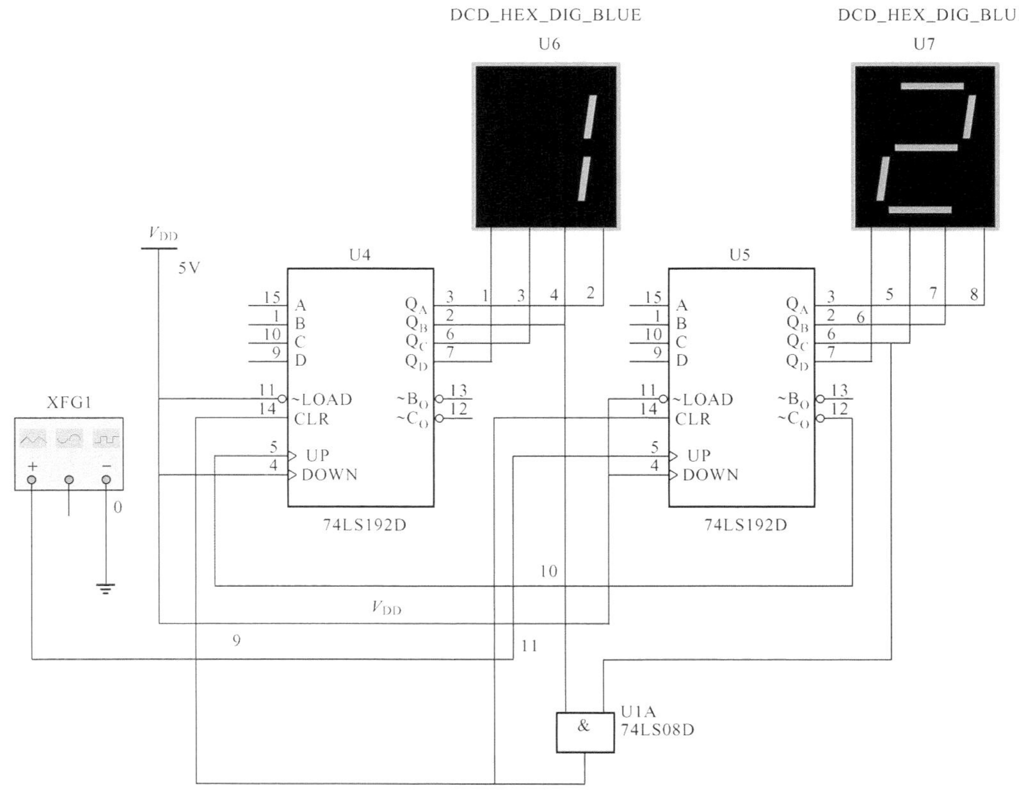

图 5－40　二十四进制计数器仿真电路

5.5 拓展知识：石英晶体振荡器

5.5.1 石英晶体

石英晶体是一种具有压电效应的压电晶体，其等效阻抗的频率特性如图 5-41 所示。

由石英晶体的阻抗频率特性可知：对应串联谐振频率 f_s，石英晶体的等效电抗 $X_s=0$，对应并联谐振频率为 f_P，其等效电抗 $X_P \approx \infty$。

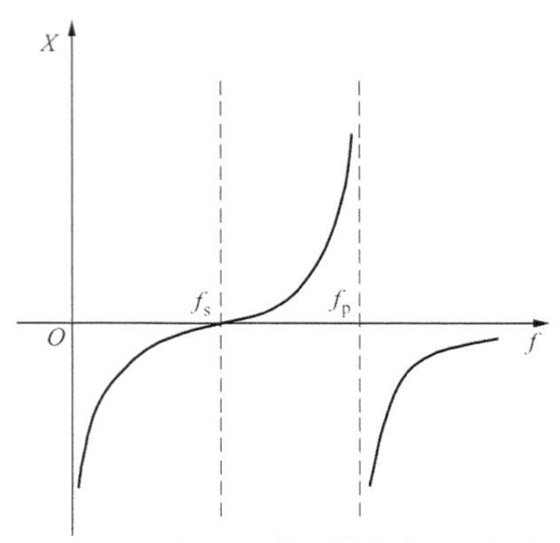

图 5-41 石英晶体等效阻抗的频率特性

5.5.2 石英晶体振荡器

利用石英晶体的谐振特性可组成石英晶体振荡器，如图 5-42 所示。

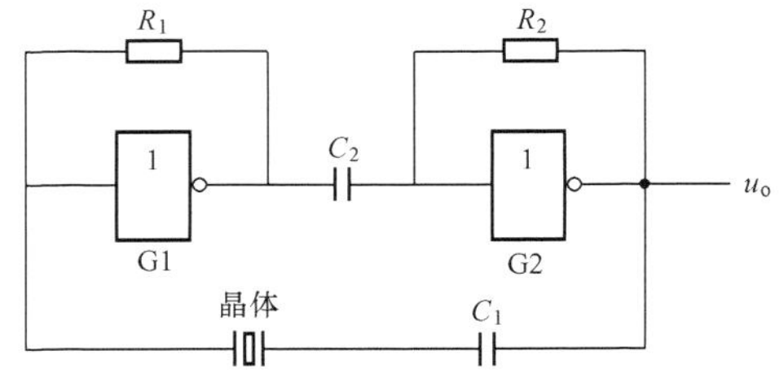

图 5-42 石英晶体多谐振荡器

在图 5-42 中，石英晶体接在 G2 的输出与 G1 的输入之间，因此，当输出信号频率为石英晶体串联谐振频率 f_s 时，其等效电抗 X_s 最小，反馈到输入端的信号最强，而其他频率的信号，由于等效电抗远远大于 X_s，反馈到输入端的信号被石英晶体衰减掉。因此，振荡器的振荡频率，完全取决于石英晶体固有的串联谐振频率 f_s，而与外电路参数无关。石英晶体的品质因数很高，有极好的选频特性，且频率稳定性好，在电子手表及电子计算机中得到广泛应用。

在电路中，反相器 G1 和 G2 的输入和输出端并接的电阻 R_1 和 R_2，用于确定反相器的静态工作点，使反相器工作在线性放大区。对 TTL 电路，R_1 与 R_2的值一般在 0.5～1.8kΩ 之间，而对 CMOS 电路，电阻值可选的大一些。

5.5.3 集成计数/分频/振荡器

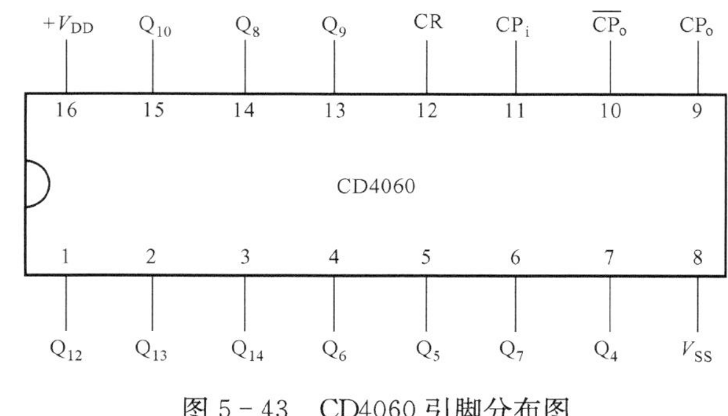

图 5-43 CD4060 引脚分布图

目前，已有很多具有各种频率输出的集成标准器件。这种电路内部含有多级计数器和振荡单元，可对基准信号进行任意分频，与石英晶体结合可构成多频率输出的振荡器，使用十分方便。集成电路 CD4060 就是常用电路之一。它是一片 14 级分频的二进制串行计数/分频/振荡电路，其引脚分布图如图 5-43 所示，其内部结构图如图 5-44 所示。

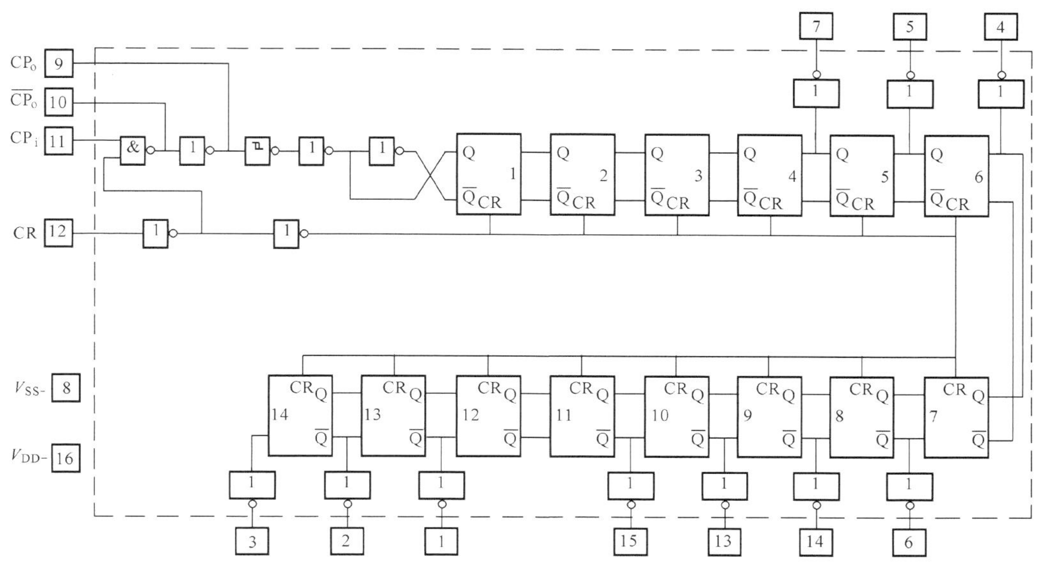

图 5-44　CD4060 内容结构图

CD4060 主要引脚功能如下：

(1)～(7)、(13)～(15) 端为计数器输出 Q_4～Q_{14}的引出端（Q_{11}没有引出）。

(12) 端为清零端，高电平清零有效。

(8) 端可接地。

(16) 端为电源端，电源电压范围为 3～18V。

(9)～(11) 端为两级非逻辑门的输入输出端，可通过外接晶体等元件组成振荡器。

5.5.4　多频率输出振荡器

由一片 CD4060 芯片和一片石英晶体即可以构成多频率输出振荡器，其电路如图 5-45 所示。

其中，C_1、C_2、R_1和石英晶体是外接元件，可根据不同的频率要求选取不同谐振频率的石英晶体型号。本电路石英晶体的谐振频率为 32.768 Hz，经 CD4060 多级分频，从 Q_4～Q_{10}可分别获得 2048、1024 Hz……32 Hz 等 7 级不同频率的输出信号。从 Q_{12}～Q_{14}可分别获得 8Hz，4Hz，2Hz 三级不同频率的输出信号（Q_{11}没有引出端）。若要得到 1Hz 的信号，可在 Q_{14}引出端输出 2Hz 信号，然后接入一个二分频器即可获得，组成电路如图 5-46 所示。

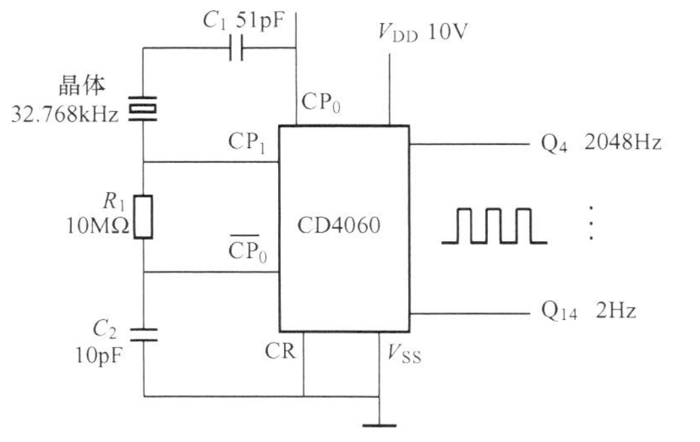

图 5-45　多频率输出振荡器

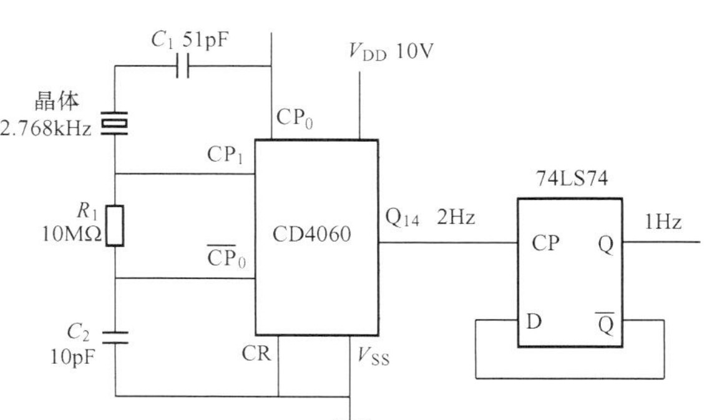

图 5-46　多频率输出振荡器

5.6　数字钟设计与调试

一、设计方案

根据设计任务及设计框图，数字电子钟的设计电路如图 5－47 所示。数字钟的工作原理如下。

1. 秒脉冲产生电路

秒脉冲产生电路是数字钟的核心部分，它的精度及稳定度直接决定了数字钟的质量。本设计方案中采用了石英晶体以及 CD4060 计数/分频/振荡器构成。CD4060 的 Q_{14} 端输出 2Hz 的脉冲信号，可用于校时脉冲信号。设计电路中采用 D 触发器构成的一位二进制计数器，将 2Hz 的脉冲信号二分频后得到 1Hz 的秒脉冲信号。

由于采用的石英晶体振荡器，所以得到的秒脉冲信号非常稳定，从而保证了数字钟走时精确。

2. 计数、译码、显示电路

在设计方案中，计数器采用 74LS192 十进制可逆计数器，分别构成了 60 进制和 24 进制计数器，秒、分计数器均为 60 进制，实现 00～59 的状态转换。小时为 24 进制计数器，实现 00～23 的状态转换。译码、显示电路采用 CD4511 集成译码器以及共阴极数码管组成，分别将秒、分、时的计数状态翻译并显示出来。

3. 校时电路

在刚接通电源时，各计数器输出状态是随机的，需要进行校正，使其与北京时间一致。设计方案中，将开关打向校正侧，利用 CD4060Q_{14} 端输出的 2Hz 脉冲信号，作为校时电路的计数脉冲信号，可快速调整到准确时间。

二、调试要点

1. 秒脉冲产生电路调试

按图 5－47 电路接线，接通 CD4060 及 74LS74 的电源，将 CD4060 的 Q_{14} 端及 74LS74 的 Q 端分别接入示波器，观察二者波形并测量其频率是否为 2Hz 和 1Hz。

2. 计数、译码、显示电路调试

首先在秒计数器的 CP_U 端接入 8Hz 连续脉冲（可以在 CD4060 的 Q_{12} 端引出），观察计数、译码器是否正常工作。若能正常工作，说明计数、译码、显示电路正常，若不能正常工作，则将计数器的级联关系断开，逐位检查计数、译码电路的问题，直到各位计数、译码、显示都正常工作，再恢复计数器正常的级联关系，并再次测试直到正常为止。

3. 校时电路的调试

校时：将时计数器的 CP_U 端开关打向校正一侧，这时时计数器会以 2Hz 速度快速计数，校到准确时间时将开关打向分计数器的进位输出端，开始正常计数。

校分：将分计数器的 CP_U 端开关打向校正一侧，这时分计数器会以 2Hz 速度快速计数，校到准确时间时将开关打向秒计数器的进位输出端，开始正常计数。

校秒：将秒计数器的 CP_U 端开关打向校正一侧，这时计数器会以 2Hz 速度快速计数，校到准确时间时将开关打向秒脉冲开始正常计数。

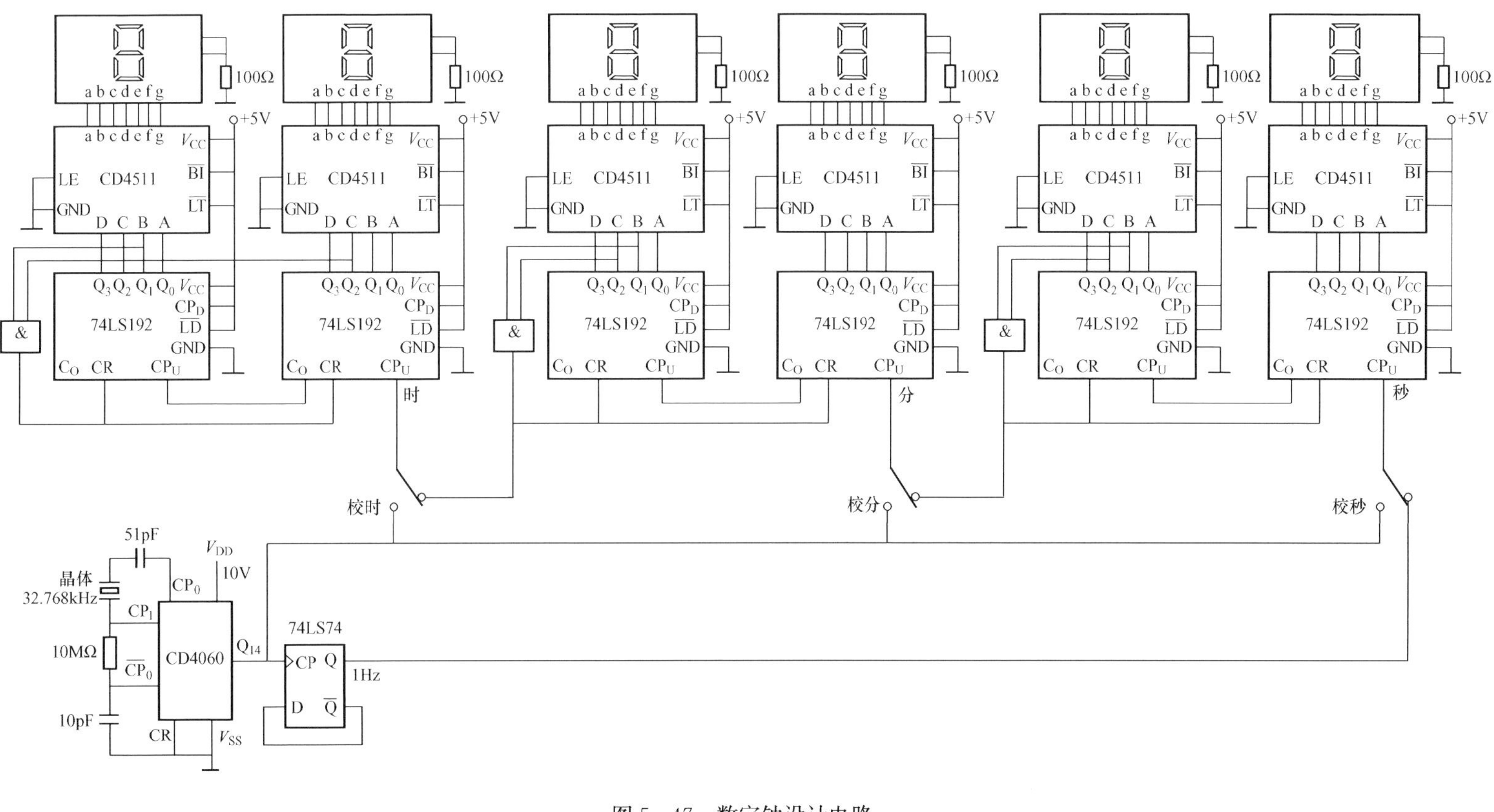

图 5 - 47　数字钟设计电路

三、供参考选择的元器件

(1) 74LS192， 6片；
(2) CD4511 或（5GCD4511）， 6片；
(3) 74LS74， 1片；
(4) 32768Hz 石英晶体， 1片；
(5) 74LS00， 2片；
(6) BS201A 七段显示数码管， 6个；
(7) 电阻电容导线等， 若干。

四、设计报告要求

(1) 正确画出数字钟设计原理图。
(2) 说明各部分电路的功能及参数选择。
(3) 写出调试步骤。
(4) 写出组装、调试数字钟的心得、体会。

习　　题

5.1 已知J、K触发器初始状态为0，CP脉冲和J、K的波形如图5-48（a）所示，试画出图5-48（b）所示电路输出波形。

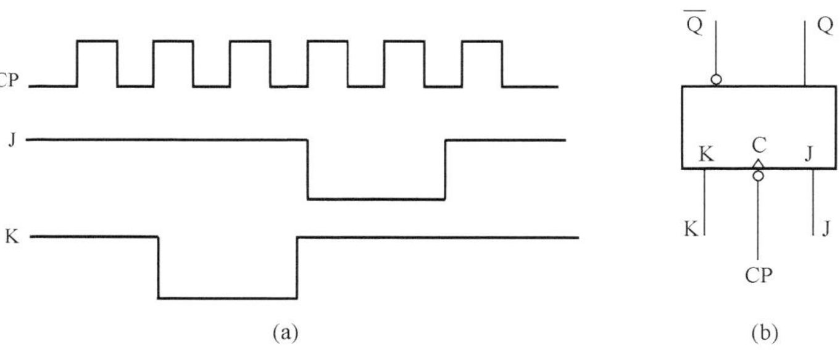

图5-48 题5.1图

5.2 已知D触发器初始状态为0，CP脉冲和D的波形如图5-49（a）所示，试画出图5-49（b）所示边沿D触发器的输出波形。

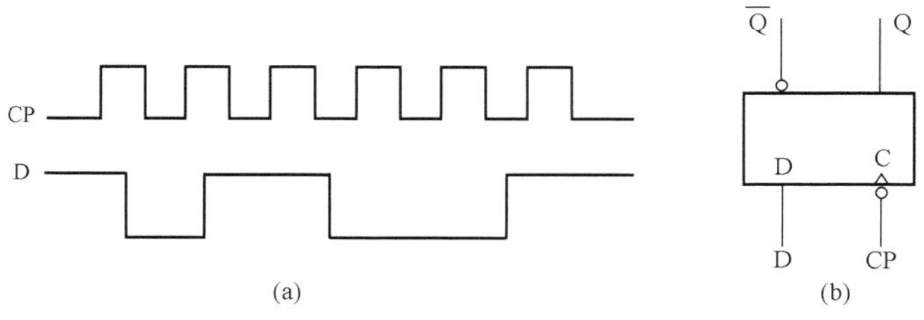

图5-49 题5.2图

5.3 将74LS192接成图5-50所示电路，试分析该电路实现的是几进制计数器？

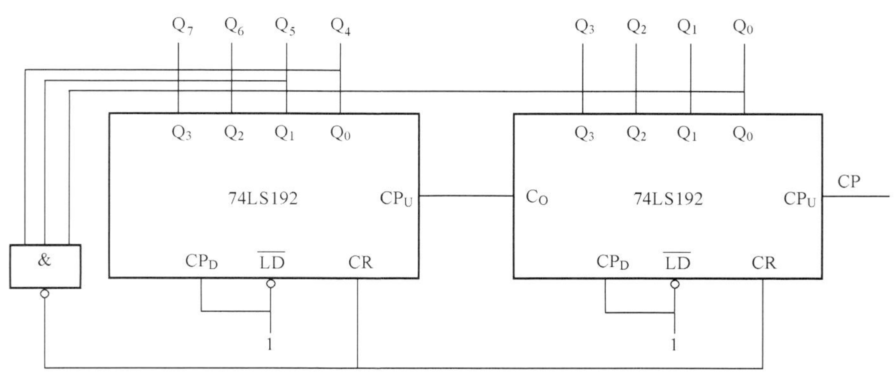

图 5-50　题 5.3 图

5.4　试分别用 74LS163，74LS192 等集成计数器构成一位七进制加法计数器，并画出逻辑电路图。

5.5　试分别用两片 74LS163，74LS192 等集成计数器构成一位二十四进制加法计数器，并画出逻辑电路图。

情境六　数字电压表的设计与调试

数字电压表的原理，是对直流电压进行模/数转换，并将其结果用数字直接显示出来。一般采用双积分式模/数转换，其特点是测量精度高。图 6-1 所示为数字电压表的原理框图，它可以实现量程的转换功能。

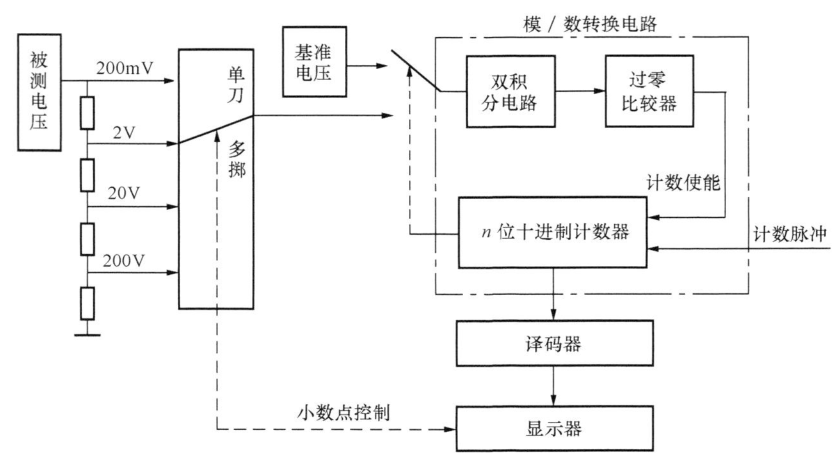

图 6-1　数字电压表原理框图

6.1　设计目的及任务

一、设计目的

(1) 掌握数字电压表的设计与调试方法；

(2) 掌握集成数/模转换、模/数转换器的功能及使用方法。

二、设计任务及要求

(1) 设计数字电压表电路。

(2) 测量范围为：0～1.999V。

(3) 画出数字电压表电路原理图。

(4) 发挥内容：量程自动切换。

6.2　必备知识一：模拟量与数字量的转换

6.2.1　概述

随着数字电子技术迅猛发展和计算机的普及应用，各种数字系统广泛用于各个领域，而自然界中出现的大量的物理量多是模拟量，如语音信号、温度、压力、液位、流量等，这些信号通过传感器转换到的电压信号，都属于模拟信号。必须把这些模拟量转换为数字量，经过数字系统进行运算或处理，再将这些信号转换为模拟量，实现对被控制量的控制。

能把数字量转换为模拟量的电路，称为数/模转换器（Digital to Analog Converter，DAC）。能把模拟量转换为数字量的电路，称为模/数转换（Analog to Digital Converter，ADC）。图 6－2 所示是一个数字计算机工业控制系统框图。

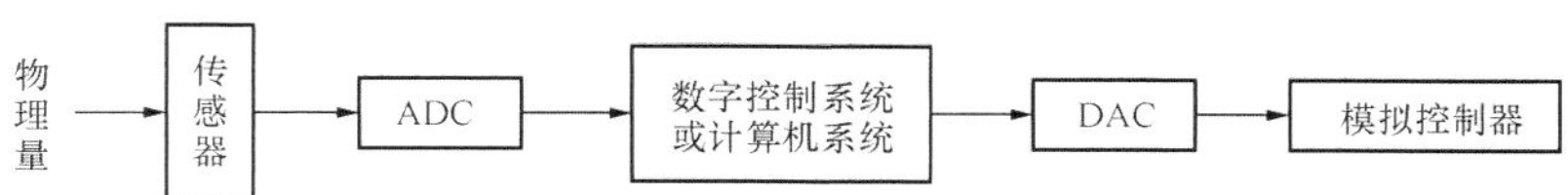

图 6－2　数字计算机工业控制系统框图

6.2.2　数/模转换器

数/模转换器的种类有多种，本书只介绍目前广泛应用的 R—$2R$ T 型网络数/模转换器。

一、R—$2R$ T 型网络数/模转换器

1. 电路组成

图 6－3 所示电路是四位 R—$2R$ T 型网络数/模转换器原理图。其中，U_{REF}为基准电压，$D_3D_2D_1D_0$为四位二进制数码寄存器的输出，即被转换的数字量。由这些数字量分别去控制四个模拟开关 S3S2S1S0。当某位数字 $D_i=1$ 时，对应的开关 S_i打向左边，该支路电流 I_i 流向 $I_{\Sigma1}$；当某位数字 $D_i=0$ 时，对应的开关 S_i打向右边，该支路电流 I_i 流向 $I_{\Sigma2}$。运算放大器是将电流输出转换为电压输出。

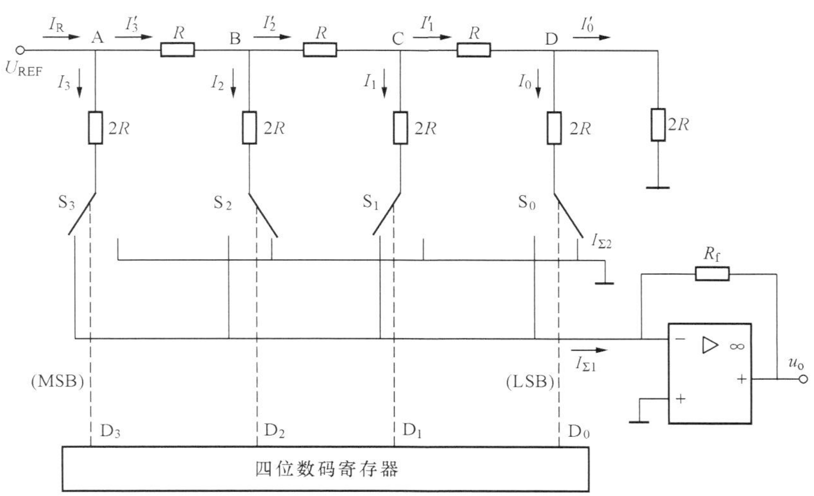

图 6－3　四位 R—$2R$ T 型网络 DAC

2. 转换原理

由于运算放大器同相端接地，所以其反向端虚地，因此，不管数字 D_i 是 1 还是 0，T 型网络中各 $2R$ 支路的下端电位均为 0V。从 A、B、C、D 各点左端向右看进去的等效电阻都是 R，从 A、B、C、D 各点右端向右看进去的等效电阻都是 $2R$，如图 6－4 所示。由对称

结构可以求出

$$I_R = \frac{U_{REF}}{R} \quad I_3 = I'_3 = \frac{1}{2}I_R \quad I_2 = I'_2 = \frac{1}{4}I_R \quad I_1 = I'_1 = \frac{1}{8}I_R \quad I_0 = I'_0 = \frac{1}{16}I_R$$

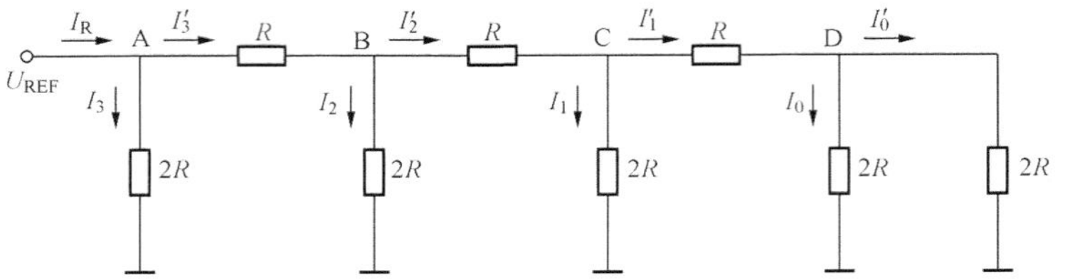

图 6-4 *R*—2*R* T 型网络等效电路

由前面图 6-3 可知：

$$\begin{aligned} I_{\Sigma1} &= I_3D_3 + I_2D_2 + I_1D_1 + I_0D_0 \\ &= \frac{1}{2}I_RD_3 + \frac{1}{4}I_RD_2 + \frac{1}{8}I_RD_1 + \frac{1}{16}I_RD_0 \\ &= \frac{1}{16}I_R(8D_3 + 4D_2 + 2D_1 + D_0) \\ &= \frac{U_{REF}}{R}\frac{1}{2^4}(8D_3 + 4D_2 + 2D_1 + D_0) \end{aligned} \quad (6-1)$$

$$u_0 = -I_{\Sigma1}R_f = -\frac{U_{REF}R_f}{R}\frac{1}{2^4}(8D_3 + 4D_2 + 2D_1 + D_0) \quad (6-2)$$

若取 $R_f = R$，

则 $u_0 = -\frac{1}{2^4}(8D_3 + 4D_2 + 2D_1 + D_0)U_{REF} = -\frac{1}{2^4}(2^3D_3 + 2^2D_2 + 2^1D_1 + 2^0D_0)U_{REF}$

由此可知，电路输出电压与输入数字量成正比。

推广到 n 位数/模转换器，输出电压表达式为

$$u_0 = -\frac{1}{2^n}(2^{n-1}D_{n-1} + 2^{n-2}D_{n-2} + \cdots + 2^1D_1 + 2^0D_0)U_{REF} \quad (6-3)$$

【例 6-1】 在图 6-3 所示电路中，已知 $U_{REF} = -10V$，$n=8$，输入数字量为 80H，试求输出电压为多少？

解： 80H=10 000 000，即 $D_7 = 1$，$D_6 = D_5 = D_4 = D_3 = D_2 = D_1 = D_0 = 0$，

$$u_0 = -\frac{1}{2^8} \times 2^7D_7U_{REF} = 0.5 \times 10 = 5V$$

R—2*R* T 型网络数/模转换器的模拟开关在地与虚地之间转换，不论开关状态如何变化，各支路的电流始终不变，不需电流建立时间，因此，转换速度快，尖峰脉冲干扰较小，是用得最多的一种数/模转换器。如集成 AD7520、DAC0832 等数/模转换器，其内部结构都是这种 *R*—2*R* T 型网络数/模转换器。

二、数/模转换的主要技术指标

1. 分辨率

分辨率是指对输出最小电压的分辨能力。其定义为输入码最低位为 1 时的电压与输入码全 1 时的满量程电压的比。n 位数/模转换器的分辨率可表示为

$$\frac{1}{2^n - 1}$$

对于 8 位数/模转换器，其分辨率为$\frac{1}{2^8-1}\approx 0.004$。若 $U_{REF}=10V$，它能分辨的最小输出电压是 $0.04V=40mV$。对于 10 位数/模转换器，其分辨率为$\frac{1}{2^{10}-1}\approx 0.001$。若 $U_{REF}=10V$，能分辨的最小输出电压为 $0.01V=10mV$。

显然位数越高，分辨最小输出电压的能力越强。所以，也用输入数码的位数来表示分辨率。例如，10 位数/模转换器的分辨率为 10 位。

2. 绝对转换精度

数/模转换器的绝对转换精度，一般指对输入数字量全 1 时，它的实际输出电压与理论输出值之间的误差，即最大静态转换误差。引起转换误差的因素有很多。如基准电压偏离标准值、运算放大器的零点漂移、模拟开关的压降及电阻阻值偏离标准值等因素。另外，转换精度还与分辨率有关。为了得到高的转换精度，一方面要选用位数较高的数/模转换器，另一方面还要选用高稳定性的基准电压源 U_{REF} 和低漂移的集成运算放大器等。

3. 输出电流（或电压）建立时间

从输入数字信号开始到输出电流（或电压）达到稳定值所需要的时间，称为建立时间，也称为转换时间，一般为几纳秒到几微秒。R—$2R$ 倒 T 型网络数/模转换器的模拟开关在地与虚地之间转换，不论开关状态如何变化，各 $2R$ 支路的电流始终不变，不需电流建立时间，因此转换速度比较快。

除以上指标外，还有线性度、电源抑制比等指标。

三、集成数/模转换器 DAC0832 及应用

1. DAC0832 主要特性及引脚说明

DAC0832 是采用 CMOS 工艺制造的 8 位单片数/模转换器，它主要由两个 8 位缓冲寄存器（输入寄存器和 DAC 寄存器）和一个 8 位数/模转换器组成，采用 20 引脚双列直插式封装结构，能与 MCS—51 单片机直接接口。其内部结构及引脚分布如图 6-5 所示。

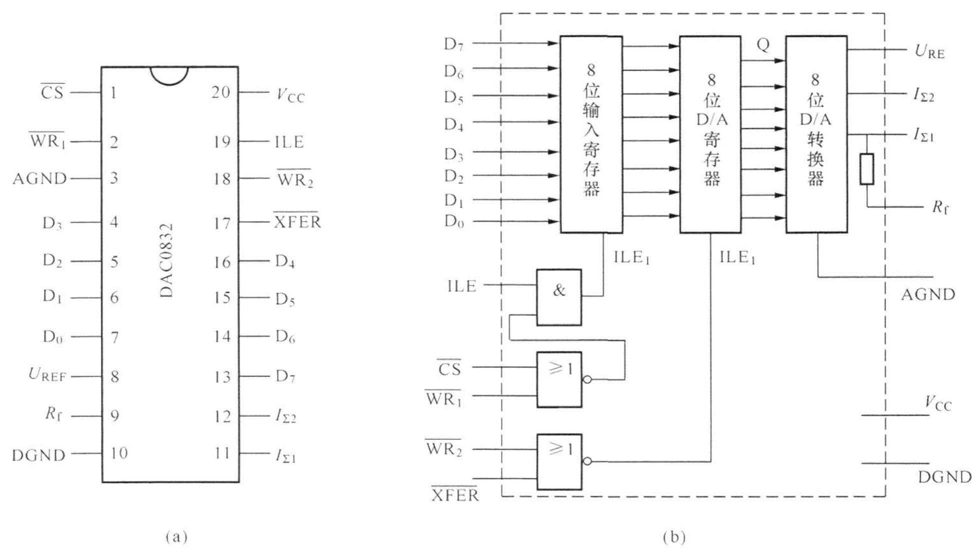

图 6-5　DAC0832 数/模转换器引脚分布及内部结构图

(a) 引脚分布；(b) 内部结构

2. 主要特性

(1) 8 位分辨率。

(2) 电流建立时间约为 1μs。

(3) 直接数字输入、单缓冲输入或双缓冲输入。

(4) 单一电源供电（+5V～+15V）。

(5) 功耗，200mW。

DAC0832 的主要引脚功能如下。

$\overline{CS}$：输入寄存器选通信号端，低电平有效，与 ILE 组合选通$\overline{WR_1}$。

ILE：数据输入使能端，高电平有效，与$\overline{CS}$组合选通$\overline{WR_1}$。

$\overline{WR_1}$：输入寄存器写信号端，低电平有效，用来将输入数据写入 8 位输入寄存器中。只有当$\overline{WR_1}$是低电平，$\overline{CS}$为低电平，且 ILE 为高电平时，输入寄存器输出状态随输入数据的变化而变化，将输入数据写入输入寄存器中。而$\overline{WR_1}$是高电平时，输入寄存器中的数据被锁存，不随输入数据变化而变化。

$\overline{XFER}$：数据传送使能端，低电平有效，用来选通$\overline{WR_2}$。

$\overline{WR_2}$：DAC 寄存器写信号端，低电平有效，用来将输入寄存器中的数据写入 8 位 DAC 寄存器中。当$\overline{WR_2}$是低电平，且$\overline{XFER}$为低电平时，DAC 寄存器的输出与输入相同，实现将输入寄存器中的数据写入 DAC 寄存器中。而当$\overline{WR_2}$是高电平时，输入寄存器中的数据被锁存到 DAC 寄存器中。

$I_{\Sigma 1}$：电流输出端 1，它是输入数字为 1 的相应支路上的电流的和。

$I_{\Sigma 2}$：电流输出端 2，它是输入数字为 0 的相应支路上的电流的和。

U_{REF}：DAC 转换器的基准电压，可为正值，也可为负值。

R_f：反馈电阻，内部已经有电阻且与 R—$2R$ 网络中的电阻相等，该端子可以直接接运算放大器的输出端。

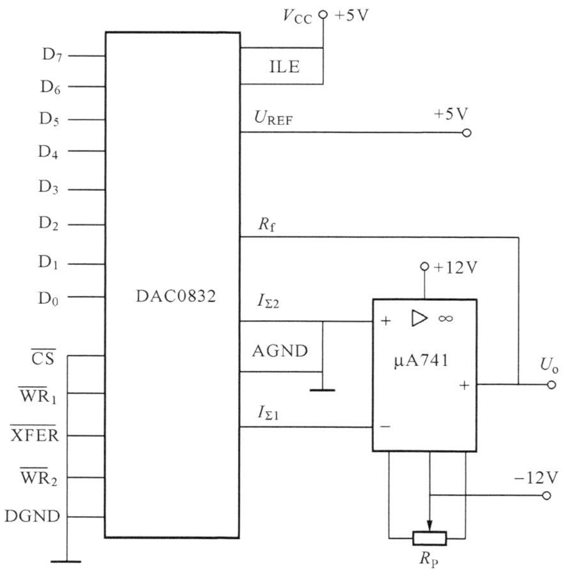

图 6-6 DAC0832 基本应用电路

AGND：模拟地端，它是指输出模拟信号与基准电源的参考地端。

DGND：数字地端，它是指电源、输入数字、地址及控制等信号参考地端。

DAC0832 是电流输出型，需外加运算放大器转换为电压输出。

3. 输出电压与输入数字量关系

输出电压与输入数量的关系为

$$u_o = -\frac{1}{2^8}(2^7 D_7 + 2^6 D_6 + \cdots + 2^1 D_1 + 2^0 D_0) U_{REF} \qquad (6-4)$$

4. 集成数/模转换器的应用

图 6-6 所示为 DAC0832 的基本应用电路，其中 R_P 为运算放大器的调零电阻，当输入数字为 00H 时，输出电压

应为 0，若不为 0，则通过调节 R_P 使输出电压为 0。

由图可知，选通信号端、寄存器写信号端、数据输入使能端以及数据传送使能端都处于有效状态，所以，输入数据直接写入 DAC 寄存器，经过 DAC 数/模转换器得到输出电流 $I_{\Sigma1}$ 和 $I_{\Sigma2}$，再由运算放大器得到正比于输入数字的输出电压。

$$u_o=-\frac{1}{2^8}(2^7D_7+2^6D_6+\cdots+2^1D_1+2^0D_0)U_{REF}$$

实训 6.1　数/模转换器功能测试

数/模转换器功能测试的实训步骤如下。

(1) 按图 6-7 所示电路接线，$\overline{CS}$、$\overline{WR_1}$、$\overline{WR_2}$、$\overline{XFER}$ 接地；AGND、DGND 接地，ALE、V_{CC}、U_{REF} 接+5V 电源；运放电源端接±12V；D_0～D_7 接输入数字量，输出端 U_o 接数字直流电压表。

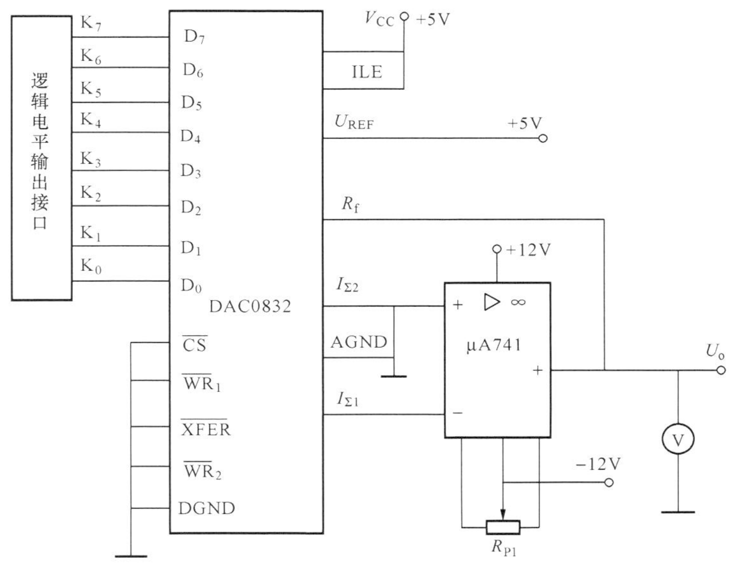

图 6-7　DAC0832 实验电路

(2) 调零。令 D_0～D_7 全置零，调节运放的电位器 R_P 使 U_o 输出为零。

(3) 按表 6-1 所列的输入数字信号，用数字直流电压表测量运放的输出电压 U_o，并将测量结果填入表中，并与理论值进行比较。

表 6-1　DAC0832 输出电压与输入数字量关系

参考电压 U_{REF}	输入数字量								输出模拟量 U_o（V）	
	D_7	D_6	D_5	D_4	D_3	D_2	D_1	D_0	理论值	实验值
5V	0	0	0	0	0	0	0	0		
	0	0	0	0	0	0	0	1		
	0	0	0	0	0	0	1	0		

续表

参考电压 U_{REF}	输入数字量								输出模拟量 U_o（V）	
	D_7	D_6	D_5	D_4	D_3	D_2	D_1	D_0	理论值	实验值
5V	0	0	0	0	0	1	0	0		
	0	0	0	0	1	0	0	0		
	0	0	0	1	0	0	0	0		
	0	0	1	0	0	0	0	0		
	0	1	0	0	0	0	0	0		
	1	0	0	0	0	0	0	0		
	1	1	1	1	1	1	1	1		

6.2.3 模/数转换电路

模/数转换器的种类有很多，如并行比较型、双积分型、逐次逼近型等。它们各有其优点和不足。并行比较型模/数转换器的转换速度快，但选用器件较多，分辨率较低。双积分型模/数转换器工作可靠，抗干扰能力强，转换精度高，但转换速度慢，多用在测量系统中。逐次逼近型模/数转换器转换速度较快，用的器件较少，在集成电路中得到广泛应用。

一、逐次逼近型模/数转换器

逐次逼近型模/数转换器的工作原理，类似于用天平称量物体质量的过程。用天平称重的过程是这样的：第一次先从最重的砝码开始试放，将所加砝码与被称物体进行比较。若物体重于砝码，则该砝码被保留，并添加次重的砝码……若物体轻于砝码，则将该砝码撤去，换为次重的砝码试之……照此方法一直到物体质量等于所加全部砝码的质量为止，或直到最轻的砝码为止，将天平上所有砝码的质量相加，即可得到物体质量。这样，其最大误差小于最轻砝码的质量。逐次逼近型模/数转换器就是按这一原理实现的，只是将物体质量换成模拟电压值，砝码换成了二进制数码。其原理框图如图 6－8 所示。各部分功能如下。

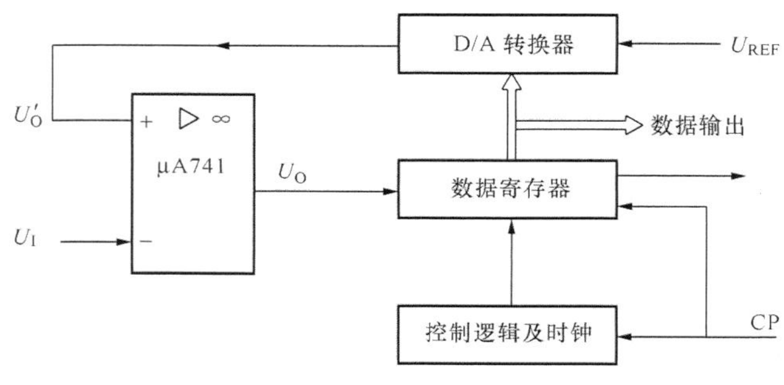

图 6－8　逐次逼近型模/数转换器原理框图

(1) 数据寄存器，又称为逐次逼近寄存器。转换开始前，先使数据寄存器的最高位置 1，其他位则置 0。转换开始，将该数据经 D/A 转换器转换为相应的模拟电压 U'_O，在比较器中与输入电压 U_I 进行比较，根据比较结果决定最高位是留下还是清除，然后置次高位为 1，再次转换、比较，所有位比较完毕后统一输出。

(2) D/A 转换器：它将数据寄存器中的数字量，转换为相应的模拟电压 U'_O与被测电压 U_I 进行比较，它的输入来自逐次逼近寄存器的输出。

(3) 电压比较器：电压比较器将数据寄存器中的数据所对应的电压 U'_O与输入电压 U_I 比

较，输出结果 U_O 用于修改寄存器中的数据。若输出为低电平 0，则说明 U'_O小于 U_I，即数码小了，应该将该数码保留下来，反之，当输出为高电平，则说明 U'_O大于 U_I，即该数码大了，应该将数码清除。

(4) 控制逻辑及时钟：控制逻辑及时钟就是一个环行移位寄存器。输出的是 $Q_0 \sim Q_{n-1}$ 共 n 个在时间上有先后顺序的时序脉冲。转换前最高位 Q_{n-1}先置 1，其他输出端均为 0，第一个 CP 脉冲作用下，次高位 Q_{n-2}置 1，其他各位都为 0，依次类推，每来一个 CP 脉冲，高电平右移一位，给数据寄存器放置数码。

1. 二进制码输出的集成模/数转换器 ADC0809

ADC0809 集成模/数转换器，是逐次逼近型的 8 位 A/D 转换器。是 28 引脚双列直插式封装。片内除了 A/D 转换部分外，还设置了带有锁存功能的 8 路模拟选通开关，以及相应的通道地址锁存和译码电路。可对 8 路 0～5V 的模拟电压进行分时转换。转换后的数据送入三态输出数据锁存器，在输出有效控制信号 OE 作用下，将数据输出，输出的是八位二进制数码。

ADC0809 模/数转换器的内部电路结构及引脚分布如图 6－9 和图 6－10 所示。

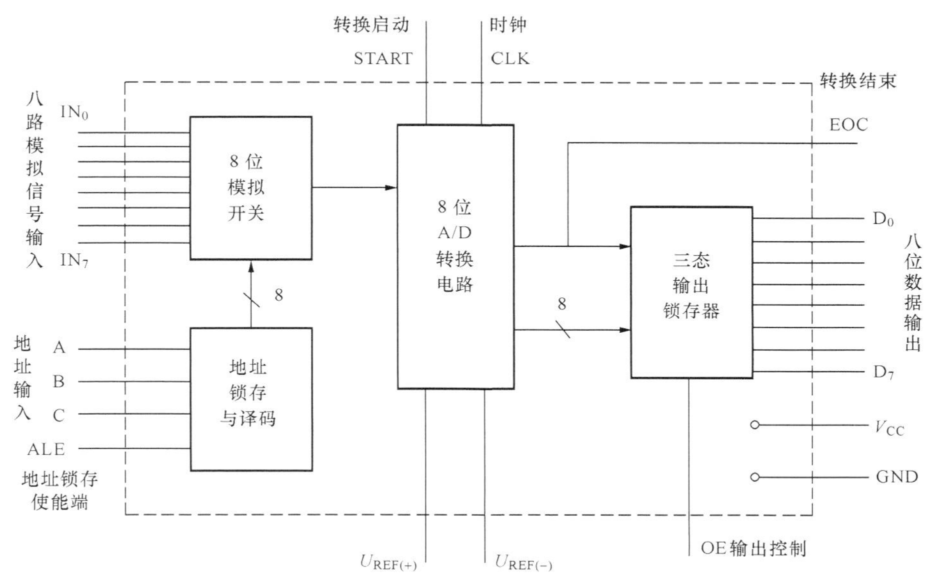

图 6－9　ADC0809 集成模/数转换器内部结构图

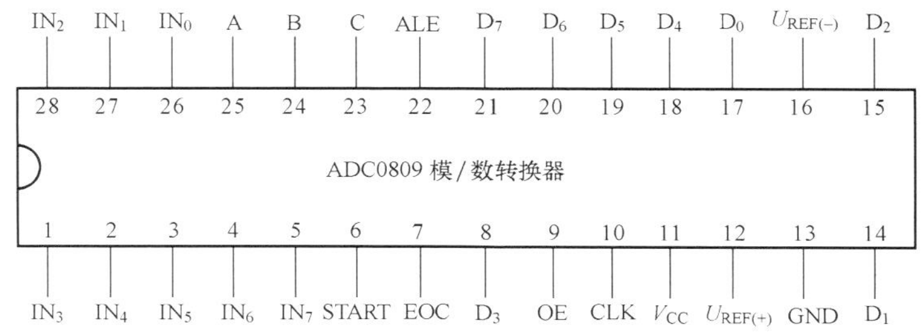

图 6－10　ADC0809 模/数转换器引脚分布图

ADC0809 模/数转换器的主要特性如下：

(1) 分辨率为 8 位；

(2) 最大不可调误差小于±U_{LSB}（输出为 01H 时对应的模拟电压）；

(3) 可锁存三态输出，能与 8 位微处理器接口；

(4) 输出与 TTL 兼容；

(5) 不需要进行零点和满刻度调整；

(6) 单电源供电，电源电压为 5V；

(7) 转换速率取决于芯片内部的时钟频率，时钟频率范围为 10～1280kHz。当时钟频率选为 500kHz 时，对应的转换时间为 128μs，当工作时钟频率为 640kHz 时，转换时间为 64μs。

ADC0809 集成模/数转换器的主要引脚功能如下。

IN_0～IN_7：8 路模拟信号输入端。由三位地址变量选通其中一路参与转换。

START：启动转换控制输入端，上升沿使计数器清零，下降沿启动 ADC0809 开始 A/D 转换。

ALE：地址锁存使能端。高电平锁存有效。上升沿接收新地址信号。当 ALE 为高电平时，通道地址被锁存，不再随输入变化。

EOC：转换结束信号输出端，开始 A/D 转换时为低电平，转换结束时输出为高电平，在与单片机连接时，该端子可作为单片机的中断申请信号或查询信号。

OE：输出允许控制端，用于打开三态输出锁存器。当 OE 为 0 时，输出为高组态；当 OE 为高电平时，三态数据输出锁存器被打开，将转换后的数字量输出到外部电路或数据总线上。

CLK：时钟信号输入端，一般接 640kHz 时钟脉冲信号。

U_{REF+}：参考电压的正端，一般接+5V。

U_{REF-}：参考电压的负端，一般接地。

A、B、C：地址码输入端，用于选通 IN_0～IN_7 中的其中一路模拟信号进行转换。其中 C 为最高位，A 为最低位，A、B、C 取值组合与选通的输入端见表 6-2。

表 6-2　A、B、C 取值组合与选通输入端关系

C B A	000	001	010	011	100	101	110	111
被选通输入端	IN_0	IN_1	IN_2	IN_3	IN_4	IN_5	IN_6	IN_7

ADC0809 工作过程：首先输入 3 位地址，并使 ALE=1，将地址存入地址锁存器中。此地址经译码选通 8 路模拟输入之一到比较器。START 上升沿将逐次逼近寄存器复位。下降沿启动 A/D 转换，之后 EOC 输出信号变低，指示转换正在进行。直到 A/D 转换完成，EOC 变为高电平，指示 A/D 转换结束，结果数据已存入锁存器，这个信号可用作中断申请。当 OE 输入高电平时，输出三态门打开，转换结果的数字量输出到数据总线上。

2. ADC0809 模/数转换器的应用

若只有一路模拟电压，可固定地址码 A、B、C 为 000，输入转换电压接在 IN_0 端。为了正常转换和输出，将 U_{REF+} 和 $+V_{CC}$ 接 5V 电源，U_{REF-} 和 GND 接地。OE 端接高电平，START，ALE 都接单次脉冲，电路如图 6-11 所示。

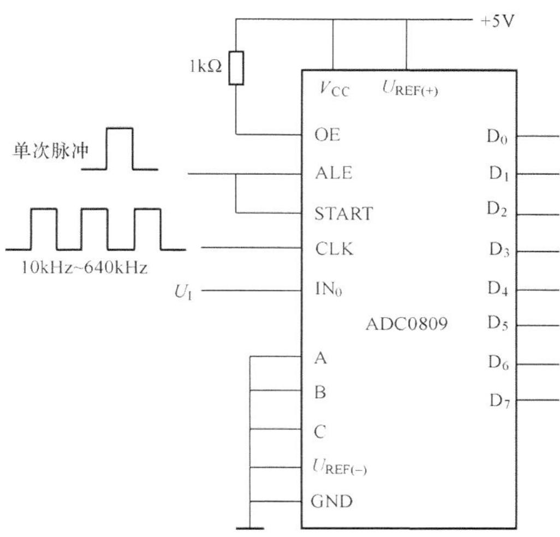

图 6-11　ADC0809 模/数转换器一般应用

实训 6.2　集成模/数转换器 ADC0809 的测试

集成模/数转换器 ADC0809 的测试实训步骤如下：

(1) 取一片 ADC0809 集成芯片，按图 6-12 所示的实验电路接线，将 OE 端通过上拉电阻接电源，以便使转换结果能够输出，将 CLK 端子接脉冲信号，频率在 10kHz～640kHz 范围内选取，将 ALE、START 接单次脉冲信号，每发一次单脉冲，电路转换一次，固定地址变量 A、B、C 为 000，将输入电压接在 IN_0 端，将 8 位输出端子接逻辑电平显示的输入端口，其他端子按照图示接线。

(2) 检查接线无误后，调节 R_P 分别获得不同的输入电压值如表 6-3 所示，按单次脉冲启动转换，观察 D_7～D_0 发光二极管显示结果，并记录到表 6-3 中。

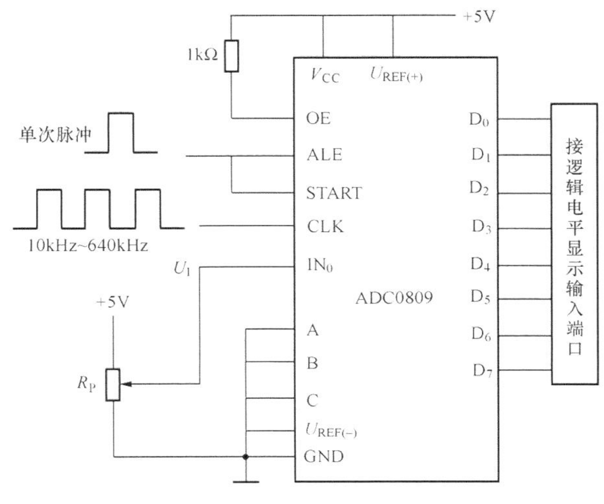

图 6-12　ADC0809 模/数转换器实验电路

表 6-3　模/数转换测试数据

输入电压	输出数字量							
U_I (V)	D_7	D_6	D_5	D_4	D_3	D_2	D_1	D_0
0								
0.02								
0.04								
0.08								
0.16								
0.32								
0.64								
1.28								
2.56								
5								

二、双积分型模/数转换器

双积分型模/数转换器是间接转换型的一种，其特点是转换精度高，速度低，常用在数字电压表或数字式测量仪表中。图 6－13（a）所示电路为双积分型模/数转换电路的原理图。它由积分器、过零比较器、计数器、基准电压和逻辑控制电路等组成。图中，基准电压的极性要与被转换电压的极性相反，例如，若被转换电压大于零，则接负的基准电压。其工作原理如下。

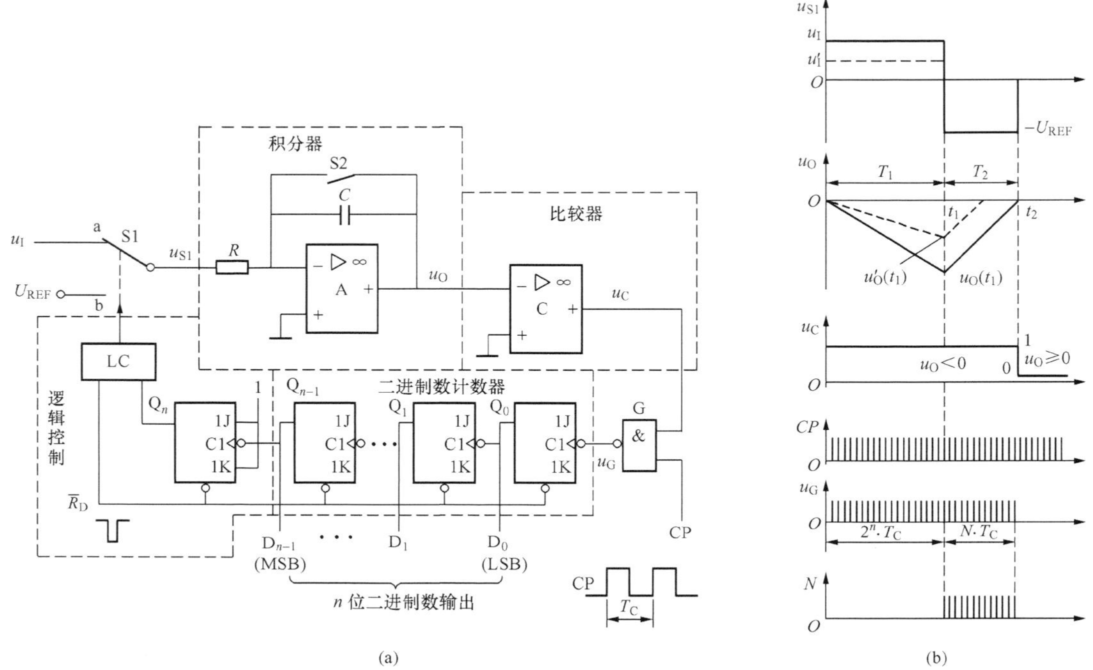

图 6－13　双积分型模/数转换器原理图及工作波形

（a）原理图；（b）工作波形

模/数转换前，控制电路对计数器清零，并将开关 S2 闭合，使电容放完电后再将开关 S2 断开。

第一次积分：开关 S1 接通 a 点的 u_I，此时由运放 A、电阻 R 和电容 C 组成的积分器对输入的模拟电压 u_I 进行积分。由于 u_I 大于零，故积分器的输出电压为负值，使过零比较器输出高电平，控制与非门 G 允许计数脉冲通过，计数器开始计数。当 n 位计数器计满并向第 $n+1$ 位进位时，第一次积分结束。若计数脉冲的周期为 T_C，则第一次积分时间 $T_1=2^nT_C$ 是固定不变的。

第一次积分结束时积分器的输出电压为

$$u_o(T_1)=-\frac{1}{RC}\int_0^{t_1}u_I\mathrm{d}t=-\frac{T_1}{RC}u_I=-\frac{2^nT_C}{RC}u_I \qquad (6-5)$$

由式（6－5）可知，第一次积分后 $u_o(t)$ 与 u_I 成正比，如图 6－13（b）中 $u_o(t)$ 与 u_I 的波形所示。

第二次积分：第一次积分结束后，n 位二进制计数器的输出 $Q_{n-1}\sim Q_0$ 都等于零，而第

$n+1$ 位的输出 $Q_n=1$，控制开关 S2 接通 b 点的基准电压，开始第二次积分。由于基准电压的极性总是与输入电压相反，所以，第二次积分时，输出电压是在第一次积分结束时的基础上反向积分。而计数器是在 $Q_{n-1}\sim Q_0$ 都等于零的基础上重新开始计数。当积分电路的输出端达到 0 时，过零比较器的输出翻转为低电平，控制与非门 G 封锁计数脉冲，计数器停止计数，如图 6-52（b）中 t_2 时刻的波形所示。在 $t_1\sim t_2$ 期间，计数器的计数值为 N，则第二次积分的时间 $T_2=t_2-t_1=NT_C$。所以，第二次积分结束时积分器的输出电压为

$$u_o(t)=-\frac{1}{RC}\int_{t_1}^{t_2}(-U_{REF})\mathrm{d}t+u_o(T_1)=0$$

即
$$\frac{NT_C}{RC}U_{REF}-\frac{2^nT_C}{RC}u_I=0$$

因而得到

$$N=2^n\frac{u_I}{U_{REF}} \tag{6-6}$$

由式（6-6）可知：由于 U_{REF} 是固定值不变，所以，计数器第二次记录的数值 N 与被转换电压 u_I 成正比，即计数器第二次积分的数值 N 表示被转换的输入电压的值，它是以二进制码的形式输出。

在图 6-13（a）中，如果将 n 位二进制计数器改为 n 位十进制计数器，则输出的数码是 8421BCD 码。例如，将计数器改为 3 位半十进制计数器，当计数达到 1999 时，计数器计满发出控制信号，结束第一次积分并开始第二次积分。则第一次积分时间 $T_1=1999T_C$，此时输出电压为

$$u_o(T_1)=-\frac{1}{RC}\int_0^{t_1}u_I\mathrm{d}t=-\frac{T_1}{RC}u_I=-\frac{1999T_C}{RC}u_I \tag{6-7}$$

当第二次积分结束时，积分时间为 $T_2=t_2-t_1=NT_C$，计数器记录的数值为 N，积分器的输出电压为 0，

即
$$u_o(t)=-\frac{1}{RC}\int_{t_1}^{t_2}(-U_{REF})\mathrm{d}t-1999\frac{T_Cu_I}{RC}=0$$

将 $T_2=t_2-t_1=NT_C$ 代入上式可得

$$N=1999\frac{u_I}{U_{REF}} \tag{6-8}$$

其中，N 为 8421BCD 码。若 U_{REF} 取 1.999V，当 $u_i=1.999$V 时，输出数码为 1999。

双积分型模/数转换电路的优点是性能稳定，在两次积分中时间常数 RC 相同，所以，电路参数 R、C 对转换精度影响较小，对时间常数要求不高。另外，由于积分电路对于工频电源周期整数倍的干扰信号，输出平均值为零，因此具有较强的抗工频干扰能力。缺点是速度低，完成一次转换时间，至少需要 2^nT_C 以上。

目前，常用集成双积分模/数转换器有：$3\frac{1}{2}$ 位的 MC14433、ICL7106、ICL7107；$4\frac{1}{2}$ 位的 ICL7135 等。

1. $3\frac{1}{2}$ 位 BCD 码输出集成模/数转换器——MC14433

MC14433 是美国 Motorola 公司推出的单片 $3\frac{1}{2}$ 位 A/D 转换器。它是一种双积分式 A/D

转换器，具有外接元件少，输入阻抗高，功耗低，电源电压范围宽，精度高等特点，并且具有自动校零和自动极性转换功能，应用时只需外接少量的阻容元件即可。其主要功能特性如下。

精度：读数的±0.05%±1字。

模拟电压输入量程：1.999V和199.9mV两挡。

转换速率：2—25次/s。

输入阻抗：大于1000MΩ。

电源电压：±5V～±8V。

功耗：8mW（±5V电源电压时，典型值）。

采用字位动态扫描BCD码输出方式，即千、百、十、个位BCD码分时在Q_3～Q_0轮流输出，同时在D_{S1}～D_{S4}端输出同步字位选通脉冲，很方便实现LED的动态显示。

（1）MC14433结构图及引脚排列图。MC14433结构及引脚排列图如图6-14所示。

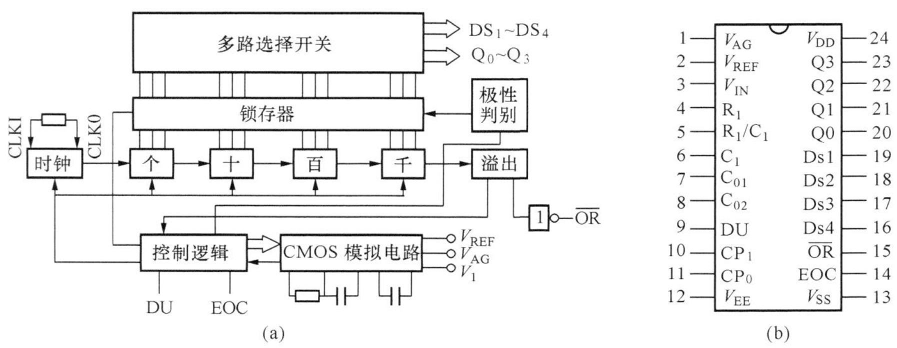

图6-14 MC14433电路结构及引脚排列图

（a）电路结构；（b）引脚排列图

（2）MC14433的引脚说明：

V_{AG}：模拟地端，可作为被测电压U_X和基准电压U_{REF}的参考地。

V_{REF}：基准电压端，此引脚为外接基准电压的输入端。MC14433只要一个正基准电压即可测量正、负极性的电压。

V_X：被测电压的输入端，MC14433属于BCD码输出的双积分型A/D转换器，其内部电路采用的是十进制计数器，因而输出读数N与基准电压由式（6-8）决定。

即
$$N=\frac{U_X}{U_{REF}}\times 1999$$

因此，当$U_X=U_{REF}$时满量程。当满量程选为1.999V，U_{REF}可取2.000V，而当满量程为199.9mV时，U_{REF}取200.0mV，在实际的应用电路中，根据需要，U_{REF}值可选200mV或2.000V。

R_1：外接积分电阻端，电阻大小的选择，决定于计数脉冲的频率及积分电容的数值。它是根据在第一次积分过程中，保证电容两端电压小于积分电路的最大不失真电压而选取。若积分电容取0.1μF，当时钟频率选66kHz，满量程为2.000V时，选取R_1大于等于470kΩ左右，当满量程为2.000mV时，选取R_1大于等于27kΩ。

R_1/C_1：外接积分电阻、电容的节点。

C_1：外接积分电容端，积分电容一般选 0.1μF 聚脂薄膜电容。

C_{01}、C_{02}：外接失调补偿电容端，电容一般也选 0.1μF 聚脂薄膜电容即可。

DU：实时输出控制端，此引脚用来控制转换结果的输出。如果在积分器反向积分周期之前，DU 端输入一个正跳变脉冲，该转换周期所得到的结果将被送入输出锁存器，经多路开关选择后输出。否则继续输出上一个转换周期所测量的数据。这个作用可用于保存测量数据。若将 DU 端与 EOC 引脚直接短接，则每次转换的结果都将被输出。

CLK_1：CP_1（CLP_1）时钟信号输入端。可以接内置的时钟振荡电路提供的脉冲信号，也可以接外部振荡电路提供的脉冲信号。

CLK_0：CP_0（CLP_0）时钟信号输出端。MC14433 内置了时钟振荡电路，从该端可输出一定频率的时钟信号，信号的频率可通过一个外接电阻设定。当外接电阻取 360kΩ 时，输出的时钟信号频率为 100kHz。当外接电阻取 470kΩ 时，输出的时钟信号频率为 66kHz。当外接电阻取 750kΩ 时，输出的时钟信号频率为 50kHz。一般情况下，将该端通过外接电阻与 CLK_1 端相连接。若对信号频率要求很高时，需外接时钟信号，此时不需要外接电阻，直接将外部时钟信号接到第 10 引脚即可。

V_{EE}：模拟电路的负电源端。V_{EE}是整个电路的电压最低点，一般接－5V。此引脚的电流约为 0.8mA，驱动电流并不流经此引脚，故对提供此负电源的供给电流要求不高。

V_{SS}：数字电路的负电源端。一般接地。除 CLK_0 外，所有输出端均以 V_{SS} 为低电平基准。

EOS（EOC）：转换周期结束标志位。每个转换周期结束时，EOC 将输出一个正脉冲信号。

$\overline{OR}$：过量程标志位，当$|V_X|>V_{REF}$时，$\overline{OR}$输出为低电平，表示溢出。

DS_4、DS_3、DS_2、DS_1：位选信号输出端。DS_1、DS_2、DS_3 和 DS_4 分别对应千位、百位、十位、个位的选通信号。即在 DS_1 有效时输出千位数据，DS_4 有效时输出个位数据。当某一位 DS 信号有效（高电平）时，所对应位的数据以 8421BCD 码的形式从 Q_0、Q_1、Q_2 和 Q_3 输出，实现动态扫描。两个选通脉冲之间的间隔为 2 个时钟周期，以保证数据有充分的稳定时间。MC14433 输出选通脉冲时序图如图 6－15 所示。

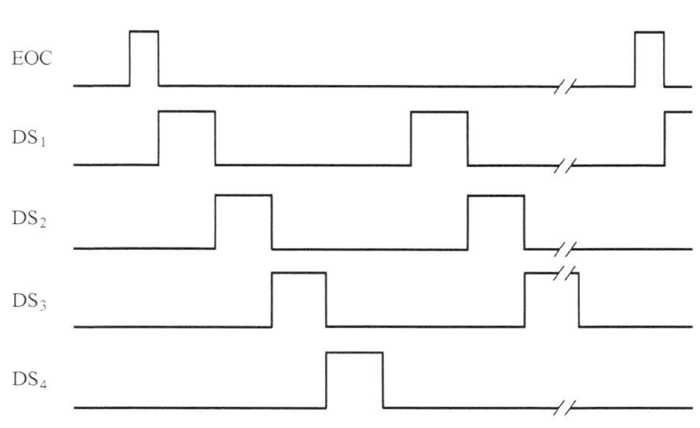

图 6－15　MC14433 输出选通脉冲时序图

Q_0、Q_1、Q_2、Q_3：BCD 码数据输出端。在 DS_2～DS_4 选通期间，Q_3～Q_0 输出全位数据，既以 8421BCD 码方式输出对应数字 0～9，而在 DS_1 选通期间，Q_3～Q_0 输出千位的半位数 0 或 1 及过量程、欠量程和极性标志信号。在 DS_1 选通期间，Q_3～Q_0 的输出内容如下：Q_3 表示千位，Q_3＝1 表示千位数显示 0，Q_3＝0 表示千位数显示 1；Q_2 表示被测电压的极性，Q_2＝1 表示极性为正，Q_2＝0 表示极性为负。Q_0 位表示超出量程范围，在 Q_0＝1 时为欠量程，Q_0＝0 时为过量程。

V_{DD}：正电源电压端，一般接 5V。

(3) MC14433 的应用。MC14433 最主要的用途是组成数字电压表，数字温度计等各类数字化仪表。详见后面的综合设计。

2. 直接驱动 LED 显示器的集成模/数转换器——ICL7107

上面讨论的 MC14433 集成模/数转换器，输出的是 BCD 码，需要外接译码器及驱动电路才能显示转换结果。下面介绍一种能直接驱动 LED 显示器的模/数转换器——ICL7107。

ICL7107 是高性能、低功耗、三位半集成模/数转换器，它在一片 CMOS 芯片上集成了模/数转换电路、七段译码器、显示驱动等电路。ICL7107 是反相器输出，能提供较大的输出电流，所以可直接驱动 LED 显示器。

(1) ICL7107 集成模/数转换器的结构图。ICL7107 集成模/数转换器的结构图如图 6-16 所示。

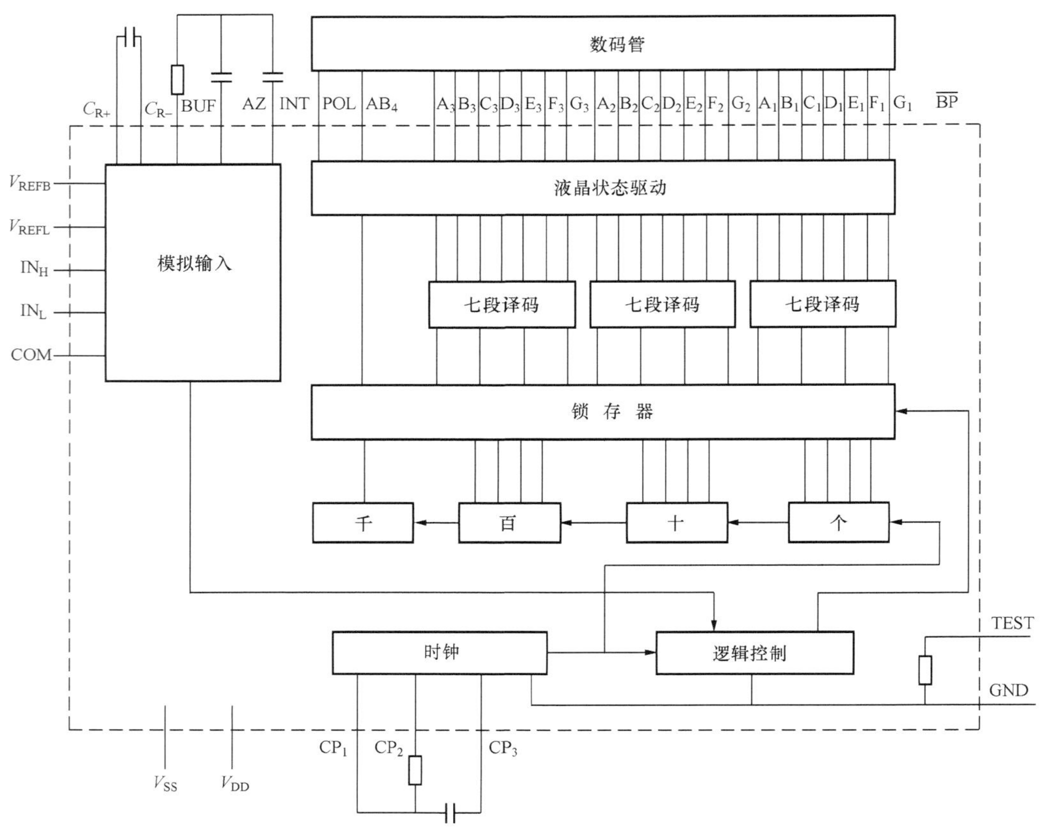

图 6-16 ICL7107 内部结构图

(2) ICL7107 引脚图和各引脚功能。ICL7107 的引脚图如图 6-17 所示；各引脚名称及功能如表 6-4 所示。

TEST 各引脚功能说明如下。TEST 端有两个作用，一是作测灯信号，把该端接高电平，LED 显示器全部笔画都被点亮，应显示出“1888”，用来测试 LED 各段是否正常。第二个功能是作负电源端供外部驱动器使用，如组成固定小数点显示电路。不用时该端通过 50Ω 电阻接数字地端。

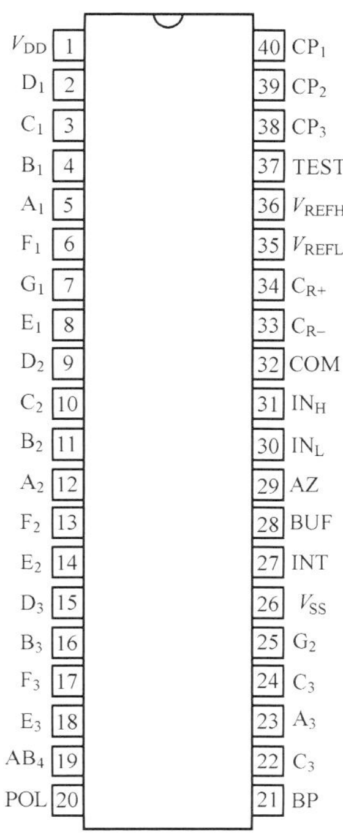

图 6-17　ICL7107 引脚分布图

表 6-4　ICL7107 引脚功能表

引脚号	引脚名称	功　能
2～8	A_1～G_1	个位显示端
9～14，25	A_1～G_1	十位显示端
15～18，22～24	A_1～G_1	百位显示端
19	AB_4	千位显示
29	AZ	自动调零端
21	BP	模拟地端
28	BUF	缓冲器控制端
38～40	CP_1～CP_3	时钟脉冲输入端
34	C_{R+}	参考电容正端
33	C_{R-}	参考电容负端
31	IN_+	输入电压正端
30	IN_-	输入电压负端
27	INT	积分器输出端
20	POL	极性显示端
37	TEST	测试端
32	COM	公共端
1	V_{DD}	电源正端
26	V_{SS}	电源负端
36	U_{REF+}	参考电压正端
35	U_{REF-}	参考电压负端

(3) ICL7107 主要性能如下：

1) CMOS 集成电路

2) 双电源供电

3) 具有自动调零双积分 A/D 转换技术

4) 内含时钟发生电路（外附电阻、电容）

5) 差分输入

6) 有自动极性转换电路

7) 直接驱动 LED 显示器

8) 转换精度高（±0.05±1 个字）

9) 转换速度低（1 次/1s～15 次/s）

10) 功耗低（15mW）

11) 输入阻抗高，$10^{10}\Omega$

12) 输入端漏电流小

13) 分辨率：11 位

(4) ICL7107 应用：ICL7107 的主要应用于组成数字电压表、温度计、电子秤等。

三、A/D 转换器主要技术指标

1. 分辨率

A/D 转换器的分辨率，是指 A/D 转换器能够分辨最小量化信号的能力。其定义为输出数字量变化一个最低有效位（LSB）所对应的输入模拟电压的变化量。对 n 位 A/D 转换的

分辨率为 $\Delta U_{\mathrm{i}}=\frac{U_{\mathrm{imax}}}{2^n-1}$。其中，$U_{\mathrm{imax}}$为输入电压最大值。例如，输入模拟电压为 0～10V，对 8 位的 A/D 转换器，可分辨的最小输入电压变化量为 $\Delta U_{\mathrm{I}}=\frac{10\mathrm{V}}{2^8-1}=40\mathrm{mV}$。若输入模拟电压为 0～10V，对 10 位的 A/D 转换器，可分辨的最小输入电压变化量为 $\Delta U_{\mathrm{I}}=\frac{10\mathrm{V}}{2^{10}-1}=9.77\mathrm{mV}$。

显而易见，A/D 转换器的位数越高，可分辨的最小输入电压的变化量越小，误差越小，转换精度越高。因此，习惯上也用 A/D 转换器的位数表示分辨率。例如，ADC0809 的分辨率为 8 位。

2. 转换误差

转换误差通常以输出最大误差给出，它表示实际输出的数字量和理论上输出的数字量之间的差别，一般多以最低有效位的倍数给出。例如，转换误差＜±LSB/2，表明实际输出的数字量和理论上输出的数字量之间的误差小于最低位的二分之一。

3. 转换速度

A/D 转换器的转换速度主要取决于转换电路的类型。并联比较型 A/D 转换器的速度最高。例如，一个 8 位的二进制输出的 A/D 转换器的转换时间约为 50ns。其次为逐次逼近型 A/D 转换器，一般小于 100μs。双积分型 A/D 转换器的速度最低，一般为几十到几百 ms。

6.3 数字电压表设计方案

一、方案 1：用 MC14433 构成 $3\frac{1}{2}$数字电压表

图 6－18 所示电路是由 MC14433 组成的 $3\frac{1}{2}$位数字电压表原理图，图 6－19 所示电路是 MC14433 组成的 $3\frac{1}{2}$位数字电压表的接线图。

1. 各部分功能

(1) $3\frac{1}{2}$位 A/D 转换器 MC14433，它是电路的核心部分，将输入的被测电压转换为数字量。

(2) 基准电源 MC1403，为 A/D 转换器提供精密参考电压。

(3) 译码器 CD4511，将 8421BCD 码译成驱动数码管的七段控制信号。因为 MC14433 电路由 DS_1～DS_4 提供了千位到个位的选通信号，可以实现动态扫描显示，所以只需要一块译码器就可以。应用时把四位数码管的 a、b、c、d、e、f、g 对应接在一起，再与译码器的对应输出端相连。由 DS_1～DS_4 分别选通每一位输出。也可以选用四位一体的 LED 数码管，其内部已将四个共阴极数码管的 a、b、c、d、e、f、g 对应相连，不需要外部另接线。

(4) 显示驱动器 MC1413，其内部电路有七个集电极开路的反相器，能提供很大的负载电流。使用时各输入端分别接 DS_1～DS_4，输出端分别接四个数码管的公共端。因为输出与输入反相，当 DS_1～DS_4 中的某一个是高电平，经反相后输出低电平，对应的共阴极数码管公共端接低电平，此时 MC14433 输出的恰好是该位的 BCD 码。数码管显示该位的数据。因为 DS_1 到 DS_4 的选通时间，小于人们眼睛的暂留时间，所以人们看到的显示数据是连续的。

(5) LED七段数码管显示器，将被测电压显示出来。该电路是 $3\frac{1}{2}$位的电压表，所以用四个LED数码管。如果显示正负极性，可用千位的数码管的g段显示负号，或者再另用一个数码管。如果另外用一个数码管显示负号，则将千位的位选通控制信号 DS_1 接数码管的公共端，将 Q_2 经驱动器MC1413接数码管的g段，如图6-19所示。如果用千位的数码管，可直接将 Q_2 经驱动器MC1413接千位数码管的g段即可。当被测电压大于0，Q_2 输出为高电平，经MC1413驱动器反相变为低电平，g为低电平，所以正号不显示。当被测电压小于0，Q_2 输出为低电平，经MC1413驱动器反相变为高电平，g为高电平被点亮，显示负号。

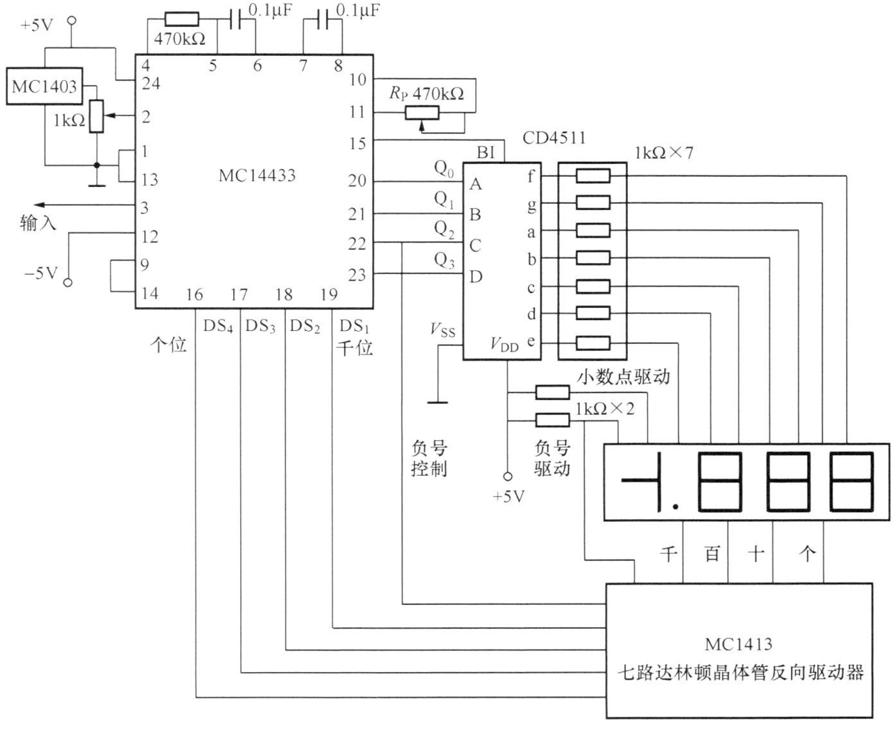

图6-18　由MC14433组成的数字电压表

2. 调试要点

(1) 加电源电压 $V_{DD}=+5V$，$V_{EE}=-5V$。

(2) 用示波器观察MC14433的11脚 f 时钟频率，调整电阻 R_P，使 $f=66kHz$。

(3) 调整稳压电源，使其输出电压为1.999V，或199mV，以此作为被测电压 U_X，然后调整基准电压源MC1403输出端电位器，使数码管显示数据为1.999V或199mV时，将电位器固定好不要再调。

(4) 检查自动调零功能，调节 U_X 的值为零，观察数码管显示结果是否为0000。

(5) 检查超量程溢出功能，调节输入电压 $U_X \geqslant 2V$，观察LED数码管是否闪烁显示报警信号，此时，$\overline{OR}$端应输出低电平。

(6) 检查自动极性转换功能，将+1.999V和-1.999V输入电压，先后加到输入端，观察LED极性显示。两次读数之差为测量误差，根据厂家规定，正负极性转换时允许个位有

±1 个字的误差。

(7) 当 MC14433 的 9 脚(DU)与 14 脚(EOC)断开，且将 9 脚接低电平，观察数码管显示结果是否锁存原来的数据。

3. 量程自动切换的设计

根据图 6-1 所示数字电压表原理框图，可通过一个单刀多掷开关实现量程切换。以 200mV 为基准挡位，当被测电压大于 200mV 小于 2V 时，将被测电压经分压器衰减 10 倍，然后送入 A/D 转换器进行转换并输出测量结果，同时由单刀多掷开关控制显示器的小数点向左移动一位。如果被测电压大于 2V 小于 20V 时，将被测电压衰减 100 倍，然后再送入 A/D 转换器进行转换并显示测量结果，同时由单刀多掷开关控制显示器的小数点向左移动两位。请读者自己设计。

4. 供参考选择的元器件

(1) MC14433 或(5G14433)，1 片；

(2) CD4511 或(5GCD4511)，1 片；

(3) MC140 或(5G1403)，1 片；

(4) MC1413 或(5G1413)，1 片；

(5) CD4511 或(CC4511)，1 片；

(6) BS201A 七段显示数码管，5 片；

(7) 电阻电容导线等，若干。

二、方案 2：用 ICL7107 组成数字电压表

方案一所用 A/D 转换器 MC14433，输出的是 BCD 码，需要外加译码器和显示驱动电路，才能将测量结果显示出来。

因为 ICL7107 芯片内部集成了 A/D 转换器、译码器及驱动电路，输出 7 段控制码 a、b、c、d、e、f、g。所以它不需要外加译码器及显示驱动电路。图 6-20 所示电路是由 ICL7107 组成的 $3\frac{1}{2}$ 位数字电压表。

1. 几点说明

(1) ICL7107 是以低电平有效输出，所以要接共阳极 LED 数码管。

(2) 不能实现动态扫描。

(3) 千位的数码管除了用来显示千位的 1 外，还可以用来显示负号及溢出信息。将千位数码管的 g 段与 ICL7107 的 20 引脚 PM 相接，当输入电压为负时，PM 端输出低电平，显示负号。当输入电压为正时，PM 端输出高电平，数码管的 g 段不亮，既正号不显示。当超量程时，呈现溢出，按照 ICL7107 的设计，千位显示 1，其他低 3 位均不显示。

(4) ICL7107 内部没有振荡电路，需要外加电阻电容组成振荡网络。

(5) ICL7107 芯片内设有小数点驱动信号 PM，将共阳极数码管的公共端接+5V 电源，小数点控制信号接 ICL7107 的 PM 端，当 PM 为高电平时，小数点熄灭，PM 为低电平时小数点被点亮。

(6) ICL7107 的 V_{+}(U_{REFH})端和公共端之间的电位具有很高的稳定性，可作参考电压源，所需的参考电压值可通过分压器获得，如图 6-20 所示。由于 ICL7107 内部电路决定，计数器达到 1000 时第一次积分结束，而第二次积分根据输入电压的大小决定，在 0～2000 范围内计数，所以计数器记录数值与 u_i 的关系为：$N=1000\,\frac{u_i}{U_{REF}}$。$U_{REF}$ 的大小由满量程电压决定，当满量程电压为 2V，取 $U_{REF}=1.000V$。当满量程电压为 200mV，取 $U_{REF}=100mV$。

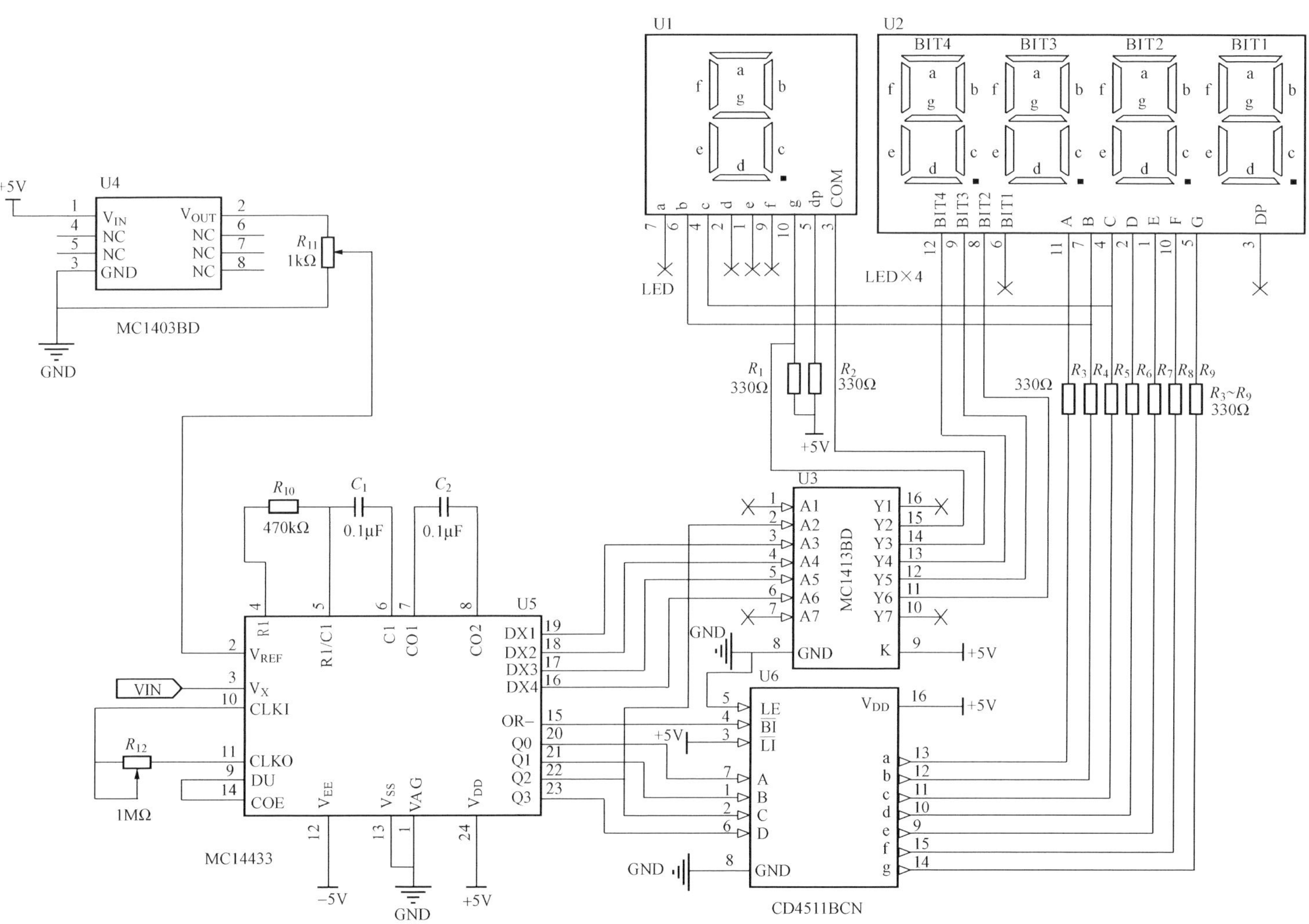

图 6-19　数字电压表接线图

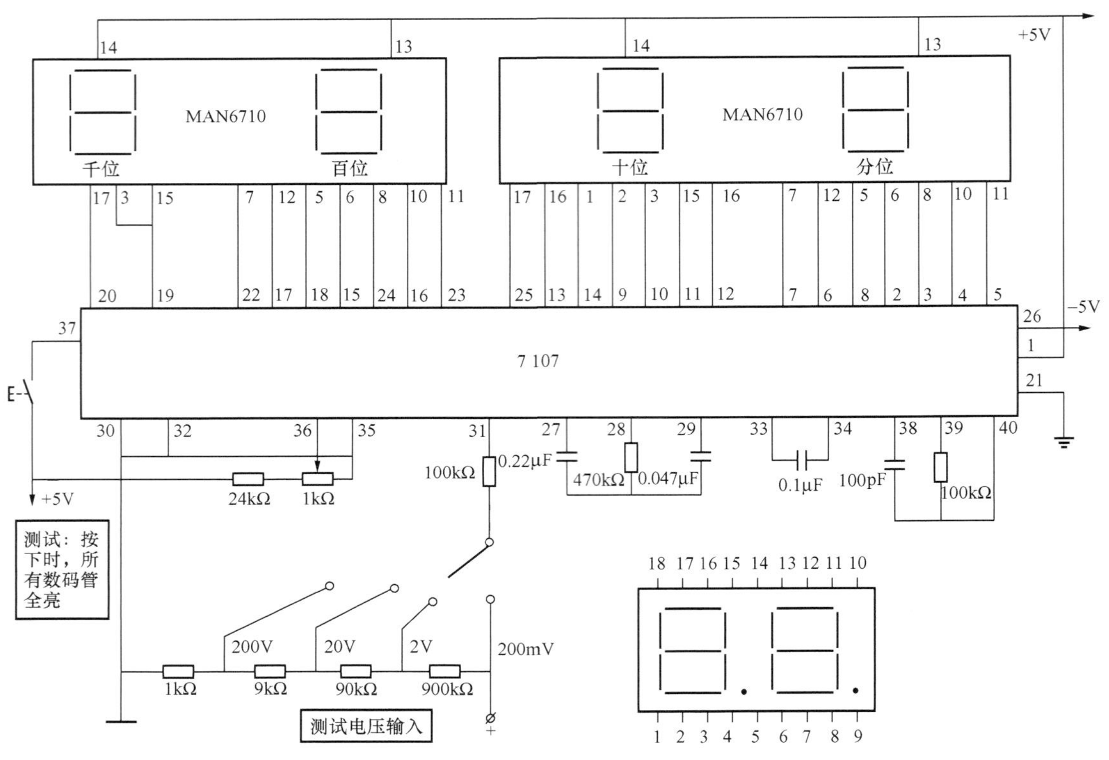

图 6-20 用 ICL7107 组成的 $3\frac{1}{2}$ 位数字电压表

2. 调试要点

按图 6-20 正确接线，分别在 1 引脚和 26 引脚加+5V、-5V 电源电压，按以下步骤调试。

(1) 显示器测试，在 37 引脚 TEST 端加高电平信号，测试各数码管是否显示 1888。

(2) 零信号读数测试，将电压输入端与公共端短路，观察数码管读数是否为 0000。若不为 0000，查找原因并排除。

(3) 选择参考电压 U_{REF} 的值。若系统满量程电压为 2V 时，选择 U_{REF} 为 1V，若系统满量程电压为 200mV，则选择 U_{REF} 为 100mV。

(4) 采用稳压电源调整输入电压为 $U_I=\frac{1}{2}U_{REF}$，观察数码管的显示结果是否为 1000 或接近 1000。

(5) 采用稳压电源调整输入电压为 $U_I=-\frac{1}{2}U_{REF}$，观察数码管的显示结果是否为-1000 或接近-1000。

(6) 测试溢出功能，调整输入电压大于 2V（可将电压输入端与电源端相接），观察显示器是否只显示千位的 1，而低 3 位不显示。

(7) 检查量程自动切换功能。

3. 供参考选择的元器件

(1) ICL7107，1 片；

（2）共阳极 LED 数码管 MAN6710，2 片；

（3）电阻、电容，若干。

4. 共阳极 LED 数码管 MAN6710 内部结构图

共阳极 LED 数码管 MAN6710 内部结构图如图 6－21 所示，其中包含了两片 LED 数码管。使用时，在公共端接＋5V 电源，各自的负极接对应段控制码。

三、设计报告要求

（1）画出数字电压表原理电路图。

（2）说明各部分电路的功能及参数选择。

（3）写出调试步骤。

（4）记录组装、调试数字电压表的心得、体会。

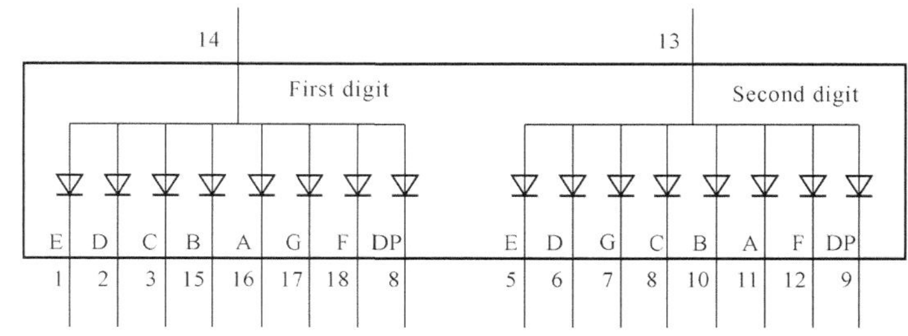

图 6－21　MAN6710 内部结构图

习　　题

6.1　DAC0832 各引脚的功能是什么？为什么要外接运算放大器？

6.2　DAC0832 内部为什么要采用两个寄存器？

6.3　DAC0832 单极性输出时，满刻度输出电压为＋10V，当数字量分别为 7FH、81H、F3H 时，模拟输出电压各为多少？

6.4　DAC0832 接线如图 6－22 所示，试思考

（1）当输入数码为 0 而输出电压不为 0 时，应调节哪个元件使输出为 0。

（2）当输入数码为 11111111 时，应使输出等于满刻度电压 5V，若此时输出电压大于满刻度值 5V，应调节哪个元件使输出为 5V。

（3）若输入数码为 11111111 时，输出小于满刻度电压值 5V，应调节哪个元件使输出电压恰好为满刻度值。

（4）若输出满刻度电压为 5V，求 $D_7D_6D_5D_4D_3D_2D_1$＝10 000 000 时输出电压。

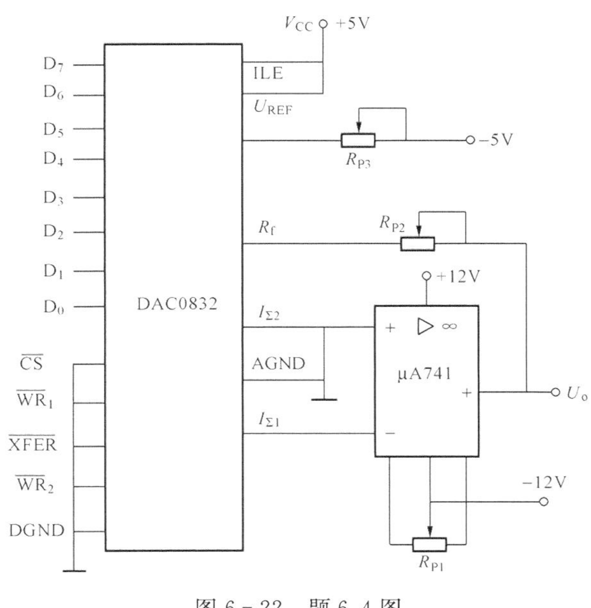

图 6－22　题 6.4 图

6.5　ADC0809 与单片机的接口方式有几种？各有什么特点？

6.6　ADC0809 的应用电路如图 6－23 所示。

问当输入电压 U_I＝3.2V 时，发光二极管 VT0～VT7 中有哪几个亮？

6.7　MC14433 构成数字电压表时，为什么要加显示驱动电路？

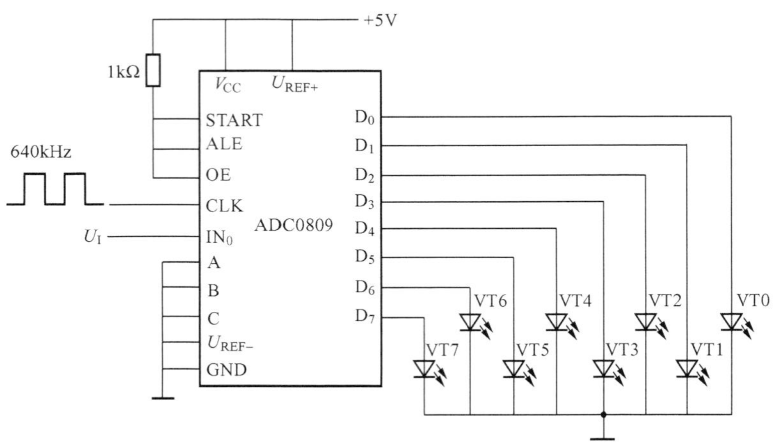

图 6-23 题 6.6 图

6.8 ICL7107 集成 A/D 转能够换器可以直接与 LED 数码管相接，请问应接共阳极数码管还是接共阴极数码管。

情境七 电机测速系统的设计与制作

在工业生产中，一个飞快运转的电机，人们想知道它每分钟转动多少转，就需要我们去设计一个测量电路，能精确测出它的转速。图 7－1 所示为电机测速系统的原理框图。

在电机的转轴上固定一个圆盘，圆盘上打一个孔，圆盘的另一侧放置一个光源，当电机转动时，圆盘也跟着一起转动，每次转过有孔的地方，就有光源通过，而没有孔的地方，就没有光源，通过光电转换器就可以获得对应的脉冲信号。这样电机每转一圈就产生一个脉冲，一分钟电机转动多少转，就会产生多少个脉冲，用计数器把这些脉冲记录下来，经过译码器、显示器显示出来的数字就是电机的转速。

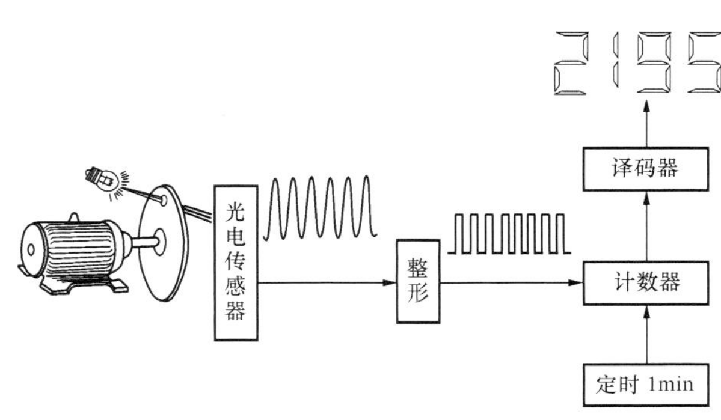

图 7－1 电机测速系统原理框

7.1 设计目的及任务

1. 设计目的

(1) 掌握电机测速系统的设计、调试方法；

(2) 掌握 555 定时器的功能与应用；

(3) 掌握传感器的功能与应用。

2. 设计任务

(1) 设计并制作测量电机转速电路；

(2) 准确测量并显示测量结果；

(3) 测量范围：0～9999。

7.2 必备知识一：光电传感器

实现转速的测量，关键是当电机飞速运转时，我们怎样把电机的转动变换为对应的脉冲信号并记录下来，实现这一功能的器件称作传感器。能实现这一功能要求的传感器有多种多样，下面介绍其中一种透光型光电传感器 ST150。

7.2.1 透光型光电传感器 ST150

1. 结构

图 7－2 所示为透光型光电传感器 ST150 的结构图及外形图。从结构看，它是由一个发光二极管及光电三极管组成，外形做成 U 型的，可以卡在电机轴上的圆盘的两侧。其中字母 D 表示对应侧为发光二极管，＋号表示对应引脚为二极管的正极，另一引脚为二极管的负极。字母 E 表示对应侧为光电三极管，E 表示对应引脚为光电三极管的发射极，＋号表示光电三极管的集电极。而三极管的基极没有引出电极，而是在光电三极管的基区开设了一个玻璃窗口，以接收发光二极管发射的光源。

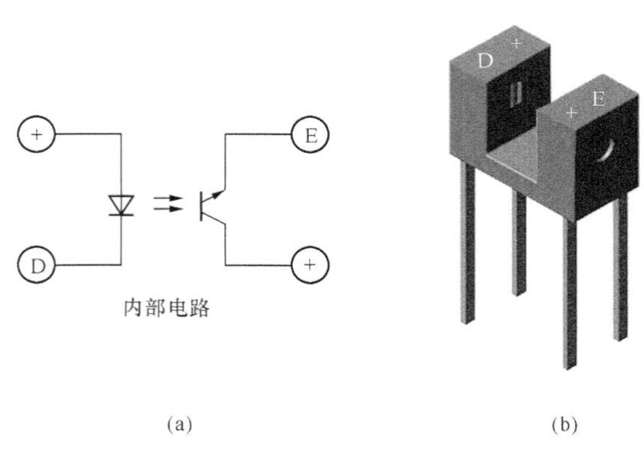

图 7－2 透光型光电传感器 ST150 的结构图和外形图
(a) 结构图；(b) 外形图

2. 原理与应用

透光型光电传感器的左侧为发光二极管，当在其两端接正向电压时，二极管通过正向电流而发光，将电能转换为光能。透光型光电传感器的右侧为光电三极管，其基区的玻璃窗口正对发光二极管发出的光源。当发光二极管发光时，光电三极管被光激发获得光能而产生光电流，二极管发出的光越强，光电三极管的光电流越大。通过外接电阻转换为电压输出。当没有光照时，光电三极管的集电极电流很小，一般在微安级，称作暗电流。图 7－3 所示电路为集电极输出的接线方式，图 7－4 所示电路为发射极输出的接线方式。若按图 7－3 接线，有光照时输出低电平，无光照时输出高电平。当把电机轴上的圆盘卡在透光型传感器的中间时，当电机圆盘上的小孔正对 U 型槽时，光源穿过圆盘上的小孔射入光电三极管输出低电平，当电机上圆盘的小孔转过 U 型槽后，光源被圆盘挡住而输出高电平，这样电机每转动一周，在输出端输出一个脉冲信号。若按图 7－4 接线，当有光照时，输出高电平，无光照时输出低电平。同样，电机每转动一周，输出一个脉冲信号。

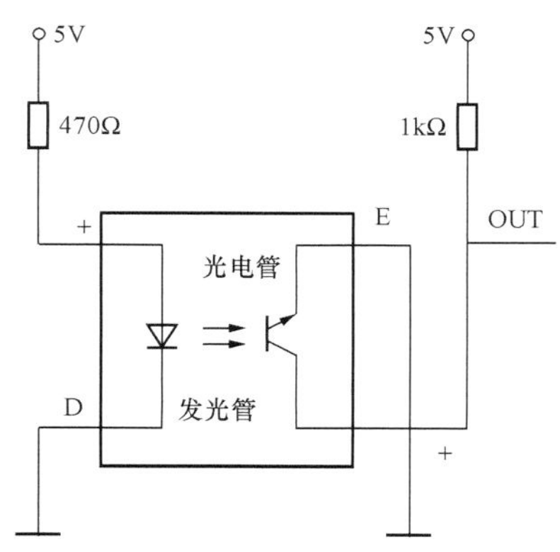

图 7－3 集电极输出接线方式

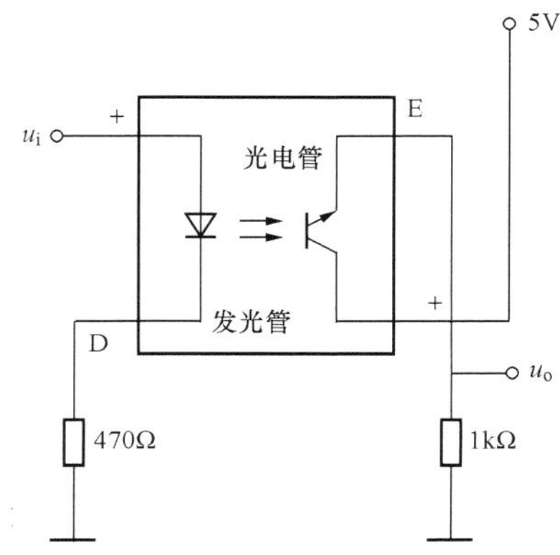

图 7－4 发射极输出接线方式

3. 极限参数（见表 7－1）

表 7－1　　极　限　参　数

项目		符号	数值	单位
输入	正向电流	IF	50	mA
	反向电压	VR	5	V
	耗散功率	P	75	mW
输出	集-射电压	Vceo	10	V
	集电极功耗	Pc	50	mW
工作温度		Topr	－20～＋65	℃
储存温度		Tstg	－30～＋75	℃

4. 光电特性（见表 7－2）

表 7－2　　光　电　特　性

项目		符号	测试条件	最小	典型	最大	单位
输入	正向压降	VF	IF＝20mA	—	1.2	1.4	V
	反向电流	IR	VR＝5V	—	—	10	μA
输出	集电极暗电流	Iceo	Vceo＝20V	—	—	100	nA
	集电极亮电流	IC	Vce＝5V，IF＝8mA	0.5	—	—	mA
	饱和压降	VCE	Ic＝0.5mA，IF＝8mA	—	—	0.4	V
传输特性	响应时间	Tr	Vcc＝5V，IF＝12mA RL＝100kΩ	—	4	—	μs
		Tf		—	30	—	μs

实训 7.1　透光型传感器的测试

(1) 取一块透光型光电传感器插在实验箱的对应插孔里。按图 7－3 接线，用万用表测量输出电压并记录，然后再用一块较硬纸片插放在透光型传感器的凹槽中，再用万用表测量输出电压并记录之。分析两次测量电压有何不同。

(2) 按图 7－4 接线，用万用表测量输出电压并记录，然后再用一块较硬纸片（类似书的封皮即可）插放在透光型传感器的凹槽中，用万用表测量输出电压并记录之。分析两次测量电压有何不同。并与步骤 1 比较。

(3) 在图 7－3 中，如果将 470Ω 的电阻改为 2kΩ 或更大一些，重按步骤（1）做实验，注意会出现什么情况并分析原因。

7.3　必备知识二：集成 555 定时器

在电机测速系统原理框图中，需要 1min 定时电路以及脉冲整形电路，555 集成定时器就可以分别实现定时与整形的要求，下面我们来讨论这一集成电路的功能与应用。

7.3.1 555 定时器的结构

图 7－5（a）和（b）分别为 555 定时器的内部结构图和引脚分布。由图 7－5（a）可看出，定时器是由电阻分压器、电压比较器、RS 触发器、放电管等四部分组成。

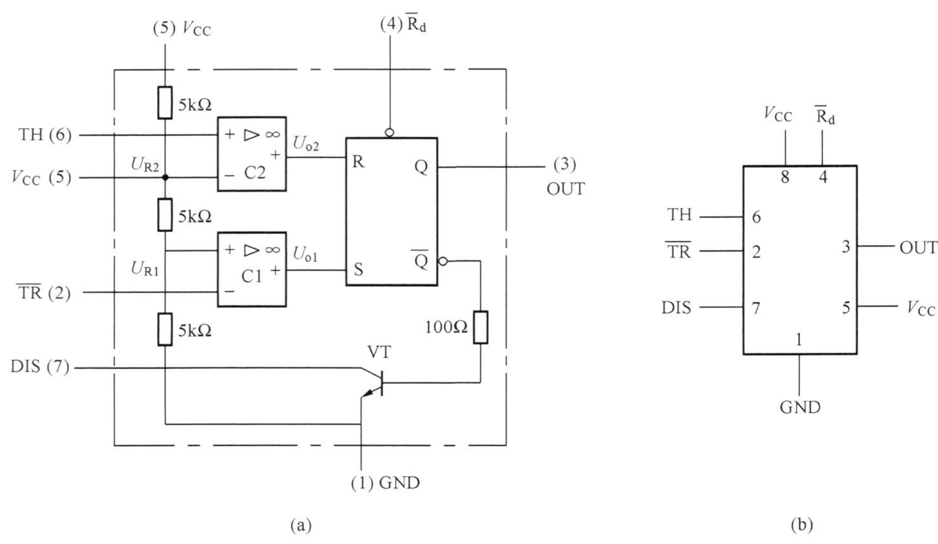

图 7－5 555 定时器内部结构与引脚分布图

（a）内部结构；（b）引脚分布图

7.3.2 555 定时器的功能

1. 各引脚功能

（1）接地端；

（2）置 1 输入端，低电平有效$\left(\text{小于}\frac{1}{3}V_{CC}\right)$；

（3）输出端；

（4）直接置 0 输入端，低电平有效，一般情况下接电源电压；

（5）电压控制端，一般情况下悬空不用，为了防止干扰可通过 0.01μF 电容接地，相当于悬空；

（6）置 0 输入端，高电平有效$\left(\text{大于}\frac{2}{3}V_{CC}\right)$；

（7）放电端，当输出为 0 时，放电管导通，此端主要为外接电容提供放电回路；

（8）电源端，接 5V 电源。

2. 555 定时器的功能

根据图 7－5 所示电路可得 555 定时器的功能见表 7－3。

表 7-3　555 定时器功能表

输　入			输　出	
(4) $\overline{R}_d$	(2) $\overline{TR}$	(6) TH	(3) OUT	(7) 放电管 VT
0	×	×	0	导通
1	$0\left(小于\frac{1}{3}V_{CC}\right)$	0	1	截止
1	1	$1\left(大于\frac{2}{3}V_{CC}\right)$	0	导通
1	1	0	保持不变	保持不变

说明：表 7-3 是在（1）端接地，（8）端接电源，（5）端悬空的条件下得到的。

实训 7.2　555 定时器的功能测试

取一块 NE555 集成定时器芯片，插入实验箱的 IC 插孔，分别将 1 端接地，8 端接电源，5 端通过小电容接地（也可以悬空不接），4 端、2 端和 6 端接逻辑电平开关的输出接口，3 端接显示器的输入接口，如图 7-6 所示。按表 7-4 测试并记录测试结果。

表 7-4　555 定时器功能测试

输　入			输　出
(4) $\overline{R}_d$	(2) $\overline{TR}$	(6) TH	(3) OUT
0	×	×	
1	$0\left(小于\frac{1}{3}V_{CC}\right)$	0	
1	1	$1\left(大于\frac{2}{3}V_{CC}\right)$	
1	1	0	

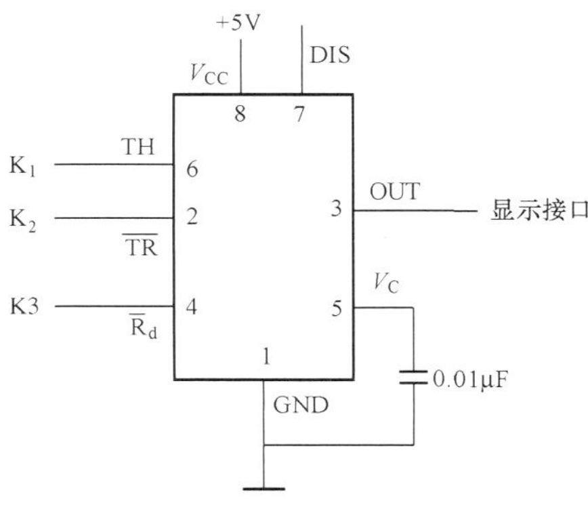

图 7-6　555 定时器功能测试图

7.4 必备知识三：单稳态触发器

为了测量电机转速，需要在 1min 内，记录电机转动转换来的脉冲个数，这就需要一个定时电路，实现 1min 的定时，单稳态触发器的主要作用就是定时。

单稳态触发器的特点是：电路有一个稳态和一个暂稳态。在不加有效触发信号时，电路处于稳态。当外加有效触发信号时，电路由稳态触发翻转为暂稳态，然后在外加电容作用下，暂稳态持续一段时间 t_{po} 后，自动返回到原来的稳态，并在其输出端产生一个宽度为 t_{po} 的单个脉冲。脉冲宽度 t_{po} 的长短取决于外接电容和电阻的大小，而与触发脉冲的宽度无关。

7.4.1 由 555 定时器构成的单稳态触发器

1. 电路组成

图 7－7 所示为由 555 定时器构成的单稳态触发器。输入信号 u_i 接置 1 输入端（2 端），置 0 输入端（第 6 管脚）与放电端（7 端）接在一起，然后接定时元件 R 和 C。

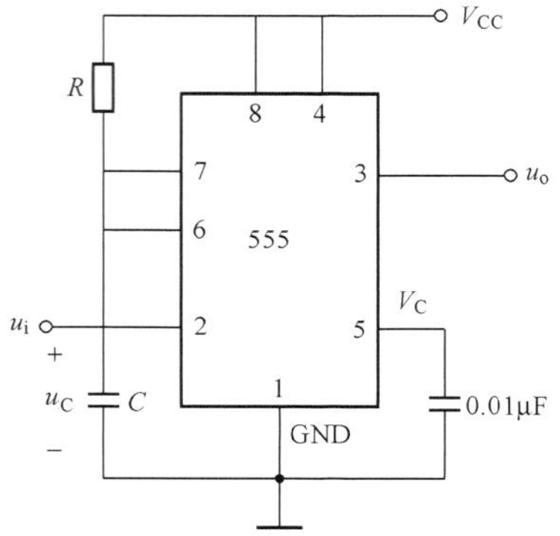

图 7－7 555 定时器构成的单稳态触发器

2. 工作原理

(1) 电路的稳态——0 态。当未加入有效触发信号时，u_i 为高电平“1”，即置 1 输入端处于无效状态。所以，接通电源后 555 定时器必能保证单稳态触发器处于 0 态不变，这就是电路的稳态。

(2) 外触发使电路翻转为暂稳态。若在电路的置 1 输入端（2 端）外加有效的低电平触发信号，且低电平的数值小于 $\frac{1}{3}V_{CC}$，根据 555 定时器的功能，就会使输出由原来的 0 态触发翻转为 1 态，即 Q＝1。此时若有效触发信号撤掉，输入端信号变为高电平，但此时（6）端置零输入端为低电平，是无效电平，所以输出的 1 态还会保持不变。但输出 1 态不会长久保持，经过一段时间后，当电容两端电压 u_C 达到 $\frac{2}{3}V_{CC}$ 时，置零输入端变为有效状态，输出置零，电路会自动返回到电路的稳态，所以称 1 态为暂稳态。

(3) 电容器 C 充电使电路自动返回稳态。

在输出为 1 态时，放电管截止，电源电压通过电阻 R 对电容充电，充电回路为 V_{CC}→R→C→地，充电时间常数为 $\tau_1=RC$。当经过一定时间后，电容两端电压 u_C 上升到 $u_C=\frac{2}{3}V_{CC}$，若再升高，则 $u_C>\frac{2}{3}V_{CC}$，555 定时器的置 0 输入端（6 端）为高电平有效信号，使输出置 0。电路自动返回到原来的稳态。

(4) 恢复阶段。

当输出由暂稳态 1 态自动返回到稳态 0 态时，$\overline{Q}=1$，放电管饱和导通，电容两端电压通过导通的放电管放电，放电回路为电容 C→放电管 VT→地，放电时间常数为 $\tau_2=R_{CES}C$。

其中 R_{CES} 为放电管集电极与发射极之间的饱和电阻，一般只有几十欧姆。经过（3～5）τ_2 放电结束，电路恢复到 $u_C \approx 0V$，为下一次触发做好准备。

单稳态触发器的工作原理可通过图 7-8 所示的波形图直观地表示出来。

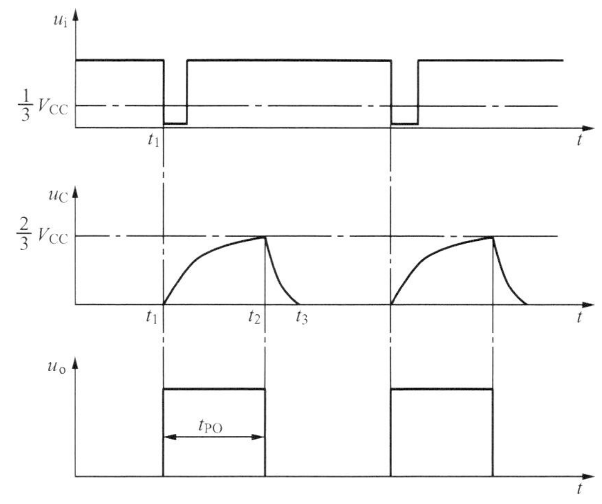

图 7-8　单稳态触发器波形图

3. 输出脉冲宽度 t_{po}

输出脉冲宽度 t_{po}，就是电容 C 两端的电压 u_C 由零升高到 $\frac{2}{3}V_{CC}$ 所需要的时间，根据一阶 RC 电路的三要素法可求得 t_{po}。

$$t_{po} = 1.1RC \qquad (7-1)$$

由此可知，输出脉冲宽度 t_{po} 的大小，与外接电阻和电容的大小有关，通过调节电阻电容的数值，就可以调节输出脉冲宽度的值。可从几毫秒到几分钟的范围可调。

7.4.2　单稳态触发器的应用——定时

由于单稳态触发器能产生一定宽度的单脉冲信号，若利用这一脉冲信号去控制某一个电路（如门电路、继电器等），就可以使它在这一时间内动作或不动作，这就是脉冲宽度的定时作用。在图 7-9 所示的定时电路中，只有在输入 u_i 下降沿触发下，使单稳态触发器产生脉宽为 t_{po} 的定时脉冲信号 u_B，在 t_{po} 时间内信号 u_A 才能通过与门输出。如果设计电路参数恰好使 t_{po} 为 1min，将输出脉冲经计数、译码并显示出来，就是我们要测的电机转速。

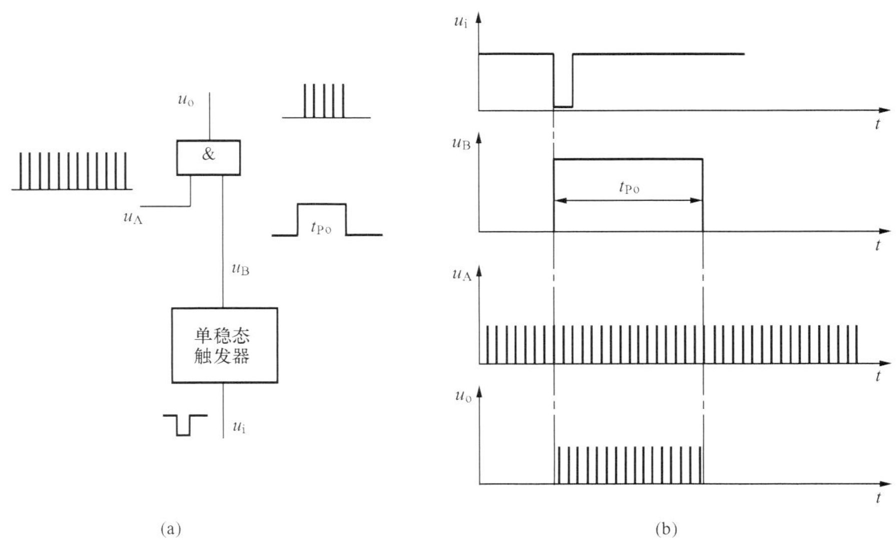

图 7-9　单稳态触发器的定时控制

（a）电路示意图；（b）波形图

【例 7-1】 图 7-10 所示为定时灯控制电路。其中 K 是继电器线圈，VD 是续流二极管，F 是照明灯。

(1) 试说明其工作原理。

(2) 试求出每按动一次开关 S_A，电灯亮的时间。

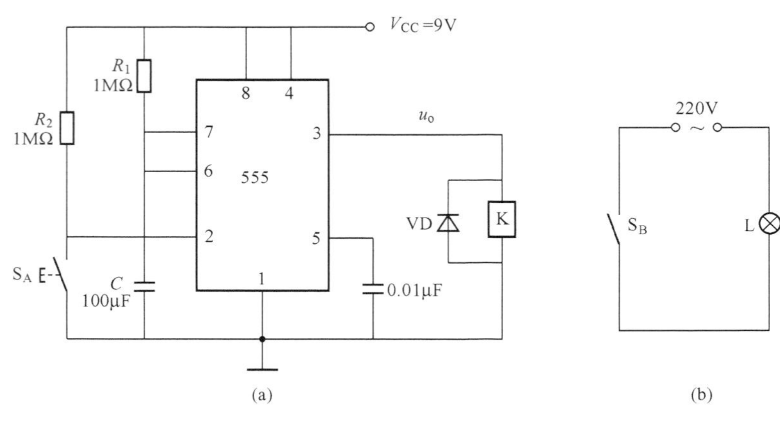

图 7-10 [例 7-1] 图

解：(1) 该电路是由 555 定时器构成的单稳态触发器。如果没有人去按动按钮 S_A，则 2 端为高电平，是无效电平，单稳态触发器输出端处于 0 态。继电器线圈不通电，常开触点 S_B 断开，电灯不亮。当有人按动按钮 S_A 时，2 端为低电平 0V，因为 2 端为置 1 输入端，低电平有效，所以使单稳态触发器置 1。继电器线圈通电，常开触点 S_B 闭合，灯亮。此时松开按钮，由于 6 端还是低电平，即置 0 无效，电灯仍然亮。此时放电管截止使电容 C 充电，当电容两端电压升高到$\frac{2}{3}V_{CC}$时，电路自动返回到 0 态，继电器断电而使灯灭。

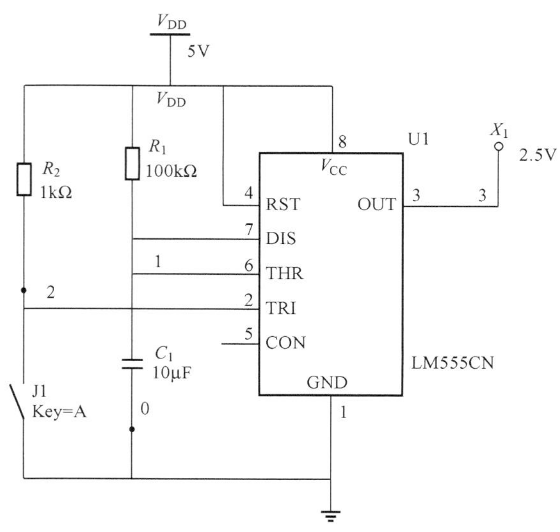

图 7-11 单稳态触发器仿真电路

(2) 电灯亮的时间就是单稳态触发器输出高电平的时间，也就是 t_{po}。由式 (7-1) 可得

$$t_{po}=1.1R_1C=1.1\times10^6\times100\times10^{-6}=110\,(\mathrm{s})$$

答：每按动一次按钮，电灯可持续亮 110s。

7.4.3 单稳态触发器仿真

(1) 按图 7-11 所示单稳态触发器仿真电路创建仿真电路，启动仿真，将开关闭合后立刻断开，观察输出端灯亮的变化，并观察灯亮的持续时间。

(2) 改变电阻 R_1 或电容 C_1 的数值，重复上述步骤。

实训 7.3　单稳态触发器的测试

(1) 图 7-12 所示为由 555 定时器构成的单稳态触发器，按图接线在 2 端（输入）接单次脉冲源，3 端（输出）接显示接口输入端，按动单次脉冲源，观察输出端指示灯的变化，是否按照不亮→亮→不亮变化，并观察灯亮的持续时间，与理论值进行比较。

(2) 合理选择电阻 R 和电容 C 的参数，使输出脉冲宽度为 1min 并进行实验，观察灯亮的时间是否为 1min。

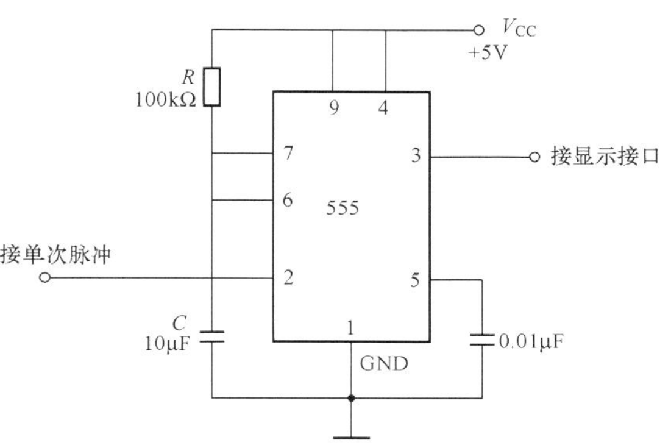

图 7-12　555 定时器构成的单稳态触发器

7.5　必备知识四：施密特触发器

施密特触发器的特点是输出有两个稳态，但与前面讨论的 JK 触发器和 D 触发器不同，JK 触发器和 D 触发器必须用脉冲信号触发，而施密特触发器既可以用脉冲信号触发，也可以用模拟信号触发。它可将边沿缓慢变化的波形，整形为边沿陡直的矩形脉冲。同时具有滞回电压传输特性和较强的抗干扰能力。

7.5.1　电路组成

由 555 定时器构成的施密特触发器如图 7-13 (a) 所示。将 555 定时器的置 0 输入端（6 端）与置 1 输入端（2 端）并接在一起作为触发信号输入端。放电端（7 端）悬空不接。施密特触发器的逻辑符号如图 7-13 (b) 所示。

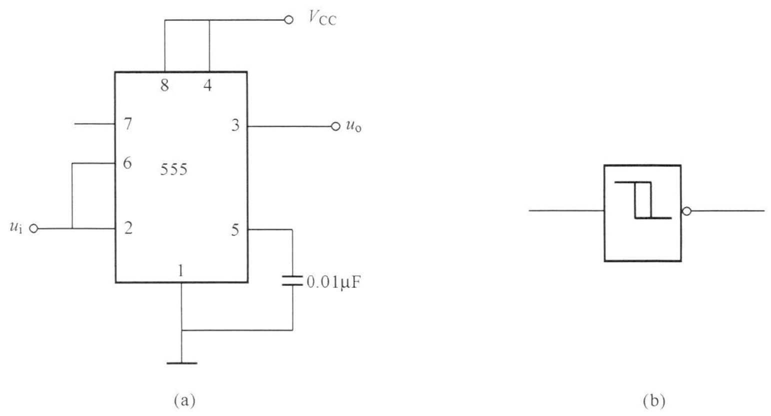

图 7-13　555 定时器构成的施密特触发器

(a) 电路组成；(b) 逻辑符号

7.5.2 施密特触发器的电压传输特性

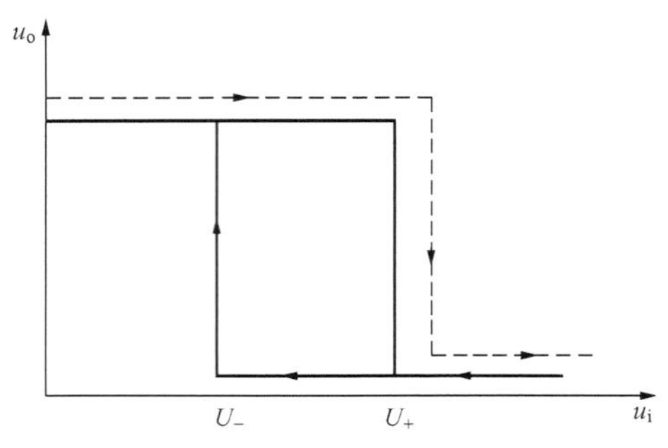

图 7-14 施密特触发器的电压传输特性

根据 555 定时器的功能，可得到施密特触发器电压传输特性如图 7-14 所示。从图中可以看出：输出由高电平翻转为低电平，所对应的输入电压为 $U_+=\frac{2}{3}V_{CC}$，称为上限转折电平。输出由低电平翻转为高电平，所对应的输入电压为 $U_-=\frac{1}{3}V_{CC}$，称作下限转折电平 。我们把两者的电压差称为回差电压 u_H。这就是施密特触发器的滞回特性。

7.5.3 施密特触发器的应用——整形

利用光电传感器把电机转动转换为脉冲信号，从理论上讲可以用计数器记录这些脉冲进行转速测量，但实际上这些脉冲含有抖动和毛刺，脉冲边沿不陡直，如果用它们直接作为计数器脉冲信号，一个脉冲周期可能会计数多次，因此不能正确反映电机转速。

用施密特触发器，可以将不规则的波形整形为边沿陡直、顶部平整的矩形波，如图 7-15 所示。

整形原理就是利用施密特触发器的滞回特性，在 t_1 时刻，输入电压大于 $\frac{2}{3}V_{CC}$使输出由 1 变 0，此后输入电压有抖动和毛刺，但只要不低于$\frac{1}{3}V_{CC}$，输出就不会变化，一直到 t_2 时刻，输入电压小于$\frac{1}{3}V_{CC}$使输出由 0 变 1，得到一个边沿陡直的脉冲信号。

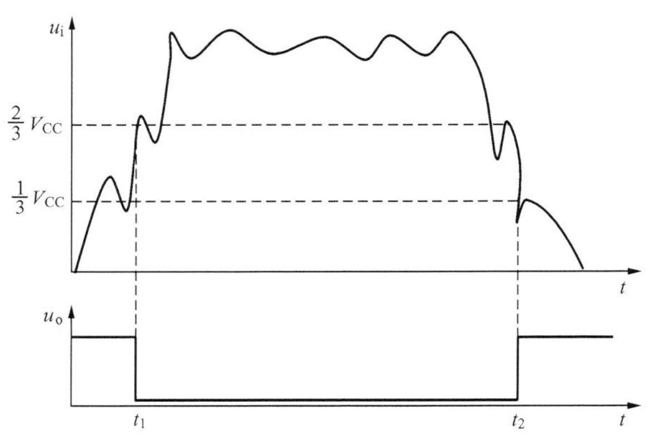

图 7-15 施密特触发器用于波形整形

7.6 拓展知识：多谐振荡器

多谐振荡器是产生矩形波的自激振荡器。由于矩形波包含基波和高次谐波等较多的谐波成分，因此称为多谐振荡器。另外，多谐振荡器输出的 0 态和 1 态都是不稳定的，所以，也叫无稳态触发器。多谐振荡器电路有很多种，本章只介绍由 555 定时器构成的多谐振荡器。

7.6.1 电路组成及工作原理

由 555 定时器构成的多谐振荡器如图 7-16 所示。其中，R_1 和 R_2 及电容 C 是外接元件，其大小根据振荡频率要求来决定。多谐振荡器的工作波形如图 7-17 所示。工作原理如下。接通电源后，可设电容两端电压 u_C 为零，555 定时器的 2 端（置 1 输入端）为有效信号，使输出端置 1。此时放电管截止，电源电压 V_{CC} 通过电阻 R_1 和 R_2 对电容 C 充电，电容两端电压 u_C 升高。充电时间常数 $\tau_1=(R_1+R_2)C$，当电容两端电压 u_C 升高到 $\frac{2}{3}V_{CC}$ 时，555 定时器的 6 端（置 0 输入端）为有效信号，使输出置 0。此时放电管导通，电容两端电压 u_C 又通过电容 C 和电阻 R_2 放电，使 u_C 降低。放电的时间常数 $\tau_2=R_2C$。当电容两端电压 u_C 降到 $\frac{1}{3}V_{CC}$ 时，555 定时器的 2 端（置 1 输入端）为有效信号，再次使输出置 1。这样周而复始地振荡，输出按着一定频率进行高电平和低电平交换，输出矩形波。

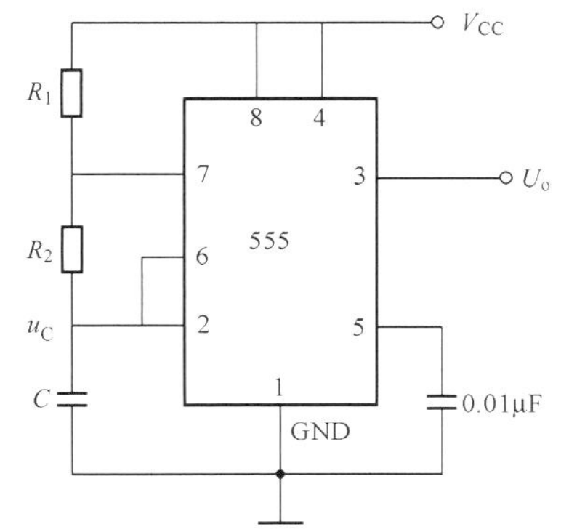

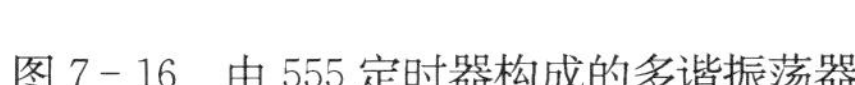
图 7-16　由 555 定时器构成的多谐振荡器

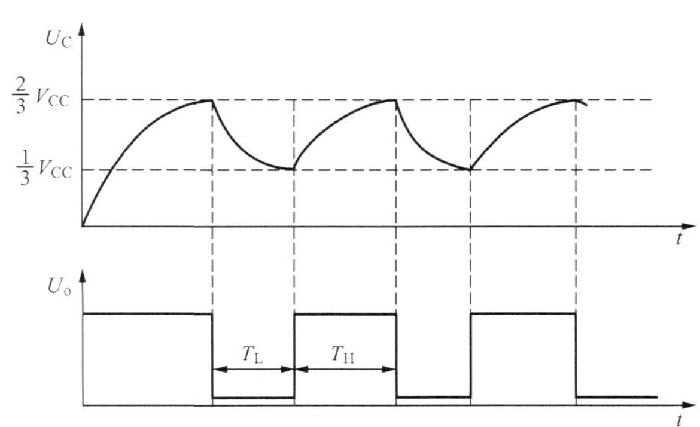

图 7-17　多谐振荡器波形图

7.6.2　振荡频率的计算

由图 7-16 所示的多谐振荡器工作波形可以看出，输出高电平的持续时间 T_H，就是 u_C 从 $\frac{1}{3}V_{CC}$ 充电上升到 $\frac{2}{3}V_{CC}$ 所需的时间，它决定于电容 C 充电的时间常数。输出低电平持续时间 T_L，就是 u_C 从 $\frac{2}{3}V_{CC}$ 放电下降到 $\frac{1}{3}V_{CC}$ 所需的时间。它决定于电容 C 放电的时间常数。多谐振荡器的振荡周期 $T=T_H+T_L$

根据 RC 电路暂态过程三要素分析方法可得到

$$\text{振荡周期 } T = T_L + T_H = 0.7(R_1 + 2R_2)C \qquad (7-2)$$

$$\text{振荡频率 } f = \frac{1}{T} = \frac{1}{0.7(R_1 + 2R_2)C} \qquad (7-3)$$

由 555 定时器组成的多谐振荡器可产生 1Hz～300kHz 的矩形波。

【例 7-2】 图 7-18 所示电路是一个由 555 定时器构成的水位报警器，试说明工作其原理。

解： 由 555 定时器原理可知，当水位较低，低于水位警戒线时，金属棒不接触，R_3 两端电压为 0，直接置 0 端（4 号引脚）低电平有效，电路输出置零，喇叭不响。而当水位达

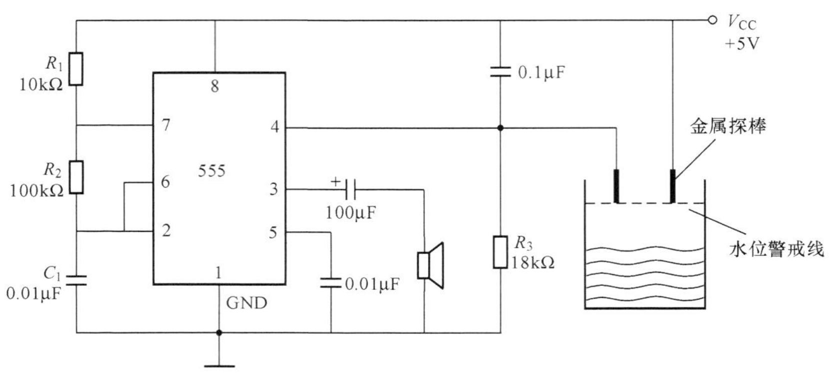

图 7-18　555 水位报警电路原理图

到或超过警戒线时，金属棒通过水接通，R_3 两端电压为 $V_{CC}=5V$，定时器 4 端接高电平，该电路则构成多谐振荡器，输出一定频率的矩形波。喇叭发出报警信号，提醒人们及时采取控制水位措施。报警声音可由振荡频率的大小来决定。

由 555 定时器组成的多谐振荡器，结构简单，使用灵活，电源电压范围宽，价格便宜，因此得到广泛的应用，但缺点是输出频率稳定性较低，在一些要求频率稳定度高的场合，应用受到限制。例如，钟表的时基信号，频率越稳定，走时越准确。为了得到频率稳定度较高的信号，可采用石英晶体振荡器。

7.6.3　多谐振荡器仿真

按图 7-19 所示创建多谐振荡器仿真电路，双击示波器启动仿真，通过示波器观察输出与输入波形如图 7-20 所示。改变电路参数，观察输出波形变化。

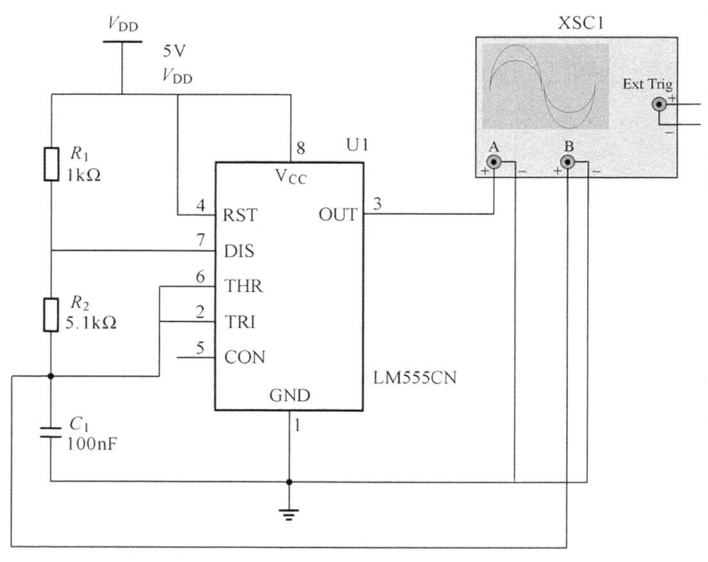

图 7-19　多谐振荡器仿真

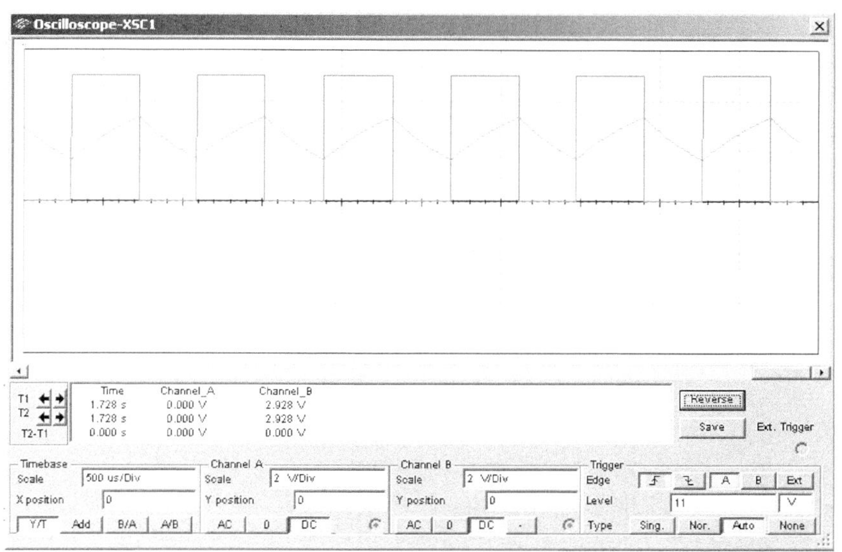

图 7－20　多谐振荡器仿真波形

7.7　电机测速系统的设计

电机测速系统的设计电路有多种，图 7－21 给出了其中的一种。它是由光电传感器、定时电路、整形电路、计数器、译码器以及显示器等组成。

一、工作原理

1. 复位功能

图 7－21 中，有一个复位按钮，按下时，分别给四个计数器 74LS192 的清零端发有效清零信号（高电平有效），使所有计数器都清零，为下次测量作准备。当复位按钮不按时，各计数器的清零端均为低电平，清零无效，处于正常计数状态。

2. 光电传感器功能

电路中采用透光型光电传感器，电机轴上的圆盘卡在传感器中间，电机每转过一圈，发光二极管发出的光，就会有一次通过小孔而射到光电三极管的基区，光电三极管得到较大的光电流使三极管饱和，输出低电平。转过小孔后，光被圆盘挡住，三极管的电流为暗电流，相当于截止，输出高电平。这样每转一圈，就输出一个脉冲。

3. 整形与定时电路

图 7－21 电路中，左边的 555 定时器构成了施密特触发器，它的作用是把光电三极管输出的脉冲信号进行整形，使脉冲信号的边沿陡直且没有抖动和毛刺，以便计数器正常计数。

右边的 555 定时器，通过外部电阻电容构成了单稳态触发器，每按一次启动按钮，单稳态触发器输出一个脉宽为 1min 的单脉冲信号，用于 1min 定时。

单稳态触发器的输出端接施密特触发器的直接置零输入端，当单稳态触发器输出低电平时，施密特触发器直接置零，输出低电平。当启动测量按钮时，在设定的 1min 内，单稳态触发器处于暂稳态，输出高电平。使施密特触发器正常工作，将光电传感器传来的脉冲信号

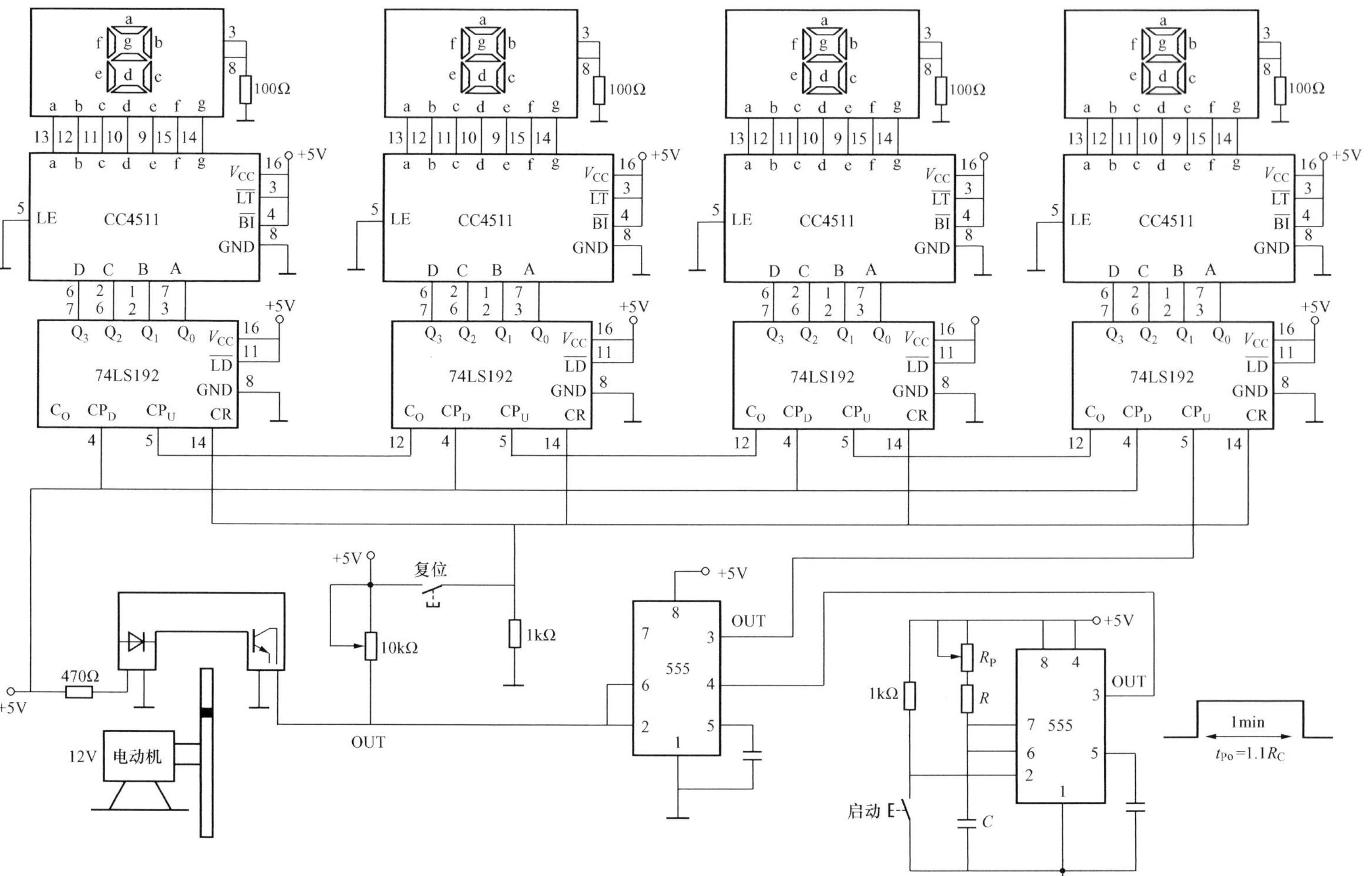

图 7-21 电机测速系统原理图

整形，整形后的脉冲信号作为计数器的计数脉冲，控制计数器只能在 1min 内进行加法计数，1min 过后，单稳态触发器又返回稳态值，输出端变为低电平而使施密特触发器置零，计数器停止计数处于保持状态。

4. 计数、译码显示电路

电路中用了四个 74LS192 可逆计数器，通过级联构成了四位十进制加法计数器。它的输出接译码器输入，经译码器译成 7 个段控制码驱动显示器显示测量结果。

二、调试要点

(1) 检查定时电路。方法是在图 7－21 中定时器的输出端接一个发光二极管，按下启动按钮，观察发光二极管是否按“不亮→亮→不亮”变化，并观察灯亮的持续时间是否是 1min。

(2) 检查计数、译码、显示是否正常。方法是将计数、译码电路与施密特触发器输出断开，在计数器 CP_D 端另接计数脉冲信号。按下复位按钮，观察显示结果是否为零。然后松开复位按钮，观察计数器是否正常计数。若能正常计数，说明计数、译码、显示电路正常。若不能正常计数，则将计数器的级联关系断开，逐位检查计数、译码电路的问题，直到各位计数、译码、显示都正常工作，再将各位计数器级联成四位计数器，并再次测试直到正常为止。

(3) 检查光电传感器及整形电路。方法是将施密特触发器的直接置零端（4 端）与定时器输出端断开，并将其接高电平，然后将电机断电并移开，用一硬纸片，断续插入光电传感器的凹槽中，观察计数器的状态，如果每插入一次都能计数一次，说明光电传感器及整形电路正常工作，否则就有问题。调试正常后再将定时器输出端接施密特触发器的直接置零端。

通过上述步骤对每一部分电路进行检查调试，直至正常，观察显示结果就可测出电机的转速。

三、供参考选择的元器件

(1) 74LS192，4 片；

(2) CD4511 或（5GCD4511），4 片；

(3) ST150 透光型光电传感器，1 片；

(4) NE555 定时器，2 片；

(5) 12V 直流电机，1 只；

(6) BS201A 七段共阴极显示数码管，4 片；

(7) 电阻电容导线等，若干。

四、设计报告要求

(1) 正确画出电机测速系统原理图。

(2) 说明各部分电路的功能及参数选择。

(3) 写出调试步骤。

(4) 写出组装、调试电机测速系统的心得、体会。

习　　题

7.1　试说明透光型光电传感器的原理。

7.2 试说明555集成定时器的基本组成及各引脚的用途。

7.3 图7-22所示电路是路灯自动点熄电路，白天让灯自动熄灭，夜晚自动点亮。图中，R_L是光敏电阻，型号为2CU2B。光照强时电阻值变小，光照减弱时电阻值变大。JQX-10为直流继电器，VD是续流二极管。试说明该电路的工作原理。

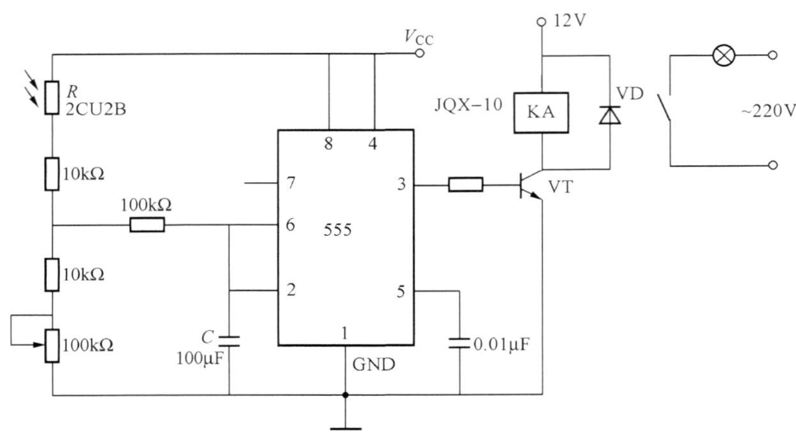

图7-22 题7.3图

7.4 电路如图7-23所示，试完成：

(1) 定时电阻$R=11k\Omega$，要求输出脉冲宽度为1s时，计算定时电容C的值；

(2) 当$C=6200pF$时，要求脉冲宽度为$150\mu s$，计算定时电阻R的值。

7.5 图7-24所示电路为一简易延时电子门铃。设在4引脚复位端的电压小于0.4V为低电平有效信号，电源电压为6V，试计算：

(1) 当按钮SB按一下放开后，门铃可以持续响多少时间？

(2) 门铃声的频率为多少？

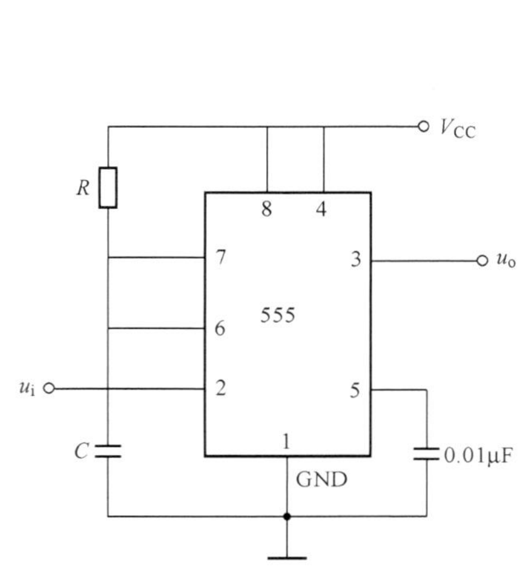

图7-23 题7.4图

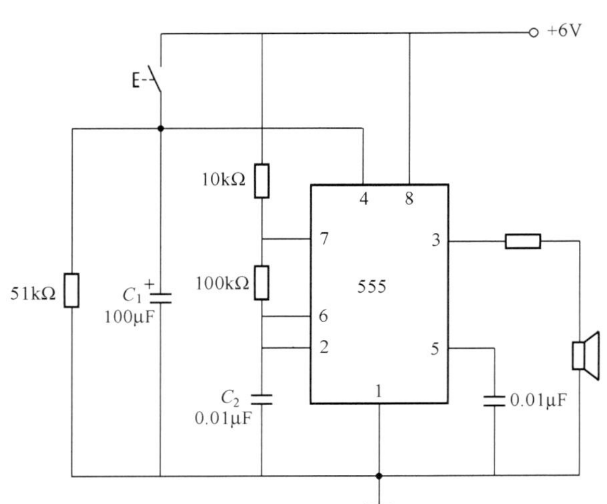

图7-24 题7.5图

7.6　图 7－25 所示电路为救护车警铃信号电路，试完成：

(1) 分析第一级电路对第二级的控制作用；

(2) 当 R_{P1} 和 R_{P2} 调至最大值时，画出输出 u_o 的波形；

(3) 求出两级的振荡频率各为多少。

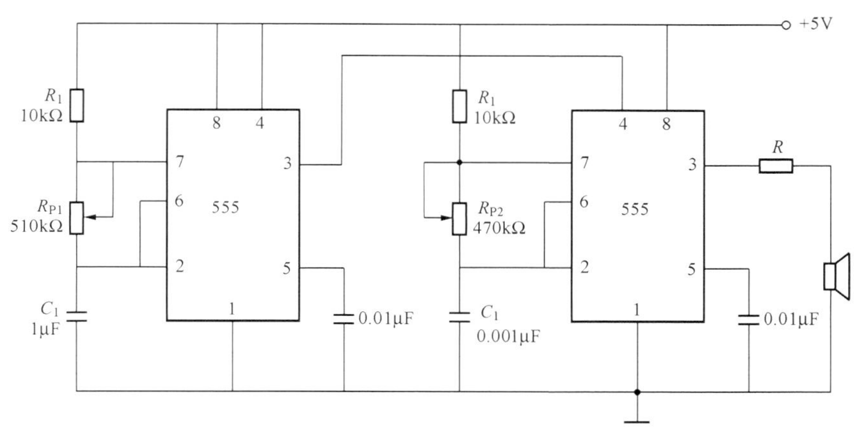

图 7－25　题 7.6 图

7.7　某过压监视电路如图 7－26 所示。试说明当监视电压 U_X 超过一定值时，发光二极管 VD 将发出闪烁的报警信号（提示：当三极管 VT 饱和导通时，555 定时器的 1 端可认为是接地。）

7.8　试思考：什么是施密特触发器的“回差电压”？它是如何产生的？由 555 定时器组成的施密特触发器的“回差电压”如何计算？

7.9　图 7－27 所示为由 555 定时器构成的施密特触发器。当 $V_{CC}=5V$ 时，试求 U_+、U_- 及 U_H 各为多少？

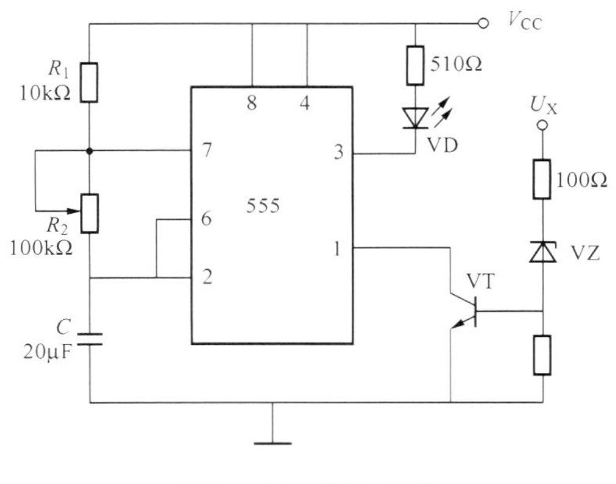

图 7－26　题 7.7 图

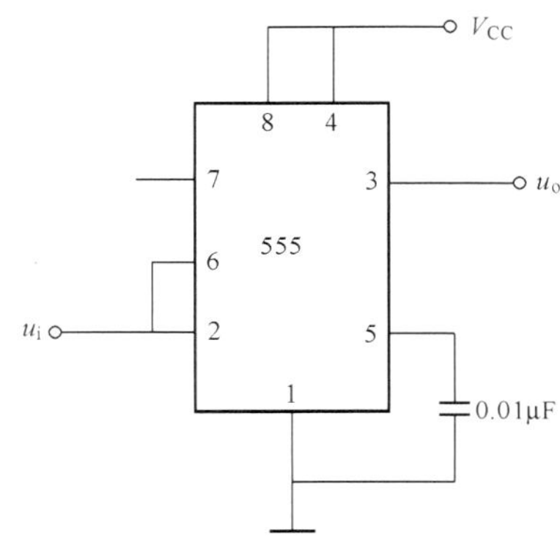

图 7－27　题 7.9 图

附录 1　数字电子仪器仪表的使用

电子技术实验中，常用的仪器仪表有示波器、低频信号发生器、毫伏表、直流稳压电源及万用表等。在模拟电路中，它们的主要用途和相互关系如附图 1－1 所示。

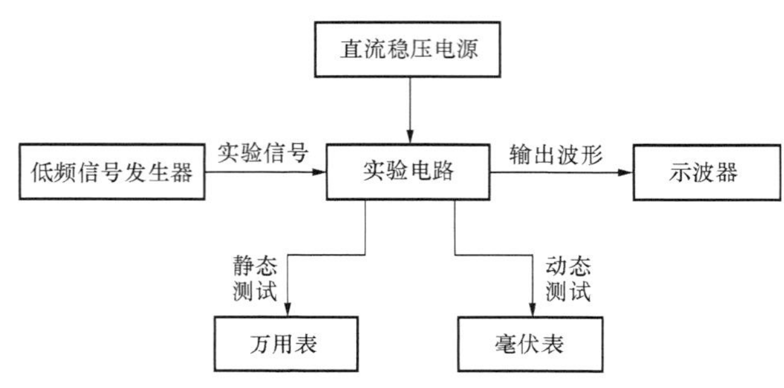

附图 1－1　常用电子仪器用途和相互关系示意图

一、DS1000E 系列数字示波器简介

示波器是一种综合性的电信号测试仪，可以用来观测信号波形的幅度、频率、相位等量。示波器的种类很多，常用的是双踪示波器。下面以型号为 DS1000E 的数字双踪示波器为例介绍数字示波器的一般使用方法。

1. 前面板和用户界面

DS1000E 系列的前面板和各旋钮的作用如附图 1－2 所示。面板上包括旋钮和功能按键，旋钮的功能与其他示波器类似。显示屏右侧的一列 5 个灰色按键为菜单操作键（自上而下定义为 1 号至 5 号），通过它们，可以设置当前菜单的不同选项；其他按键为功能键，通过它们，可以进入不同的功能菜单或直接获得特定的功能应用。

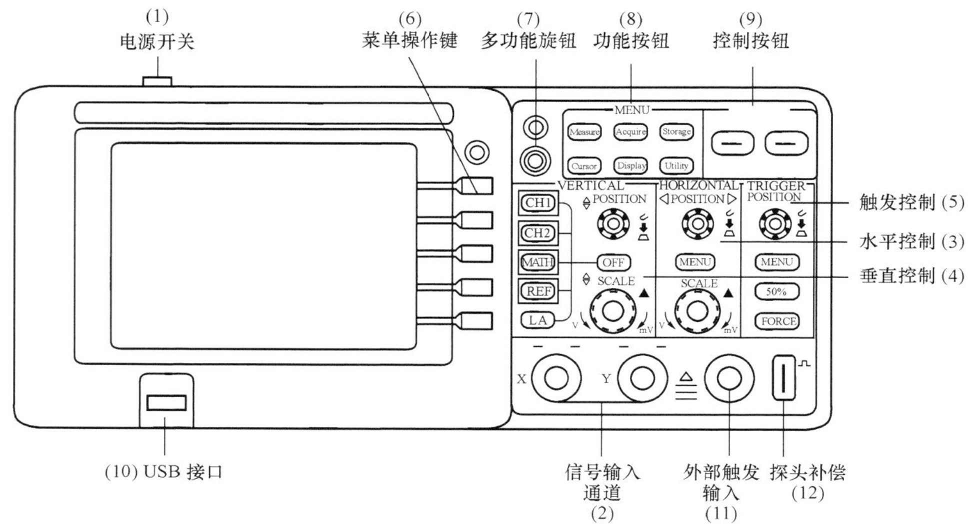

附图 1－2　DS1000E 系列面板操作说明图

面板上各功能旋钮和按键的功能具体说明如下。

（1）电源开关：用于接通和关断仪器的电源，按下为接通，弹上为关断。

（2）信号输入通道：DS1000E 系列示波器。该示波器为双通道输入加一个外触发输入通道的数字示波器。这两个端口是两路信号的接入端口。

(3) 水平控制：在水平控制区（HORIZONTAL）有一个按键 MENU 和两个旋钮，如附图 1 - 3 所示。

水平“POSITION”旋钮用来调整信号在波形窗口的水平位置。转动水平“POSITION”旋钮时，可以观察到波形随旋钮而水平左右移动。不仅如此，还可以通过按下该键使触发位移（或延迟扫描位移）恢复到水平零点处。

水平“SCALE”旋钮用来改变水平挡位设置。转动水平“SCALE”旋钮改变“s/div（秒/格）”水平挡位，可以发现状态栏对应通道的挡位显示发生了相应的变化。水平扫描速度从 2ns 至 50s，以 1 - 2 - 5 的形式步进。

按 MENU 按钮，显示 TIME 菜单。在此菜单下，可以开启/关闭延迟扫描或切换 Y - T、X - Y 和 ROLL 模式，还可以设置水平触发位移复位。

(4) 垂直控制：垂直控制区（VERTICAL）如附图 1 - 4 所示。在垂直控制区也有 6 个按钮和两个旋钮。

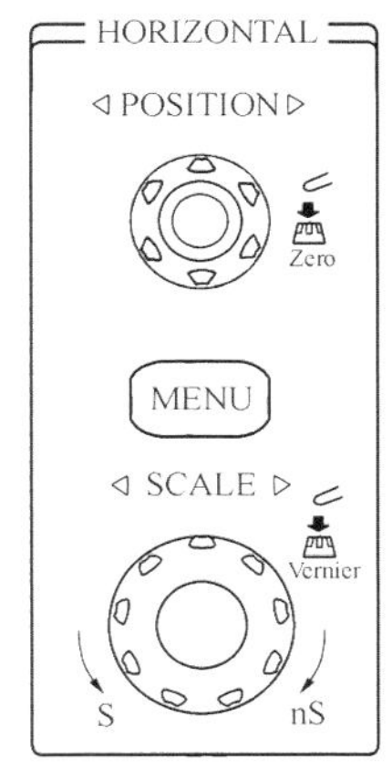

附图 1 - 3　水平控制区

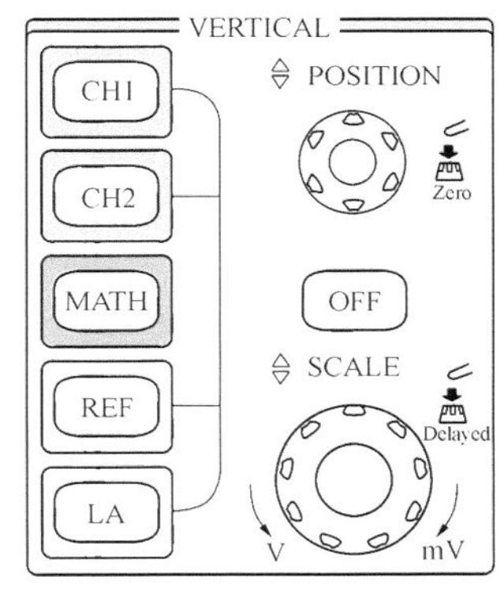

附图 1 - 4　垂直控制系统

垂直旋钮“POSITION”可以控制信号的垂直显示位置。当转动垂直旋钮“POSITION”时，指示通道地（GROUND）的标识跟随波形而上下移动。按下垂直“POSITION”旋钮作为设置输入通道的粗调/微调状态的快捷键，然后调节该旋钮即可粗调/微调垂直挡位。

垂直SCALE旋钮用来改变垂直挡位的设置，转动垂直“SCALE”旋钮可以改变“Volt/div（伏/格）”垂直挡位，可以发现状态栏对应通道的挡位显示发生了相应的变化。

按CH1、CH2、MATH、REF、LA按钮，屏幕显示对应通道的操作菜单、标志、波形和挡位状态信息。按OFF按键关闭当前选择的通道。

(5) 触发控制系统：触发决定了示波器采集数据和显示波形的起始时间。一旦触发时间被正确设定，它可以将不稳定的显示转换成有意义的波形。

触发控制系统如附图 1－5 所示，在触发控制区（TRIGGER）有一个旋钮 LEVEL 和三个按钮。

“LEVEL”旋钮用来改变触发电平的设置。转动 LEVEL 旋钮，可以发现屏幕上出现一条橘红色的触发线以及触发标志，随旋钮转动而上下移动。停止转动旋钮，此触发线和触发标志会在约 5s 后消失。在移动触发线的同时，可以观察到在屏幕上触发电平的数值发生了变化。按下此旋钮使触发电平立即回零。

按下 MENU 按键可以调出触发操作菜单，改变触发的设置。

按 50％按钮，设定触发电平在触发信号幅值的垂直中点。

按 FORCE 按钮：强制产生一触发信号，主要应用于触发方式中的普通和单次模式。

(6) 菜单操作键：5 个灰色按键为菜单操作键（自上而下定义为 1～5 号）。通过它们，可以选中所对应的当前菜单选项进行下一步设置。

(7) 多功能旋钮：左右转动多功能旋钮用来选择窗口中显示的子菜单，按下表示选中当前子菜单。

(8) 功能按钮：MENU 控制区有 6 个功能按钮，用来进行不同的功能设置。如附图 1－6 所示。

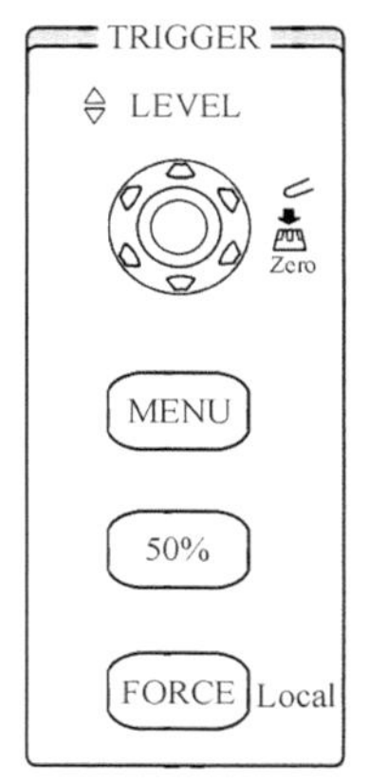

附图 1－5　触发控制区

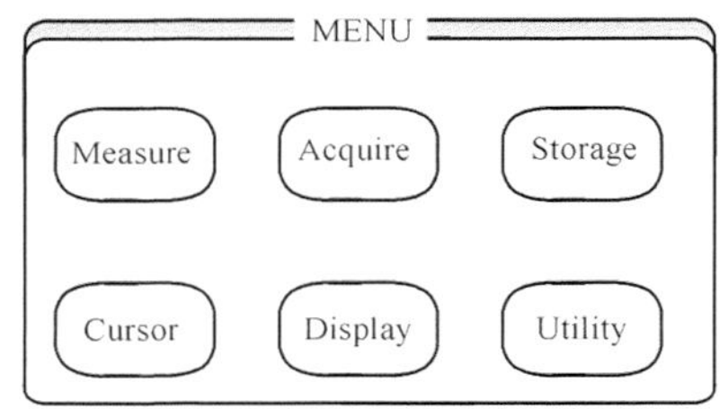

附图 1－6　MENU 控制区

MEASURE 是自动测量功能键。DS1000E 系列示波器具有 20 种自动测量功能，包括峰峰值（V_{pp}）、最大值（V_{max}）、最小值（V_{min}）、顶端值（V_{top}）、底端值（V_{base}）、幅值、平均值（$V_{Average}$）、均方根值（V_{rms}）、过冲、预冲、频率、周期、上升时间（RiseTime）、下降时间（FallTime）、正占空比、负占空比、正脉宽（＋Width）、负脉宽（－Width）的测量等共 10 种电压测量和 10 种时间测量。

按下测量旋钮，系统会显示自动测量的操作菜单，如附图 1－7 所示，通过所对应的 5 个灰色菜单操作键来选中对应的操作菜单，并在屏幕下方直接读取显示的数据。测量功能菜单的说明见附表 1－1。

注意：自动测量的结果显示在屏幕下方，最多可同时显示 3 个。当显示已满时，新的测量结果会导致原结果左移，从而将原屏幕最左端的结果挤出屏幕之外。应用 2、3、4、5 号菜单操作键选择参数类型，若显示的数据为“*****”，表明在当前的设置下，此参数不可测。在控制区还有另外 5 个功能按钮，其作用可参考说明书。

附图 1-7　测量功能菜单

附表 1-1　　测 量 功 能 菜 单

功能菜单	显示	说　　明
信源选择	CH1 CH2	设置被测信号的输入通道
电压测量	—	选择测量电压参数
时间测量	—	选择测量时间参数
清除测量	—	清除测量结果
全部测量	关闭 打开	关闭全部测量显示 打开全部测量显示

(9) 控制按钮：DS1000E 系列数字示波器具有自动设置的功能。其控制按钮包括 AUTO（自动设置）和 RUN/STOP（运行/停止）两个按钮。

RUN/STOP（运行/停止）：运行和停止波形采样。注意：在停止的状态下，对于波形垂直挡位和水平时基可以在一定的范围内调整，相当于对信号进行水平或垂直方向上的扩展。

AUTO（自动设置）：自动设定仪器各项控制值，以产生适宜观察的波形。根据输入的信号，可自动调整电压倍率、时基以及触发方式至最好形态显示。如需要，可手工调整这些控制，使波形显示达到最佳。

按 AUTO 后，菜单显示如附图 1-8 所示，具体功能说明参考附表 1-2。

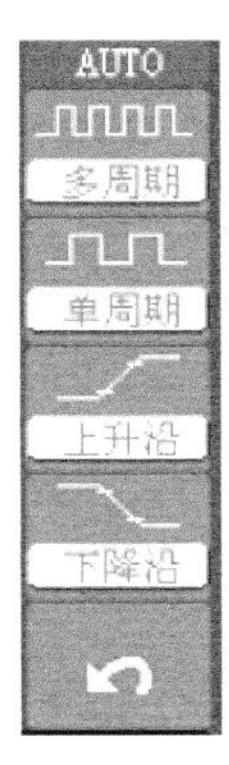

附图 1-8　AUTO 功能菜单

附表 1-2　　AUTO 具体功能表

功能菜单	设定	说　　明
多周期	—	设置屏幕自动显示多个周期信号
单周期	—	设置屏幕自动显示单个周期信号
上升沿	—	自动设置并显示上升时间
下降沿	—	自动设置并显示下降时间
（撤销）	—	撤销自动设置，返回前一状态

(10) USB 接口：外部可移动存储器的插口，支持即插即用 USB 存储设备。

(11) 外部触发输入：外触发输入通道的接入端口。

(12) 探头补偿：探头补偿连接器的输出端口。注意，探头补偿连接器输出的信号仅作探头补偿调整之用，不可用于校准。

2. 使用方法及注意事项

(1) 接通电源：把电源线插入仪器后面板的电源插口，按下电源开关，接通电源。

(2) 将被测信号通过探头连接到信号输入端。

(3) 按下 RUN/STOP 运行控制按钮和 AUTO（自动设置）按钮，示波器将自动设置使波形显示达到最佳。在此基础上，可以进一步调节垂直、水平系统，直至波形的显示符合要求。

(4) 用 MENU 控制区的 MEASURE 对信号进行自动测量。

按 5 号菜单操作键，设置“全部测量”项状态为打开。18 种测量参数值将显示于屏幕下方。

例如，要测量信号的频率和峰峰值：

1) 测量频率：按下 MEASURE 按钮以显示自动测量菜单。按下 1 号菜单操作键以选择信源 CH1 或 CH2。按下 3 号菜单操作键选择测量类型：时间测量。在时间测量弹出菜单中选择测量参数：频率。此时，您可以在屏幕下方发现频率的显示。

2) 测量峰峰值：按下 2 号菜单操作键选择测量类型，电压测量。在电压测量弹出菜单中选择测量参数，峰峰值。此时，您可以在屏幕左下角发现峰峰值的显示。

注意事项：被测信号电压的数值不应超过示波器允许的最大输入电压。调节各种开关、旋钮时，不要过分用力，以免损坏。

二、DG10X2 型数字函数信号发生器

函数信号发生器实际上是一种多波形信号源，能产生正弦波、矩形波、三角波、锯齿波以及各种脉冲信号，输出电压的大小和频率都能方便地进行调节。由于其输出波形均可以用数学函数描述，因而称为函数发生器。下面以 DG10X2 型数字函数信号发生器为例介绍数字函数信号发生器的一般使用方法。

1. 前后面板及控制键功能

附图 1-9 所示为 DG10X2 数字型函数信号发生器的前面板，前面板上包括各种功能按键、旋钮及菜单软键，可以进入不同的功能菜单或直接获得特定的功能应用。

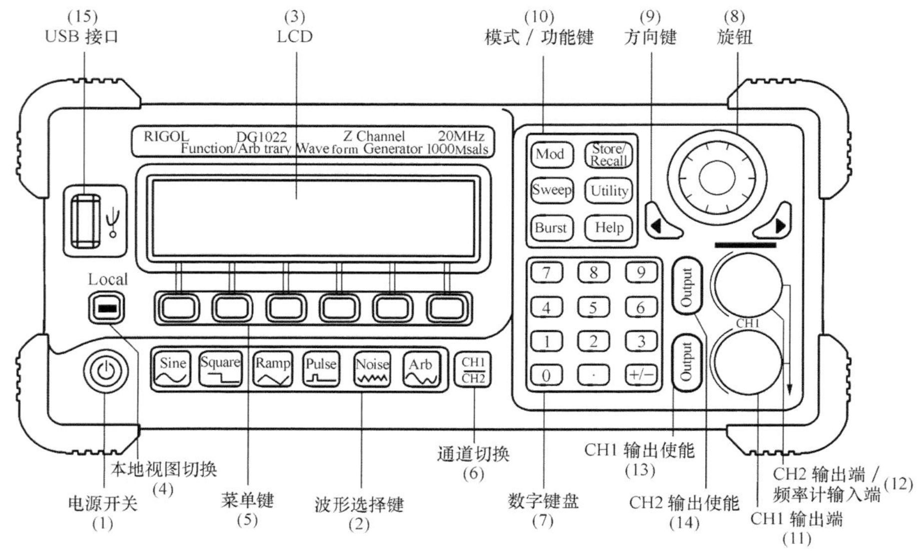

附图 1-9　DG10X2 型

面板上包括各种功能按键、旋钮及菜单软键的功能说明如下：

(1) 电源开关：用于接通和关断仪器的电源，按入为接通，弹出为关断。

(2) 波形选择键：从左至右的波形输出的按键分别为正弦波（Sine）按键，矩形波（Square）按键，锯齿波（Ramp）按键，脉冲波（Pulse）按键，噪声波（Noise）按键和任意波（Arb）按键，按下任意一个按键，即可输出相应波形的信号。

(3) 液晶显示屏 LCD：用来显示波形和相关参数。

(4) 本地/视图切换键：DG10X2 函数信号发生器提供了单通道常规模式、单通道图形模式及双通道常规模式三种界面显示模式。使用 View 键切换视图，使波形显示在单通道常规模式、单通道图形模式、双通道常规模式之间切换。此外，当仪器处于远程模式，按下该键可以切换到本地模式。

附图 1-10～附图 1-12 所示为几种显示模式。

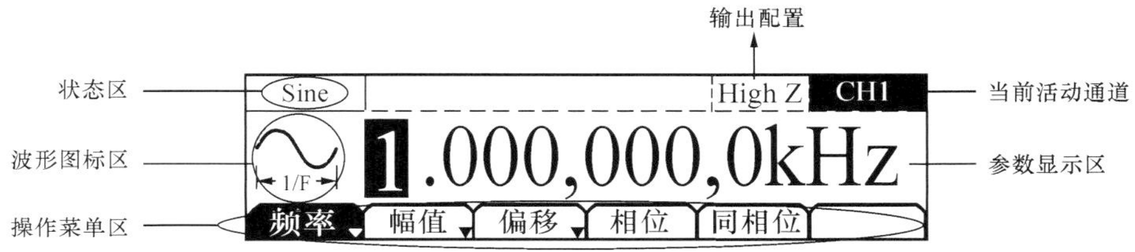

附图 1-10　单通道常规显示模式

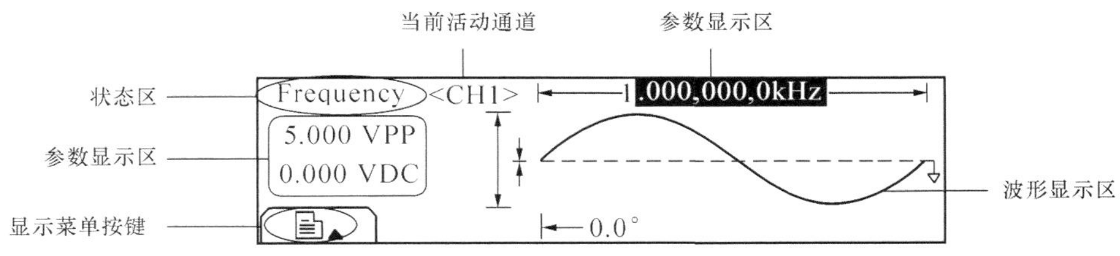

附图 1-11　单通道图形显示模式

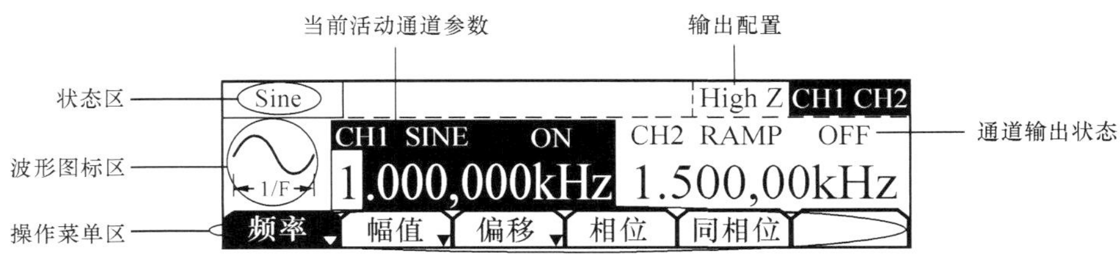

附图 1-12　双通道常规显示模式

(5) 菜单键：这些菜单键分别用来设置输出波形的相关参数。

例如，想要输出正弦波，那么在波形选择按键中选择 Sine 按键后，可以通过与 LCD 窗口显示相对应的几个菜单键来设置频率/周期、幅值/高电平、偏移/低电平、相位、同相位，如附图 1-13 所示。

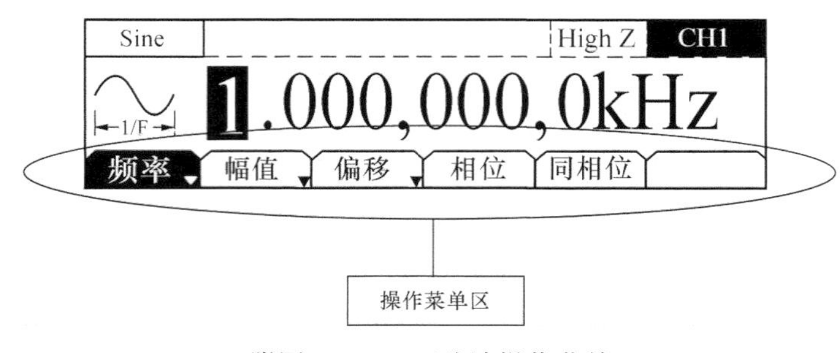

附图 1－13 正弦波操作菜单

(6) CH1 和 CH2 的通道切换键：在常规和图形模式下均可以使用 CH1/CH2 键切换通道，以便用户观察和比较两通道中的波形。当前选中的通道可以进行参数设置。

(7) 数字键盘：使用数字键盘，用于在波形参数值设置的时候，直接输入数字改变参数值的大小。

(8) 旋钮：旋转旋钮，可以改变波形参数的某一数位数值的大小，旋钮的输入范围是 0～9，旋钮顺时针旋一格，数值增 1。

(9) 方向键：使用左右方向键，用于数值不同数位的切换。

(10) 模式/功能键：用于仪器模式和功能上的高级设置，可参考说明书。

(11) CH1 输出端：该端可输出 CH1 通道的波形。

(12) CH2 输出端/频率计输入端：该端可作为 CH2 通道的波形的输出端口，也可作为频率计的输入端。

(13) CH1 输出使能端：用于 CH1 通道波形输出的控制。

使用此 Output 输出按键，可以启用或禁用前面板 CH1 的输出连接器输出信号。并且会在 LCD 中显示当前控制的状态，已按下 Output 键的通道显示"ON"且 Output 点亮。如附图 1－14 所示。

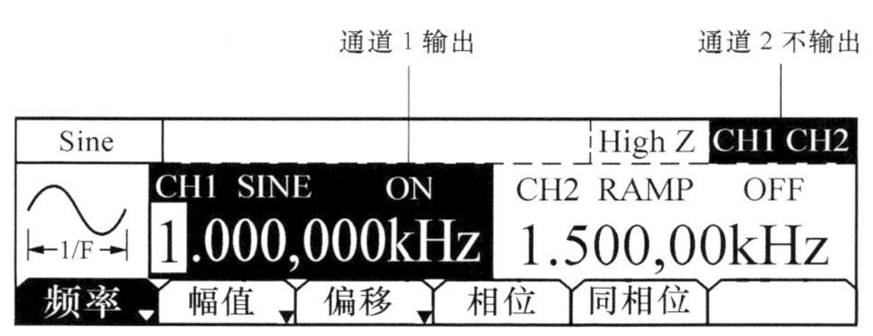

附图 1－14 通道输出控制

(14) CH2 输出使能端：用于 CH2 通道波形输出的控制。在频率计模式下，CH2 对应的 Output 连接器作为频率计的信号输入端，CH2 自动关闭，禁用输出。

(15) USB 接口：外部可移动存储器的插口，支持即插即用 USB 存储设备。

2. 使用方法及注意事项

(1) 接通电源：把电源线插入仪器后面板的电源插口，接通电源，按下后面板上的总电源开关，再按下前面板上的电源开关。

(2) 将信号连接线接通相对应的通道输出端口上，并按下此通道的输出使能控制按钮，使信号能输出。

(3) 在波形选择键中选中你想要输出的波形类型。例如，想要输出一个频率为 20kHz，幅值为 2.5V_{PP}，偏移量为 500mVDC，初始相位为 10°的正弦波形。那么在波形选择按键中选择 Sine 按键。此时，在 LCD 显示窗口中的波形图标变为正弦信号，并在状态区左侧出现"Sine"字样。如附图 1－15 所示。

(4) 使用 CH1/CH2 键切换通道，当前选中的通道可以进行参数设置。

(5) 设置波形的参数。通过菜单键和数字输入键设置频率/周期、幅值/高电平、偏移/

附图1-15 正弦波常规显示界面

低电平、相位，可以得到不同参数值的正弦波（正弦波系统默认的参数为频率为1kHz、幅值为5.0V_{PP}、偏移量为0VDC、初始相位为0°）。

设置波形参数的操作步骤如下：

1）设置频率值：按频率/周期对应的菜单键切换到“频率”，使用数字键盘输入“20”（或者使用旋钮和方向键输入），选择单位“kHz”，设置频率为20kHz。

2）设置幅度值：按幅值/高电平对应的菜单键切换到“幅值”，使用数字键盘输入“2.5”，选择单位“V_{PP}”，设置幅值为2.5V_{PP}。

3）设置偏移量：按偏移/低电平键切换到“偏移”，使用数字键盘输入“500”，选择单位“mVDC”，设置偏移量为500mVDC。

4）设置相位：按相位键，使用数字键盘输入“10”，选择单位“°”，设置初始相位为10°。

5）显示模式的切换。上述设置完成后，按View键切换为图形显示模式，信号发生器输出附图1-16所示的正弦波。

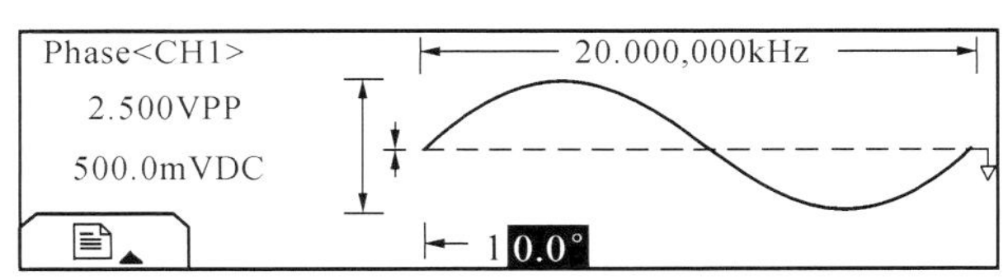

附图1-16 正弦波常规显示界面

三、CA2171A系列交流毫伏表

交流毫伏表是一种测量正弦交流电压有效值的电子仪表，它具有频率范围广、电压测量范围大、测量精度高、频率特性好等优点。交流毫伏表通常由衰减器、检波电路、放大电路和指示电路四部分组成。被测电压先经衰减器衰减到适宜交流放大器输入的数值，再经交流电压放大器放大，最后经检波器检波，得到直流电压，由表头指示数值的大小。需要注意的是，交流毫伏表的面板是按正弦交流电压有效值进行刻度的，因此只能测量正弦交流电压的有效值，当测量非正弦电压时，其读数没有直接的意义。下面介绍CA2171A系列交流毫伏表的使用方法和注意事项。

CA2171A系列交流毫伏表是采用编码开关，各挡位有发光二极管指示，具有同步/异步、浮置/接地、开关锁存功能的双通道交流电压表。CA2171A型采用二个通道输入，由一只同轴双指针电表指示，可以分别指示各通道的指示值也可指示出两通道之差值。

输入电压范围：30μV～300V；

测量频率范围：10Hz～2MHz；

输入阻抗：>2MΩ，<50pF。

1. 面板控制键功能

交流毫伏表CA2171A面板如附图1-17所示。

1）表头：指示电压值或分贝值。

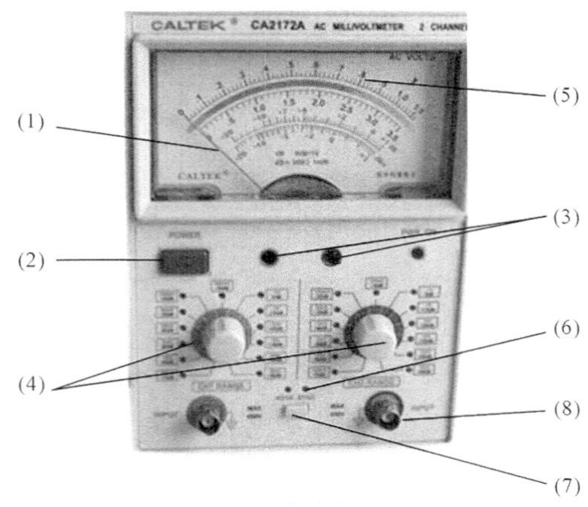

附图 1－17 交流毫伏表 CA2171A 面板

2）电源开关：按入接通电源，弹出断开电源。

3）机械校零：开机前分别调节电表的两个指针到机械零位。

4）量程开关：根据量程开关的标称值，读出表针指示值。

5）量程指示。

6）同步异步指示。

7）同步异步选择按键。

8）被测信号输入端。

2．使用方法及注意事项

（1）准备工作：将毫伏表垂直放置在水平工作台上，在未接通电源的情况下，检查一下电表的指针是否指零，若有偏差，则调节机械调零旋钮使指针指示为零。

（2）接通电源，按下电源开关，各挡位发光二极管由左至右依次轮流检测，检测完毕后停止于 300V 挡指示，并自动将量程置于 300V 挡。

（3）测量 30V 以上电压时，需注意安全。

（4）所测交流电压中的直流分量不得大于 100V。

（5）毫伏表是不平衡式仪表，测试端的两个夹子是不同的，黑夹子必须接被测电路的公共地，红夹子接被测试点。接拆电路时注意顺序，测量时先接黑夹子，后接红夹子，测量完毕，先拆红夹子，后拆黑夹子。

（6）由于毫伏表的灵敏度很高，输入端感应的信号就能使表针满偏，因此不用时应将量程置于 3V 以上挡；测试过程中需要改换测试点时，应先将量程置于 3V 以上挡，然后移动红夹子，红夹子接好之后再选择合适的量程；使用完毕将量程置于 3V 以上挡后，再断开电源。

（7）接通电源及输入量程转换时，由于电容的放电过程，指针有所晃动，需待指针稳定后读取读数。

（8）关机锁存功能。将后面板上的关机锁存/不锁存选择开关拨向锁存 LOCK 时，选择好测量状态后再关机，当重新开机时，仪器会自动初始化成关机前所选择的测量状态。当选择开关拨向不锁存 UNLOCK 时，每次开机时仪器将自动选择量程 300V 挡，ASYN（异步状态）。

附录 2　模拟电子仪器仪表的使用

一、XJ4318 型双踪示波器

示波器可以用来观测信号波形的幅度、频率、相位等量。下面以 XJ4318 型双踪示波器为例，介绍示波器的一般使用方法。

XJ4318 型双踪示波器是一种便携式通用示波器。它具有两个独立的 Y 通道，可同时测量两个信号。同步系统具有 TV 同步，能很方便观察测量电视信号。同步电路具有“锁定电路”，能自动同步各种波形，无需再调电平，从而简化操作。仪器内附有 1kHz、0.5V_{PP}的探极调整信号，可供仪器内部校准。

1. 开关和各旋钮的作用

XJ4318 型示波器面板如附图 2－1 所示。

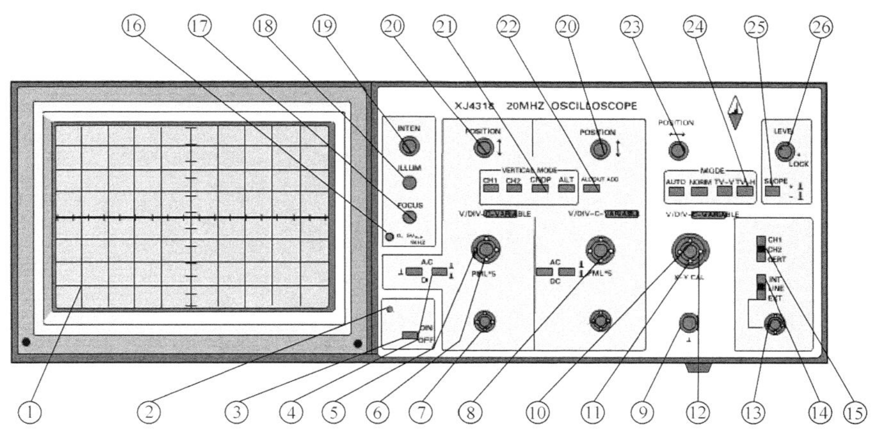

附图 2－1　XJ4318 示波器面板图

(1) 内刻度线：用于消除光迹和刻度线之间的观察误差。

(2) 电源指示器：它是一个发光二极管，在仪器电源接通时发光。

(3) 电源开关：它用于接通和关断仪器的电源，按入为接通，弹出为关断。

(4) AC、DC、⊥开关：可使输入端成为交流耦合，直流耦合或接地。

(5) 偏转灵敏度开关：从 5mV/div ～5V/div 共分 10 个挡级。

(6) PULL×5：使偏转灵敏度提高五倍。

(7) 输入端：作被测信号的输入端。

(8) 微调：调节显示波形的幅度，顺时针方向增大，顺时针方向旋足并接通开关为“校准”位置。

(9) 接地点：作为仪器测量接地。

(10) PULL×10：改变扫描速度，使水平偏转灵敏度提高 10 倍。

(11) 扫速开关：从 0.2μs～0.2s/div 共十九挡，开关顺时针旋足是 X－Y 或外 X 状。

(12) 微调：用以连续改变扫描速度，顺时针旋足是“校准”位置。

(13) 外触发输入：供扫描外触发信号的输入端。

(14) 触发源开关：选择扫描触发信号的来源，分别可选内、外和电源触发。当垂直输入信号和电源频率成倍数关系时可选用电源触发。

(15) 内触发选择开关：是选择扫描内触发信号源。

CH1——加到 CH1 通道的信号作触发信号源。

CH2——加到 CH2 通道的信号作触发信号源。

VERT——垂直方式内触发源取自垂直方式开关所选择的信号。

(16) CAL：为探极校准信号输出，输出 0.5V_{PP}幅度的方波，频率为 1kHz。

(17) 聚焦：调节聚焦可使光点圆而小，达到波形清晰。

(18) 标尺亮度：控制座标片标尺的亮度，顺时针方向旋转为增亮。

(19) 辉度：控制荧光屏上光迹的明暗程度，顺时针方向旋转为增亮，光点停留在荧光屏上不动时，宜将亮度减弱或熄灭，以延长示波管使用寿命。

(20) 位移：控制显示迹线在荧光屏上 Y 轴方向的位置，顺时针方向迹线向上，逆时针方向迹线向下。

(21) 垂直方式开关：五位按钮开关，用来选择垂直放大系统的工作方式。

CH1：显示通道 CH1 输入信号。

ALT：交替显示 CH1、CH2 输入信号，交替过程出现于扫描结束后回扫的一段时间里，该方式在扫描速度从 0.2μs/div 到 0.5ms/div 范围内同时观察两个输入信号。

CHOP：在扫描过程中，显示过程在 CH1 和 CH2 之间转换，转换频率约 500kHz。该方式在扫描速度从 1ms/div 到 0.2s/div 范围内同时观察两个输入信号。

CH2：显示通道 CH2 输入信号。

ALLOUTADD：使 CH1 信号与 CH2 信号相加（CH2 极性“+”）或相减（CH2 极性“—”）。

(22) CH2 极性：控制 CH2 在荧光屏上显示波形的极性“+”或“—”。

(23) X 位移：控制光迹在荧光屏 X 方向的位置，在 X－Y 方式用作水平位移。顺时针方向光迹向右，逆时针方向光迹向左。

(24) 触发方式开关：五位按钮开关，用于选择扫描工作方式。

AUTO：扫描电路处于自激状态。

NORM：扫描电路处于触发状态。

TV－V：电路处于电视场同步。

TV－H：电路处于电视行同步。

(25) +、—极性开关：供选择扫描触发极性，测量正脉冲前沿及负脉冲后沿宜用“+”，测量负脉冲前沿及正脉冲后沿宜用“—”。

(26) 电平锁定：调节和确定扫描触发点在触发信号上的位置，电平电位器顺时针方向旋足并接通开关为锁定位置，此时触发点将自动处于被测波形的中心电平附近。

2. 使用方法

本仪器久置复用时，应用机器内部校准信号进行自身的检查，校准方法如下：

1) 用本仪器附件中的探极，分别接到 CH1 输入端和校准信号输出端，仪器各控制机件按附表 2－1 所示。

附表 2-1　**XJ4318 型双踪示波器各控制机件作用**

面板控制	作用位置	面板控制	作用位置
垂直方式	CH1	扫描方式	自动
AC、⊥、DC	AC 或 DC	触发源	CH1
V/div	0.1V/div 或 10mV/div	极性	+
X、Y 微调	校准	t/div	1ms/div
X、Y 位移	居中		

2）按电源开关，指示灯亮、表示电源接通，调节标尺亮度，刻度片刻度随之明暗。

3）经预热后，调节“辉度”“聚焦”电位器，使亮度适中，聚焦最佳，通常基线光迹与水平座标线平行，如果出现不平，用起子调整左侧箱板上的光迹旋转（7R61）控制件，使光迹和水平线（刻度线）平行。调节“触发电平”使波形同步，呈现附图 2-2 所示波形。

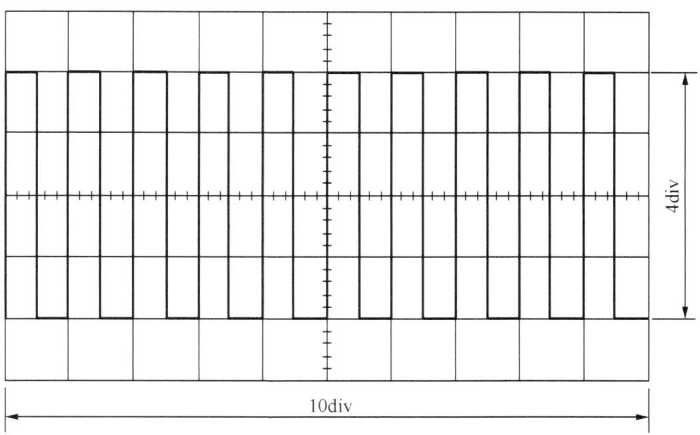

附图 2-2　示波器校正信号

将扫描微调拉出×10，若 10div 显示一个周期，说明仪器正常工作。

3. 电压测量

用本仪器可以进行电压测量，正确的测量方法虽根据不同的测试波形有所差异，但测量的基本原理相同，在一般情况下，多数被测波形同时包含交流和直流分量，测量时也经常需要测量两种分量复合的数值或单独的数值。

（1）交流分量电压测量：一般测量被测波形峰与峰之间数值或者测量峰到某一波谷之间的数值，测量时通常将 Y 输入选择开关置于“AC”位置，将被测信号中的直流分量隔开，以免使信号偏离 Y 轴中心，甚至使测量无法进行。当测量重复频率极低的交流分量时应将 Y 输入选择开关置于“DC”，否则因频响的限制，产生不真实的测试结果。测量步骤如下：

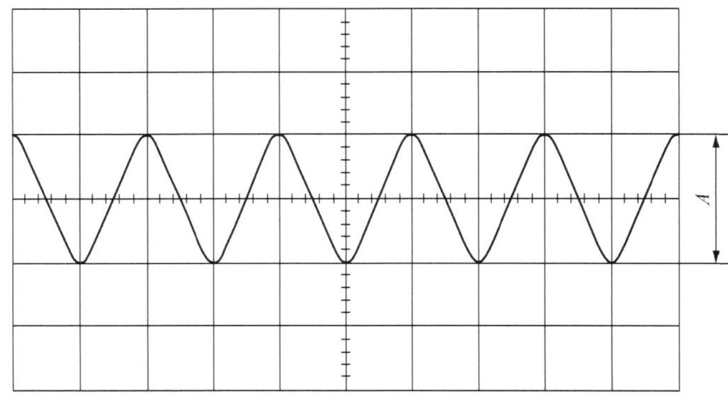

附图 2-3　示波器交流分量电压测量

将 Y 微调按顺时针旋足并接通开关，即“校准”位置，根据被测信号波幅度和频率适当选择“V/div”和“t/div”开关挡，并将被测信号直接或通过 10∶1 探极输入仪器的 Y 轴输入端，调节触发“电平”使波形稳定在示波管的有效工作面内。

根据附图 2-3 屏幕上的坐标刻度，读出显示波形的峰—峰值

为 A，则被测电压等于 $n\times A\times B$，n 为探极衰减比，B 为 Y 轴 V/div 开关所处挡级。

例如：如附图 2-3 所示，探极衰减比 n 为 1，Y 轴灵敏度 B 为 0.2V/div 被测信号的峰—峰值 A 为 2div，则被测信号的峰—峰值为

$$V_{PP}=1\times 2\text{div}\times 0.2\text{V/div}=0.4\text{V}$$

（2）瞬时电压测量：瞬时电压测量需要一个相对的参考基准电位，一般情况下，基准电位是对地电位而言，但也可以是其他参考单位，其测量方法如下：

先将 Y 输入选择开关置“DC”，V/div 开关置于 mV/div 挡级，将探极插入所需的参考电位，触发选择置于“自动”，此时出现一扫描线，调节 Y 移位，使光迹移到坐标轴的使用位置（记下基准刻度），此时 Y 移位不能再动，并保持 Y 移位不变。

然后测试探极移到被测信号端，调节触发电平，使波形稳定。

最后读出被测波形上的某一瞬时点对基准刻度在 Y 轴的距离 Adiv。

则：被测瞬时电压 $=n\times A\times B$。

例如：如附图 2-4 所示，探极衰减比 n 为 10，Y 轴灵敏度 B 为 20mV/div 被测点 P 与其准刻度的距离为 5div，则瞬时电压为

$$V=10\times 5\text{div}\times 20\text{mV/div}=1\text{V}$$

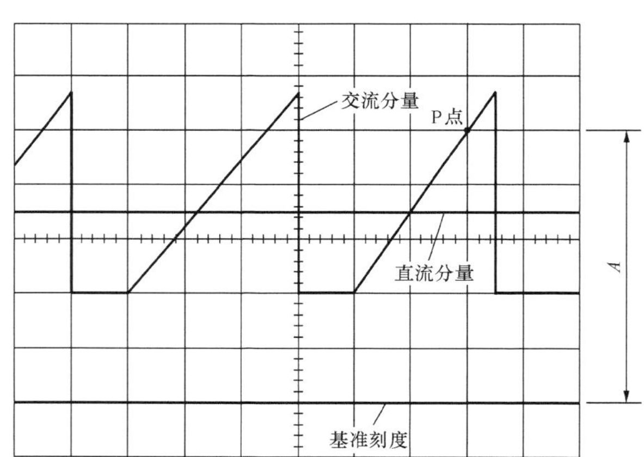

附图 2-4 示波器瞬时电压测量

4. 时间测量

用示波器来测量各种信号的时间参数，可以取得简便和较精确的效果，因本机在荧光屏 X 方向上每个格的扫描速度是定量的，通常测量时间的步骤如下：

（1）将“t/div”置于适当的挡级 b/diV，调节有关控制件使显示波形稳定。

（2）根据坐标片 X 轴的刻度，读出被测波形上所需 P、Q 两点之间距离为 a。

（3）被测两点之间的时间为 $a\times b$。

（4）若测量时 X 扩展置于“拉出×10”，则应将测得时间除以 10。

例如：如附图 2-5 所示，扫描时间因数 t/div 置于 2ms/div，被测点 PQ 之间的距离为 5div，则 P、Q 两点时间间隔：

$$t=5\text{divX}2\text{ms/div}=10\text{ms}$$

如波形完成一个周期的时间为 T，则根据公式 $f=1/T$，计算出频率的数值。

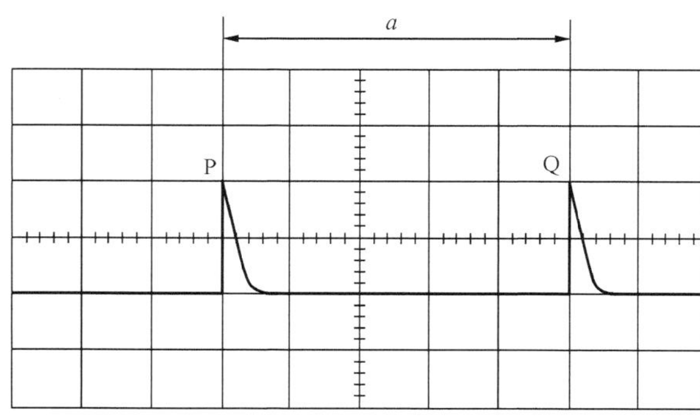

附图 2-5 时间测量

5. 相位测量

对于两个同频率信号间的相位差可以用本机的双迹功能来进行，这种相位差的测量可以使用到垂直系统的频率极限，可用下列步骤来进行相位比较。

(1) 预置仪器控制件获得光迹基线，然后将垂直方式开关置于“交替”(频率低时，可用“断续”)，触发源置于“垂直”。

(2) 根据耦合要求，两个“耦合方式”开关应置相同位置。

(3) 用两根具有相同衰减探极或同轴电缆，将已知两个信号输入CH1和CH2，使波形稳定。

(4) 调节CH1和CH2位移，使两踪波形均移到上下对称于O—O′轴上，读出A和B，$\phi=\frac{A}{B}\times 360°$如附图2-6所示，CH2信号滞后于CH1信号$\phi$角。

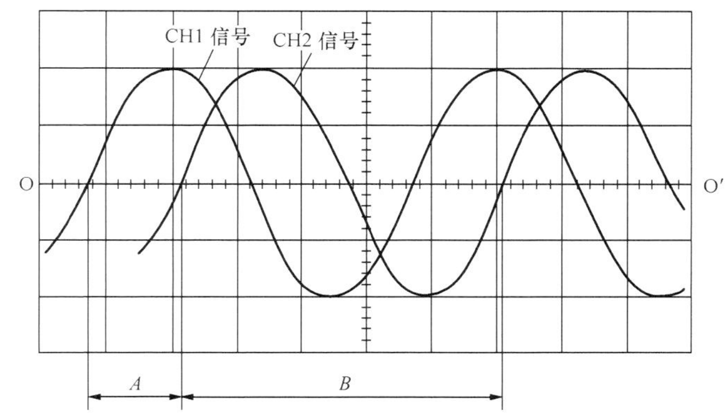

附图2-6　示波器相位测量

6. 使用注意事项

(1) 使用前，应检查电网电压是否与仪器要求的电源电压一致。

(2) 显示波形时，亮度不宜过亮，以延长示波管的寿命。若中途暂时不观察波形，应将亮度调低。

(3) 定量观察波形时，应尽量在屏幕的中心区域进行，以减小测量误差。

(4) 被测信号电压(直流加交流的峰值)的数值不应超过示波器允许的最大输入电压。

(5) 调节各种开关、旋钮时，不要过分用力，以免损坏。

二、XJ1631型函数信号发生器

函数信号发生器实际上是一种多波形信号源，能产生正弦波、矩形波、三角波、锯齿波以及各种脉冲信号，输出电压的大小和频率都能方便地进行调节。由于其输出波形均可以用数学函数描述，因而称为函数发生器。

目前，函数信号发生器的输出频率范围达到了0.0005Hz～50MHz，除了作为信号源使用外，一般的函数信号发生器都具有频率计数和显示功能，既能显示自身输出信号的频率也能测量外来信号的频率。有些函数信号发生器还具备调制和扫频等功能。下面以XJ1631型函数信号发生器为例介绍。

1. 前面板上各控制机件的名称和作用

附图2-7所示为XJ1631型数字函数发生器的前面板图。

(1) 电源开关/幅度调节：旋钮逆时针旋足即电源关，顺时针旋足，函数信号最大。

(2) 函数开关：用来选择输出波形：方波、三角波、正弦波。

(3) 频率调节开关：该旋钮作函数信号输出频率调节。“MAIN”为频率粗调，“FINE”为频率细调，“FINE”拉出可对脉冲波，锯齿波进行倒相。

(4) 频率挡级/闸门时间：频率挡级由七个互锁按键开关组成，用来选择信号频率的挡

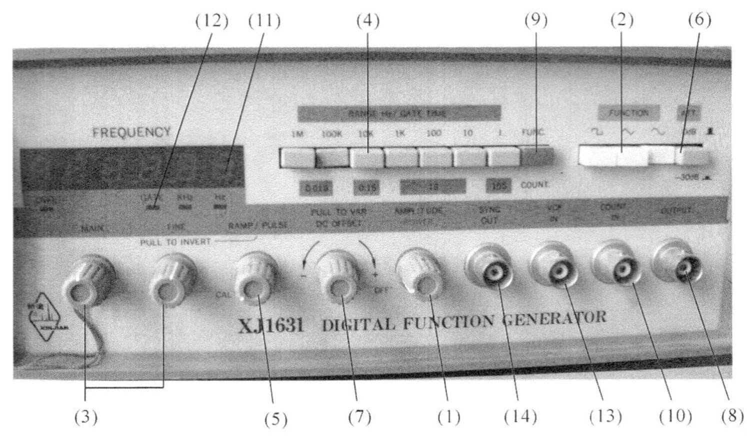

附图 2-7 XJ1631 型数字函数信号发生器前面板图

级（1、10、100、1k、10k、100k 和 1MHz）。

(5) 占空比：该旋钮用来调节锯齿波或三角波的占空比，当旋钮逆时针转到底置校准位置“CAL”此时，占空比为 50%，在非校准位置时，占空比可调范围 10%～90%。

(6) 衰减开关：该开关按入对函数信号输出衰减约 30dB，对外接频率计数信号衰减约 20dB，弹出不衰减。

(7) 直流偏置：当该旋钮拉出时，直流偏置电压，加到输出信号上，其范围在－10V 至＋10V 之间变化。

(8) 信号输出：该连接器对正弦波、方波、三角波、脉冲、锯齿波输出信号。

(9) 函数/计数显示控制开关：该按键弹出数码管显示函数信号频率“按入”将显示外接计数频率。

(10) 频率计数输入。

(11) 数码管显示频率：当开关弹出时，四位数码管显示函数频率。当开关按入时六位数码管显示计数频率。

(12) 发光二极管：指示频率量程 Hz，kHz。

(13) 压控振荡输入：当一个外部直流电压 0～15VDC 由 VCFIN 输入时，函数发生器的信号频率变化为 100∶1。

(14) 同步输出信号：该连接器提供了一个与 TTL 电平兼容的输出信号，该信号不受函数开关及幅度控制器的影响，其输出频率与数码管显示频率一致。

2. 使用方法

(1) 检查电源电压是否满足仪器的要求（220±22V）。

(2) 将占空比控制开关、电压输出衰减开关、电平控制开关、频率测量开关均置于常态（未按下）；波形选择开关按下某一键；频率范围选择开关按下某一键；输出幅度调节旋钮置于适中位置。

(3) 将电压输出端口与示波器 Y 轴输入端相连。

(4) 开启电源开关，LED 屏幕上有数字显示，示波器上可观察到信号的波形，此时说明函数发生器工作正常。

(5) 按照所需要的信号频率，按下频率范围选择开关适当的按键，然后调节频率微调旋钮，通过 LED 屏上显示的频率观察，使频率符合要求为止。

(6) 调节输出幅度调节旋钮，可改变输出电压的幅度，首先选择适当的衰减倍数按键，再通过调整微调旋钮，使幅度符合要求为止。

(7) 若需调整信号的对称性或占空比，则应按下占空比/对称度选择开关，调节占空比/对称度调节旋钮，可使方波变为占空比可以变化的脉冲波，或者使三角波变为斜波（对正弦波无效）。

3. 使用注意事项

(1) 调节电压幅度时，若需减小输出衰减挡，应先将输出细调旋钮逆时针旋足，然后调大挡级；

(2) 在使用中，输出端的两根引线不可任意放置，以防止短路而造成仪器损坏；

(3) 使用结束时，应将输出衰减置于最大挡，输出细调置于零位，以备下次使用。

三、AS2173 型交流毫伏表

交流毫伏表是一种测量正弦交流电压有效值的电子仪器，具有频率范围广、电压测量范围大、测量精度高、频率特性好等优点。交流毫伏表通常由衰减器、检波电路、放大电路和指示电路四部分组成。被测电压先经衰减器衰减到适宜交流放大器输入的数值，再经交流电压放大器放大，最后经检波器检波，得到直流电压，由表头指示数值的大小。需要注意的是，交流毫伏表的面板是按正弦交流电压有效值进行刻度的，因此只能测量正弦交流电压的有效值，当测量非正弦电压时，其读数没有直接的意义。下面以交流毫伏表 AS2173 为例，说明其使用方法和注意事项。

1. 面板控制键功能

交流毫伏表 AS2173 面板如附图 2－8 所示：

(1) 电源开关；

(2) 输入接线端子：待测信号由此端输入，最好通过屏蔽线接至待测信号；

(3) 量程选择旋钮：该旋钮用以选择仪表的满刻度值；

(4) 电源指示灯；

(5) 显示窗口；

(6) 输出端。

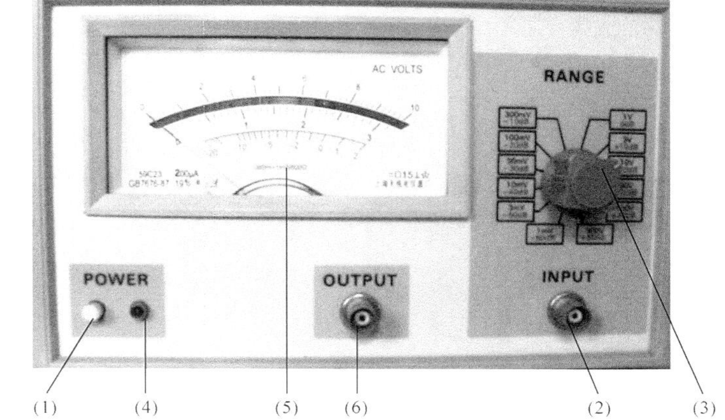

附图 2－8　交流毫伏表 AS2173 面板

2. 使用方法及注意事项

(1) 准备工作：将毫伏表垂直放置在水平工作台上，在未接通电源的情况下，检查一下电表的指针是否在零位，若有偏差，则调节机械调零旋钮使指针指示为零。

(2) 接通电源，进行电气调零。将输入线的两个接线端短接，并使量程开关处于合适挡位上，再调节电气调零旋钮使表头指针指示为零，然后断开两接线端进行测量。在使用中，每改变一次量程都应重新进行电气调零。有的毫伏表具有自校零功能，因此可以不进行电气调零。

(3) 根据被测信号的大小选择合适的量程，无法预知被测量的大小时先用大量程挡，逐渐减小量程至合适挡位。

(4) 凡量程为 1×10^n 的，读数时，读从上往下数的第一根刻度线，凡量程为 3×10^n 的读第二根刻度线。

(5) 毫伏表是不平衡式仪表，测试端的两个夹子是不同的，黑夹子必须接被测电路的公共地，红夹子接被测试点。接拆电路时注意顺序，测量时先接黑夹子，后接红夹子，测量完毕，先拆红夹子，后拆黑夹子。

(6) 由于毫伏表的灵敏度很高，输入端感应的信号就能使表针满偏，因此不用时应将量程置于 3V 以上挡；测试过程中需要改换测试点时，应先将量程置于 3V 以上挡，然后移动红夹子，红夹子接好之后再选择合适的量程；使用完毕将量程置于 3V 以上挡后，再断开电源。

附录 3　Multisim 10.0 电路仿真与设计

Multisim 是 Interactive Image Technologies（Electronics Workbench）公司推出的以 Windows 为基础平台的电子电路仿真工具，与 SPICE 软件完全兼容。是一种在电子技术界广为应用的优秀计算机仿真设计软件，被誉为“计算机里的电子实验室”。Multisim 的前身为 EWB（Electronics Workbench）软件，它以界面形象直观、操作方便、分析功能强大、易学易用等突出优点，早在 20 世纪 90 年代初就在我国得到迅速推广，并作为电子类专业课程教学和实验的一种辅助手段。

本附录以 NI Multisim 10.0 为演示软件，结合教学的实际需要，简要地介绍 Multisim 的基本界面与操作方法，Multisim 的电路创建的基础，Multisim 的仪器仪表的使用和电路分析方法。

一、Multisim 10.0 简介

Multisim 10.0 是继 Multisim 2001，Multisim 7.0 和 Multisim 8.0 以后的更高版本。Multisim 10.0 的元器件库提供了数千种电路元器件供实验选用，同时也可以新建或扩充已有的元器件库，而且建库所需的元器件参数可以从生产厂商的产品使用手册中查到，因此也很方便的在工程设计中使用。

Multisim 10.0 推出了很多专业设计特性，主要是高级仿真工具、增强的元件库和扩展的用户社区。主要的新增特性包括以下几种：

(1) 元件库包括 1200 多个新元器件和 500 多个新 SPICE 模块，这些都来自于如美国模拟器件公司（Analog Devices)、凌力尔特公司（Linear Technology）和德州仪器（Texas Instruments）等业内领先的厂商，其中也包括 100 多个开关模式电源模块；

(2) 汇聚帮助（Convergence Assistant）功能能够自动调节 SPICE 参数，纠正仿真错误；

(3) 数据的可视化分析功能，包括一个新的电流探针仪器和用于不同测量的静态探点，以及对 BSIM 4 参数的支持。

NI Ultiboard 10.0 为用户在做 PCB 设计时的布局布线提供了一个易于使用的直观平台。整个设计的过程从布局、元器件摆放到布铜线都在一个灵活设计环境中完成，让操作速度和控制达到了最优化，使得从原理图到实际电路板的转换变得更便捷，也使最后的 PCB 设计质量得到了很大的提高。

下面对 Multisim 10.0 的基本功能与基本操作做一个简单的介绍，使读者能够较快地熟悉 Multisim 10.0 的基本操作。

二、Multisim 10.0 的基本操作界面

启动 Multisim 10.0 后，将出现如附图 3-1 所示的基本界面。Multisim 10.0 基本界面主要包括菜单栏、主工具栏、仿真工具栏、仿真开关、视图工具栏、标准工具栏、元件工具栏、设计工具箱、仪器工具栏、电路工作区、电子表格视窗和状态栏等。用户可以通过菜单或工具栏改变主窗口的视图内容，通过对各部分的操作可以实现电路图的输入、编辑，并根据需要对电路进行相应的观测和分析。

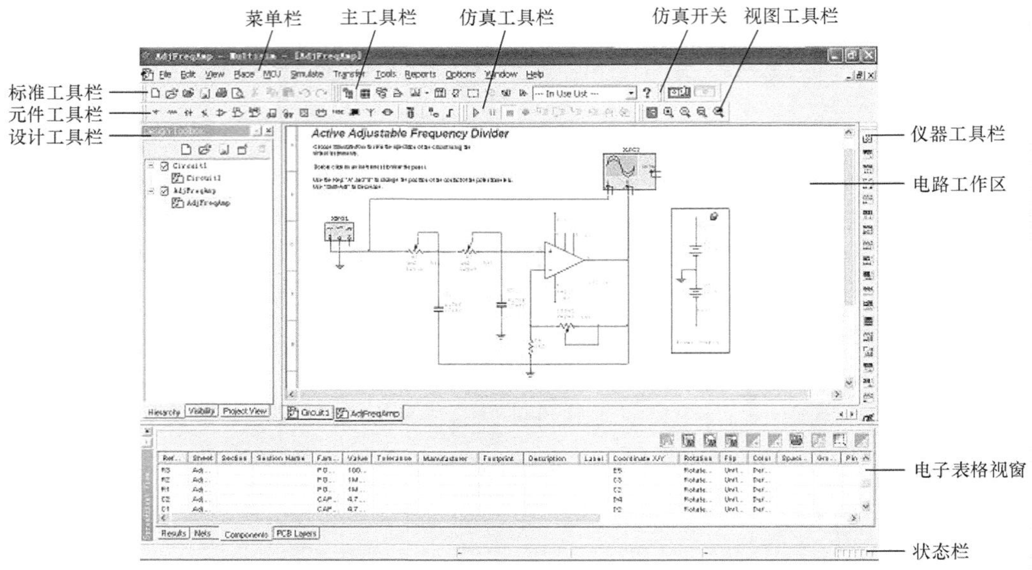

附图 3-1 Multisim 10.0 的基本界面

下面对各部分加以介绍。

1. 菜单栏

Multisim 10.0 的菜单栏位于基本界面的上方，如图附录 3-2 所示。和其他应用软件一样，菜单栏中分类集中了软件的所有功能命令，通过菜单可以对 Multisim 10.0 的所有功能进行操作。

File Edit View Place MCU Simulate Transfer Tools Reports Options Window Help

附图 3-2 Multisim 10.0 的菜单栏

菜单栏共包含了 12 个菜单选项，分别为文件（File）菜单、编辑（Edit）菜单、视图（View）菜单、放置（Place）菜单、MCU 菜单、仿真（Simulate）菜单、文件输出（Transfer）菜单、工具（Tools）菜单、报告（Reports）菜单、选项（Options）菜单、窗口（Windows）菜单和帮助（Help）菜单。每个菜单下都有一系列子菜单项，用户可以根据需要在相应的菜单下寻找。

(1) File 菜单中包含了对文件和项目的基本操作以及打印等命令。各命令的主要功能如下：

1) New：建立新文件。

2) Open：打开文件。

3) Open Samples：打开例程。

3) Close：关闭当前文件。

4) Close All：关闭所有文件。

5) Save：保存文件。

6) Save As：文件另存为。

7) Save All：保存所有文件。

8）New Project：建立新项目（工程）。

9）Open Project：打开项目（工程）。

10）Save Project：保存当前项目（工程）。

11）Close Project：关闭项目（工程）。

12）Version Control：版本管理。

13）Print：打印。

14）Print Preview：打印预览。

15）Print Options：包括打印设置和打印电路工作区内的仪表命令。

16）Recent Designs：选择打开最近编辑过的设计文件。

17）Recent Projects：选择打开最近编辑过的项目。

18）Exit：退出 Multisim。

（2）Edit 菜单提供了类似于图形编辑软件的基本编辑功能，用于对电路图或元件删除、复制、旋转、选择等操作。各命令的主要功能如下：

1）Undo：撤销编辑。

2）Redo：重做。

3）Cut ：剪切。

4）Copy：复制。

5）Paste：粘贴。

6）Delete：删除。

7）Select All：全部选择。

8）Delete Multi - Page：删除多页面。

9）Paste as Subcircuit：将剪贴板中的子电路粘贴到指定的位置。

10）Find：查找。

11）Graphic Annotation：图形注释。

12）Order：次序。

13）Assign to Layer：图层赋值。

14）Layer Settings：图层赋值设置。

15）Orientation：方向。

16）Title Block Position：工程图明细表位置。

17）Edit Symbol/Title Block：编辑符号/标题栏。

18）Font：字体设置。

19）Comment：注释。

20）Forms/Questions：格式/问题。

21）Properties：属性。

（3）View 菜单可以显示或隐藏主窗口的某些内容，对一些工具栏和窗口进行控制，各命令的主要功能如下：

1）Full Screen：全屏。

2）Parent Sheet：总电路纸。

3）Zoom In：放大电原理图。

4）Zoom Out：缩小电原理图。

5）Zoom Area：缩放范围。

6）Zoom Fit to Page：缩放到适合的页面。

7）Zoom to magnification：按比例放大到适合的页面。

8）Zoom Selection：缩放选择。

9）Show Grid：显示或者关闭栅格。

10）Show Border：显示或者关闭边界。

11）Show Page Border：显示或者关闭页边界。

12）Ruler Bars：显示或者关闭标尺栏。

13）Statusbar：显示或者关闭状态栏。

14）Design Toolbox：显示或者关闭设计工具箱。

15）Spreadsheet View：显示或者关闭电子数据表。扩展显示窗口。

16）Circuit Description Box：显示或者关闭电路描述工具箱。

17）Toolbar：显示或者关闭工具箱。

18）Show Comment/Probe：显示或者关闭注释/标注。

19）Grapher：显示或者关闭图形编辑器。

(4) Place 菜单在电路窗口中放置元件、接点、总线、文本或图形。各命令的主要功能如下：

1）Component：在电路窗口中放置元器件。

2）Junction：放置一个连接点。

3）Wire：放置导线。

4）Bus：放置总线。

5）Connectors：放置输入/输出端口连接器。

6）New Hierarchical Block：放置层次模块。

7）Replace Hierarchical Block：替换层次模块。

8）Hierarchical Block form File：来自文件的层次模块。

9）New Subcircuit：创建子电路。

10）Replace by Subcircuit：子电路替换。

11）Multi－Page：设置多页。

12）Merge Bus：合并总线。

13）Bus Vector Connect：总线矢量连接。

14）Comment：注释。

15）Text：放置文字。

16）Grapher：放置图形。

17）Title Block：放置工程标题栏。

(5) MCU 菜单提供在电路工作窗口内 MCU 的调试操作命令，MCU 菜单中的命令及功能如下：

1）No MCU Component Found：没有创建 MCU 器件。

2）Debug View Format：调试格式。

3）Show Line Numbers：显示线路数目。
4）Pause：暂停。
5）Step into：进入。
6）Step over：跨过。
7）Step out：离开。
8）Run to cursor：运行到指针。
9）Toggle breakpoint：设置断点。
10）Remove all breakpoint：移出所有的断点。

（6）Simulate 菜单进行仿真分析的设置和操作。各命令的主要功能如下：
1）Run：开始仿真。
2）Pause：暂停仿真。
3）Stop：停止仿真。
4）Instruments：选择仪器仪表。
5）Interactive Simulation Settings…：交互式仿真设置。
6）Digital Simulation Settings…：数字仿真设置。
7）Analyses：选择仿真分析法。
8）Postprocess：启动后处理器。
9）Simulation Error Log/Audit Trail：仿真误差记录/查询索引。
10）XSpice Command Line Interface：XSpice 命令界面。
11）Load Simulation Setting：导入仿真设置。
12）Save Simulation Setting：保存仿真设置。
13）Auto Fault Option：自动故障选择。
14）VHDL Simlation：VHDL 仿真。
15）Dynamic Probe Properties：动态探针属性。
16）Reverse Probe Direction：反向探针方向。
17）Clear Instrument Data：清除仪器数据。
18）Use Tolerances：使用公差。

（7）Transfer 菜单用于将 Multisim 的电路文件或仿真结果输出到其他应用软件，各命令的主要功能如下：
1）Transfer to Ultiboard 10：将电路图传送给 Ultiboard 10。
2）Transfer to Ultiboard 9 or earlier：将电路图传送给 Ultiboard 9 或者其他早期版本。
3）Export to PCB Layout：输出 PCB 设计图。
4）Forward Annotate to Ultiboard 10：创建 Ultiboard 10 注释文件。
5）Forward Annotate to Ultiboard 9 or earlier：创建 Ultiboard 9 或者其他早期版本注释文件。
6）Backannotate from Ultiboard：修改 Ultiboard 注释文件。
7）Highlight Selection in Ultiboard：加亮所选择的 Ultiboard。
8）Export Netlist：输出网表。

（8）Tools 菜单主要用于元器件库或元器件的编辑与管理，各命令的主要功能如下：

1）Component Wizard：元件编辑器。

2）Database：数据库。

3）Variant Manager：变量管理器。

4）Set Active Variant：设置动态变量。

5）Circuit Wizards：电路编辑器。

6）Rename/Renumber Components：元件重新命名/编号。

7）Replace Components…：元件替换。

8）Update Circuit Components…：更新电路元件。

9）Update HB/SC Symbols：更新 HB/SC 符号。

10）Electrical Rules Check：电气规则检验。

11）Clear ERC Markers：清除 ERC 标志。

12）Toggle NC Marker：设置 NC 标志。

13）Symbol Editor…：符号编辑器。

14）Title Block Editor…：工程图明细表比较器。

15）Description Box Editor…：描述箱比较器。

16）Edit Labels…：编辑标签。

17）Capture Screen Area：抓图范围。

（9）Reports（报告）菜单提供材料清单等 6 个报告命令，Reports 菜单中的命令及功能如下：

1）Bill of Report：材料清单。

2）Component Detail Report：元件详细报告。

3）Netlist Report：网络表报告。

4）Cross Reference Report：参照表报告。

5）Schematic Statistics：统计报告。

6）Spare Gates Report：剩余门电路报告。

（10）Option 菜单可以对电路的界面和某些功能进行定制和设置，各命令的主要功能如下：

1）Global Preferences…：全部参数设置。

2）Sheet Properties：工作台界面设置。

3）Customize User Interface…：用户界面设置。

（11）Window 菜单为用户提供了对 Multisim 的窗口显示的命令，并列出所有被打开的文件，各命令的主要功能如下：

1）New Window：建立新窗口。

2）Close：关闭窗口。

3）Close All：关闭所有窗口。

4）Cascade：窗口层叠。

5）Tile Horizontal：窗口水平平铺。

6）Tile Vertical：窗口垂直平铺。

7）Windows…：窗口选择。

（12）Help 菜单为用户提供了对 Multisim 的在线帮助和使用指导，各命令的主要功能如下：

1）Multisim Help：主题目录。

2）Components Reference：元件索引。

3）Release Notes：版本注释。

4）Check For Updates…：更新校验。

5）File Information…：文件信息。

6）Patents…：专利权。

7）About Multisim：有关 Multisim 的说明。

2. 工具栏

Multisim 10.0 提供了多种工具栏，有标准工具栏、主工具栏、仿真工具栏、视图工具栏、元件工具栏和仪器工具栏。通过 View 菜单中的选项打开或关闭顶层的工具栏。工具栏提供了有关电路窗口的基本操作按钮，用户可以通过点击工具栏的按钮直接地使用软件的各项功能。

（1）标准工具栏。标准工具栏如附图 3－3 所示，主要提供一些常用的文件操作和编辑操作功能。按钮从左到右的功能分别为新建文件、打开文件、打开设计实例、文件保存、打印电路、打印预览、剪切、复制、粘贴、撤销和恢复。

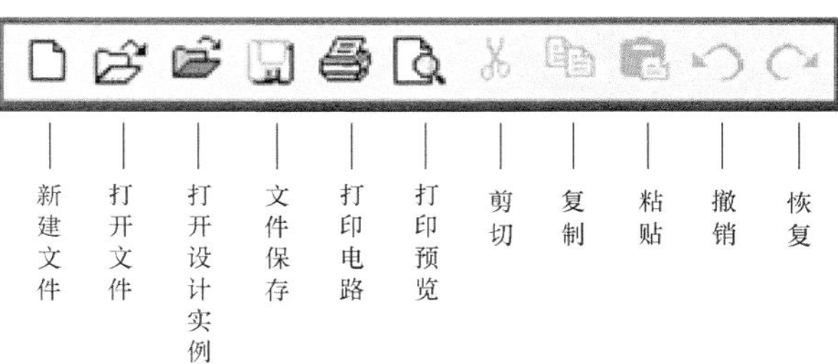

附图 3－3　标准工具栏

（2）主工具栏。主工具栏如附图 3－4 所示，它集中了 Multisim 10.0 的核心操作，从而使电路设计更加方便。该工具栏中的按钮从左到右依次如下：

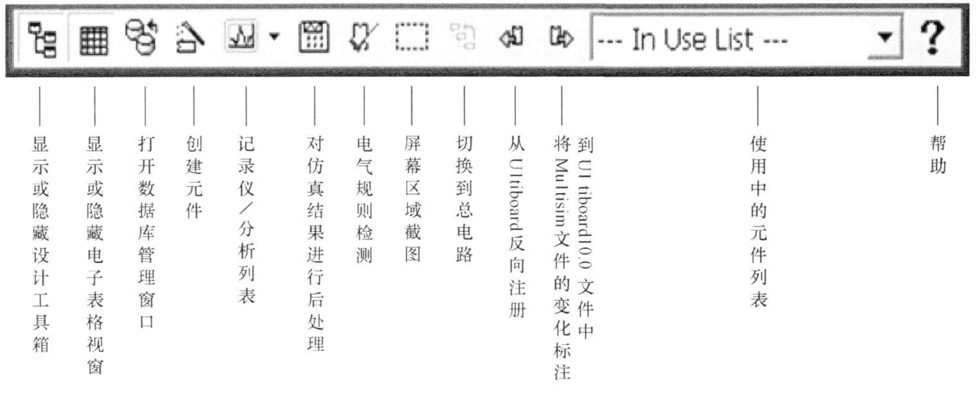

附图 3－4　主工具栏

1）显示或隐藏设计工具箱；

2）显示或隐藏电子表格视窗；

3）打开数据库管理窗口；

4）创建元件；

5）记录仪/分析列表；

6）对仿真结果进行后处理；

7）电气规则检测；

8）屏幕区域截图；

9）切换到总电路；

10）从 Ultiboard 反向注册；

11）将 Multisim 原理图文件的变化标注到存在的 Ultiboard 10.0 文件中；

12）使用中的元件列表；

13）帮助。

（3）视图工具栏。视图工具栏如附图 3－5 所示，按钮从左到右的功能分别为全屏显示、放大、缩小、对指定区域进行放大和放大到合适页面。

（4）仿真开关。用于控制仿真过程的开关有两个，如附图 3－6 所示，按钮从左到右的功能分别为仿真启动/停止开关和仿真暂停开关，可以控制电路仿真的开始、结束和暂停。

附图 3－5 视图工具栏

附图 3－6 仿真开关

（5）仿真工具栏。仿真工具栏见附图 3－7 所示，按钮从左到右的功能分别为运行仿真/继续仿真、暂停仿真、停止仿真、暂停、单步步入，单步跳过、跳出、执行到光标处、切换断点和删除所有的断点。

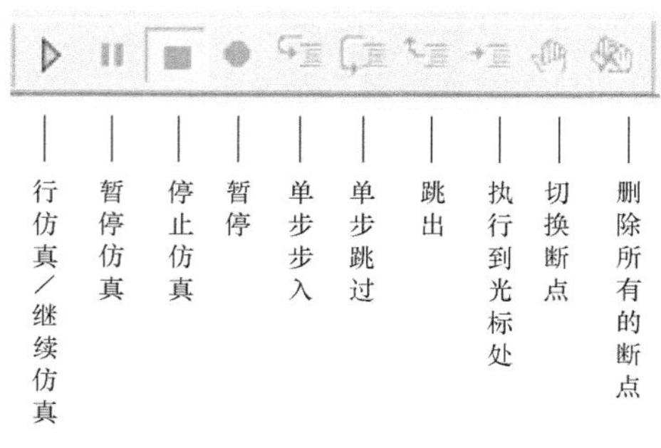

附图 3－7 仿真工具栏

（6）元件工具栏。Multisim 10.0 的元件工具栏如附图 3－8 所示，这个工具栏作为元器件的顶层工具栏，其中包括 18 个按钮，对应 18 种元件分类库，每个元件库放置同一类型的元件。从左到右分别为电源/信号源库、基本器件库、二极管库、晶体管库、模拟集成元件库、TTL 数字集成电路库、CMOS 数字集成电路库、杂合类数字元件库、数模混合集成电路库、指示器件库、电源器件库、杂项元器件库、高级外围元件库、RF 射频元件库、机电类元器件库、微处理模块元件库、层次化模块和总线模块。

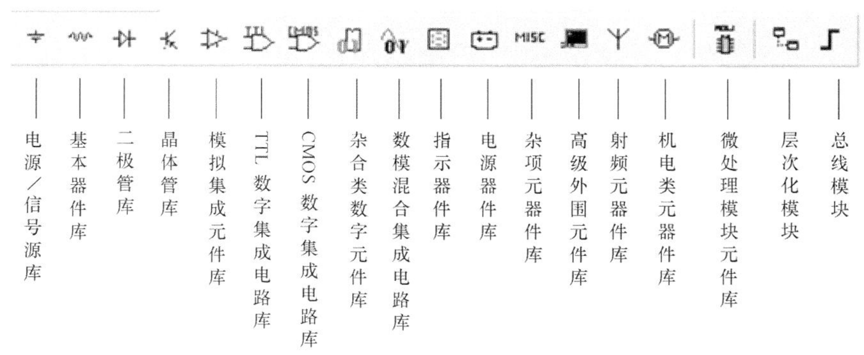

附图 3-8　元件工具栏

(7) 仪器工具栏。仪器工具栏如附图 3-9 所示，包含各种对电路工作状态进行测试的所有虚拟仪器仪表及探针，用户可以通过按钮选择自己需要的仪器对电路进行观测。

仪器工具栏从左到右分别为数字万用表、函数信号发生器、功率表、双通道示波器、四通道示波器、波特图仪、频率计、字信号发生器、逻辑分析仪、逻辑转换器、伏安特性分析仪、失真分析仪、频谱分析仪、网络分析仪、安捷伦函数发生器、安捷伦万用表、安捷伦示波器、泰克示波器、测量探针、LabVIEW 虚拟仪器和电流探针。

附图 3-9　仪器工具栏

3. 设计工具箱

设计工具箱用来管理原理图的不同组成元素。设计工具箱由 3 个不同的选项卡组成，分别为层次化（Hierachy）选项卡、可视化（Visibility）选项卡和工程视图（Project View）选项卡，如附图 3-10 所示。下面介绍各个选项卡的功能：

(1)“层次化”选项卡：该选项卡包括了所设计的各层化电路，页面上方的 5 个按钮从左到右为新建原理图、打开原理图、保存、关闭当前电路图和（对当前电路、层次化电路和多页电路）重命名。

(2)“可视化”选项卡：由用户决定工作空间的当前选项卡面显示哪些层。

(3)“工程视图”选项卡：显示所建立的工程，包括原理图文件、PCB 文件、仿真文件等。

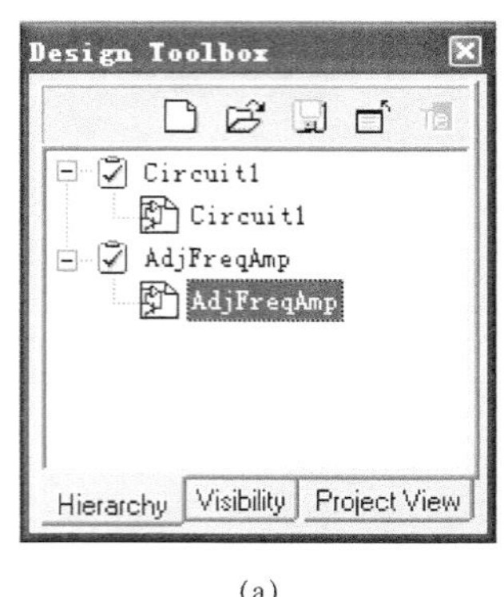

(a)

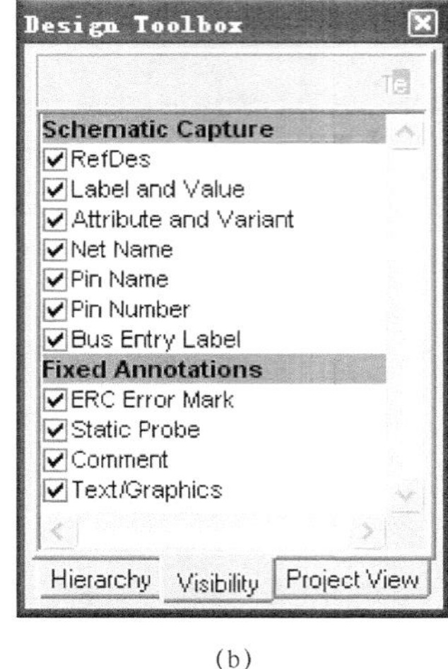

(b)

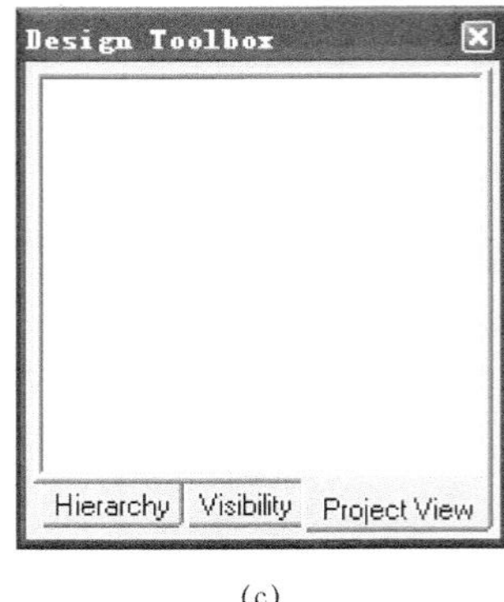

(c)

附图 3－10 设计工具箱

(a)“层次化”选项卡；(b)“可视化”选项卡；(c)“工程视图”选项卡

4. 电路工作区

在电路工作区中可进行电路的编制绘制、仿真分析及波形数据显示等操作，如果有需要，还可以在电路工作区内添加说明文字及标题框等。

5. 电子表格视窗

在电子表格视窗可方便查看和修改设计参数。例如，元件的详细参数，设计约束和总体属性等。电子表格视窗包括 4 个选项卡，分别为 Results 选项卡、Net 选项卡、Components 选项卡和 PCB Layers 选项卡。

6. 状态栏

状态栏用于显示有关当前操作及鼠标所指条目的相关信息。

以上内容主要介绍了 Multisim 10.0 的基本界面组成部分。常用“视图”菜单下的其他功能窗口和工具栏时，也可将其放入界面中。

三、Multisim 10.0 界面设置

根据用户不同的使用习惯，可以用菜单 Options/Sheet Preferences 打开 Sheet Preferences 对话窗口进行 Multisim 的界面设置，如附图 3－11 所示。通过该窗口的 6 个标签选项，用户可以就编辑界面颜色、电路尺寸、缩放比例、自动存储时间等内容作相应的设置。

该窗口共有六个标签，由于篇幅所限，只介绍两个常用标签，其余标签参见 Multisim 在线帮助。

1. Workspace 标签

该标签用于设置电路窗口图纸的大小、显示等参数。当选中该标签时，弹出 Preferences 对话框，Preferences 对话框如附图 3－12 所示。

在这个标签中有 2 个子项：

(1) Show 子项：可以设置是否显示栅格（Show grid）、显示图纸边框（Show page bounds）、显示标题栏（Show border）。

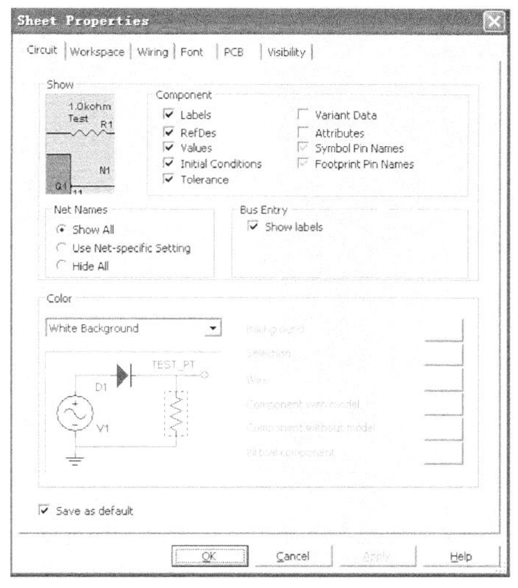

附图 3－11　Sheet Preferences 对话窗口

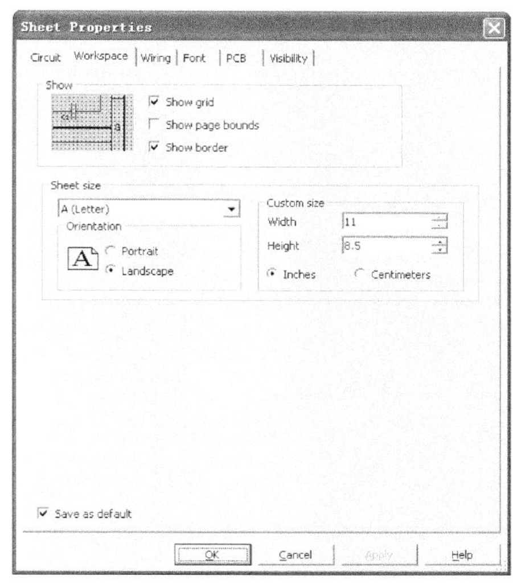

附图 3－12　Workspace 标签

（2）Sheet size 子项：设置电路图纸大小和方向，软件提供了 A、B、C、D、E、A4、A3、A2、A1、A0、Legal、Executive 和 Folio 几种标准规格的图纸，也可以自定义图纸的大小（Custom size）。

2. Cirucuit 标签

Cirucuit 标签用于电路窗口内电路图和元器件参数的设置，共有 2 个子项，如附图 3－13 所示。

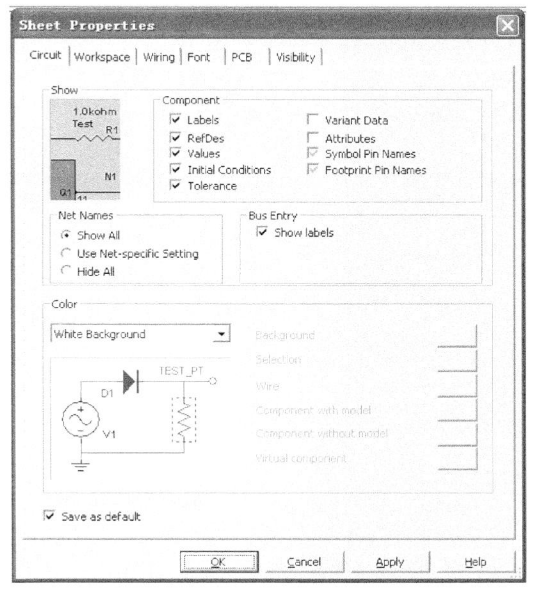

附图 3－13　Circuit 标签

（1）Show 子项：设置元件、网络、连线上显示的标号等信息，分为元件、网络和总线 3 个子选项组。

1）Component（元器件子选项组），包括以下功能。

Show labels：是否显示元件的标注。

Show RefDes：是否显示元件的序号。

Show Values：是否显示元件的参数。

Show Initial Condition：是否显示元件的初始条件。

Show Tolerance：是否显示元件的公差。

Show Variant Data：是否显示变量数据。

Show Attribute 是否显示元件的属性。

Show Symbol Pin Names：是否显示符号引脚名称。

Show FootPrint Pin Names：是否显示封装引脚名称。

2）Net Names（网络名称子选项组），包括以下功能。

Show All：是否全部显示网络名称。

Use Net－specific Setting：是否特殊设置网络名称显示。

Hide All：是否全部隐藏网络名称。

3）Bus Entry（总线子选项组），包括：

Show labels：是否显示总线标识。

（2）Color 子项：设置编辑窗口内电路图的颜色。可选预定的配色方案，也可以由用户自定义。

其他标签参考 Multisim 的在线帮助，这里不在赘述。

四、电路的创建

创建电路是分析和设计的第一步，用户从元器件库中选择需要的元器件放置在电路图中希望的位置并连接起来，就完成了电路图的创建，为分析和仿真做准备。

1. 开始创建电路文件

运行 Multisim 10.0，它就会自动打开一个空白的电路文件，也可以单击标准工具栏中的 🗋 按钮，新建一个空白的电路文件。

2. 向电路窗口中放置元器件

建立好电路文件后，即可以在电路仿真工作区中放置元件了。打开 View 菜单下的元件工具栏，用鼠标点击包含该元器件的元器件库的图标，即可打开相应的元器件系列窗口，进行相应的选择。当不知道要放置的元件包含在哪个元件库中时，也可以用 Place/Place Component 放置元件。

例：要创建一个单相桥式整流电路。

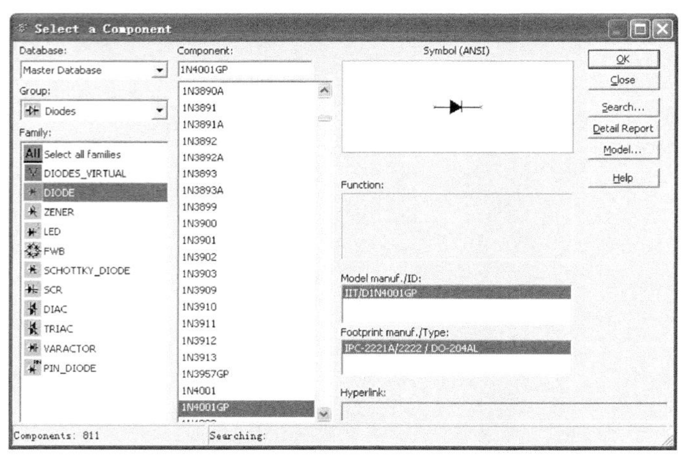

附图 3－14　二极管元件库对话框

先创建一个空白的电路文件。用鼠标点击元件工具栏中的二极管元件库按钮，显示二极管元件库对话框，如附图 3－14 所示。

在对话框中找到二极管 DIODE，用鼠标点击该图标，然后在 Component 中找到具体型号 1N4001GP，点击“OK”即可，用鼠标拖曳该元器件到电路工作区的适当地方即可。

同样的方法添加电路所需要的其他元件，元件放置的结果如附图 3－15 所示。

3. 元件布局

在放置好所需的元器件后，要对其进行布局。元件布局时所包括的基本操作主要有：移动、旋转、删除、复制、剪切、粘贴、替换、修改元件标号等。

如需对元器件进行这些操作的时候，就需要先选中该元器件。要选中某个元器件可使用鼠标的左键单击该元器件，被选中的元器件的四周出现 4 个黑色小方块（电路工作区

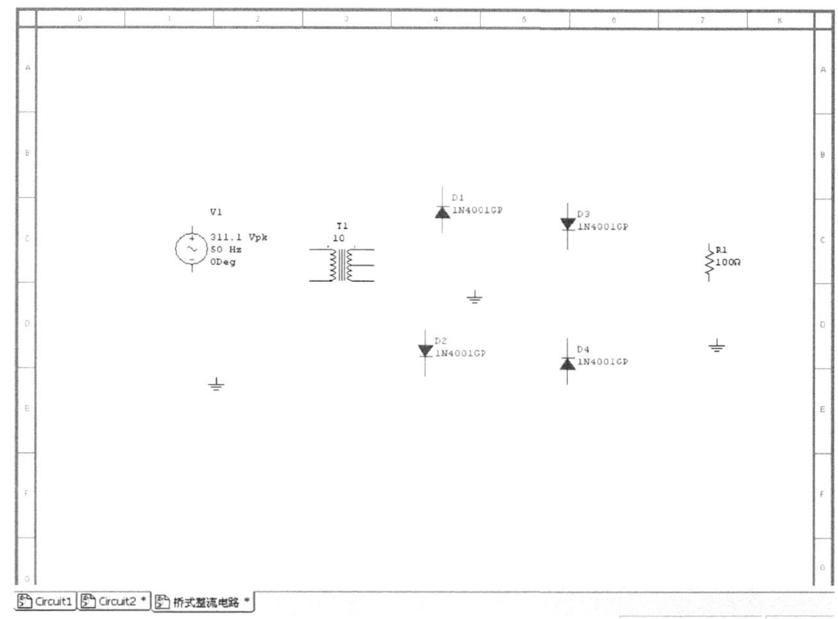

附图 3-15 所取元件位置摆放

为白底，便于识别)。若用鼠标拖曳形成一个矩形区域，可以同时选中在该矩形区域内包围的一组元器件。要取消某一个元器件的选中状态，只需单击电路工作区的空白部分即可。

(1) 移动：用鼠标的左键单击该元器件（左键不松手)，拖曳该元器件即可移动该元器件。要移动一组元器件，必须先用矩形区域方法选中这些元器件，然后用鼠标左键拖曳其中的任意一个元器件，则所有选中的部分就会一起移动。元器件被移动后，与其相连接的导线就会自动重新排列。

(2) 旋转：选中该元器件，然后单击鼠标右键或者选择菜单 Edit，选择菜单中的 Flip Horizontal（将所选择的元器件左右旋转)、Flip Vertical（将所选择的元器件上下旋转)、90 Clockwise（将所选择的元器件顺时针旋转 90°)、90 CounterCW（将所选择的元器件逆时针旋转 90°）等菜单栏中的命令。也可使用 Ctrl 键实现旋转操作。

(3) 剪切、复制、粘贴、删除：单击鼠标右键或者使用菜单 Edit→Cut（剪切)、Edit→Copy（复制）和 Edit→Paste（粘贴)、Edit→Delete（删除）等菜单命令实现元器件的复制、移动、删除等操作。

(4) 设置元件参数：选中并双击该元器件，或者选择菜单命令 Properties（元器件特性）会弹出器件特性对话框，可供输入数据。器件特性对话框具有多种选项可供设置，包括 Label（标识)、Display（显示)、Value（数值)、Fault（故障设置)、Pins（引脚端)、Variant（变量）等内容。二极管特性对话框如附图 3-16 所示。

1) Label（标识)。Label（标识）选项的对话框用于设置元器件的 Label（标识）和 RefDes（编号)。RefDes（编号）由系统自动分配，必要时可以修改，但必须保证编号的唯一性。注意连接点、接地等元器件没有编号。在电路图上是否显示标识和编号可由 Options 菜单中的 Global Preferences（设置操作环境）的对话框设置。

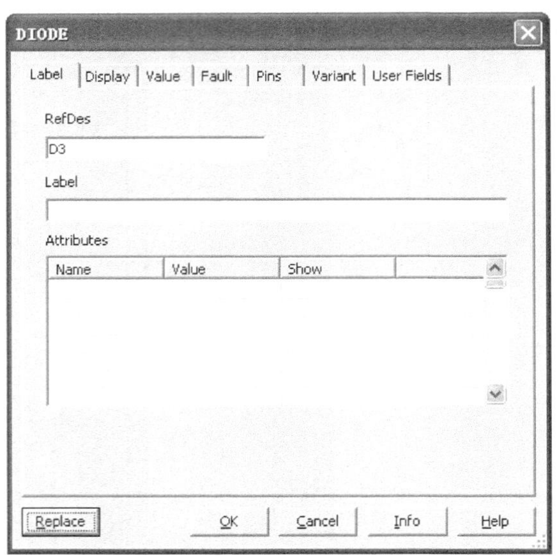

附图 3-16　二极管特性对话框

2）Display（显示）。Display（显示）选项用于设置 Label、RefDes 的显示方式。该对话框的设置与 Options 菜单中的 Global Preferences（设置操作环境）的对话框的设置有关。如果遵循电路图选项的设置，则 Label、RefDes 的显示方式由电路图选项的设置决定。

3）Value（数值）。点击 Value（数值）选项，出现 Value（数值）选项对话框。

4）Fault（故障）。Fault（故障）选项可供人为设置元器件的隐含故障。

其他选项的功能参见 Multisim 帮助。

4. 给元件连线

元件布局完成以后，就要给元件连线。Multisim 有自动连线和手动连线两种模式。采用自动连线模式时，用户只需选择好起始引脚和终止引脚，系统会自动在两个引脚间连线，且会避开通过元件。手动连线时，用户可自由控制连线的路径。一般建议采用手动连线以控制连线路径，使电路更加美观。下面介绍元件连线的方法。

在两个元器件之间，首先将鼠标指向一个元器件的端点使其出现一个小圆点，按下鼠标左键并拖曳出一根导线，拉住导线并指向另一个元器件的端点使其出现小圆点，释放鼠标左键，则导线连接完成。连接完成后，导线将自动选择合适的走向，不会与其他元器件或仪器发生交叉。

如果发现连线不正确，可以对连线进行改动和删除。将鼠标指向元器件与导线的连接点使出现一个圆点，按下左键拖曳该圆点使导线离开元器件端点，释放左键，导线自动消失，完成连线的删除。也可以将拖曳移开的导线连至另一个接点，实现连线的改动。

复杂的电路中，可以将导线设置为不同的颜色。要改变导线的颜色，用鼠标指向该导线，点击右键可以出现菜单，选择 Change Color 选项，出现颜色选择框，然后选择合适的颜色即可。

五、给电路添加仪器仪表

对电路进行仿真运行，通过对运行结果的分析，判断设计是否正确合理，是仿真软件的一项主要功能。为此，Multisim 为用户提供了数字多用表、函数信号发生器、示波器、波特图仪、字信号发生器、逻辑分析仪、逻辑转换仪、瓦特表、失真度分析仪、网络分析仪、频谱分析仪等多种类型丰富的虚拟仪器。

1. 仪器的选用与连接

(1) 仪器选用。可以通过仪器工具栏中将所选用的仪器图标，用鼠标将它“拖放”到电路工作区即可，类似元器件的拖放。或用菜单命令（Simulation/ instrument）选用这些仪表，如附图 3-17 所示。

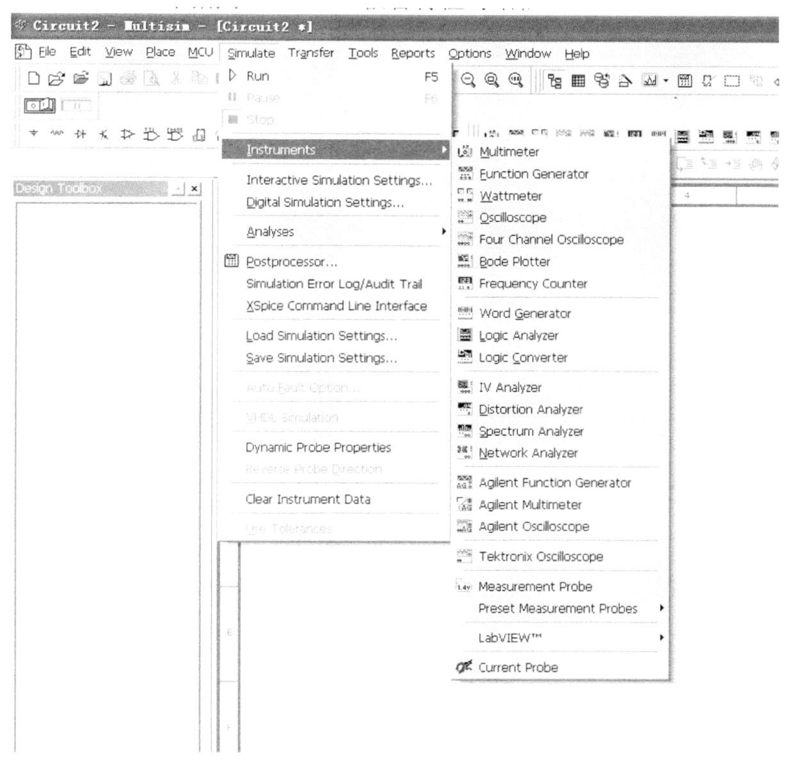

附图 3-17　虚拟仪器的取用

在选用后，各种虚拟仪表都以面板的方式显示在电路中。

例如，给刚才的桥式整流电路加一台示波器，在仪器工具栏中选择双通道示波器按钮，然后用鼠标将它“拖放”到电路工作区，示波器就出现在电路窗口中了。其在电路中的图标为。接下来可以给仪表连线了。

(2) 仪器连接。将仪器图标上的连接端（接线柱）与相应电路的连接点相连，连线过程类似元器件的连线。

经过合理地布置此桥式整流电路中各元件和仪器的位置，完成各元件和仪表间的连线，如附图 3-18 所示。

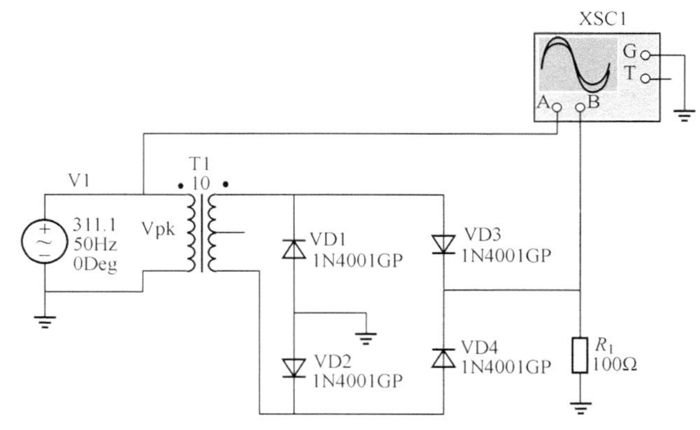

附图 3-18　桥式整流仿真电路

2. 仪器参数的设置

每种仪表都包含一系列可选设置来控制它的显示。通过双击仪器图标即可打开仪器控制面板进行设置。

下面来看示波器的设置界面，如附图 3-19 所示。

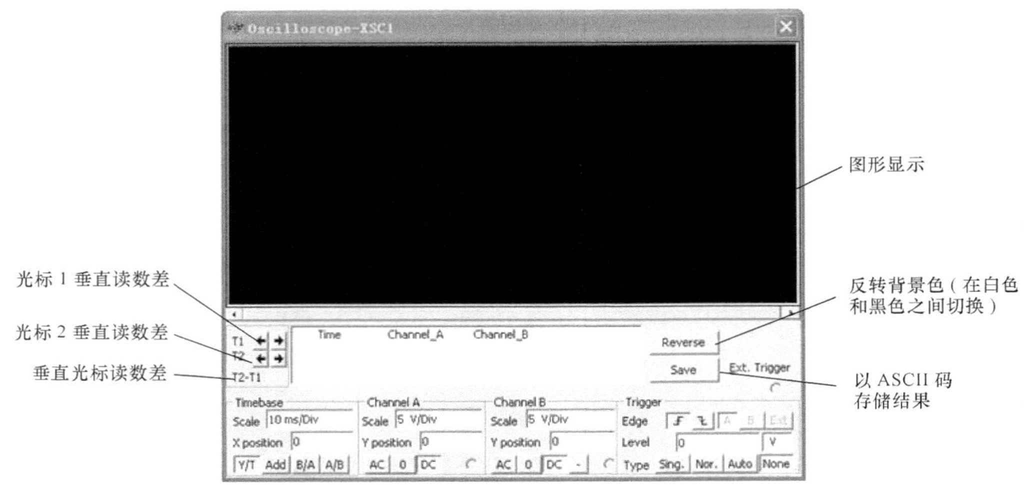

附图 3－19　示波器设置界面

可以用鼠标操作仪器面板上相应按钮及参数设置对话窗口的设置数据来对仪表进行设置。设置本电路的分析参数如下：

(1) 为了更好地显示频率，将时基幅度设置（应该选 Y/T）为 10ms/Div。

(2) A 通道幅度设置为 200V//div，单击 DC。

(3) B 通道幅度设置为 20V//div，单击 DC。

设置结果见附图 3－20 所示。

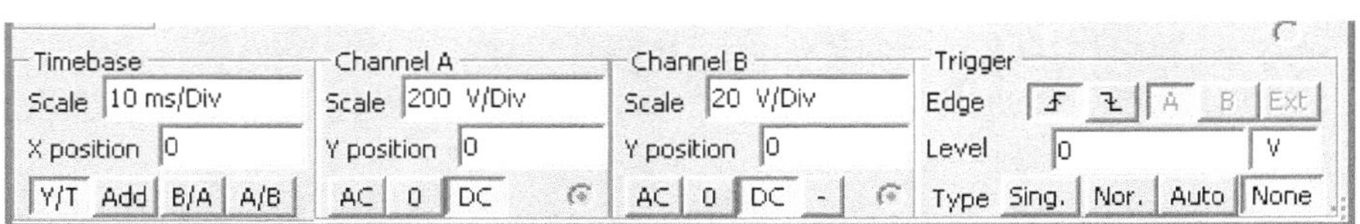

附图 3－20　示波器设置

六、电路仿真

上述工作已经为电路仿真做好了准备。要仿真电路，可以单击仿真工具栏中的仿真按钮 ▷，也可单击仿真开关 进行电路仿真。

此时如果双击电路中的示波器图标即可观察仿真结果，如附图 3－21 所示。

在运行仿真时需要暂停时，点击暂停按钮 ॥ 即可。需要停止仿真点击仿真停止按钮 ■。

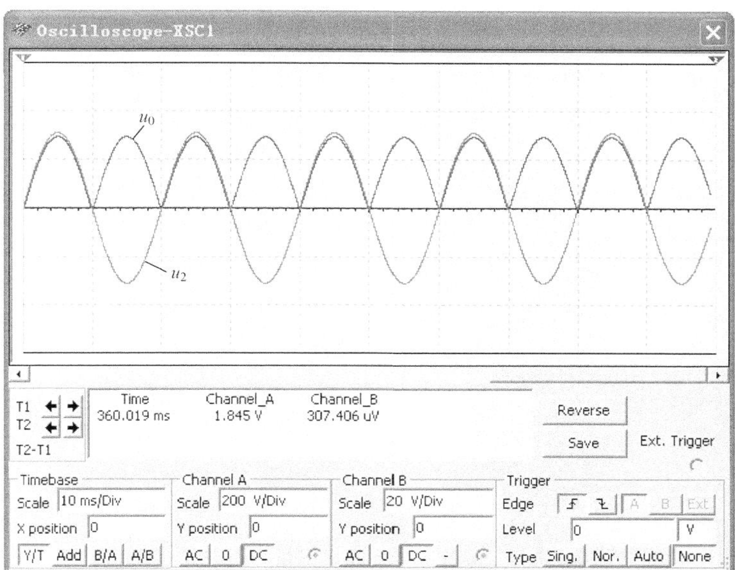

附图 3－21　示波器输出波形

附录4 常用中规模集成电路引脚图

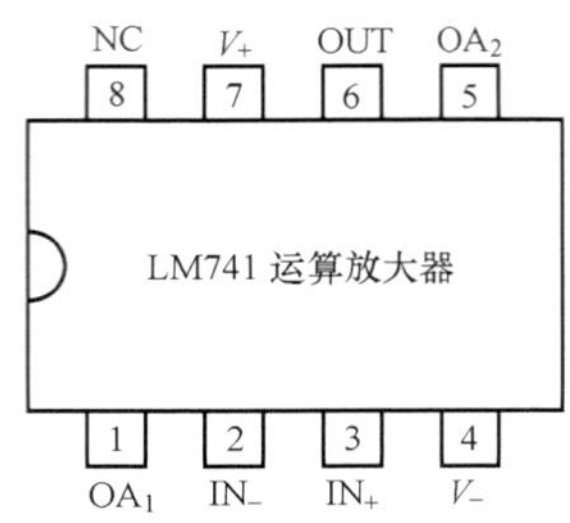

附图4-1 LM741运算放大器

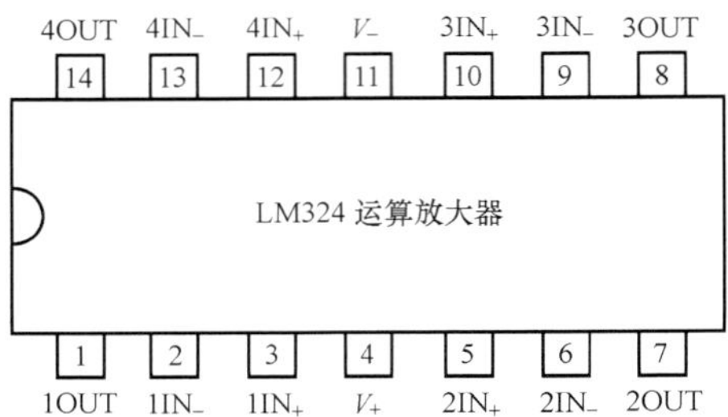

附图4-2 LM324运算放大器

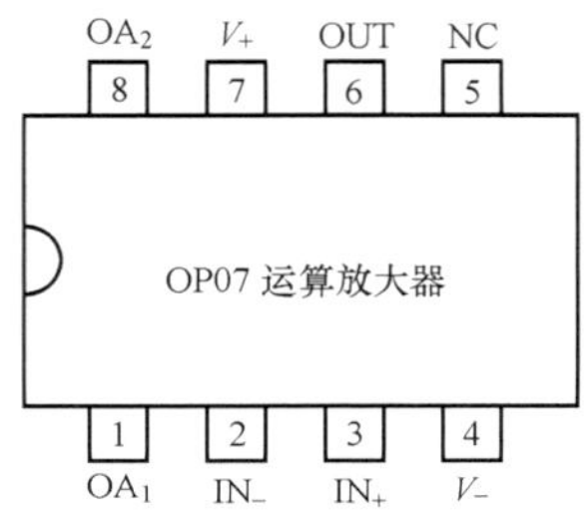

附图4-3 OP07运算放大器

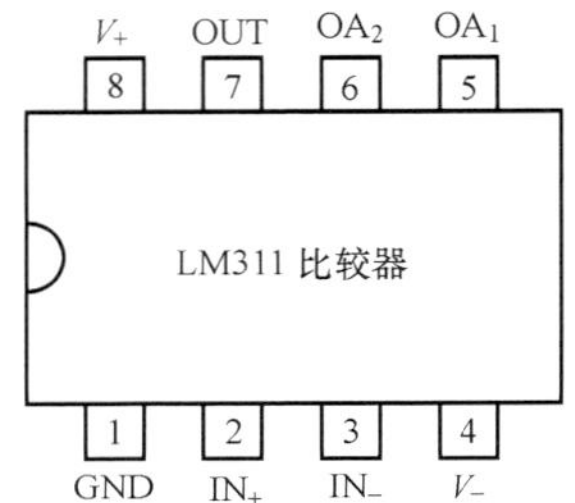

附图4-4 LM311比较器

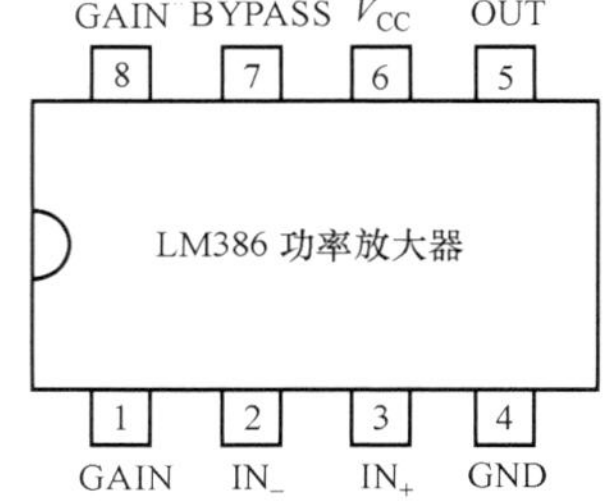

附图4-5 LM386功率放大器

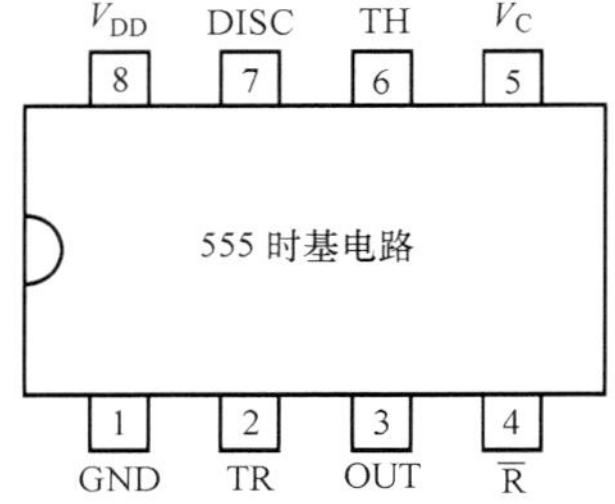

附图4-6 555时基电路

附图4-7 555双时基电路

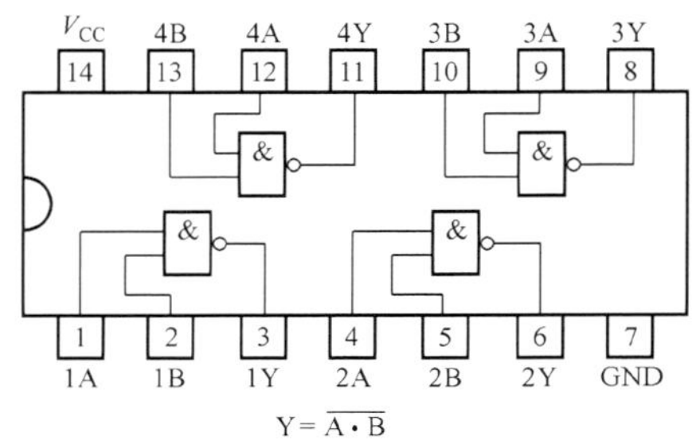

附图4-8 74LS00四2输入正与非门

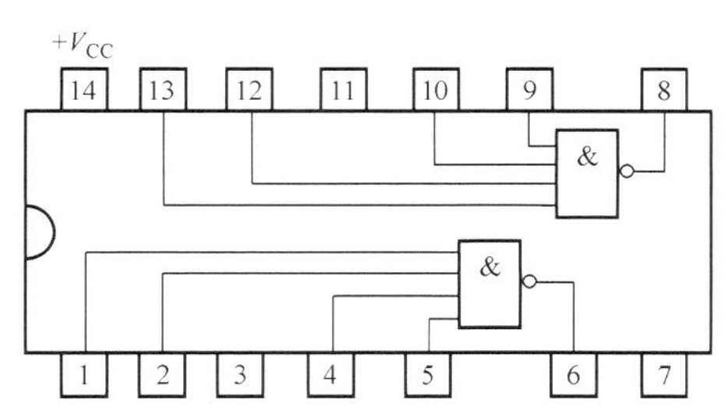

附图 4-9　74LS20 两输入双与

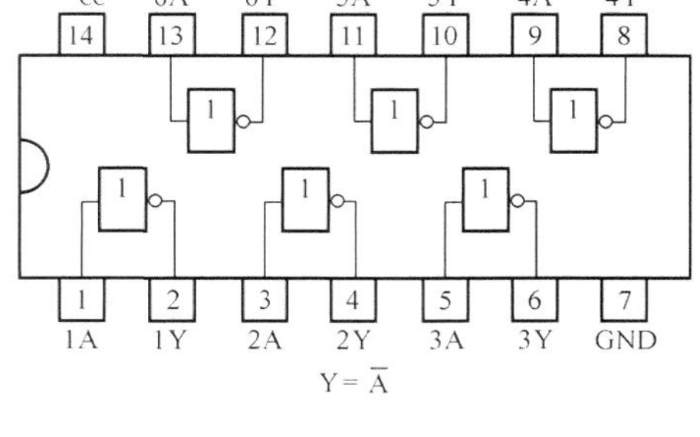

附图 4-10　74LS04 六反相器

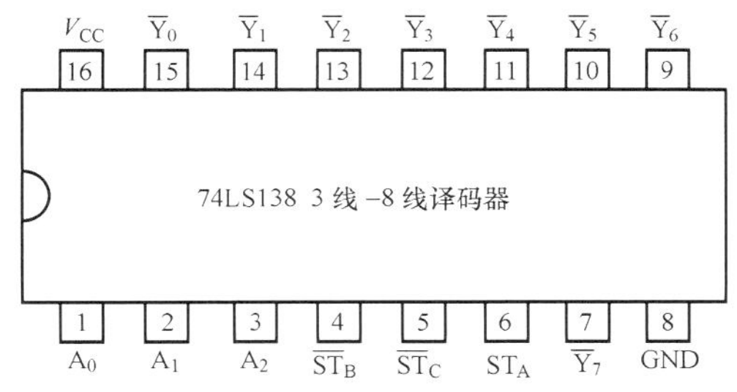

附图 4-11　74LS138　3 线-8 线译码器

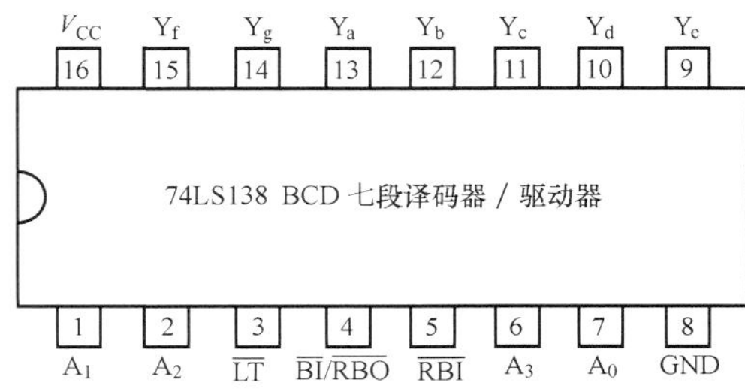

附图 4-12　74LS48 BCD 七段译码器/驱动器

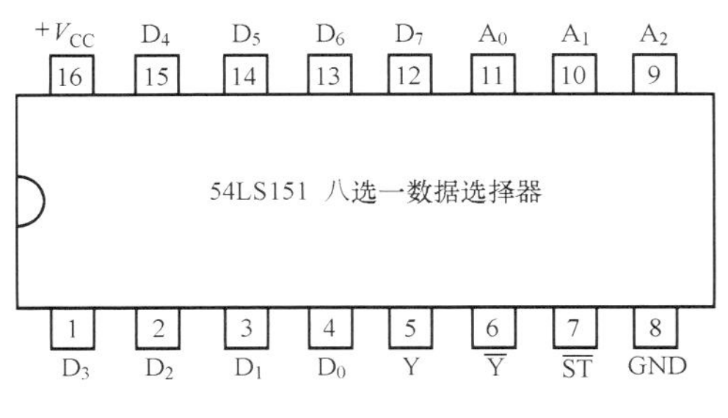

附图 4-13　54LS151 八选一数据选

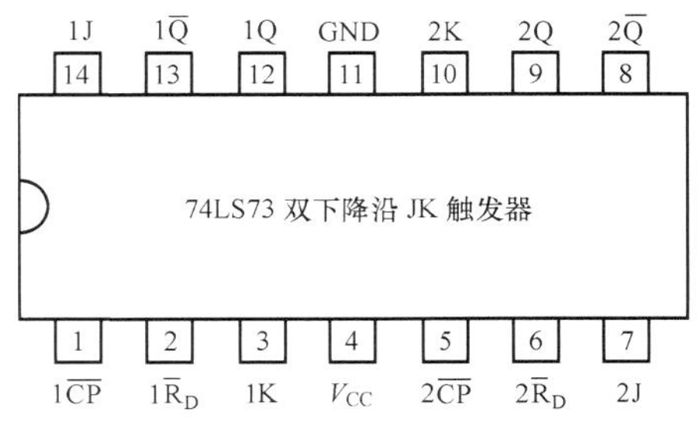

附图 4-14　74LS73 双下降沿 JK 触发器

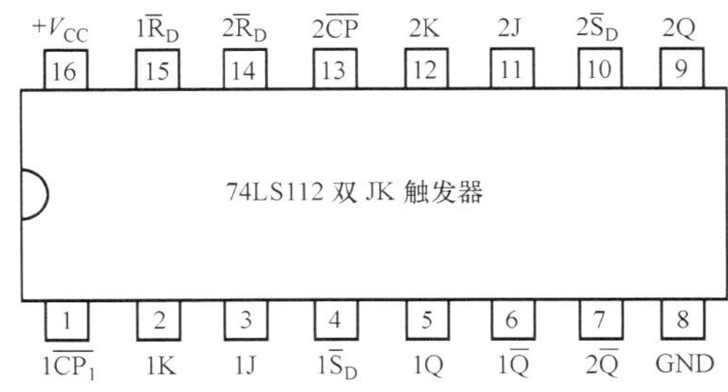

附图 4-15　74LS112 双 JK 触发器

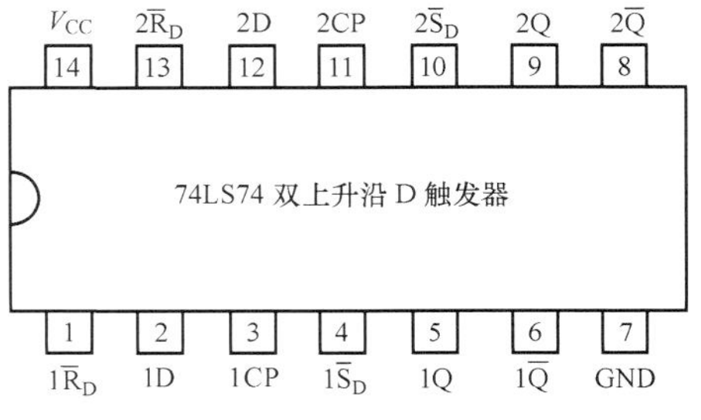

附图 4-16　74LS74 双上升沿 D 触发器

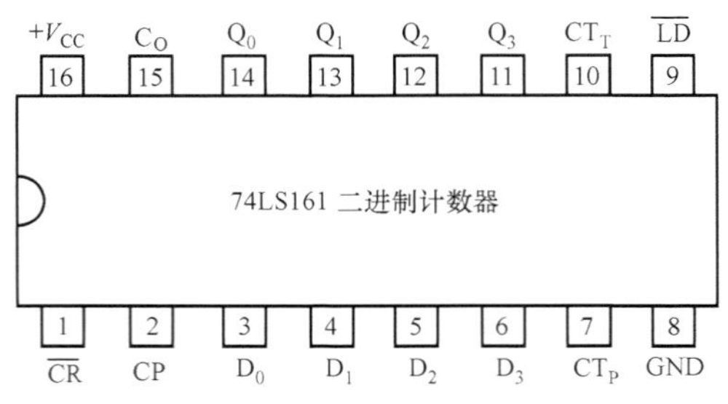

附图 4-17 4LS161 二进制计数器

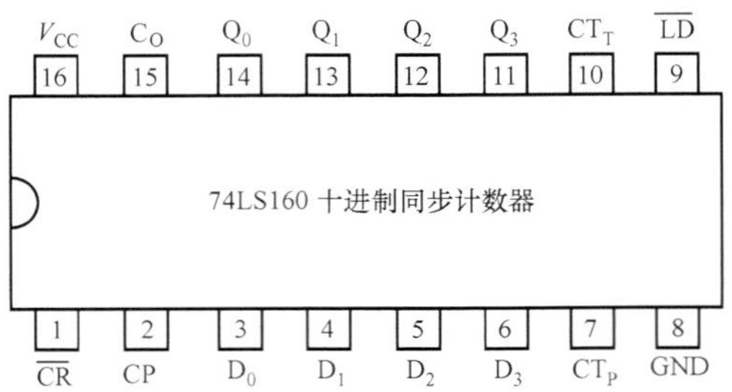

附图 4-18 74LS160 十进制同步计数器

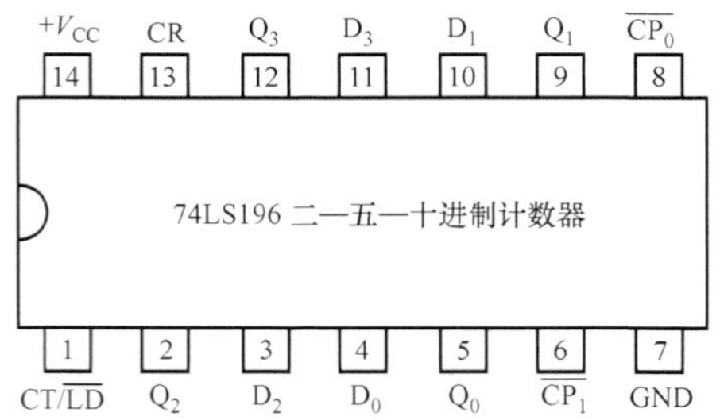

附图 4-19 74LS196 二—五—十进制计数器

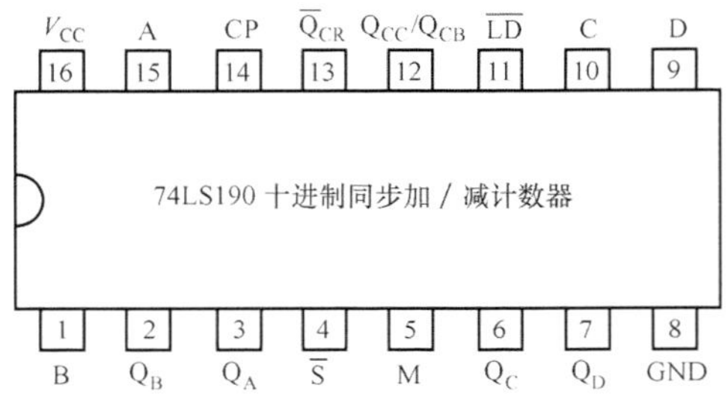

附图 4-20 74LS190 十进制同步加/减计数器

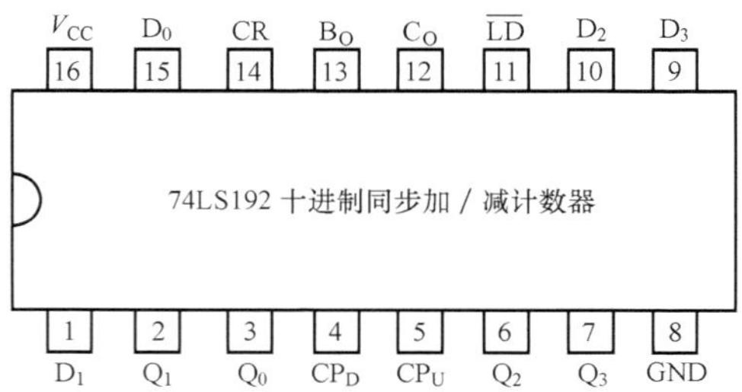

附图 4-21 74LS192 十进制同步加/减计数器

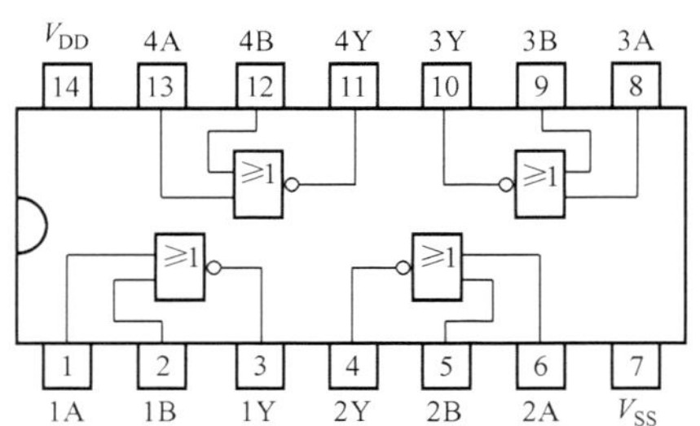

附图 4-22 4001 四 2 输入或非门

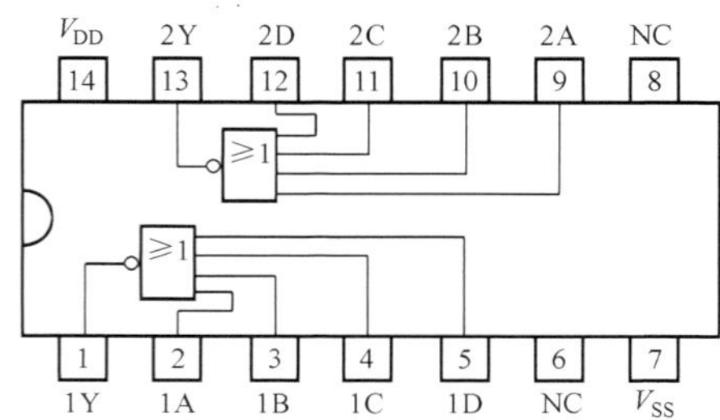

附图 4-23 4002 双四输入或非门

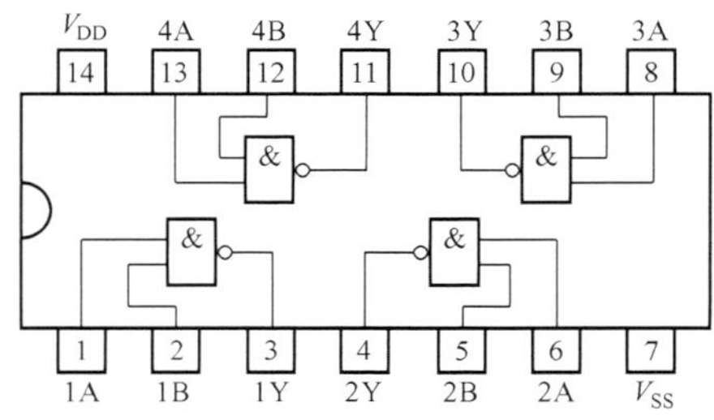

附图 4-24 4011 四 2 输入与非门

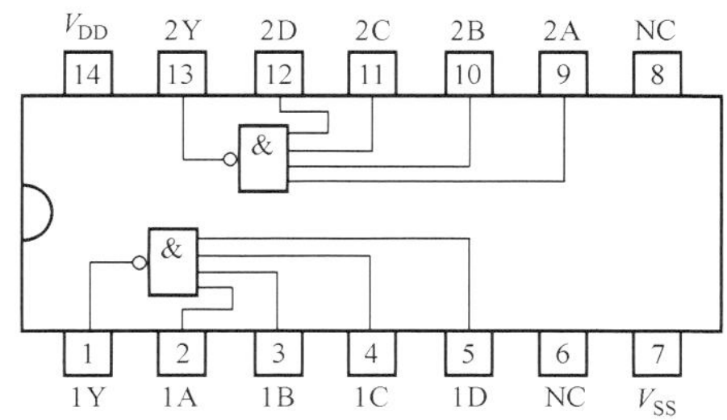

附图 4 - 25　4012　双四输入与非门

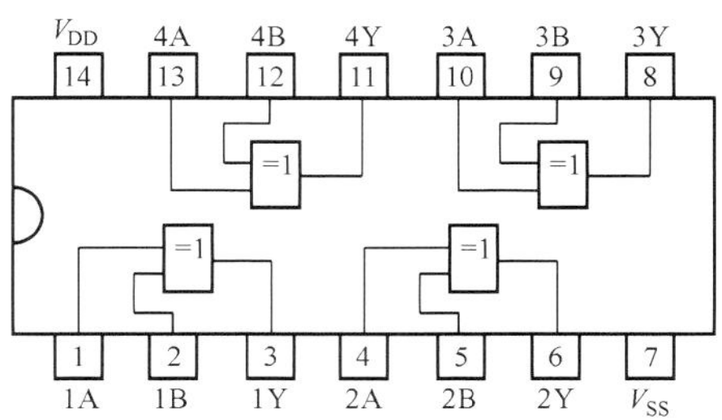

附图 4 - 26　4070 四异或门

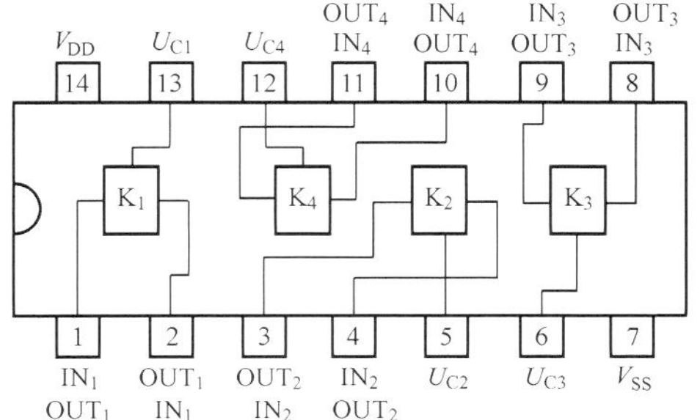

附图 4 - 27　4066 四双向模拟开关

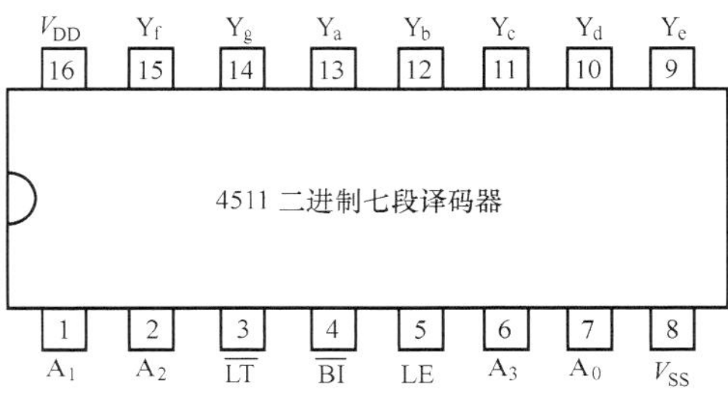

附图 4 - 28　4511 二进制七段译码器

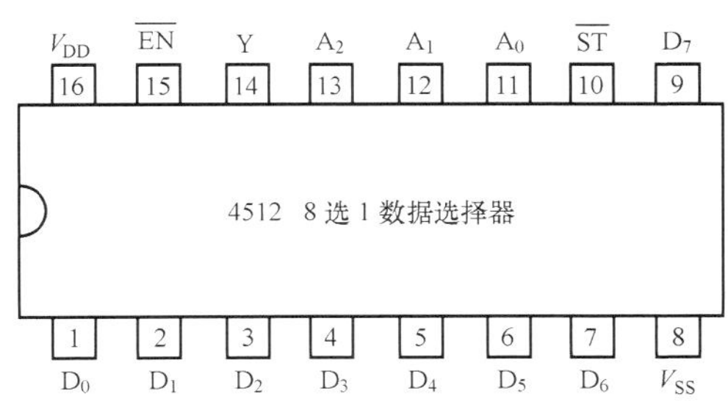

附图 4 - 29　4512　8 选 1 数据选择器

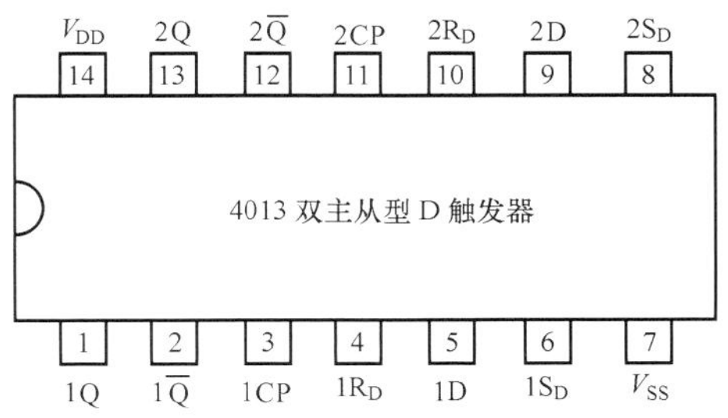

附图 4 - 30　4013　双主从型 D 触发器

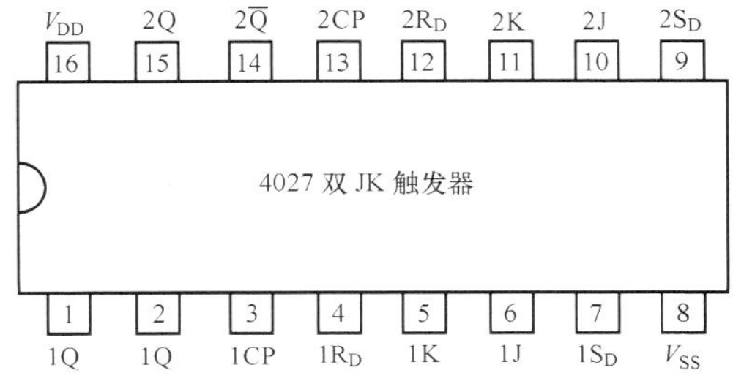

附图 4 - 31　4027　双 JK 触发器

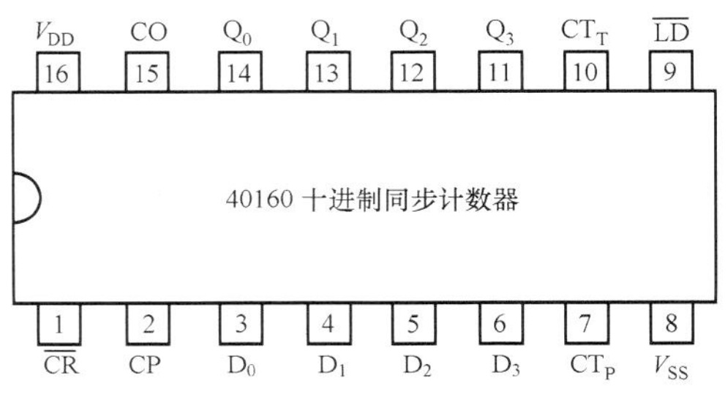

附图 4 - 32　40160　十进制同步计数器

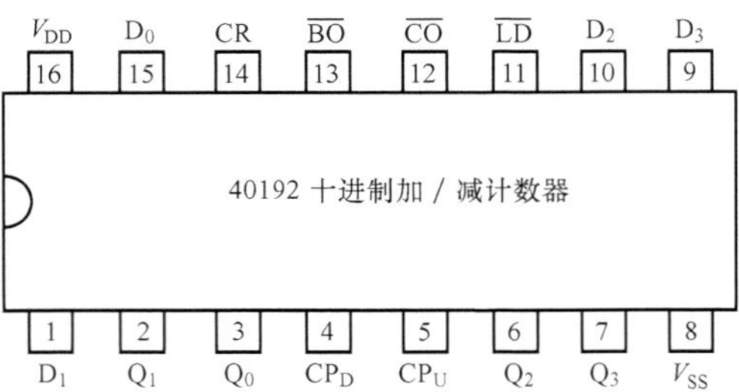

附图 4-33 40192 十进制加/减计数器

参 考 文 献

1. 汤元信. 电子工艺及电子工程设计. 北京：北京航空航天大学出版社，2008.
2. 黄智伟. 全国大学生电子设计竞赛训练教程. 北京：电子工业出版社，2003.
3. 廖先云. 电子技术实践与训练. 北京：高等教育出版社，2002.
4. 张友汉. 电子线路设计应用手册. 福州：福建科学技术出版社，2000.
5. 高吉祥. 全国大学生电子设计竞赛培训系列教程. 北京：电子工业出版社，2007.
6. 郁汉琪. 数字电路实验及课程设计指导书. 北京：中国电力出版社，2007.
7. 朱传琴. 数字电子技术基础. 北京：中国电力出版社，2007.
8. 刘鸣. 电子线路综合设计试验教程. 天津：天津大学出版社，2003.
9. 高安芹等. 电子技术实训教材. 北京：中国电力出版社，2007.
10. 周良权. 模拟电子技术基础 3 版. 北京：高等教育出版社，2008.
11. 渠云田. 电工电子技术. 北京：高等教育出版社，2008.
12. 朱传琴等. 电子技术基础. 北京：中国电力出版社，2009.
13. 谢自美. 电子线路综合设计. 武汉：华中科技大学出版社，2004.
14. 康华光. 电子技术基础. 北京：高等教育出版社，1999.
15. 秦曾煌. 电工学. 北京：高等教育出版社，2004.
16. 山东省“凌阳杯”大学生电子设计竞赛，下册. 济南：山东赛区主委会，2006.